建筑工程施工工艺细部节点做法优选（2025）

中国土木工程学会总工程师工作委员会
北京茅以升科技教育基金会建造师委员会　组织编写

中国建筑工业出版社

图书在版编目（CIP）数据

建筑工程施工工艺细部节点做法优选. 2025 / 中国土木工程学会总工程师工作委员会，北京茅以升科技教育基金会建造师委员会组织编写. -- 北京：中国建筑工业出版社，2025. 4. -- ISBN 978-7-112-30947-4

Ⅰ. TU7

中国国家版本馆CIP数据核字第2025ZW3106号

责任编辑：李笑然　牛　松
责任校对：芦欣甜

建筑工程施工工艺细部节点做法优选（2025）
中国土木工程学会总工程师工作委员会
北京茅以升科技教育基金会建造师委员会　组织编写

*

中国建筑工业出版社出版、发行（北京海淀三里河路9号）
各地新华书店、建筑书店经销
霸州市顺浩图文科技发展有限公司制版
人卫印务（北京）有限公司印刷

*

开本：787毫米×1092毫米　1/16　印张：25½　字数：632千字
2025年5月第一版　　2025年5月第一次印刷
定价：**88.00**元
ISBN 978-7-112-30947-4
（44677）

版权所有　翻印必究
如有内容及印装质量问题，请与本社读者服务中心联系
电话：(010) 58337283　　QQ：2885381756
（地址：北京海淀三里河路9号中国建筑工业出版社604室　邮政编码：100037）

《建筑工程施工工艺细部节点做法优选（2025）》

审定委员会

主　任：杨健康

副主任：李景芳　薛　刚

委　员：（按姓氏笔画排序）

　　　　代小强　冯世伟　吉明军　朱晓伟　刘明生　李　凯
　　　　李久林　张太清　陈振明　陈硕晖　金　睿　赵剑泉
　　　　姜早龙　钱增志　黄克起　曹玉新　曹信红　翟　雷

编写委员会

主　编：赵福明

副主编：许　宁　刘　杨　余　流　刘爱玲　胡延红　吴赟杰
　　　　李西寿　刘欢云　李维俊

编　委：（按姓氏笔画排序）

　　　　王奇维　方敏进　刘　云　刘　兮　刘　录　刘作为
　　　　刘晓敏　孙　瑞　阴吉英　李　菲　杨均英　陈选权
　　　　胡　晨　侯胜男　夏林印　高天霞　董军林　韩丽敏
　　　　谢　婧　蔡昭辉

组织编写单位

中国土木工程学会总工程师工作委员会
北京茅以升科技教育基金会建造师委员会

编审单位（排名不分先后）

中建钢构股份有限公司
北京住总集团有限责任公司
中国建筑第六工程局有限公司
北京建工集团有限责任公司
陕西建工控股集团有限公司
浙江省建设投资集团股份有限公司
山西建设投资集团有限公司
北京筑友锐成科技发展有限公司
中国机械工业建设集团有限公司
中建一局集团建设发展有限公司
中国建筑第二工程局有限公司
中国建筑第五工程局有限公司
北京城建集团有限公司
中国五冶集团有限公司
中国交通建设集团有限公司
中电建铁路建设投资集团有限公司
中铁建设集团有限公司
中铁建工集团有限公司
湖南湖大建设监理有限公司
浙江大虞建设有限公司

前　言

  本书由中国土木工程学会总工程师工作委员会、北京茅以升科技教育基金会建造师委员会组织编写，汇聚了业内多位具备丰富技术与管理实践经验的专家，以及相关院校的资深学者共同精心编写而成。编写时，参照全国一、二级建造师执业资格考试建筑工程科目的考试用书章节顺序，紧密结合近年来新型建造模式中先进且实用的建筑工程细部施工做法，对考试用书内容进行了全面拓展。全书共计七章二十九节，广泛涵盖施工测量、土石方工程施工、地基与基础工程施工、主体结构工程施工、屋面与防水工程施工、装饰装修工程施工、智能建造新技术等多个建筑工程施工技术领域，内容丰富且系统。

  本书最大的特色在于深度融合理论与施工现场实际。针对精心优选的建筑工程施工工艺细部做法，严格依据现行施工规范，采用图（细部施工工艺图、成品照片）文（施工技术、安全、质量要求）并茂的表达方式，进行直观清晰的讲解，体现了建筑工程领域新结构、新标准、新工艺、新材料、新技术在实际施工中的具体应用，为读者搭建起从理论到实践的桥梁。

  本书语言通俗易懂、实用性强，具有广泛的适用性，不仅能够作为施工现场技术人员和管理人员的专业培训教材，助力其提升业务能力；也可供大中专院校相关专业师生学习参考，帮助他们与时俱进地了解行业前沿，增加实践经验；同时，对于建造师考生而言，本书是拓展学习的优质资料，有助于提高其实务操作和案例分析题的答题能力。

  在本书编写过程中，得到了众多建筑企业的大力支持，在此向他们致以诚挚的感谢。由于编写时间紧迫，书中难免存在不足之处，欢迎广大读者批评指正，以便我们不断完善。

目　　录

第一章　施工测量 ··· 1

第一节　常用工程测量仪器的性能与应用 ······································· 1
一、水准仪 ·· 1
（一）水准仪的构造 ··· 1
（二）操作方法 ·· 2
二、经纬仪 ·· 3
（一）经纬仪的构造 ··· 3
（二）操作方法 ·· 4
三、全站仪 ·· 6
（一）全站仪的构造 ··· 6
（二）操作方法 ·· 7

第二节　施工控制测量 ··· 10
一、施工控制网的建立 ··· 10
（一）施工平面控制网测量 ··· 10
（二）施工高程控制网测量 ··· 12
二、建筑物定位测量 ·· 15

第三节　施工测量方法 ··· 16
一、测量的基本方法 ·· 16
（一）测设已知水平距离 ··· 16
（二）测设已知水平角 ·· 18
二、建筑物细部点平面位置测设方法 ··· 19
（一）直角坐标法 ··· 19
（二）极坐标法 ·· 19
（三）角度前方交会法 ·· 20
（四）距离交会法 ··· 21
（五）方向线交会法 ·· 21
三、建筑物细部点高程位置测设方法 ··· 21
（一）已知高程点测设 ·· 21
（二）施工高程传递 ·· 22

第四节　变形监测 ·· 23
一、沉降观测 ·· 23
二、水平位移观测 ··· 24

三、裂缝观测 ·· 24
　　四、基础倾斜观测 ··· 25
　　五、变形观测成果 ··· 25

第二章　土石方工程施工 ·· 26

第一节　基坑支护工程施工 ·· 26
　　一、浅基坑支护 ·· 26
　　　（一）斜柱支撑 ··· 26
　　　（二）锚拉柱支撑 ·· 26
　　　（三）型钢桩横挡板支撑 ·· 27
　　　（四）短桩横隔板支撑 ··· 27
　　　（五）临时挡土墙支撑 ··· 27
　　　（六）挡土灌注桩支护 ··· 28
　　　（七）叠袋式挡墙支护 ··· 28
　　二、深基坑支护 ·· 28
　　　（一）灌注桩排桩支护 ··· 28
　　　（二）地下连续墙支护 ··· 30
　　　（三）土钉墙 ·· 32
　　　（四）咬合桩围护墙 ·· 34
　　　（五）型钢水泥土搅拌墙 ·· 35
　　　（六）板桩围护墙 ·· 36
　　　（七）水泥土重力式围护墙 ··· 37
　　　（八）内支撑 ·· 37
　　　（九）锚杆（索） ·· 38
　　　（十）与主体结构相结合（两墙合一）的基坑支护 ························· 39
　　三、基坑监测 ··· 39

第二节　人工降排水施工 ·· 41
　　一、轻型井点 ··· 41
　　二、喷射井点 ··· 43
　　三、真空降水管井 ··· 43
　　四、截水 ··· 43
　　五、井点回灌技术 ··· 44

第三节　土石方工程与回填施工 ·· 45
　　一、土方开挖 ··· 45
　　　（一）开挖准备工作 ·· 45
　　　（二）土方开挖施工 ·· 46
　　　（三）施工注意事项 ·· 49
　　二、土方回填 ··· 49
　　　（一）填方土料 ··· 49

　　　　（二）基底处理 ·· 49
　　　　（三）土方填筑与压实 ·· 50
　第四节　土石方工程冬雨期施工技术 ·· 52
　　一、冬期施工要点 ··· 52
　　二、雨期施工要点 ··· 53

第三章　地基与基础工程施工 ·· 54
　第一节　常用地基处理方法与施工 ·· 54
　　一、换填地基 ··· 54
　　　（一）素土、灰土地基 ·· 54
　　　（二）砂和砂石地基 ·· 55
　　　（三）粉煤灰地基 ·· 56
　　　（四）换填土质量检验 ·· 57
　　二、夯实地基 ··· 58
　　　（一）强夯地基 ·· 58
　　　（二）降水联合低能级强夯施工 ·· 60
　　　（三）强夯置换地基 ·· 61
　　　（四）夯实地基质量检验 ·· 62
　　三、复合地基 ··· 63
　　　（一）水泥粉煤灰碎石桩复合地基 ······································ 63
　　　（二）土桩、灰土桩复合地基 ·· 65
　　　（三）振冲碎石桩复合地基 ·· 68
　　　（四）夯实水泥土桩复合地基 ·· 70
　　　（五）水泥土搅拌桩复合地基 ·· 71
　　　（六）旋喷桩复合地基 ·· 74
　　四、注浆加固 ··· 76
　　五、预压地基 ··· 78
　第二节　桩基础施工 ·· 82
　　一、钢筋混凝土预制桩 ··· 82
　　　（一）钢筋混凝土预制桩制作 ·· 82
　　　（二）钢筋混凝土预制桩接桩 ·· 83
　　　（三）锤击沉桩法 ·· 85
　　　（四）静力压桩法 ·· 87
　　二、钢桩 ··· 89
　　　（一）钢管桩 ·· 89
　　　（二）H型钢桩 ··· 90
　　　（三）钢桩防腐 ·· 92
　　三、钢筋混凝土灌注桩 ··· 92
　　　（一）泥浆护壁灌注桩 ·· 92

　　　　（二）沉管灌注桩 99
　　　　（三）人工挖孔灌注桩 102
　　　　（四）长螺旋钻孔压灌桩 103
　　四、桩基检测技术 105
　　　　（一）桩基检测概述 105
　　　　（二）静载试验法 106
　　　　（三）动测法 109
　　　　（四）钻芯法 111
　　　　（五）声波透射法 112
　　五、桩基础冬期施工要点 113
　第三节　混凝土基础施工 113
　　一、混凝土基础构造类型 113
　　　　（一）条形基础 113
　　　　（二）独立基础 113
　　　　（三）筏形基础 114
　　　　（四）箱形基础 114
　　二、基础钢筋施工 115
　　　　（一）基础底板钢筋绑扎 115
　　　　（二）基础梁钢筋绑扎 117
　　　　（三）基础插筋绑扎 119
　　三、基础模板施工 122
　　　　（一）阶形基础模板 122
　　　　（二）杯形基础模板 123
　　　　（三）条形基础模板 124
　　　　（四）筏形及箱形基础底板模板 125
　　四、基础混凝土施工 128
　　　　（一）独立基础混凝土施工 129
　　　　（二）条形基础混凝土施工 129
　　　　（三）筏形及箱形基础混凝土施工 130
　　五、大体积混凝土施工 131
　　　　（一）大体积混凝土制备及运输要求 131
　　　　（二）大体积混凝土施工要点 131
　　　　（三）大体积混凝土测温要点 132

第四章　主体结构工程施工 134

　第一节　混凝土结构工程施工 134
　　一、模板工程 134
　　　　（一）常用各类型模板安装要点 134
　　　　（二）模板通用节点安装要求 153

（三）模板拆除要求 160
（四）安全文明施工要求 161
二、钢筋工程 161
（一）钢筋进场 161
（二）钢筋加工 163
（三）钢筋连接 169
（四）钢筋安装 177
（五）钢筋工程冬雨期施工要点 184
（六）钢筋安装质量验收 185
三、混凝土工程 186
（一）混凝土配合比 186
（二）预拌混凝土搅拌及运输 187
（三）混凝土输送 189
（四）混凝土浇筑 195
（五）施工缝留置 198
（六）混凝土振捣 200
（七）混凝土养护 201
（八）混凝土工程冬期及高温天气施工 203
（九）混凝土质量检验 204
四、预应力工程 208
（一）预应力材料及设备 208
（二）预应力混凝土先张法施工 211
（三）预应力混凝土后张法有粘结施工 216
（四）预应力混凝土后张法无粘结施工 222

第二节 砌体结构工程施工 226
一、技术要求 226
（一）砌筑砂浆 226
（二）砌筑方法 227
二、砖砌体工程 227
（一）砌体材料 227
（二）砌筑形式 228
（三）砖砌体施工要点 229
三、混凝土小型空心砌块砌体工程 234
（一）材料要求 234
（二）砌筑施工要点 234
四、填充墙砌体工程 236
（一）填充墙材料 236
（二）填充墙砌筑施工 237
五、砌体工程质量验收标准 240

六、砌筑结构工程冬雨期及高温天气施工要点············241
　　　　(一) 冬期施工要点············241
　　　　(二) 雨期及高温天气施工要点············242
　第三节　钢结构工程施工············242
　　一、钢结构构件的连接············242
　　　　(一) 焊接连接············242
　　　　(二) 紧固连接件············248
　　二、钢结构构件加工············254
　　　　(一) 钢结构深化设计············254
　　　　(二) 钢结构构件生产············260
　　三、钢结构预拼装············266
　　　　(一) 实体预拼装要点············267
　　　　(二) 计算机辅助模拟预拼装············267
　　四、钢结构安装············267
　　　　(一) 安装准备············267
　　　　(二) 起重设备及吊具选择············268
　　　　(三) 构件安装············268
　　　　(四) 单层钢结构安装············270
　　　　(五) 多层及高层钢结构安装············272
　　　　(六) 大跨度空间钢结构安装············274
　　五、压型金属板安装············276
　　六、钢结构涂装············277
　　　　(一) 涂装条件············277
　　　　(二) 表面处理············277
　　　　(三) 涂装作业条件············278
　　　　(四) 涂装施工要点············278
　　　　(五) 涂装质量检查············279
　　七、钢结构工程冬雨期及高温天气施工要点············280
　　　　(一) 冬期施工要点············280
　　　　(二) 雨期施工要点············281
　　　　(三) 高温天气施工要点············281
　第四节　装配式混凝土结构工程施工············281
　　一、施工准备············281
　　二、预制构件生产、吊运与存放············282
　　　　(一) 构件加工············282
　　　　(二) 构件吊运············283
　　　　(三) 构件现场存放············284
　　三、预制构件安装············285
　　　　(一) 预制柱安装············285

（二）预制剪力墙板安装 ··· 285
　　（三）预制梁、叠合梁板安装 ·· 287
四、预制构件连接 ·· 288
第五节　钢-混凝土组合结构工程施工 ·· 291
一、钢-混凝土组合结构类型 ·· 291
二、施工深化设计 ·· 291
三、施工组织 ·· 292
四、钢-混凝土组合结构施工 ·· 292
　　（一）施工工艺流程 ··· 292
　　（二）钢-混凝土组合结构混凝土钢筋施工 ·· 293
　　（三）钢-混凝土组合结构混凝土模板施工 ·· 295
　　（四）钢-混凝土组合结构混凝土施工 ·· 296

第五章　屋面与防水工程施工 ·· 299

第一节　屋面工程构造和施工 ·· 299
一、屋面防水等级和设防要求 ··· 299
二、屋面防水材料 ·· 299
三、屋面防水基本要求 ·· 300
四、屋面卷材防水层施工 ·· 302
　　（一）施工基本要求 ··· 302
　　（二）卷材冷粘法铺贴施工 ··· 304
　　（三）卷材热粘法铺贴施工 ··· 304
　　（四）卷材机械固定法铺贴施工 ··· 305
五、屋面涂膜防水层施工 ·· 306
六、隔离层施工 ·· 308
七、保护层施工 ·· 309
八、檐口、檐沟、天沟、水落口等细部施工 ·· 310
第二节　保温隔热工程施工 ·· 312
一、屋面保温隔热工程 ·· 312
　　（一）保温材料 ··· 312
　　（二）屋面保温层设置要求 ··· 312
　　（三）隔气层、隔汽层、隔热层设置要求 ·· 313
　　（四）保温层施工 ··· 314
二、墙体保温隔热工程 ·· 316
　　（一）墙体保温节能系统 ··· 316
　　（二）墙体保温工程施工要点 ··· 320
第三节　地下室防水工程施工 ·· 325
一、地下工程防水等级与做法 ··· 325
二、防水混凝土施工 ·· 326

　　　　（一）材料要求……………………………………………………… 326
　　　　（二）防水混凝土施工要点………………………………………… 327
　　　　（三）防水混凝土检验与验收……………………………………… 330
　　三、水泥砂浆防水层施工……………………………………………… 331
　　四、卷材防水层施工…………………………………………………… 332
　第四节　室内与外墙防水工程施工……………………………………… 335
　　一、室内防水工程施工………………………………………………… 335
　　二、外墙防水工程施工………………………………………………… 338
　　　　（一）外墙防水设防要求…………………………………………… 338
　　　　（二）外墙防水设计要求…………………………………………… 338
　　　　（三）外墙防水施工要点…………………………………………… 341
　　　　（四）质量检查与验收……………………………………………… 342
　第五节　防水工程冬雨期及高温天气施工……………………………… 343
　　一、冬期施工要点……………………………………………………… 343
　　二、雨期施工要点……………………………………………………… 343
　　三、高温天气施工要点………………………………………………… 343

第六章　装饰装修工程施工……………………………………………… 345

　第一节　轻质隔墙工程施工……………………………………………… 345
　　一、轻质隔墙分类……………………………………………………… 345
　　二、施工准备…………………………………………………………… 346
　　三、施工要点…………………………………………………………… 347
　　　　（一）轻钢龙骨罩面板施工………………………………………… 347
　　　　（二）板材隔墙施工………………………………………………… 349
　第二节　吊顶工程施工…………………………………………………… 352
　　一、吊顶材料…………………………………………………………… 352
　　二、施工流程…………………………………………………………… 353
　　三、施工要点…………………………………………………………… 353
　第三节　地面工程施工…………………………………………………… 357
　　一、地面工程构造……………………………………………………… 357
　　二、现浇水磨石面层施工……………………………………………… 357
　　三、石材面层施工……………………………………………………… 359
　　四、活动地板面层施工………………………………………………… 361
　　五、竹（木）面层地面………………………………………………… 362
　　　　（一）概述…………………………………………………………… 362
　　　　（二）实木地板面层施工…………………………………………… 363
　　　　（三）实木复合地板面层施工……………………………………… 364
　　　　（四）竹地板面层施工……………………………………………… 366
　　　　（五）木地板面层的允许偏差和检验方法………………………… 366

  第四节　墙面装饰工程 · 366
   一、内外墙涂料工程 · 366
   二、裱糊及软包工程 · 368
   三、饰面砖工程 · 370
  第五节　建筑幕墙工程施工 · 372
   一、建筑幕墙分类 · 372
   二、施工准备 · 373
   三、幕墙安装要点 · 373
    （一）构件式玻璃幕墙 · 373
    （二）单元式玻璃幕墙 · 374
    （三）全玻幕墙 · 375
    （四）点支承玻璃幕墙 · 376
    （五）石材幕墙 · 377
   四、建筑幕墙防火、防雷和成品保护技术要求 · 378

第七章　智能建造新技术 · 381

  第一节　绿色施工技术 · 381
   一、施工现场水收集综合利用技术 · 381
   二、建筑垃圾减量化与资源化利用技术 · 381
   三、施工现场太阳能、空气能利用技术及扬尘、噪声控制技术 · 384
  第二节　建筑信息模型（BIM）技术 · 387
   一、建筑信息模型（BIM）软件 · 387
   二、模型创建与使用 · 387
  第三节　智慧工地信息技术 · 389

第一章
施 工 测 量

第一节 常用工程测量仪器的性能与应用

一、水准仪

(一) 水准仪的构造

水准仪主要由望远镜、水准器和基座三个部分组成（图 1.1-1），是为水准测量提供水平视线和对水准标尺进行读数的一种仪器。

图 1.1-1 水准仪构造

1. 望远镜

望远镜由物镜、目镜、十字丝分划板和调焦透镜等主要部件组成（图 1.1-2）。主要作用是瞄准远方目标，使目标成像清晰、扩大视角，以精确照准目标。

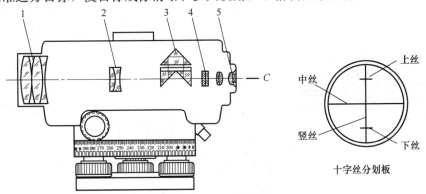

图 1.1-2 望远镜构造
1—物镜；2—调焦透镜；3—补偿器棱镜组；4—十字丝分划板；5—目镜

2. 水准器

水准器是一个密封玻璃圆盒，里面装有液体并形成一个气泡，其顶面为球面，球面中央小圆圈中心口为圆水准器零点，过零点的法线 $L'L$ 称为水准器轴（图1.1-3），气泡应始终位于高处。水准器用于粗略整平仪器。

3. 基座

基座由轴座、脚螺旋和连接板组成，起支承仪器上部与三脚架连接的作用（图1.1-4）。

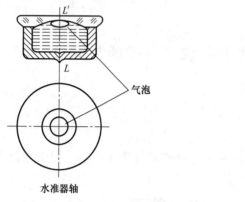

图 1.1-3 水准器构造

图 1.1-4 基座构造

（二）操作方法

水准仪的操作步骤主要包括：安置仪器、整平、瞄准水准尺、读数等。

1. 安置仪器

（1）打开三脚架，按观测者身高调节三脚架腿的高度（一般在胸口高度附近）；将三脚架的三个尖脚踩实，使脚架稳定，架头应大致水平。

（2）从箱中取出水准仪，扭紧制动螺旋，用中心螺旋将水准仪平稳、牢固地连接在三脚架上。

2. 整平（初步整平仪器）

通过调节脚螺旋使圆水准器气泡居中，从而使仪器的竖轴大致铅垂。操作方法如图1.1-5 所示。

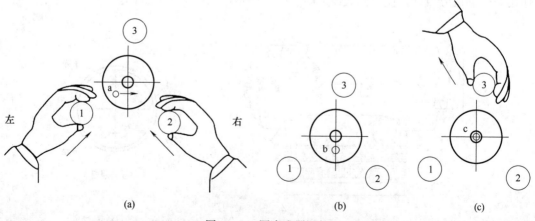

图 1.1-5 圆水准器调整

(1) 气泡偏离在图 1.1-5（a）中的 a 位置，先用双手按箭头所指方向相对地转动脚螺旋 1 和 2，使气泡移到图 1.1-5（b）所示 b 的位置。

(2) 然后再单独转动脚螺旋 3，使气泡居中，如图 1.1-5（c）所示。

3. 瞄准水准尺（目镜调节）

(1) 初步瞄准：松开制动螺旋，转动望远镜，利用望远镜上的照门、准星，按照三点一线的原理照准水准尺，瞄准后拧紧制动螺旋。

(2) 对光和瞄准：转动物镜调焦螺旋，使尺面影像十分清楚。转动望远镜微动螺旋，使十字丝竖丝对准水准尺中央位置。

(3) 清除视差：瞄准目标时，应使尺子的影像落在十字丝平面上；如果出现视差现象［图 1.1-6（a）］，则需仔细并反复交替调节目镜和物镜调焦螺旋，直至水准尺的分划像十分清晰、稳定，读数不变为止［图 1.1-6（b）］。

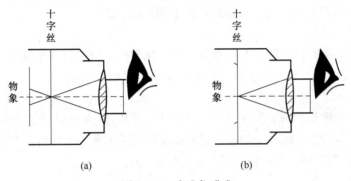

图 1.1-6　水准仪瞄准

4. 读数

(1) 圆水准器整平后，补偿器即能起自动安平的作用。当观测者看到望远镜内观测警告指标窗全部呈绿色时，可直接读取十字丝的中丝在水准尺上的读数。

(2) 读数时，应先估读水准尺上的毫米数字（小于一格的估值），然后读出米、分米和厘米值，读出四位数。如图 1.1-7（a）所示，水准尺的中丝读数为 0.859m，其中末位 9 是估读的毫米数，可读记为 0859，单位为 mm；如图 1.1-7（b）所示，水准尺的中丝读数为 1.260m，其中末位 0 是估读的毫米数，可读记为 1260，单位为 mm。

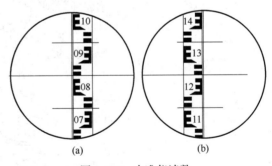

图 1.1-7　水准仪读数

(3) 读数应迅速、准确，特别注意不要错读单位和发生漏零现象。不管是正像还是倒像，读数总是由小的数字向大的数字方向读数。

二、经纬仪

（一）经纬仪的构造

经纬仪由照准部、水平度盘和基座三部分组成，是对水平角和竖直角进行测量的一种仪器（图 1.1-8）。

1. 基座

由连接板和三个脚螺旋组成。作用是支承仪器，并连接三脚支架。

2. 水平度盘

由玻璃度盘、复测扳钮、照准部微动螺旋等组成。

3. 照准部

由望远镜、横轴、支架、竖轴、水准管、水平制微动、竖直制微动及读数装置等组成。

（二）操作方法

经纬仪操作步骤主要包括：安置仪器、对中、整平、瞄准、读数等。

1. 安置仪器

三脚架调成等长并使架头高度与观测者身高适宜，打开三脚架，使架头大致水平，将经纬仪固定在三脚架上，拧紧连接螺旋，置于测站点之上。

2. 对中

用双手各提一条架脚前后、左右摆动，同时使架头大致保持水平状态，眼观对中标志（激光或十字丝交点）与测站点重合。对中误差一般应小于 1mm。

3. 整平

（1）粗平：伸缩脚架腿，使圆水准气泡居中。同时检查对中标志是否偏离地面测站点。如果偏离了，旋松三脚架上的连接螺旋，平移仪器基座使对中标志精确对准测站点的中心，拧紧连接螺旋并使圆水准气泡居中（图 1.1-5）。

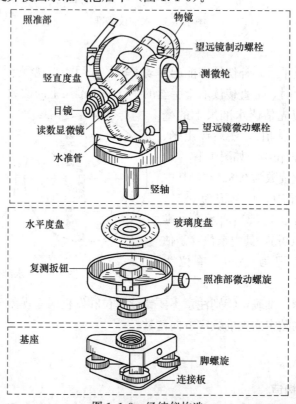

图 1.1-8 经纬仪构造

（2）精平：旋转照准部，使其水准管与基座上的任意两只脚螺旋的连线方向平行［图1.1-9（a）］。双手同时相向转动两只脚螺旋，使水准管气泡居中（气泡移动方向和左手拇指的转动方向一致）；然后将照准部旋转90°［图1.1-9（b）］，旋转第三只脚螺旋，使气泡居中；如此反复进行，直到水准管在任何方向，气泡均居中为止。

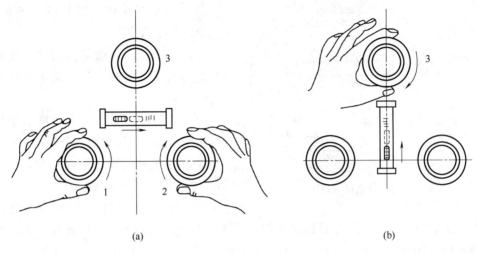

图1.1-9　经纬仪整平

4．瞄准

（1）将望远镜对向明亮的背景或天空，旋转目镜使十字丝变清晰。

（2）松开望远镜的制动螺旋和水平制动螺旋，旋转照准部，用望远镜上的瞄准器瞄准目标，使其位于望远镜的视场内，固定望远镜制动螺旋和水平制动螺旋。

（3）转动物镜焦筒使目标影像更清晰，再调节望远镜和照准部微动，用十字丝精确对准目标（图1.1-10）。使目标被十字丝的单根纵丝平分［图1.1-10（a）］或被双根纵丝夹在中央［图1.1-10（b）］。为了减少目标倾斜对水平角的影响，应尽可能瞄准目标底部。如用垂球线作为找准的目标，应注意使垂球尖准确对正测点，并瞄准垂球线的上部，如图1.1-10（c）所示。

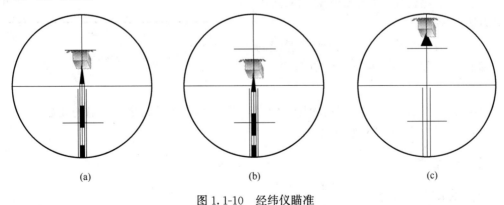

图1.1-10　经纬仪瞄准

（4）上下、左右移动眼睛，观察目标像与十字丝之间是否有移动，如果有，则存在视差，转动物镜调焦筒进行调查，直到视差消除为止。

5. 读数

1）分微尺读数法

先读出位于分微尺上的一根度盘分划线的整度读数，再加上分划线所指示的分微尺上的分秒数（图1.1-11）。

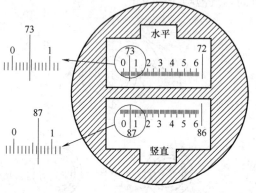

（1）打开反光镜，调节反光镜位置，使读数窗亮度适当。

（2）旋转读数显微镜的目镜，使度盘及分微尺的刻划清晰，并区别水平度盘与竖盘读数窗。

（3）读取位于分微尺上的度盘刻划线所标记的度数，再读取落在分微尺上0刻划线到这条度盘刻划线之间的分数，估读到$0.1'$（即6秒）的整数倍。

（4）盘左瞄准目标，读出水平度盘读数，纵转望远镜，盘右再瞄准目标并读数，两次读数之差约为$180°$，以此检核瞄准和读数是否正确，并进行记录。

图1.1-11 分微尺读数窗

2）测微器读数法

先转动测微螺旋，移动双平行丝指标线使之夹准度盘的一条分划线。然后读出此度盘分划注记的读数，再加上单指标线在测微尺上所指的分划数（图1.1-12）。

（1）整度数由上窗中央或偏左的数字读得$171°$；上窗口中的小框内的数字5为整十位分数。

（2）左窗为测微尺数，测微尺上下共刻600格，每小格为$1''$，共计$10'$。

① 左窗内左边数字为整分数，内右边的数字为整十秒数。

② 右边的数字乘$10''$，再数到指标线的格数即秒数。如上图：$9'+2\times10''+6''=9'26''$。

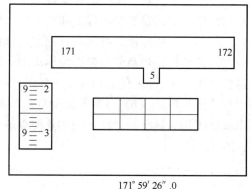

$171°59'26''.0$

图1.1-12 测微器读数窗

（3）度盘上读得的整度数加上测微尺上读得的读数之和即为全部正确的读数。

如上图：$171°+50'+9'26''=171°59'26''$。

三、全站仪

（一）全站仪的构造

全站仪的基本构造主要包括光学系统、光电测角系统、光电测距系统、微处理机、显示控制/键盘、数据/信息存储器、输入/输出接口、电子自动补偿系统、电源供电系统、机械控制系统等部分（图1.1-13）。

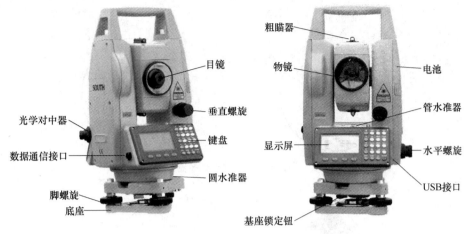

图 1.1-13　全站仪构造

(二) 操作方法

1. 安放三脚架并架设仪器（图 1.1-14 全站仪架设）

(1) 使三脚架腿等长，三脚架头位于测点上且近似水平，三脚架腿牢固地支撑在地面上。

(2) 将仪器放于三脚架头上，一只手握住仪器手柄，一只手扭紧中心螺旋固定。

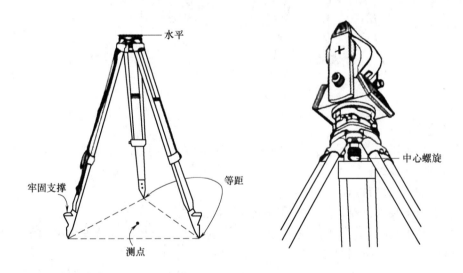

图 1.1-14　全站仪架设

2. 对中

将仪器中心安置在过测站点的铅垂线上。对中误差应小于 3mm（以实际工程精度要求为准）。

(1) 调节对中器：调节目镜十字丝调焦螺旋，使对中器中十字丝清晰；再旋转测点调焦螺旋，使地面物体清晰（图 1.1-15）。

(2) 对中：固定三脚架一脚，双手持脚架另二脚并不断调整其位置，同时观测光学对点器分划板，使其基本对准测站标志，踩实脚架；调节脚螺旋，使光学对点器精确对准测站标志（图 1.1-16）。

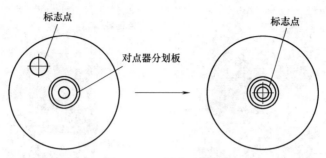

图 1.1-15　调节对中器

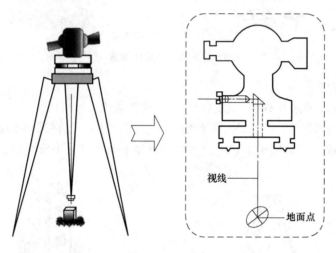

图 1.1-16　对中

3. 整平

使仪器纵轴铅垂，水平度盘与横轴水平，竖盘位于铅垂面内。整平误差应小于 1 格。

4. 测量前的准备

1）电池的安装与检查

（1）电池未装入仪器之前，先检查电池是否正常。

（2）安装电池时，关上电池解锁扭盖，使电的定位导块与仪器安装电池的凹处相吻合，按电池的顶部，听到"咔嚓"声为安上（图 1.1-17）。

（3）当电源接通时，自检功能将确保仪器正常工作。

2）垂直度盘和水平度盘指标的设置

（1）松开垂直度盘制动钮，将望远镜纵转一周，并显示垂直方向（ZA）读数，垂直指标已设置完毕。

（2）松开水平度盘制动钮，旋转照准部 360°，显示水平角（HAR）读数，水平指标已设置完毕。

3）垂直角和水平角倾斜改正

（1）为了确保精确测角，需要启动垂直角和水平角倾斜改正，垂直和水平角均通过双轴倾斜传感器已自动进行了小的倾斜改正，在显示角值稳定后，再读取补偿

图 1.1-17　电池安装

后的角值。

（2）使用双轴（X、Y）倾斜传感器所显示的倾角 X 和 Y 值可进行仪器的整平。此倾角值可用于计算因垂直轴不垂直而引起的垂直角和水平角的误差（图 1.1-18）。

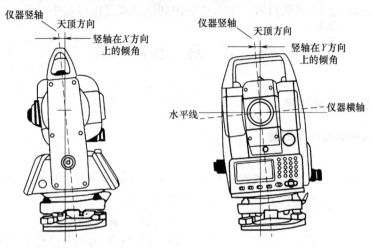

图 1.1-18　垂直角和水平角倾斜改正

（3）若测角过程中显示"补偿器超限"，则仪器倾斜已经超出自动补偿范围，必须人工整平仪器。

4）仪器参数的设置

根据测量的要求，通过键盘操作来选择并设置仪器参数，如单位、坐标格式等（图 1.1-19）。所设置的仪器参数可储存在存储器中，直到下次改变选择项时才消失。

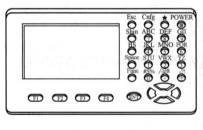

按键	名称	功能
F1～F4	软键	功能参考显示屏幕最下面一行所显示的信息
9～±	数字,字符键	1.在输入数字时,输入按键相对应的数字; 2.在输入字母或特殊字符的时候,输入按键上方对应的字符
POWER	电源键	控制仪器电源的开/关
★	星键	用于若干仪器常用功能的操作
Cnfg	设置键	进入仪器设置项目操作
Esc	退出键	退回到前一个菜单显示或前一个模式
Shfit	切换键	1.在输入屏幕显示下,在输入字母或数字间进行转换; 2.在测量模式下,用于测量目标的切换
BS	退格键	1.在输入屏幕显示下,删除光标左侧的一个字符; 2.在测量模式下,用于打开电子水泡显示
Space	空格键	在输入屏幕显示下,输入一个空格
Func	功能键	1.在测量模式下,用于软键对应功能信息的翻页; 2.在程序菜单模式下,用于菜单翻页
ENT	确认键	选择选项或确认输入的数据

(a) 全站仪屏幕按键　　　　　　　　　　(b) 按键功能

图 1.1-19　全站仪屏幕按键及其功能

5．目标瞄准

（1）确定方向：看照准器上方准星，使目标、准星上突起和三角形尖端三者重合。

（2）在目镜中寻找目标，如没有则下压照准器，方可找准目标，将目标棱镜确定在十字丝中心位置，拧紧水平、竖直制动（先水平后竖直），微调十字丝至棱镜中心，按键测量。

6. 保存和导出数据

(1) 将测量数据保存在全站仪的存储器或 SD 卡中，以便后续的数据处理和分析。

(2) 将数据通过 USB 端口或其他方式导出到电脑或其他设备中备份。

第二节　施工控制测量

一、施工控制网的建立

(一) 施工平面控制网测量

1. 坐标换算

1) 施工坐标系与测量坐标系往往不一致，施工测量前应进行施工坐标系与测量坐标系的坐标换算。

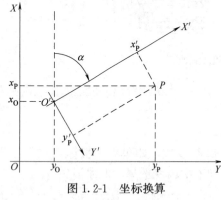

图 1.2-1　坐标换算

2) 换算方法（图 1.2-1）：

(1) 设 XOY 为测量坐标系，$X'O'Y'$ 为施工坐标系，$(x_O、y_O)$ 为施工坐标系的原点 O' 在测量坐标系中的坐标。α 为施工坐标系的纵轴 $O'X'$ 在测量坐标系中的坐标方位角。

(2) 设已知 P 点的施工坐标为 $(x'_P、y'_P)$，则可按下式将其换算为测量坐标 $(x_P、y_P)$：

$$\begin{cases} x_P = x_O + x'_P \cos\alpha - y'_P \sin\alpha \\ y_P = y_O + x'_P \sin\alpha + y'_P \cos\alpha \end{cases} \quad (1.2\text{-}1)$$

(3) 如已知 P 的测量坐标，则可按下式将其换算为施工坐标：

$$\begin{cases} x'_P = (x_P - x_O)\cos\alpha + (y_P - y_O)\sin\alpha \\ y'_P = -(x_P - x_O)\sin\alpha + (y_P - y_O)\cos\alpha \end{cases} \quad (1.2\text{-}2)$$

2. 导线测量

1) 适用范围：常用于建立小地区平面控制网，特别适用于地物分布较复杂的建筑区、视线障碍较多的隐蔽区和带状地区。

2) 导线布设形式有下列三种形式。

(1) 闭合导线：起讫于同一已知点的导线（图 1.2-2）。

(2) 附合导线：布设在两已知点间的导线。此种布设形式，具有检核观测成果的作用，并能提高成果的精度（图 1.2-3）。

(3) 支导线：由一已知点和一已知边的方向出发，既不附合到另一已知点，又不回到原起始点的导线；因支导线缺乏检核条件，故其边数一般不超过 4 条（图 1.2-4）。

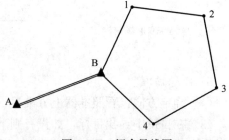

图 1.2-2　闭合导线图

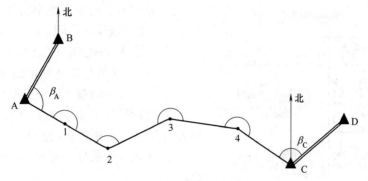

图 1.2-3 附合导线图

3. 建筑基线

1）适用范围：用于建筑设计总平面图布置比较简单的小型建筑场地。

2）建筑基线的布设原则：

（1）建筑基线应尽可能靠近拟建的主要建筑物，并与其主要轴线平行，以便使用比较简单的直角坐标法进行建筑物的定位。

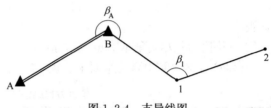

图 1.2-4 支导线图

（2）建筑基线上的基线点应不少于三个，以便相互检核。

（3）建筑基线应尽可能与施工场地的建筑红线相联系。

（4）基线点位应选在通视良好和不易被破坏的地方，为能长期保存，要埋设永久性的混凝土桩。

3）根据建筑物的分布、施工场地地形等因素，常用的建筑基线布设形式有以下四种（图 1.2-5）。

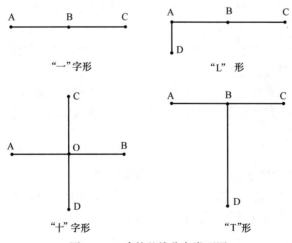

图 1.2-5 建筑基线分布类型图

4. 建筑方格网

1）适用范围：用于按矩形布置的建筑群或大型建筑场地。

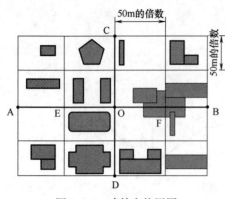

图1.2-6 建筑方格网图

2) 建筑方格网布设原则如图1.2-6所示。

(1) 主轴线设计原则：

① 主轴线（AOB、COD线）尽量选在场地中部，方向与主要建筑物基本轴线平行。

② 纵、横主轴线严格正交成90°。

③ 主轴线的定位点（A、O、B、C、D点）称为主点，一条主轴线不能少于3个主点。

④ 主轴线的长度一般取300～500m，应通视良好。

(2) 方格网线设计原则：

① 方格网线与相应的主轴线正交且网线交点通视。

② 方格网边长尽可能取50m或其倍数。

3) 建筑方格网的主要技术要求见表1.2-1。

建筑方格网的主要技术要求　　　　表1.2-1

等级	边长(m)	测角中误差(″)	边长相对中误差
一级	100～300	5	≤1/30000
二级	100～300	8	≤1/20000

4) 方格网的精度要求见表1.2-2。

方格网的精度要求　　　　表1.2-2

等级	主轴线或方格网	边长精度	直线角误差	主轴线交角或直角误差
一级	主轴线	1:50000	±5″	±3″
	方格网	1:40000	—	±5″
二级	主轴线	1:25000	±10″	±6″
	方格网	1:20000	—	±10″

（二）施工高程控制网测量

施工高程控制网一般采用三、四等水准测量的方法建立。首级为三等水准，次级用四等水准加密。水准网的高程根据施工场地附近的国家或城市水准点引测，作为施工高程控制网高程起算的依据。

1. 水准点

1) 水准点一般用BM表示，分为永久性和临时性两种。

2) 国家级永久性水准点（图1.2-7）：一般用钢筋混凝土或石料制成，标石顶部嵌有不锈钢或其他不易锈蚀的材料制成的半球形标志，标志最高处（球顶）作为高程起算基准。

3) 城市级永久性水准点（图1.2-8）：采用金属标志直接镶嵌在坚固稳定永久性建筑物的墙脚上，又称墙上水准点。

4) 工程建设中水准点如图1.2-9所示。

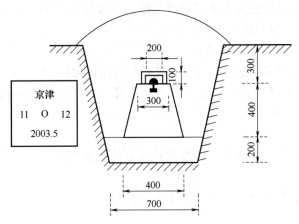

图 1.2-7　国家级永久性水准点（单位：mm）

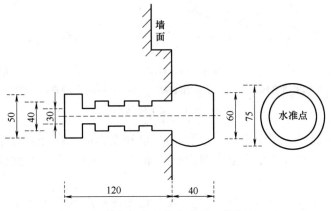

图 1.2-8　城市级永久性水准点（单位：mm）

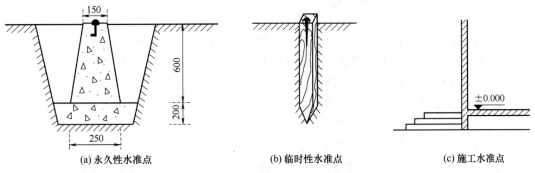

(a) 永久性水准点　　　　(b) 临时性水准点　　　　(c) 施工水准点

图 1.2-9　工程建设中水准点（单位：mm）

（1）**永久性水准点**［图 1.2-9（a）］：用混凝土或钢筋混凝土制成，顶部设置半球形金属标志。

（2）**临时性水准点**［图 1.2-9（b）］：

① 用大木桩打入地下，桩顶面钉一个半圆球状铁钉，也可直接把大铁钉（钢筋头）打入沥青等路面或在桥台、房基石、坚硬岩石上等固定的、明显的、不易破坏的地方。

② 用红油漆画出临时水准点标志"⊕BM_i"或者"⊙BM_i"。

③ 绘制出水准点与附近固定建筑物或其他明显地物关系的点位草图，写明水准点的编号和高程，作为水准测量的成果一并保存。

(3) 施工水准点［图1.2-9 (c)］：

① 建筑设计中常以底层室内地坪高为高程起算面，记作±0.000水准点。

② ±0.000水准点的位置，一般选在稳定的建筑物墙、柱的侧面，用红漆绘成顶为水平线的"▼"形，其顶端表示±0.000位置。

2. 水准路线

1) 水准路线布设中，应遵循由高级到低级，从整体到局部，逐级控制、逐级加密的原则。

2) 水准路线一般有以下三种形式（图1.2-10）：

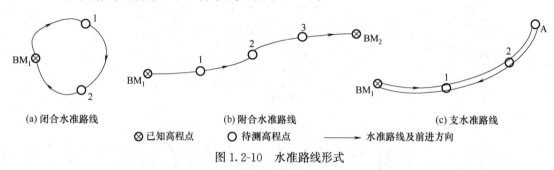

图1.2-10 水准路线形式

(1) 闭合水准路线［图1.2-10 (a)］：由一已知高程点BM_1出发，经过1、2等若干待定高程水准点进行水准测量，最后回到原已知高程点BM_1的环形路线。各段高差的总和理论上等于0。

(2) 附合水准路线［图1.2-10 (b)］：由一已知高程点BM_1出发，经过1、2、3等若干待定高程水准点进行水准测量，最后附合到另一已知高程点BM_2的路线。各段高差的总和理论上等于两个已知点的高差。

(3) 支水准路线［图1.2-10 (c)］：

① 由已知水准点BM_1出发，经过1、2等若干个待定点进行水准测量。

② 为提高支水准路线观测精度，支水准路线应进行往返观测，且不能过长。

③ 支水准路线往返观测高差理论上绝对值相等、符号相反。

3. 连续水准测量

1) 转点设置要点

(1) 转点以符号ZD或TP表示。

(2) 转点位置要选择土质稳固的地方，而且在相邻测站的观测中，要保持转点稳定不动。

(3) 各测站的前后视距应大致相等，有利于消除地球曲率和仪器某些误差对高差的影响。

(4) 测站数量应设置偶数个，有利于消除前后尺的零点误差。

2) 测设方法

(1) 已知水准点BM_A高程为H_A，欲测定距水准点BM_B的高程。

(2) 如图1.2-11所示，依据前进方向，已知高程点BM_A作为后视点，置水准仪于至

已知高程点 BM_A 一定距离的①站处,并在适当的位置选择好转点 ZD_1 作为前视点。踏实尺垫,将水准尺置于 BM_A 和 ZD_1 上。

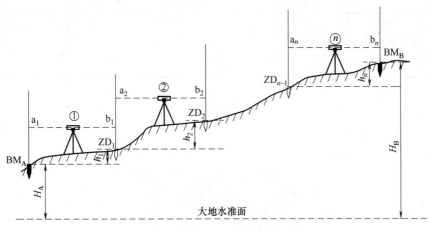

图 1.2-11 连续水准测量

(3) 将水准仪整平后,先瞄准 BM_A 处的后视尺,消除视差,读数 a_1,并记录到水准测量记录表格中。

(4) 平转望远镜照准前视尺,消除视差,读数 b_1,记录到水准测量记录表格中,并计算该站高差为 h_1。

(5) 将水准仪搬站至 ZD_1、ZD_2 之间,架设测站②站,并将立在 BM_A 点的水准尺搬至 ZD_2 点,成为测站②的前视尺。而测站①中立在 ZD_1 的前视尺原地不动,成为测站②的后视尺,再按(3)、(4)的步骤与方法,进行测站②的观测。

(6) 重复上述步骤测至终点 BM_B 为止。

4. 水准测量的主要技术要求

水准测量的主要技术要求见表 1.2-3。

水准测量的主要技术要求 表 1.2-3

等级	每千米高差全中误差(mm)	路线长度(km)	水准仪型号	水准尺	观测次数		往返较差、附合或环线闭合差	
					与已知点联测	附合或环线	平地(mm)	山地(mm)
三等	6	≤50	DS1	铟瓦	往返各一次	往一次	$12\sqrt{L}$	$4\sqrt{n}$
			DS3	双面		往返各一次		
四等	10	≤16	DS3	双面	往返各一次	往一次	$20\sqrt{L}$	$6\sqrt{n}$

注:1. 结点之间或结点与高级点之间,其路线的长度,不应大于表中规定的70%。
2. L 为往返测段、附合或环线的水准路线长度(km);n 为测站数。
3. 数字水准仪测量的技术要求和同等级的光学水准仪相同。

5. 水准观测的主要技术要求

水准观测的主要技术要求见表 1.2-4。

二、建筑物定位测量

建筑物定位测量如图 1.2-12 所示。

水准观测的主要技术要求 表 1.2-4

等级	水准仪型号	视线长度（m）	前后视距较差（m）	前后视距较差累计（m）	视线离地面最低高度（m）
三等	DS1	100	3	6	0.3
	DS3	75			
四等	DS3	100	5	10	0.2

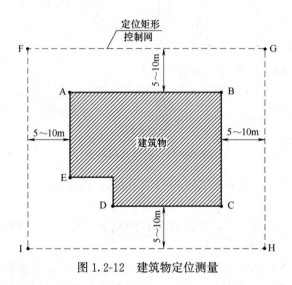

图 1.2-12　建筑物定位测量

（1）为防止基础施工时对定位桩的破坏，首先在距建筑物外轮廓线 5～10m，且平行建筑物处，测设出建筑物定位矩形控制网（FGHI）。矩形控制网边长以相应建筑物外轮廓边边长最大值为基数。

（2）根据设计所给定的条件及矩形控制网，测设出建筑物四周外廊主轴线的交点（A、B、C、D、E），即为轴线控制桩。

第三节　施工测量方法

一、测量的基本方法

（一）测设已知水平距离

1. 钢尺测设法

1) 一般方法（图 1.3-1）

（1）当测设精度要求不高时，从已知点 A 开始，沿给定的方向，可用钢尺直接丈量出已知水平距离。

（2）第一次测量：从已知点 A 开始，沿给定的方向，用钢尺量出水平距离 D，定出另一端点 B'。

（3）第二次测量：同法再丈量一次得 B'' 点。

（4）当两次丈量的误差在限差内，则取两次端点的平均位置 B 作为该端点的最后位置。

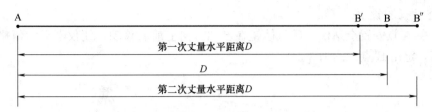

图 1.3-1 钢尺一般方法测设距离

2）精确方法（图 1.3-2）

（1）当水平距离的测设精度要求较高时，按照上述一般方法在地面测设出水平距离后，还需再加上尺长、温度和高差三项改正，计算出实地拟测设的长度 S。

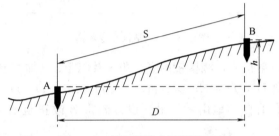

图 1.3-2 钢尺精确方法测设距离

（2）改正公式：

$$S=D-\Delta_l-\Delta_t-\Delta_h \quad (1.3\text{-}1)$$

式中：S——实地拟测设的长度；
　　　D——待测设的水平距离；
　　　Δ_l——尺长改正数；
　　　Δ_t——温度改正数；
　　　Δ_h——倾斜改正数。

① 尺长改正数 Δ_l 公式

$$\Delta_l=\frac{\Delta l}{l_0}\cdot D \quad (1.3\text{-}2)$$

式中：l_0——钢尺的名义长度；
　　　Δl——整尺长度改正数。

② 温度改正数 Δ_t 公式

$$\Delta_t=\alpha\cdot D\cdot(t-t_0) \quad (1.3\text{-}3)$$

式中：α——钢尺的线膨胀系数，$\alpha=1.25\times10^{-5}$；
　　　t——测设时的温度；
　　　t_0——钢尺的标准温度，一般为 20℃。

③ 倾斜改正数 Δ_h 公式

$$\Delta_h=-\frac{h^2}{2D} \quad (1.3\text{-}4)$$

式中：h——线段两端点的高差。

2. 全站仪测设法

(1) 在 A 点安置全站仪，反射棱镜在已知方向上前后移动，使仪器显示值略大于测设的距离，定出 B′ 点（图 1.3-3）。

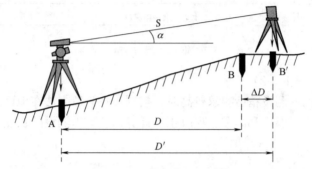

图 1.3-3　全站仪测设距离

(2) 在 B′ 点安置反射棱镜，测棱镜的竖直角 α 及斜距 S（加气象改正）。

(3) 计算水平距离 D'，$D'=S\cos\alpha$。再求出 ΔD，$\Delta D=D-D'$。

(4) 根据 ΔD 的数值在实地用钢尺沿测设方向将 B′ 改正至 B 点，并用木桩标定其点位。

(5) 检核：将反射棱镜安置于 B 点，再实测 AB 距离，其不符值应在限差之内，否则应再次进行改正，直至符合限差为止。

（二）测设已知水平角

1. 一般测设方法

(1) 当测设水平角的精度要求不高时，可采用盘左盘右分中法测设。

(2) 设地面已知方向 OA，O 为角顶，β 为已知水平角值，OB 为欲定的方向线。

(3) 在 O 点安置经纬仪，盘左位置瞄准 A 点，读得水平度盘读数为 L。

(4) 顺时针方向转动照准部，使水平度盘读数恰好为 $L+\beta$ 值，在此视线上定出 B_1 点。

(5) 盘右位置，重复上述步骤，再测设一次，定出 B_2 点。

(6) 取 B_1B_2 的中点 B，则 ∠AOB 就是要测设的 β 角。

(7) 检核：用测回法测量 ∠AOB，若与已知水平角值 β 的差值符合限差规定，则 ∠AOB 即为测设的 β 角。

一般测设方法测设水平角如图 1.3-4 所示。

2. 精确测设方法

(1) 当测设精度要求较高时，根据 β 角的设计值先用一般方法测设出 B_1 点。

(2) 用测回法对 ∠AOB_1 观测若干个测回，求出各测回平均值 β_1，并计算出 $\Delta\beta=\beta-\beta_1$。

(3) 量取 OB_1 的水平距离。

(4) 计算改正距离（$\rho=206265''$）：

$$BB_1=OB\tan\Delta\beta\approx OB_1\frac{\Delta\beta}{\rho} \qquad (1.3-5)$$

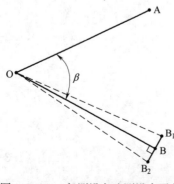

图 1.3-4　一般测设方法测设水平角

(5) 自 B_1 点沿 OB_1 的垂直方向量出距离 BB_1，定出 B 点，则∠AOB 就是要测设的角度。量取改正距离时，如 $\Delta\beta$ 为正，则沿 OB_1 的垂直方向向外量取；如 $\Delta\beta$ 为负，则沿 OB_1 的垂直方向向内量取。

(6) 检核：再用测回法精确测出∠AOB，其值与已知水平角值 β 的差值应小于限差规定。

精确测设方法测设水平角如图 1.3-5 所示。

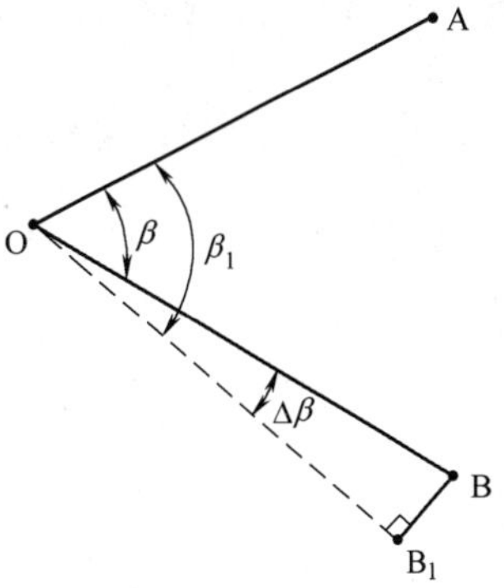

图 1.3-5 精确测设方法测设水平角

二、建筑物细部点平面位置测设方法

平面位置测设的主要设备有：经纬仪及钢卷尺/测距仪、全站仪等。

（一）直角坐标法

1. 适用范围

当建筑场地的施工控制网为方格网或轴线形式时，采用直角坐标法放线最为方便。

2. 工作原理

利用一已知点的位置，用加减法计算出与待测点的横纵坐标差值，再按其坐标差数量取距离和测设直角，取得待测点的准确位置。

3. 测设方法

(1) A、B、C、D 为建筑方格网或建筑基线控制点，1、2、3、4 点为待测设建筑物轴线的交点，建筑方格网或建筑基线分别平行或垂直于待测设建筑物的轴线。

(2) 计算出 A 点与待测点 1、2 点之间的坐标增量，即 $\Delta x_{A1}=x_1-x_A$，$\Delta y_{A1}=y_1-y_A$，$\Delta y_{12}=|y_1-y_2|$。

(3) 在 A 点安置经纬仪，照准 C 点，沿 AC 边量取 Δx_{A1}，定 $1'$ 点。

(4) 将经纬仪移至于 $1'$ 点，后视 A 点，以盘左、盘右分中法反时针测设 $90°$，测得 AC 边的垂线，在垂线上取 Δy_{A1}，测定出 1 点；再取 Δy_{12}，测定出 2 点。

(5) 用同样的方法测设 3、4 点的位置。

(6) 检核：在已测定的点位上架设经纬仪，检测各个角度是否符合设计要求，并丈量各条边长度。

直角坐标法测设点位如图 1.3-6 所示。

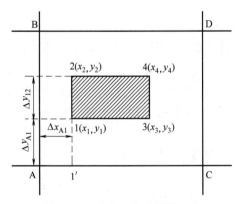

图 1.3-6 直角坐标法测设点位

（二）极坐标法

1. 适用范围

用于测设点靠近控制点，便于量距的地方。

2. 工作原理

根据控制点、水平角和水平距离测设点的平面位置。

3. 测设方法

(1) A (x_A, y_A)、B (x_B, y_B) 为已知控制点，1、2、3、4 点均为待测设点。

(2) 以 1 点测设为例，1 点的设计坐标为 (x_1, y_1)，反算出水平角 β 和水平距离 D。则：

$$\alpha_{AB} = \tan^{-1} \frac{y_B - y_A}{x_B - x_A} \quad (1.3\text{-}6)$$

$$\alpha_{A1} = \tan^{-1} \frac{y_1 - y_A}{x_1 - x_A} \quad (1.3\text{-}7)$$

$$\beta = \alpha_{A1} - \alpha_{AB} \quad (1.3\text{-}8)$$

$$D = \sqrt{(x_1 - x_A)^2 + (y_1 - y_A)^2} \quad (1.3\text{-}9)$$

(3) 经纬仪安置在 A 点，后视 B 点，置度盘为零，按盘左、盘右分中法测设水平角 β，定出 1 点方向，沿此方向测设水平距离 D，则可测设出 1 点。

(4) 用同样的方法测设其他各点。

(5) 检核：丈量各点之间的水平边长，并与用设计坐标反算出的水平边长进行比较。

(6) 注意：用极坐标法测定某点的平面位置时，是在一个控制点上进行，但该点必须与另一控制点通视。

极坐标法测设点位如图 1.3-7 所示。

（三）角度前方交会法

1. 适用范围

用于不便量距或测设点远离控制点的地方。

2. 工作原理

在 2 个控制点上分别安置经纬仪，根据相应的水平角测设出相应的方向，根据两个方向交会定出点位。

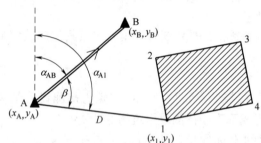

图 1.3-7 极坐标法测设点位

3. 测设方法

(1) 根据控制点 A、B 和待测设点 1、2 的设计坐标，反算 β_{A1}、β_{A2}、β_{B1} 和 β_{B2} 的角值。

(2) 将经纬仪安置在 A 点，瞄准 B 点，用 β_{A1}、β_{A2} 角值，按照盘左、盘右分中法定出 A1、A2 方向线，并在其方向线上的 1、2 两点附近分别打上两个木桩（俗称"骑马桩"），桩上钉小钉以表示此方向。

(3) 再在 B 点安置经纬仪，同法定出 B1、B2 方向线。

(4) 在控制点 A、B 分别打上骑马桩，用细线分别与上述观测出的骑马桩点相连。则 A1 与 B1、A2 与 B2 方向线可以分别交出 1、2 两点，即为所求待测设点的位置。

(5) 检核：实地丈量 1、2 两点之间的水平边长，与 1、2 两点设计坐标反算出的水平边长进行比较。

角度前方交会法测设点位如图 1.3-8 所示。

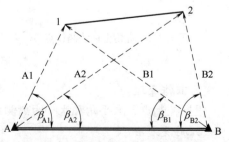

图 1.3-8 角度前方交会法测设点位

(四) 距离交会法

1. 适用范围

当建筑场地平坦且便于量距时使用。

2. 工作原理

从两个控制点利用两段已知距离进行交会定点。

3. 测设方法

(1) 根据控制点 A、B 和待测设点 1 的设计坐标，反算 A-1 及 B-1 的距离值 D_{A1}、D_{A2}。

(2) 分别以控制点 A、B 为圆心，以 D_{A1}、D_{A2} 为半径，在场地上作弧线，两弧的交点即为待测点 1。

(3) 检核：用同样的方法测设出 2 点，再实地丈量 1、2 两点之间的水平距离，并与 1、2 两点设计坐标反算出的水平距离进行比较。

距离交会法测设点位如图 1.3-9 所示。

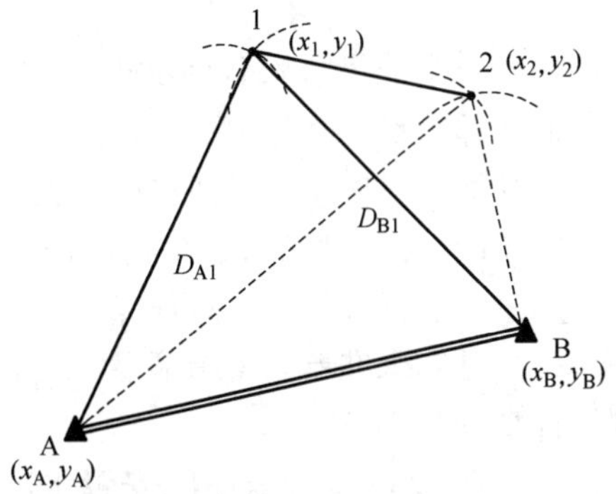

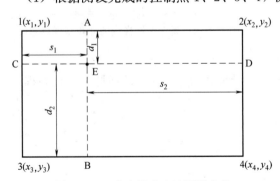

图 1.3-9　距离交会法测设点位

(五) 方向线交会法

1. 适用范围

适用于建立了场区控制网、施工层放线及施工中的控制点位恢复等。

2. 工作原理

用相对应的两个已知点或两个定向点的方向线交会来定位待测点。

3. 测设方法

(1) 根据测设完成的控制点 1、2、3、4，测设待测点 E。

(2) 沿 1-2 方向线及 3-4 方向线取距离 s_1，定出 A、B 点；沿 1-3 方向线及 2-4 方向线取距离 d_1，定出 C、D 点。

(3) 分别沿 A-B、C-D 方向弹线，两线的交会点即为 E 点。

(4) 检核：根据已知点位坐标计算 s_2 及 d_2 的数值，再与实地丈量 BE 及 DE 的水平距离进行比较。

方向线交会法测设点位如图 1.3-10 所示。

图 1.3-10　方向线交会法测设点位

三、建筑物细部点高程位置测设方法

高程测设的主要设备有：水准仪及水准尺、全站仪等。

(一) 已知高程点测设

1. 在地面测设已知高程

在地面测设已知高程如图 1.3-11 所示。

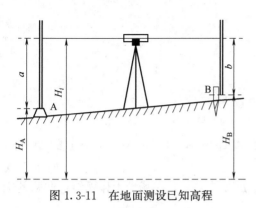

图 1.3-11 在地面测设已知高程

(1) 已知水准点 A 点高程为 H_A,B 点待测设计高程设为 H_B。

(2) 在 A 点和 B 点中间安置水准仪,以水准点 A 为后视,读取后视标尺读数 a,并计算出视线高程 H_i。

即:$H_i=H_A+a$

(3) 再根据视线高程 H_i 和 B 点设计高程 H_B,计算出待测设计高程点的"应读前视读数 b"。

即:$b=H_i-H_B$

(4) 将水准尺紧靠 B 点木桩的侧面上下移动,直到尺上读数为 b 时,沿尺底画一横线,此线即为设计高程 H_B 的位置。

(5) 测设时应始终保持水准尺上的水准泡居中。

2. 高于仪器视线的已知高程点测设

高于仪器视线的已知高程点测设如图 1.3-12 所示。

(1) 已知水准点 A 点高程为 H_A,B 点待测设计高程为 H_B。

(2) 在 A 点和 B 点中间安置水准仪,以水准点 A 为后视,读取后视标尺读数 a,并计算出视线高程 H_i。

即:$H_i=H_A+a$

(3) 再根据视线高程 H_i 和 B 点设计高程 H_B,计算出待测设计高程点的"应读前视读数 b"。

即:$b=H_B-(H_A+a)$

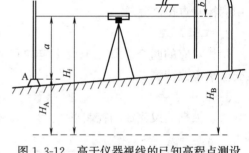

图 1.3-12 高于仪器视线的已知高程点测设

(4) 把尺底向上,即用"倒尺"紧靠 B 点木桩的侧面上下移动,直到尺上读数为 b 时,沿尺底画一横线,此线即为设计高程 H_B 的位置。

(二) 施工高程传递

1. 基坑施工中的高程传递

基坑施工中的高程传递如图 1.3-13 所示。

(1) 当开挖较深的基槽时,可用水准测量传递高程。

(2) 已知水准点 A 点高程为 H_A,B 点待测设计高程为 H_B。

(3) 在坑上、坑下各安置一台水准仪,待测设高差大时,用钢尺代替水准尺。

(4) 用①号水准仪分别测出 a、b 值;用②号水准仪测出 c 值。

(5) 计算 d 值:

$$d=(H_A+a)-(b-c)-H_B \tag{1.3-10}$$

(6) 将水准尺紧靠 B 点木桩的侧面上下移动,直到尺上读数为 d 时,沿尺底画一横线,此线即为设计高程 H_B 的位置。

2. 楼层施工中的高程传递

(1) 楼层标高的传递基准一般为+500mm线（俗称结构50线）。

(2) 以地上结构楼层高程传递为例，如图1.3-14所示。

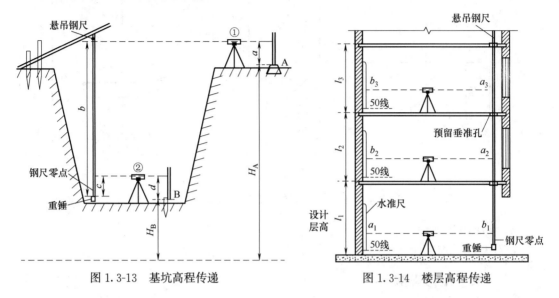

图1.3-13 基坑高程传递　　　　图1.3-14 楼层高程传递

① 首层结构完成后，用水准仪在内墙面上测设一条+500mm的标高线，作为首层地面施工及室内装修的依据。

② 在以上每层楼板相同位置预留垂准孔，采用悬吊钢尺的方法进行楼层高程传递。

③ 如图示中的相互位置关系：

$$l_1 = (a_2 - b_2) - (a_1 - b_1) \tag{1.3-11}$$

由上式可求得 b_2 值。

④ 进行第二层水准测量时，上下移动水准尺，使其读数为 b_2，沿水准尺底部在墙面上划线，即可得到二层的+500mm标高线。

⑤ 同理逐层向上进行楼层高程传递。

第四节　变形监测

一、沉降观测

1. 沉降观测点的布设

(1) 布设原则：应布置在深基坑及建筑物本身沉降变化较显著的地方，并要考虑到在施工期间和竣工后能顺利进行监测的地方。

(2) 沉降观测点应均匀布置，距离一般为10~20m。深基坑支护结构的沉降观测点应埋设在锁口梁上，一般间距不超过20m，每边不宜少于3点。

(3) 在建筑物四周角点、中点及内部承重墙（柱）上均须埋设观测点，并应沿房屋周长每间隔10~12m设置一个观测点。

(4) 在高层和低层建筑物、新老建筑物连接处，以及在相接处的两边都应布设观测点。

(5) 沉降观测点的设置形式如图1.4-1所示。

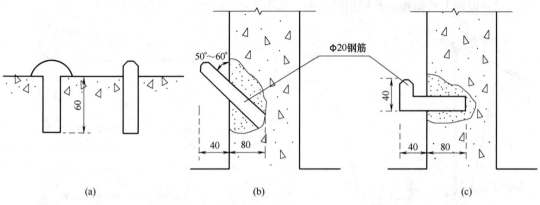

图1.4-1 沉降观测点的设置形式（单位：mm）

2. 沉降观测方法

沉降观测采取精密水准测量方法进行观测。

二、水平位移观测

1. 基准线法

(1) 原理：利用经纬仪或水准仪的视线轴构成基准线，通过该基准线的铅垂面作为基准面，并以此铅垂面为标准，测定其他观测点相对于该铅垂面的水平位移量。

(2) 适用范围：测定工程建筑物在某特定方向上的位移量，如建筑物深基坑锁口梁上的位移量，桥梁在垂直于桥轴线方向上的位移量。

2. 角度前方交会法

(1) 适用范围：工程施工现场环境复杂，可利用前方交会法，对观测点进行角度观测。

(2) 观测方法：

① 交会角应为60°~120°，最好采用三点交会。

② 观测点的坐标，将每次测出的坐标值与前一次测出的坐标值进行比较，利用两期之间的坐标差值 Δx、Δy，计算该点的水平位移量 δ。

$$\delta = \sqrt{\Delta x^2 + \Delta y^2} \tag{1.4-1}$$

3. 导线测量法

(1) 适用范围：用于非直线形工程建筑物的水平位移观测。

(2) 观测方法：一般采用光电测距仪或全站仪测量边长。

三、裂缝观测

(1) 先在裂缝两侧各设置一个固定观测标志（图1.4-2），定期观测记录两标志间相对位置变化。

(2) 一般情况下，可用带有毫米分划的直尺直接量取两标志间的距离。

四、基础倾斜观测

1. 一般基础倾斜观测

一般基础倾斜观测如图 1.4-3 所示。

（1）建筑物的倾斜观测一般采用精密水准测量的方法，定期测出基础两端点的沉降量差值 Δh。

（2）根据基础宽度 L，计算基础倾斜度 i。

$$i = \tan\alpha = \frac{\Delta h}{L} \tag{1.4-2}$$

2. 整体刚度好的建筑物基础倾斜观测

整体刚度好的建筑物基础倾斜观测如图 1.4-4 所示。

（1）可采用基础沉降量差值，推算主体偏移值。

（2）用精密水准测量测定建筑物基础两端点的沉降量差值 Δh。

（3）根据建筑物的宽度 L 和高度 H，推算出该建筑物主体的偏移值 δ。

$$\delta = i \cdot H = \frac{\Delta h}{L} H \tag{1.4-3}$$

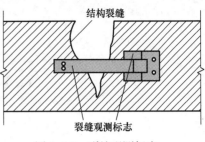

图 1.4-2 裂缝观测标志

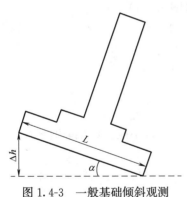

图 1.4-3 一般基础倾斜观测

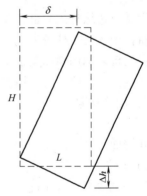

图 1.4-4 整体刚度好的建筑物基础倾斜观测

五、变形观测成果

每项变形观测结束后，应提交下述综合成果资料：

（1）变形观测技术设计书及施测方案。

（2）变形观测控制网及控制点平面布置图。

（3）观测点埋设位置图。

（4）仪器的检校资料。

（5）原始观测记录。

（6）变形观测成果表。

（7）各种变形关系曲线图。

（8）编写变形观测分析报告及质量评定资料。

第二章 土石方工程施工

第一节 基坑支护工程施工

一、浅基坑支护

(一) 斜柱支撑

1. 适用范围

用于开挖面较大、深度不大的基坑或使用机械挖土时使用。

2. 施工要点

(1) 沿基坑边缘打入柱桩,并用横撑连接固定(图 2.1-1)。

(2) 将挡土板钉在柱桩内侧。

(3) 在柱桩外侧用斜撑支顶紧,斜撑底端用短桩固定。

(4) 在挡土板内侧分层夯填回填土。

(二) 锚拉柱支撑

1. 适用范围

用于开挖面较大、深度较深的基坑或使用机械挖土,且不能安设横撑时使用。

2. 施工要点

(1) 沿基坑边缘打入柱桩。柱桩底端打入土中;上端设拉杆,与锚桩拉紧;拉杆长度大于等于 $H/\tan\varphi$(图 2.1-2)。

(2) 将挡土板钉在柱桩内侧。

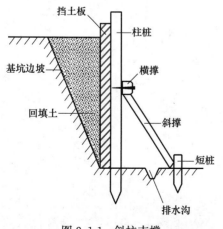

图 2.1-1 斜柱支撑

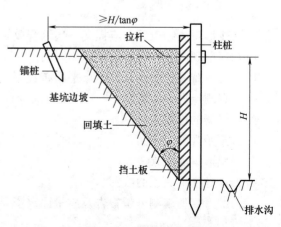

图 2.1-2 锚拉柱支撑

(3) 在挡土板内侧分层夯填回填土。

(三) 型钢桩横挡板支撑

1. 适用范围

用于地下水位较低、深度稍大的黏性土层或砂土层中使用。

2. 施工要点

(1) 沿挡土位置预先打入钢轨、工字钢或 H 型钢桩，间距为 1.0～1.5m。

(2) 土方开挖后，将 3～6cm 厚的挡土板塞进钢桩之间，在横向挡板与型钢桩之间打上楔子，使横挡板与土体紧密接触（图 2.1-3）。

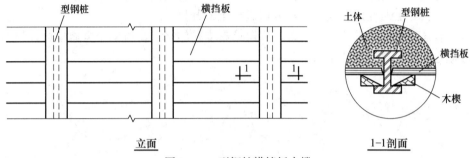

图 2.1-3　型钢桩横挡板支撑

(四) 短桩横隔板支撑

1. 适用范围

当部分地段下部放坡不够时使用。

2. 施工要点

(1) 沿基坑底部边缘打入小短木桩或钢桩。

(2) 将横隔板钉在短柱的内侧。

(3) 在横隔板与边坡之间填土夯实（图 2.1-4）。

(五) 临时挡土墙支撑

1. 适用范围

当部分地段下部放坡不够时使用。

2. 施工要点

沿坡脚用砖、石叠砌或用装水泥的聚丙烯扁丝编织袋、草袋装土、砂堆砌，使坡脚保持稳定（图 2.1-5）。

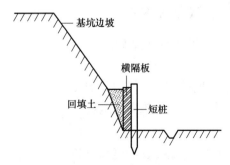

图 2.1-4　短桩横隔板支撑

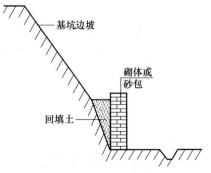

图 2.1-5　临时挡土墙支撑

(六）挡土灌注桩支护

1. 适用范围

用于开挖面较大、较浅（小于 5m）但土质较稳定的基坑，邻近有建筑物，不能放坡，且不允许邻近建筑的地基有下沉、位移时采用。

2. 施工要点

（1）沿基坑开挖线，根据设计方案要求，用钻机或洛阳铲成孔（一般桩径为 400～500mm，桩间距为 1.0～1.5m，如图 2.1-6 所示）。

（2）成孔后，清除孔内杂物和松土，用吊车下入钢筋笼，浇筑混凝土。

（3）待混凝土强度达到设计后，方可进行土方开挖。

（4）土方开挖时，应随开挖步距，逐层修整支护结构。将桩间土方修整成外拱形，使灌注桩与土体共同起到支护作用。

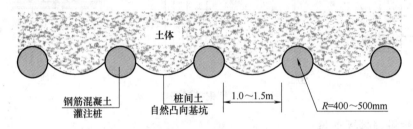

图 2.1-6　挡土灌注桩支护

（七）叠袋式挡墙支护

1. 适用范围

适用于一般黏性土、面积大、开挖深度在 5m 以内的浅基坑支护。

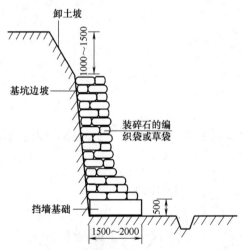

图 2.1-7　叠袋式挡墙支护（单位：mm）

2. 施工要点

（1）沿基坑底边砌 500mm 厚、1500～2000mm 宽的块石基础（图 2.1-7）。

（2）沿基坑边坡逐层堆砌装有碎石（砂砾石或土）的编织袋或草袋，至距坡顶 1.0～1.5m 处。

（3）在距坡顶 1.0～1.5m 范围内，按正常放坡系数放坡，表面抹砂浆保护。

二、深基坑支护

（一）灌注桩排桩支护

1. 适用条件

基坑侧壁安全等级为一级、二级、三级；可采取降水或止水帷幕的基坑。

2. 结构形式

结构形式包括悬臂式支护结构［图 2.1-8（a）］、锚拉式支护结构［图 2.1-8（b）］、内撑式支护结构［图 2.1-8（c）］和内撑-锚拉混合式支护结构及双排桩形式。

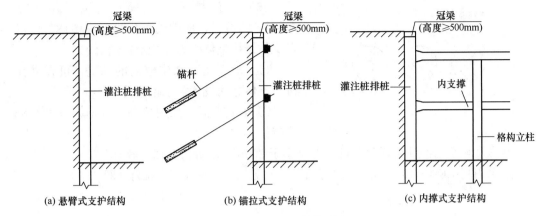

图 2.1-8 灌注桩结构形式

3. 排桩形式

灌注桩排桩形式如图 2.1-9 所示。

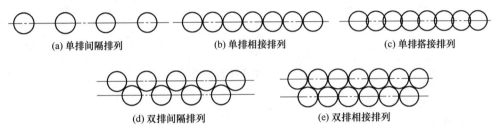

图 2.1-9 灌注桩排桩形式

4. 施工流程

施工流程为：定位桩→钻机定位→取土成孔→检查校正桩位→钻孔至设计标高→清孔→成孔验收→下钢筋笼→二次清孔→下放导管→吊挂串筒→浇筑混凝土。

5. 施工要点

（1）灌注排桩的桩径、桩长及埋入深度由设计根据结构受力和基坑底部稳定，以及环境要求确定。

（2）施工前必须试成孔，数量不得少于 2 个。以核对地质资料、检验所选的设备、机具、施工工艺以及技术是否适宜。

（3）钻孔施工时应采取间隔一至三跳打方式隔桩施工（图 2.1-10）。已完成浇筑混凝土的桩与邻桩间距应大于 4 倍桩径，或间隔施工时间应大于 36h。

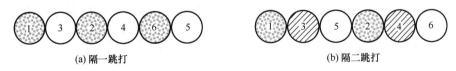

图 2.1-10 排桩施工顺序

（4）对于砂质土，可采用套打排桩形式（图 2.1-11）。

（5）非均匀配筋排桩的钢筋笼在绑扎、吊装和埋设时，应保证钢筋笼的安放方向与设计方向一致。

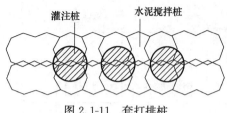

图 2.1-11 套打排桩

（6）灌注桩顶应设置一道高度不小于500mm的冠梁，使灌注桩排桩形成整体，以满足支护结构整体受力和变形控制要求。

（7）对于地下水位较高的基坑，可在灌注桩与土体之间设置截水帷幕。

① 截水帷幕宜采用单轴、双轴或三轴水泥搅拌桩。

② 截水帷幕与灌注桩排桩间的净距宜小于200mm[图2.1-12（a）]。

③ 采用高压旋喷桩时，应先施工灌注桩，再施工高压旋喷截水帷幕[图2.1-12（b）]。

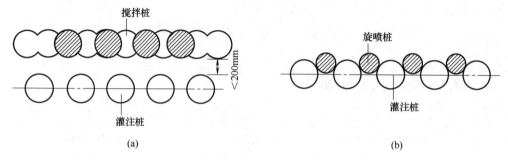

图 2.1-12 截水帷幕位置图

（二）地下连续墙支护

1. 适用条件

基坑侧壁安全等级为一级、二级、三级；用于周边环境条件或地质条件很复杂的深基坑。

2. 结构形式

（1）壁板形（图2.1-13）：应用最多的结构形式。

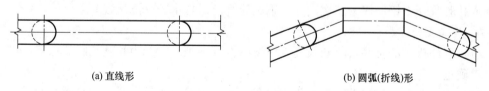

图 2.1-13 壁板形结构

（2）T形及Π形（图2.1-14）：该结构形式可减少内支撑或土层锚杆的层数，增大了支点间的间距，并因此增大了悬臂式地下连续墙支护的适用深度。

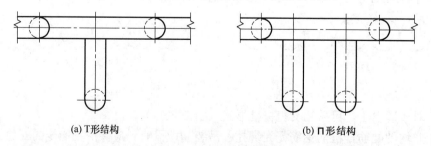

图 2.1-14 T形及Π形结构

(3) 格栅形（图 2.1-15）：由壁板形与 T 形地下连续墙组合而成的结构，靠自重及格栅内的土体重量维持墙体的稳定，适用于大型的工业基坑。

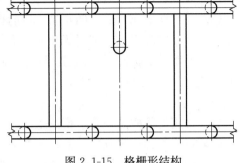

图 2.1-15 格栅形结构

3. 施工流程（图 2.1-16）

（1）开挖导槽，修筑导墙[图 2.1-16 (a)]。

（2）在始终充满泥浆的沟槽中，利用专业挖槽机械进行挖槽[图 2.1-16 (b)]。

（3）两端放入接头管[图 2.1-16 (c)]。

（4）将已制备的钢筋笼下沉到设计高度[图 2.1-16 (d)]。

（5）插入水下灌注混凝土导管后，进行混凝土灌注[图 2.1-16 (e)]。

（6）待混凝土初凝后，拔出接头管[图 2.1-16 (f)]。

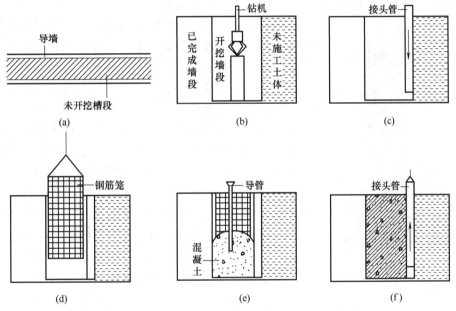

图 2.1-16 地下连续墙施工流程

4. 施工要点

1）导墙施工（图 2.1-17）：

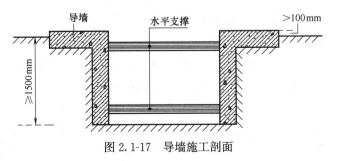

图 2.1-17 导墙施工剖面

(1) 导墙顶面应水平,且高出地面不小于100mm。
(2) 导墙内墙面应垂直,且平行于地下连续墙轴线。
(3) 导墙底面应与原土面密贴,以防槽内泥浆渗入导墙后侧。
(4) 导墙混凝土应对称浇筑,混凝土强度达到70%后,方可拆模。
(5) 导墙模板拆除后,应立即在导墙内加设上下两道水平支撑,水平间距为1.5~2.0m,竖向间距为0.8~1.0m。

2) 泥浆:
(1) 常用泥浆的品种有:膨润土泥浆、高分子聚合物泥浆、CMC泥浆、盐水泥浆等。
(2) 新配制的泥浆应静置贮存24h以上方可使用。
(3) 施工中应严格控制泥浆液位,确保泥浆液位在地下水位0.5m以上,且不低于导墙面以下0.3m。
(4) 被污染的性质恶化泥浆,可采用物理再生处理或化学再生处理后,重复使用。

3) 挖槽结束后,一般采用置换法在渣土尚未沉淀之前,用新泥浆把槽内的泥浆置换出来,使槽内泥浆的密度在1.15kg/m³以下,进行清基工作。

图2.1-18 钢筋笼吊装

4) 钢筋笼起吊应采用横吊梁或吊架,为防止钢筋笼吊起后在空中摆动,应在钢筋笼下端系牵引绳(图2.1-18)。

5) 混凝土浇筑:
(1) 地下连续墙混凝土浇筑采用导管法进行,导管首次使用前应进行气密性试验,检查导管的密封性能。
(2) 导管插入距槽底0.5m处可开始浇筑混凝土;浇筑过程中,应保持导管下口埋入混凝土内2~4m;当混凝土浇筑至墙顶时,导管最小埋入深度可控制在1m左右。
(3) 导管距槽段端部距离不宜超过2m;同一槽段内的导管间距一般为3~4m,浇筑时应使各导管处的混凝土面大致处在同一水平面上;导管浇筑过程中不得横向运动。
(4) 宜尽量加快槽段混凝土浇筑速度,一般槽内混凝土面上升速度不宜小于3m/h;混凝土浇筑至墙顶时,应超浇500mm以上。

(三)土钉墙

1. 适用条件

基坑侧壁安全等级为二级、三级。

2. 结构形式

主要结构形式一般分为单一土钉墙及复合土钉墙两类。

1) 单一土钉墙(图2.1-19):
(1) 土钉墙由喷射混凝土面层、土钉锚固体、加强筋及钢筋网组成。
(2) 土钉可采用钢筋、钢管、型钢等细长受力杆件。
(3) 土钉置入方式有钻孔注浆型、直接打入型、打入注浆型等。
(4) 使用单一土钉墙支护时,基坑边坡需要一定的放坡;且需设置防排水系统,基坑侧壁有透水层或渗水土层时,面层可设置泄水孔。

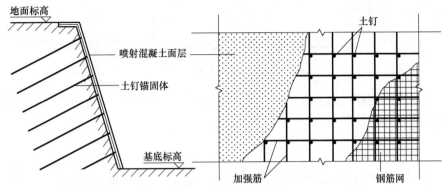

图 2.1-19 单一土钉墙

2）复合土钉墙（图 2.1-20）：

（1）复合土钉墙是土钉墙与各种止水帷幕、微型桩及预应力锚杆等构件结合而成的。

（2）复合土钉墙具有土钉墙的全部优点，对土层的适用性更广，对支护结构的整体稳定性、抗渗性及抗隆起性能均有大幅度的提高。

3）当基坑潜在面内有建筑物、重要地下管线时，不宜采用土钉墙。

3．施工流程

1）土钉墙施工流程

开挖工作面→修整坡面→第一层面层施工→土钉定位→钻孔→清孔检查→放置土钉→注浆→绑扎钢筋网→安装泄水管→第二层面层施工→养护→开挖下一层工作面→重复上述步骤至基坑设计深度。

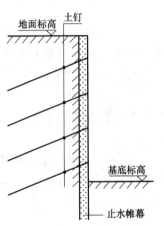

图 2.1-20 复合土钉墙

2）复合土钉墙施工流程

止水帷幕或微型桩施工→开挖工作面→修整坡面→第一层混凝土面层施工→土钉或锚杆定位→钻孔→清孔检查→放置土钉或锚杆→注浆→绑扎面层钢筋网及腰梁钢筋→安装泄水管→第二层混凝土面层及腰梁施工→养护→锚杆张拉→开挖下一层工作面→重复上述步骤至基坑设计深度。

4．施工要点

（1）土钉墙施工必须遵循"超前支护，分层分段，逐层施作，限时封闭，严禁超挖"的原则要求。

（2）每层分段长度一般不宜大于 30m，上一层土钉完成注浆 48h 后，才可开挖下层土方。

（3）钢筋土钉（图 2.1-21）施工应先成孔后植入钢筋，成孔方式分为机械成孔和人工成孔。注浆采用两次注浆工艺施工。第一次注浆宜为水泥砂浆，注浆量不应小于钻孔体积的 1.2 倍，第一次注浆初凝后，方可进行二次注浆；第二次压注纯水泥浆，注浆量为第一次注浆量的 30%～40%。注浆压力宜为 0.4～0.6MPa。

（4）钢管土钉（图 2.1-22）施工采用直接打入方式，目前一般采用气动潜孔锤或钻

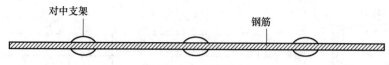

图 2.1-21 钢筋土钉

探机施工。从钢管空腔内向土层压注水泥浆,注浆压力不宜小于 0.6MPa;注浆顺序宜从管底向外分段进行,最后封孔。

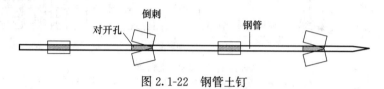

图 2.1-22 钢管土钉

(5) 土钉支护设计与施工需进行土钉现场抗拔试验。施工时每一典型土层中至少应设置 3 根用于试验的非工作钉。

(四) 咬合桩围护墙

1. 适用条件

基坑侧壁安全等级为一级、二级、三级。适用于较深的基坑,可同时用于截水。

2. 施工要点

1) 依据设计图纸要求及所采用的套管机的特点,在咬合桩顶部设置混凝土导墙,导墙厚度不小于 200mm,导墙宽度从桩中心向两侧各 2000mm,预留桩位尺寸略大于实际桩径 20mm(图 2.1-23)。

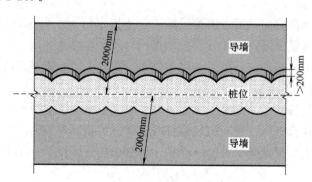

图 2.1-23 咬合桩导墙

2) 相邻桩之间的咬合厚度与桩的长度有关,桩越短咬合厚度越小(图 2.1-24),但桩身最小咬合厚度不宜小于 100mm,桩底最小咬合厚度不小于 50mm。验算公式如下:

$$d-2(kl+q) \geqslant 50\text{mm} \quad (2.1-1)$$

式中 d——钻孔咬合桩的设计咬合厚度;
k——桩的垂直度;
l——桩长;
q——孔口定位误差容许值。

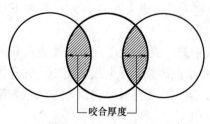

图 2.1-24 咬合厚度

3) 打桩施工

(1) 咬合桩分 Ⅰ、Ⅱ 两序桩跳孔施工,Ⅰ 序桩为素桩，Ⅱ序桩为钢筋混凝土桩。

(2) Ⅱ序桩成孔时，利用机械切割Ⅰ序桩桩身形成咬合桩墙。咬合切割分为软切割和硬切割两种方式。

(3) 采用软切割工艺时，Ⅰ序桩应采用超缓凝混凝土，缓凝时间不应小于60h；混凝土3d强度不宜大于3MPa；另外，软切割Ⅱ序桩及硬切割的Ⅰ序、Ⅱ序桩均应采用普通混凝土。

(4) 分段施工时，应在施工段的端头设置一个用砂灌注的Ⅱ序桩，用于围护桩的闭合处理。

打桩施工顺序如图2.1-25所示。

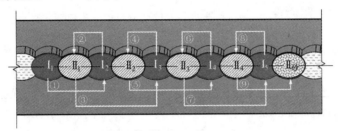

图 2.1-25　打桩施工顺序

(五) 型钢水泥土搅拌墙

1. 适用条件

基坑侧壁安全等级为一级、二级、三级。适用于黏性土、粉土、砂土、砂砾土等较深的基坑，深度不宜大于12m。

2. 施工要点

施工方法有SMW工法及TRD工法两种，如图2.1-26所示。

(1) SMW工法桩属于柔性支护 [图2.1-26 (a)]。先施工水泥搅拌桩挡墙，然后按一定的形式在其中插入型钢。

(2) TRD工法桩属于刚性支护 [图2.1-26 (b)]。将满足设计深度的附有切割链条以及刀头的切割箱插入地下，在进行纵向切割、横向推进成槽的同时，向地基内部注入水泥

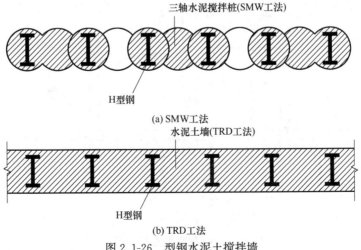

图 2.1-26　型钢水泥土搅拌墙

浆，并达到与原状地基的充分混合搅拌，形成等厚度连续墙。

（3）型钢水泥搅拌墙具有挡土和止水的双重功效。

（六）板桩围护墙

1. 适用条件

基坑侧壁安全等级为一级、二级、三级。适用于黏性土、粉土、砂土等较深的基坑，深度不宜大于12m。

2. 结构类型

结构类型包括混凝土板桩和钢板桩两类，结合内支撑（以钢支撑为主）使用，具有截水的作用（图2.1-27）。

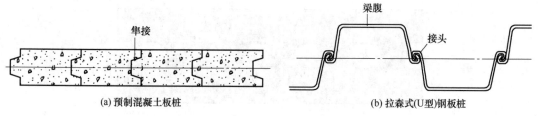

图 2.1-27　板桩围护墙断面

3. 施工要点

1）宜采用振动锤打设。采用锤击式时，应设置桩帽；有邻近建（构）筑物、地下管线时，应采用静力压桩法施工。

2）钢板桩施工如图2.1-28所示。

（1）安装钢导梁，通过经纬仪和水准仪控制导梁位置。

（2）用水刀法引孔工艺施打钢板桩。

（3）抽出水刀后，把钢板桩压入土中，板与板之间进行扣接。

（4）注意钢板桩身接头在同一标高处不应大于50％。

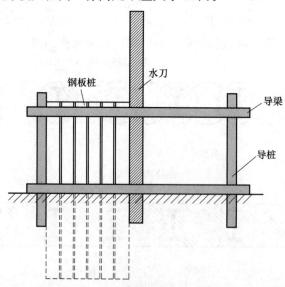

图 2.1-28　钢板桩施工示意图

3）混凝土板桩施工：

（1）混凝土板桩在工厂预制完成，当混凝土强度达到设计强度的70%时，可运至现场施工。

（2）混凝土板桩施打时，混凝土强度应达到设计强度的100%。

4）板桩回收应在基坑回填土完成后进行，拔除后的桩孔应及时注浆填实。

（七）水泥土重力式围护墙

1. 适用条件

基坑侧壁安全等级为二级、三级。适用于淤泥质土、淤泥基坑，深度不宜大于7m。

2. 施工要点

（1）可采用单轴、双轴或三轴搅拌机施工，围护墙体应采取连续搭接的施工方法（图2.1-29）。

（2）水泥搅拌桩成桩16h内，插入钢管、钢筋和毛竹。

（3）围护墙顶部应设置钢筋混凝土压顶板，并与水泥土加固体用钢筋连接（图2.1-30）。

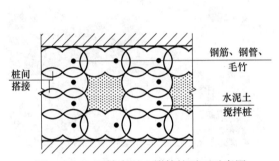

图2.1-29 双轴水泥土搅拌桩平面示意图

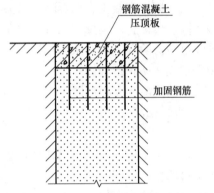

图2.1-30 水泥土重力式围护墙剖面图

（4）基坑开挖前宜采用钻取桩芯的方法检验桩长和桩身强度；深度大于5m的基坑应采用制作水泥土试块的方法检测桩身强度。

（八）内支撑

1. 钢支撑

（1）钢支撑常用H型钢支撑与钢管支撑。

（2）施工流程：测量放线→安装钢牛腿→施工钢围檩→支撑拼装→施加支撑预应力→安装完成。

（3）钢支撑多为工具式支撑，装、拆方便，可重复使用，可施加预紧力。

（4）钢支撑受力构件的长细比不宜大于75，连系构件的长细比不宜大于120。

（5）安装节点尽量设在纵向、横向支撑的交汇处附近。纵向、横向支撑的交汇点尽可能在同一标高上，尽量少用重叠连接。

（6）钢支撑与钢腰梁可用电焊等方式连接。

（7）钢支撑应有防坠落措施。

钢支撑如图2.1-31所示。

2. 钢筋混凝土支撑

（1）施工流程：测量定位→土方开挖至支撑底标高→钢筋绑扎→支设模板→浇筑混凝

图 2.1-31 钢支撑

土→养护→拆模→土方开挖。

(2) 腰梁与支撑整体浇筑，在平面内形成整体。腰梁通过桩身预埋筋和吊筋加以固定。

(3) 混凝土腰梁的截面宽度要不小于支撑截面高度；腰梁截面水平向高度由计算确定。

(4) 腰梁与围护墙间不留间隙，完全密贴；支撑受力钢筋在腰梁内锚固长度不小于 $30d$。支撑如穿越外墙，要设止水片。

(5) 待支撑混凝土强度达到不小于 80％设计强度时及基坑监控量测稳定后，才允许开挖支撑以下的土方。

(6) 钢筋混凝土支撑拆除，可采用机械拆除、爆破拆除，爆破孔宜采取预留方式。爆破拆除前，应对永久结构及周边环境采取隔离防护措施。

钢筋混凝土支撑如图 2.1-32 所示。

(九) 锚杆 (索)

1. 锚杆

(1) 拉锚可以与排桩相结合，也可以与土钉墙相结合使用。

(2) 具体锚杆数量、直径、长度、位置、锚索张拉设计值及锁定值、锚固深度由设计确定。

图 2.1-32 钢筋混凝土支撑

(3) 施工流程：钻机就位→钻机成孔→下锚索→注浆→养护→安装钢腰梁→安装锚具→张拉锁定。

(4) 孔位允许偏差不大于 50mm，偏斜度不大于 3％。

(5) 锚固段强度达到设计强度的 75％且不小于 15MPa，方可进行张拉。

图 2.1-33 锚杆施工

(6) 正式张拉前，对锚杆预张拉 1～2 次。正式张拉时，锚杆张拉到 1.05～1.10 倍设计拉力时，岩层、砂土层应保持 10min，黏性土层应保持 15min，然后卸载至设计锁定值。

(7) 锚杆锚在桩间时，通过型钢腰梁将锚固力传递给桩身。

锚杆施工如图 2.1-33 所示。

2. 锚索

(1) 施工流程：钻孔→制作→安装→锚

固段注浆→立锚墩→张拉→封孔注浆→外部保护。

（2）钻孔深度要超出锚索设计长度 0.5m 左右；若发生塌孔，要立即停止钻进，拔出钻具，进行固壁注浆，注浆压力采用 0.4MPa，浆液为水泥砂浆和水玻璃的混合液，24h后重新钻孔。

（3）锚索孔注浆采用注浆机，注浆压力保持在 0.3~0.6MPa。

（4）若锚索是由少数钢绞线组成，可采用整体分级张拉的程序，每级稳定时间为 2~3min；若锚索是由多根钢绞线组成，组装长度不会完全相同，为了提高锚索各钢绞线受力的均匀度，采用先单根张拉，3d 后再整体补偿张拉的程序。

（5）注浆管从预留孔插入，直至管口进到锚固段顶面约 50cm；注浆时应将孔底空气、岩（土）沉渣和地下水体排出孔外，保证注浆饱满密实。

锚索施工如图 2.1-34 所示。

3. 锚杆与锚索的区别

（1）锚杆长度一般较短，不超过 10m，锚索长度通常为 10m 以上。

（2）锚杆一般受力小，锚索受力较大，锚索的受力是锚杆的数倍以上。

（3）锚杆孔径、间距较小，钻孔费用较低；锚索则相反。

图 2.1-34　锚索施工

（十）与主体结构相结合（两墙合一）的基坑支护

1）基本构造：基坑围护结构为地下连续墙，同时又是地下室的外墙；地下结构的水平梁板体系替代水平支撑；结构的立柱和立柱桩作为竖向支承系统。

2）施工方法：一般采用逆作法施工（图 2.1-35）。

3）施工流程：地下连续墙、立柱和工程桩施工 →土方开挖→地下一层梁板施工，并预留出土口→继续向下进行土方开挖→下一层结构施工→直至基坑施工完毕。

4）在地下结构施工的同时，上部结构可同步施工。

5）施工要点：

（1）应按柱距和层高合理选择土石方作业机械。

（2）宜采用机械化方式垂直运输土石方，运输轨道宜设置在永久结构上，并经设计同意。

（3）通常情况下，梁板混凝土强度达到设计强度的 90% 并经设计同意后方能进行下层土方的开挖。

（4）应采取地下水控制措施，实行全过程实时降水运行管理。

三、基坑监测

1）《建筑与市政地基基础通用规范》GB 55003—2021 规定基坑支护（挡）结构的安全等级（表 2.1-1），是根据支护（挡）结构破坏可能产生后果（危及人的生命、造成经济损失、对社会或环境产生影响等）的严重性进行划分的。

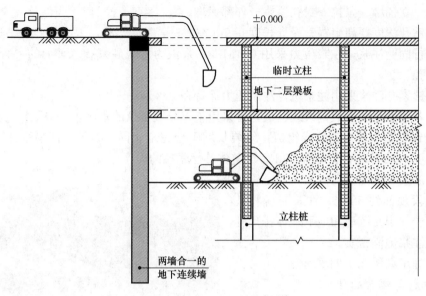

(a) 土方开挖

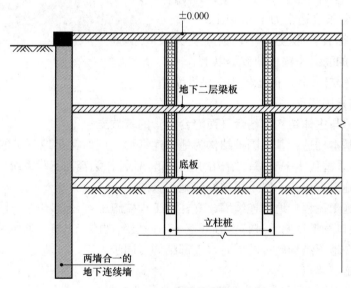

(b) 结构成型

图 2.1-35　逆作法施工剖面

基坑支护（挡）结构的安全等级　　　　　　　　表 2.1-1

安全等级	破坏后果
一级	很严重
二级	严重
三级	不严重

2）应实施监测的基坑工程：
(1) 基坑设计安全等级为一、二级的基坑。
(2) 开挖深度大于或等于 5m 的下列基坑：

① 土质基坑。
② 极软岩基坑、破碎的软岩基坑、极破碎的岩体基坑。
③ 上部为土体，下部为极软岩、破碎的软岩、极破碎的岩体构成的土岩组合基坑。
(3) 开挖深度小于5m但现场地质情况和周围环境较复杂的基坑工程。
3) 基坑工程监测方案应进行专项论证。
(1) 工程地质、水文地质条件复杂的基坑工程。
(2) 邻近重要建筑、设施、管线等破坏后果很严重的基坑工程。
(3) 已发生严重事故，重新组织实施的基坑工程。
(4) 采用新技术、新工艺、新材料、新设备的一、二级基坑工程。
4) 必须立即进行危险报警，并采取应急措施的情况：
(1) 基坑支护结构的位移值突然明显增大或基坑出现流沙、管涌、隆起或陷落等。
(2) 基坑支护结构的支撑或锚杆体系出现过大变形、压曲、断裂、松弛或拔出的迹象。
(3) 基坑周边建筑的结构部分出现危害结构的变形裂缝。
(4) 基坑周边地面出现较严重的突发裂缝或地下裂缝、地面下陷。
(5) 基坑周边管线变形突然明显增长或出现裂缝、泄漏等。
(6) 冻土基坑经受冻融循环时，基坑周边土体温度显著上升，发生明显的冻融变形。
(7) 出现其他危险需要报警的情况。

第二节 人工降排水施工

一、轻型井点

1. 适用范围

(1) 单级轻型井点：适用于渗透系数为 $1\times10^{-7}\sim2\times10^{-4}$ cm/s 的含上层滞水或潜水土层，降水深度（地面以下）为6m以内。

(2) 多级轻型井点：由2～3层轻型井点组成，向下接力降水，降水深度（地面以下）为6～10m。

2. 基本构造

(1) 井点管直径宜为38～55mm，长度为6～9m；井点距基坑上口边不宜小于0.7～1.0m。

(2) 井点管下部设置滤水管，插入透水层。

(3) 井点管上部用弯联管与集水总管连接，集水总管管径宜为100～127mm。

(4) 采用真空吸水泵将集水管内水抽出。

轻型井点降水构造如图2.2-1所示。

3. 井点降水管平面布设

(1) 当基坑或沟槽宽度小于6m，且降水深度小于5m时，宜采用单排布置。井点应布置在地下水流的上游一侧。

(2) 当基坑宽度大于6m或土质不良时，宜采用双排布置 [图2.2-2 (a)]。

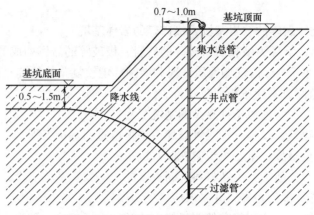

图 2.2-1　轻型井点降水构造示意图

(3) 当基坑面积较大时，则沿基坑周圈环形布设管井 [图 2.2-2 (b)]。
(4) 井点管水平间距可采用 0.8～1.6m，但不宜超过 2m。
(5) 在总管拐弯处或靠近河流处，井点管应加密布置。

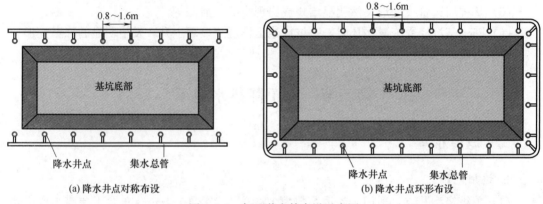

(a) 降水井点对称布设　　　　　　(b) 降水井点环形布设

图 2.2-2　轻型井点管布设示意图

4. 施工要点（图 2.2-3）

(1) 轻型井点一般采用水冲法成孔，将冲管吊起并插在井点的位置上，开动高压水泵将土冲松。

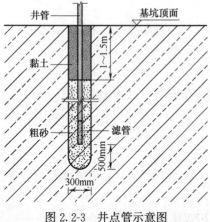

图 2.2-3　井点管示意图

(2) 冲管则边冲边沉，成孔直径一般为 300mm，深度应比滤管底深 0.5m（图 2.2-3）。

(3) 井孔冲成后，随即拔出冲管插入井点管，然后立即用粗砂灌实，至距地面 1～1.5m 深处，用黏土填实剩余部分，以防止漏气。

(4) 安装完毕后，先进行试抽，检查有无漏气现象。

(5) 地下结构工程完工基坑回填土后，方可拆除井点；拆除后留存孔洞使用砂或土填塞。

二、喷射井点

1）适用范围：用于渗透系数为 $1\times10^{-7}\sim2\times10^{-4}$ cm/s 的含上层滞水或潜水土层，降水深度（地面以下）为 8～20m。

2）工作原理：在井点管内部装设特制的喷射器，用高压水泵或空气压缩机通过井点管中的内管向喷射器输入高压水（喷水井点）或压缩空气（喷气井点）形成水气射流，将地下水经井点外管与内管之间的缝隙抽出排走（图 2.2-4）。

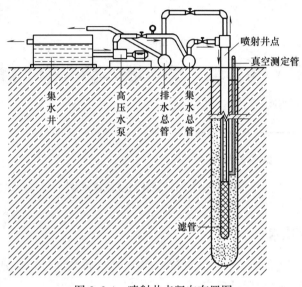

图 2.2-4 喷射井点竖向布置图

3）喷射井点管直径宜为 75～100mm，水平间距宜为 2～4m；井点管排距不宜大于 40m；每套机组的井点数不宜大于 30 根，总管直径不宜小于 150mm，长度不宜大于 60m。

4）喷射井点的布设原则同轻型井点。

三、真空降水管井

1）适用范围：

（1）真空降水井适用于渗透系数大于 1×10^{-6} cm/s 的含上层滞水或潜水土层，降水深度（地面以下）大于 6m。

（2）非真空的降水管井适用于渗透系数大于 1×10^{-5} cm/s 的含水丰富的潜水、承压水和裂隙水土层，降水深度（地面以下）大于 6m。

2）管井井点管直径不宜小于 200mm，且应大于抽水泵体最大外径 50mm 以上，水平间距不宜大于 25m。

3）真空降水管井的布设原则同轻型井点。

四、截水

1）当施工场地狭小、周边建筑沉降控制严格、地质水文条件限制或为保护地下水资源而限制施工降水等原因不适宜采用降排水等措施控制地下水时，可采用截水的控制措施。

2) 截水帷幕的厚度应满足基坑防渗要求，截水帷幕的渗透系数宜小于 $1.0×10^{-6}cm/s$。

3) 截水帷幕常用形式有：高压喷射注浆、地下连续墙、小齿口钢板桩、深层水泥土搅拌桩等。

4) 桩间高压旋喷止水深度大，施工操作面小，止水效果好，应用较为普通（图 2.2-5）。

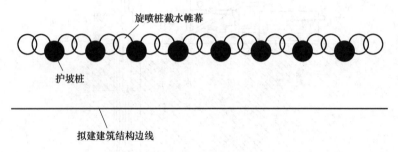

图 2.2-5 桩间高压旋喷截水示意

五、井点回灌技术

1) 回灌井点的成孔大小、直径、深度，PVC管材质及型号，填充滤料材质、级配等应根据相关专业单位勘察和设计确定。

2) 回灌井点设置在降水井点外 6m 处，以间距 3~5m 插入注水管，将井点抽出的水经过沉淀后，注入管内回灌至土体中（图 2.2-6）。

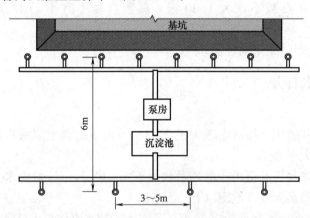

图 2.2-6 回灌井点布设示意图

3) 施工要点：

(1) 回灌井点管应设置滤水管，滤水管从常年地下水位以上 500mm 处开始设置。

(2) 回灌井点与需要保护的建筑物之间应设置水位观测井，根据观测情况及时调整回灌井水数量、压力等，尽量保持抽、灌水平衡。

第三节　土石方工程与回填施工

一、土方开挖

(一) 开挖准备工作

1. 场地平整

(1) 施工工序流程：现场勘察→清除地面障碍物→标定平整范围→水准基点检核和引测→设置方格网和测量标高→计算土方挖填工程量→平整土石方→场地碾压→验收。

(2) 土方调配：用方格网法和横断面法，按设计要求计算出场地平整需挖和回填的土石方量，做好土方平衡调配，减少重复挖运，节约成本。

场地平整施工如图 2.3-1 所示。

图 2.3-1　场地平整

2. 编制基坑开挖施工方案，绘制土石方开挖图

(1) 施工方案应包括：开挖方法、开挖顺序、开挖及运输机械配置、劳动力配备及边坡监测措施等。深基坑土方工程专项施工方案应进行专家论证。

(2) 土石方开挖图中应绘制出：指北针、基坑上口线、下口线、垫层边线、基础边线、基底标高、深挖（坑中坑）部分标高上下口线，并标明轴线、平面尺寸及相对高程（图 2.3-2）。

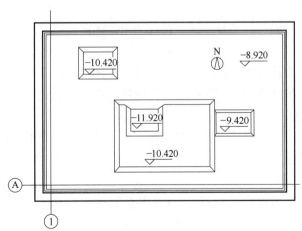

图 2.3-2　土石方开挖图

3. 测量放线

1) 平面位置线测设

(1) 根据建设单位提供的建筑红线、控制桩、水准点和施工图纸，测设出基坑开挖边线控制桩，并加以保护。

图 2.3-3 开挖放线

(2) 根据开挖控制桩及土石方开挖图，进行平面位置放线，用白石灰洒出开挖线（图 2.3-3）。

2）标高测设

（1）当开挖深度小于塔尺高度时将水准仪放置在坡边，利用坡上水准控制点进行控制 [图 2.3-4（a）]。

（2）当开挖深度大于塔尺高度时将水准仪放置在基坑内，利用护壁上的水准控制点进行控制 [图 2.3-4（b）]。

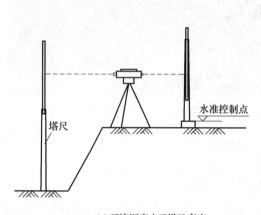
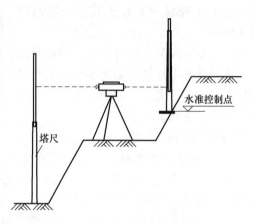

(a) 开挖深度小于塔尺高度　　　　(b) 开挖深度大于塔尺高度

图 2.3-4 标高测设

（3）挖至设计标高前，钉桩挂小线，进行清土的标高控制。

4. 其他

（1）采用人工降水措施的，基坑降水降至基底标高 50cm 以下。

（2）采用基坑支护系统的，支护系统强度应达到设计要求。

（二）土方开挖施工

土方开挖的顺序、方法必须与设计要求相一致，并遵循"开槽支撑，先撑后挖，分层开挖，严禁超挖"的原则。

1. 放坡开挖

（1）分层挖土厚度不宜超过 2.5m，每级平台宽度不宜小于 1.5m。放坡开挖剖面如图 2.3-5 所示。

（2）开挖流程：测量放线→切线分层开挖→修坡→整平（至坑底预留基土）→钎探→人工清槽→验槽。

（3）采用人工挖土时，坑底应预留 150～300mm 厚基土；采用机械挖土时，坑底应预留 200～300mm 厚基土层。预留基土层采用人工清理整平，防止地基土扰动。

（4）土质边坡坡度允许值见表 2.3-1。

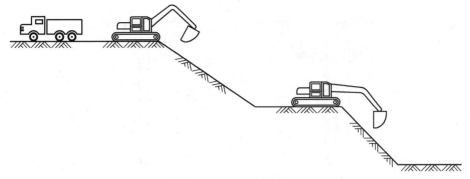

图 2.3-5 放坡开挖剖面图

土质边坡坡度允许值　　　　表 2.3-1

土的类别	密实度或状态	坡度允许值（高宽比）	
		坡高在 5m 以下	坡高为 5～10m
碎石土	密实	1：0.35～1：0.50	1：0.50～1：0.75
	中密	1：0.50～1：0.75	1：0.75～1：1.00
	稍密	1：0.75～1：1.00	1：1.00～1：1.25
黏性土	坚硬	1：0.75～1：1.00	1：1.00～1：1.25
	硬塑	1：1.00～1：1.25	1：1.25～1：1.50

2. 土钉墙护壁开挖

(1) 根据场地实际条件及土钉墙设计方案，确定分层开挖高度。

(2) 再将每个开挖土层分成大小步两个开挖区域，采用大小步结合开挖方法进行土方开挖（图 2.3-6）。

(3) 开挖流程：①、②、③开挖→修坡→土钉墙施工→中心区域Ⅰ开挖→平整→按此顺序向下逐层开挖（至坑底预留基土）→钎探→人工清槽→验槽。

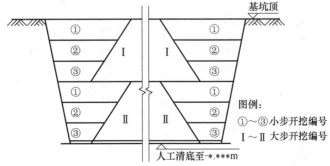

图 2.3-6 土钉墙护壁开挖剖面图

3. 桩/桩锚支护结构开挖

(1) 根据场地实际条件及土方开挖方案或锚杆设计方案，确定分层开挖高度（图 2.3-7）。

(2) 开挖流程：第一层土方开挖→修坡→平整→（锚杆施工）→第二层土方开挖→按此顺序向下逐层开挖（至坑底预留基土）→钎探→人工清槽→验槽。

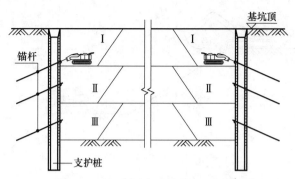

图 2.3-7 桩/桩锚支护结构开挖剖面图

4. 盆式土方开挖

(1) 盆式挖土是先开挖基坑中间部分的土方，周围四边预留反压土土坡，做法参照土方放坡工法，待中间位置土方开挖完成和垫层封底完成后或者底板完成后，具备周边土方开挖条件时，进行周边土坡开挖。

(2) 盆边土体的高度应结合土层条件、降水情况、施工荷载等因素综合确定，盆式开挖的基坑，盆边宽度不应小于8.0m。

(3) 当盆边与盆底高差不大于4.0m时，可采用一级放坡。边坡坡度一般不大于1∶1.5。

(4) 当盆边与盆底高差大于4.0m时，可采用二级放坡。放坡平台宽度一般不小于4m，盆边与盆底总高差一般不大于7.0m，总边坡坡度一般不大于1∶2。

(5) 各级边坡和总边坡应根据实际工况和荷载条件进行稳定性验算，盆边土体应按照对称的原则进行开挖。每层土体应分区、分块开挖，随挖随撑。

盆式土方开挖剖面如图2.3-8所示。

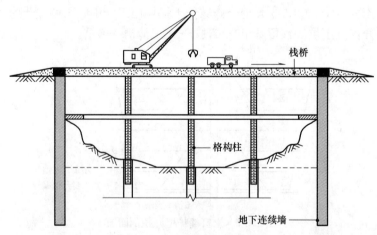

图 2.3-8 盆式土方开挖剖面图

5. 中心岛（墩）式开挖

(1) 中心岛（墩）式挖土宜用于大型基坑，支护结构的支撑形式为角撑、环梁式或边桁（框）架式，通常为中间具有较大空间情况下的大型基坑土方开挖。

(2) 从结构中间空间的中心向四周开挖土方形成中心岛，利用中心岛为支点搭设栈桥，供挖掘机和运输车辆上下通行。

（3）开挖机宜采用反铲挖土机，以便于挖掘土方向上逐级传递，及土方装车外运。

（4）土方开挖时，宜分层、分块、对称、限时进行开挖；开挖完成的区域应尽可能早的安装支撑。

中心岛（墩）式开挖剖面如图2.3-9所示。

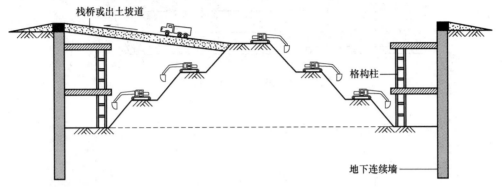

图2.3-9 中心岛（墩）式开挖剖面图

（三）施工注意事项

1）基坑开挖时，应对平面控制桩、水准点、平面位置、水平标高、边坡坡度、排水及降水系统等经常复测检查。

2）基坑验槽完毕后，应尽早进行垫层混凝土的浇筑施工。

3）雨期施工时，应在坑顶、坑底采取有效的截排水措施；同时，应经常检查边坡和支撑情况，以防止坑壁受水浸泡造成塌方。

4）冬期施工时，开挖完成的地基土应采取覆盖保温措施，防止土层冻结。

二、土方回填

（一）填方土料

1）符合设计要求，保证填方的强度和稳定性。

2）不能选用淤泥、淤泥质土、有机质大于5％的土、含水量不符合压实要求的黏性土。

3）填土应分层进行，并尽量采用同类土填筑。如采用不同土填筑时，应将渗水性较大的土层置于透水性较小的土层之下。不能将各种土混杂在一起使用，以免填方内形成水囊。

4）素土、灰土回填分隔要求：每层施工时，先按设计要求宽度铺摊灰土，肥槽剩余宽度铺摊素土，灰土与素土间采用斜槎连接，接槎坡度不大于45°，最后将灰土及素土同时夯实密实（图2.3-10）。

（二）基底处理

1）清除基底上的垃圾、草皮、树根、杂物，排除坑穴中积水、淤泥和种植土，将基底充分夯实和碾压密实。

2）当填土场地地面陡于1∶5时，应将斜坡挖成阶梯形，阶高0.2~0.3m，阶宽大于1m（图2.3-11）。

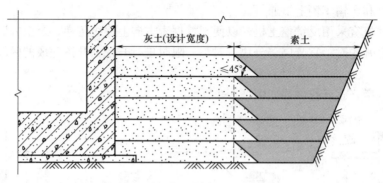

图 2.3-10　灰土与素土衔接剖面

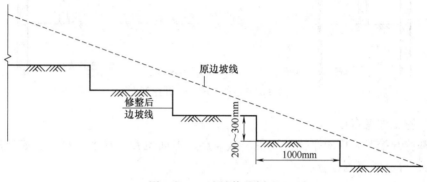

图 2.3-11　边坡修整剖面

3）基坑设置必需的排水措施，排除地表滞水或雨水等，保证回填土施工的顺利进行。

（三）土方填筑与压实

1. 压实方法

（1）碾压法：利用机械滚轮的压力压实土壤，使之达到所需的密实度，多用于大面积填土工程。

（2）振动压实法：将振动压实机放在土层表面，借助振动机械使压实机械振动，土颗粒在振动力的作用下发生相对位移，而达到紧密状态，多用于振实非黏性土效果较好。

（3）夯实法：利用夯锤自由下落的冲击力来夯实土壤，主要用于小面积回填。

压实方法如图 2.3-12 所示。

(a) 碾压法

(b) 振动压实法

(c) 夯实法

图 2.3-12　压实方法

2. 分层填筑厚度及压实遍数

填土施工分层厚度及压实遍数见表 2.3-2。

填土施工分层厚度及压实遍数　　　　　表 2.3-2

压实机具	分层厚度(mm)	每层压实遍数(次)
平碾	250~300	6~8
振动压实机	250~350	3~4
柴油打夯机	200~250	3~4
人工打夯	小于200	3~4

3. 施工要点

1）标高控制

（1）采用木桩制作标尺，标尺杆上标好虚铺的厚度和压实后的厚度，然后挂小线控制整个回填场区的分层标高（图 2.3-13）。

（2）填土工程标高允许偏差：基槽、管沟（-50mm）；场地平整（机械±50mm，人工±30mm）。

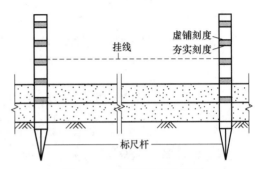

图 2.3-13　标高控制示意图

2）夯填顺序

（1）先进行基坑底部有高差部位的逐层回填，统一高度后，再进行大面积回填。

（2）夯行路线应由相对两侧或四边向中间，同时进行夯填（图 2.3-14）。

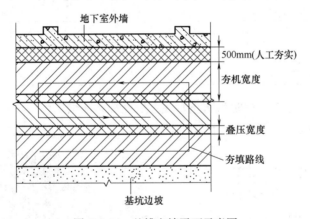

图 2.3-14　基槽夯填平面示意图

3）压实要求

（1）人工打夯：按一定方向进行，一夯压半夯，夯夯相连，行行相接，两遍横纵交叉，分层夯打；距防水保护层 10cm 的范围内，采用人工木夯夯实，以防破坏防水层。

（2）机械压实：碾轮每次重叠宽度约 150~250mm，避免漏压；运行中碾轮边与基础及管道应保持 500mm 以上的距离；碾压不到的部位，采用人工或小型夯实机具夯实（图 2.3-14）。

4) 管道处回填

(1) 管道下方土回填因受管道限制,应采用人工从管道斜下方、两侧、分层挤密夯实;管道间的回填土同样采用人工方式挤密夯实。

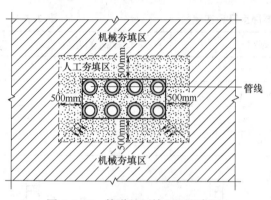

(2) 管道两侧及正上方 500mm 范围内,亦采用人工夯实;上述区域以外可正常使用机械夯实(图 2.3-15)。

5) 回填土接缝要求

(1) 分段填筑时,每层接缝处应做成大于 1:1.5 的斜坡,碾迹重叠 0.5~1.0m,上下层错缝距离不应小于 1m。

图 2.3-15 管道处回填立面示意图

(2) 接缝部位不得在基础、墙角、柱墩等重要部位。

第四节 土石方工程冬雨期施工技术

一、冬期施工要点

1. 土方开挖施工

(1) 冻土机械开挖设备选择,可参见表 2.4-1。

冻土机械开挖设备选择　　　　表 2.4-1

冻土厚度(mm)	挖掘设备
<500	铲运机、挖掘机
500~1000	松土机、挖掘机
1000~1500	重锤或重球

(2) 基槽(坑)冬期开挖时为防止基底土层受冻,应增加预留土层厚度或覆盖保温材料进行保温,并及时进行基础垫层施工(图 2.4-1)。

2. 回填土施工

(1) 室外的基槽(坑)或管沟采用含有冻土块的土料回填时,冻土块粒径不得大于 150mm,含量不得超过 15%,且应均匀分布,每层铺土厚度应比常温施工时减少 20%~25%。

(2) 室外边坡表层 1m 范围内、管沟底以上 500mm 范围内及室内地面垫层下的回填土,不得采用含有冻土块的土料填筑。

(3) 回填土施工完成后,应覆盖保温被,并及时进行下道工序施工。

图 2.4-1 岩棉被覆盖保温

二、雨期施工要点

1)基坑回填前,雨期工作重点是防范边坡塌方。成立项目防汛领导小组及防汛抢险队,每天收听天气预报监控雨情;现场储备足够的抢险物资,如沙包、雨衣、雨靴、抽水泵、塑料布等(图2.4-2)。

图 2.4-2 防汛物资准备

2)基坑坡顶1.5m宽混凝土散水及挡水墙,设排水沟。基坑内做明沟排水,汇流主集水坑抽水泵排出(图2.4-3)。

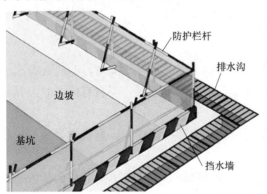

图 2.4-3 基坑顶部四周排水设置示意图

3)土方开挖施工中,基坑内临时道路上铺渣土或级配砂石,保证雨后通行。自然坡面覆盖塑料布,防止雨水直接冲刷造成边坡塌陷(图2.4-4)。

图 2.4-4 基坑边坡防冲刷覆盖

第三章
地基与基础工程施工

第一节 常用地基处理方法与施工

地基处理就是为提高地基强度，改善其变形性质或渗透性质而采取的技术措施。处理后的地基应满足建筑物地基承载力、变形和稳定性的要求。常见的地基处理方式有换填地基、压实和夯实地基、复合地基、注浆加固、预压地基、微型桩加固等。

一、换填地基

(一) 素土、灰土地基

1. 适用范围

用于加固深 1～3m 厚的软弱土、湿陷性黄土、杂填土等，还可用作结构的辅助防渗层。

2. 材料要求

(1) 素土地基土料可采用黏土或粉质黏土，有机物含量不应超过 5%，不应含有冻土或膨胀土，严禁采用地表耕植土、淤泥及淤泥质土、杂填土等土料，当含有碎石时，其粒径不宜大于 50mm。

(2) 灰土地基土料采用粉质黏土，不宜采用块状黏土和砂质粉土，有机物含量不应超过 5%，其颗粒不得大于 15mm。

(3) 石灰宜采用新鲜的消石灰，使用前 1～2d 消解并过筛，其颗粒不得大于 5mm，且不应夹有未熟化的生石灰块粒及其他杂质，也不得含有过多的水分。

(4) 灰土配合比应用体积比，一般为石灰：黏土＝2：8 或 3：7。灰土拌合料应均匀、颜色一致，至少翻拌两次，灰土含水量与最优含水量的偏差控制在±2%，现场检测以手握成团、两指轻捏即碎为宜。

3. 施工设备

一般采用平碾、振动碾或羊足碾，中小型工程也可采用蛙式夯、柴油夯。

4. 施工要点

(1) 施工流程：基底处理→超平放线、设标桩→灰土拌合均匀→分层铺摊→分层夯实→检查验收。

(2) 施工时应分段分层夯筑，每层虚铺厚度见表 3.1-1，夯实机具可根据工程大小和现场机具条件用人力打夯、机械夯打或碾压，遍数按设计要求的干密度由试夯（或碾压）确定，一般不少于 4 遍。

灰土最大虚铺厚度　　　　　　　　　表 3.1-1

夯实机具种类	重量(t)	虚铺厚度(mm)	备注
石夯、木夯	0.04~0.08	200~250	人力送夯,落距 400~500mm,一夯压半夯,夯实后约 80~100mm 厚
轻型夯实机械	0.12~0.40	200~250	蛙式打夯机、柴油打夯机,夯实后约 100~150mm 厚
压路机	6~10	200~300	双轮

（3）灰土分段施工时，不得在墙角、柱基及承重窗间墙下接缝，上下两层的接缝距离不得小于500mm，接缝处应增加压实遍数（图 3.1-1）。

（4）当灰土地基高度不同或在施工段连接处，应做成阶梯形，每阶宽不小于500mm。每层虚铺土从留缝处往前延伸500mm，夯实时应夯过接缝300mm以上；接缝时，用铁锹在留缝处垂直切齐，再铺下一施工段接续夯实（图 3.1-2）。

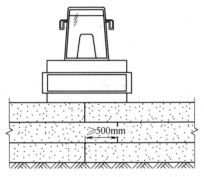
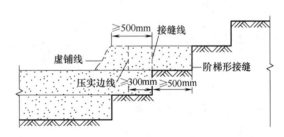

图 3.1-1　各层灰土接缝留置示意图　　　图 3.1-2　施工段接缝施工示意图

（5）拌合好的灰土应当日铺填夯压，入槽（坑）灰土不得隔日夯打。

（6）夯实后的灰土 3d 内不得受水浸泡，并及时进行基础施工或基坑回填，或在灰土表面采取临时性覆盖措施，防止日晒雨淋。如出现浸泡或淋雨情况，应松土、晾晒、补夯。

（二）砂和砂石地基

1. 适用范围

适于处理3.0m以内的软弱、透水性强的地基土；不宜用于加固湿陷性黄土地基及渗透系数小的黏性土地基。

2. 材料要求

宜选用碎石、卵石、角砾、圆砾、砾砂、粗砂、中砂或石屑，应级配良好，不含植物残体、垃圾等杂质。当使用粉细砂或石粉时，应掺入不少于总重30%的碎石或卵石。

3. 施工设备

一般采用平板式振捣器、振动碾、机械夯等设备。

4. 施工要点

（1）施工流程：基底处理→超平放线、设标桩→砂石拌合均匀→分层铺摊→分层夯实→检查验收。

（2）铺筑前，应将浮土、淤泥、杂物清理干净，槽侧壁按设计要求留出坡度。

(3) 当基底标高不同时，不同标高的交接处应挖成阶梯或斜坡搭接，并按先深后浅的顺序分层施工，每层接头应错开 0.5~1.0m，搭接处应夯击密实。

(4) 大面积分层铺设时，每层铺设厚度、施工最优含水量控制标准参见表 3.1-2；夯实（碾压）遍数、振实时间应通过试验确定。

每层铺设厚度、施工最优含水量一览表　　　表 3.1-2

压实机具种类	每层铺设厚度(mm)	施工时最优含水量(%)
平板式振动器	200~250	15~20
木夯或机械夯	150~200	8~12
6~10t 压路机	150~350	8~12

(5) 地基压实后，应及时进行下道工序施工，严禁小车及人在砂石地基上行走，必要时，应铺设施工通道。

（三）粉煤灰地基

1. 适用范围

可用于各种软弱土层换填地基处理，以及用作大面积地坪的垫层等。

2. 材料要求

应选用Ⅲ级以上的粉煤灰级，满足相关标准对腐蚀性和放射性的要求。其中，严禁混入植物、生活垃圾及其他有机杂质。

3. 施工设备

一般采用平碾、振动碾、平板振动器、蛙式夯。

4. 施工要点

(1) 施工工艺流程：基底处理→粉煤灰分层铺设、分层夯（压）实→分层进行密实度检验→检查验收。

(2) 粉煤灰地基施工应分段分层夯筑，根据夯实机具不同，每层虚铺厚度、压实厚度见表 3.1-3。

粉煤灰分层虚铺及压实厚度　　　表 3.1-3

夯实机具种类	虚铺厚度(mm)	压实厚度(mm)
机械夯实	200~300	150~200
8t 压路机	300~400	250

(3) 小型工程可采用人工分层摊铺，在平整后用平板振动器或蛙式打夯机进行压实。施工时须一板压 1/3~1/2 板距往复压实，由外围向中间进行，直至达到设计密实度要求（图 3.1-3）。

(4) 大面积换填地基，采用推土机摊铺，选用推土机预压两遍，然后用压路机（8t）碾压。压轮重叠 1/3~1/2 轮距（图 3.1-4）往复碾压，一般碾压 4~6 遍，碾压至达到设计密实度要求。

(5) 粉煤灰铺设含水量应控制在最优含水量的±4%以内。当含水量过大时（如"橡皮"土现象），应摊铺晾晒或换灰后，再碾压；当含水量过小时（压实呈松散状），则应洒水湿润再压实。

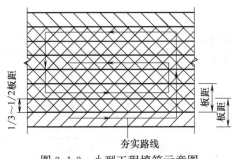

图 3.1-3 小型工程填筑示意图

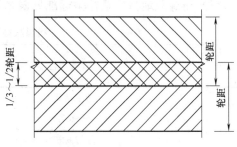

图 3.1-4 压轮叠压示意图

(6) 粉煤灰垫层铺填后宜当天压实，每层验收后应及时铺填上层或封层，防止干燥后松散起尘污染，同时禁止车辆通行碾压。封层可为设计混凝土垫层或 300～500mm 厚覆盖土。

(四) 换填土质量检验

1) 通常情况下，换填地基压实标准要求：换填材料为灰土、粉煤灰时，压实系数为 ≥0.95；其他材料时，压实系数为 ≥0.97。

2) 每层施工结束后应对每层地基进行压实系数检验。可采用环刀法、贯入仪、静力触探、轻型动力触探或标准贯入试验等方法进行检验。

3) 质量检验标准：

(1) 砂及砂石地基质量检验标准见表 3.1-4。

砂及砂石地基质量检验标准　　　　　　　　　　　　表 3.1-4

项	序	检查项目	允许值或允许偏差		检查方法
			单位	数值	
主控项目	1	地基承载力		不小于设计值	静载荷试验
	2	配合比		设计值	检查拌合时的体积比或重量比
	3	压实系数		不小于设计值	灌砂法、灌水法
一般项目	1	砂石料有机质含量	%	≤5	灼烧减量法
	2	砂石料含泥量	%	≤5	水洗法
	3	砂石料粒径	mm	≤50	筛析法
	4	分层厚度	mm	±50	水准测量

(2) 灰土地基质量检验标准见表 3.1-5。

灰土地基质量检验标准　　　　　　　　　　　　表 3.1-5

项	序	检查项目	允许值或允许偏差		检查方法
			单位	数值	
主控项目	1	地基承载力		不小于设计值	静载荷试验
	2	配合比		设计值	检查拌合时的体积比
	3	压实系数		不小于设计值	环刀法
一般项目	1	石灰粒径	mm	≤5	筛析法
	2	土料有机质含量	%	≤5	灼烧减量法
	3	土颗粒粒径	mm	≤15	筛析法
	4	含水量		最优含水量±2%	烘干法
	5	分层厚度	mm	±50	水准测量

(3) 粉煤灰地基质量检验标准见表3.1-6。

粉煤灰地基质量检验标准　　　　表 3.1-6

项	序	检查项目	允许值或允许偏差		检查方法
			单位	数值	
主控项目	1	地基承载力	不小于设计值		静载荷试验
	2	压实系数	不小于设计值		环刀法
一般项目	1	粉煤灰粒径	mm	0.001～2.000	筛析法、密度计法
	2	氧化铝及二氧化硅含量	%	≥70	试验室试验
	3	烧失量	%	≤12	灼烧减量法
	4	每层铺筑厚度	mm	±50	水准测量
	5	含水量	最优含水量±4%		烘干法

二、夯实地基

夯实地基可分为强夯地基及强夯置换处理地基，一般有效加固深度为 3～10m。夯实地基是利用夯锤的振动对周围土层进行动力挤压，因此会对地下构筑物及管线产生不同程度的影响，故施工前应查明影响范围内地下构筑物和地下管线的位置，并采取必要措施予以保护。

（一）强夯地基

1. 适用范围

用于碎石土、砂土、低饱和度的粉土与黏性土、湿陷性黄土、素填土和杂填土等地基处理。

2. 夯击点布置

1) 夯击点布置可根据基础的平面形状，采用等边三角形、等腰三角形或正方形布置（图3.1-5）；条形基础夯击点可成行布置；独立柱基础，可按柱网设置采取单点或成组布置，且基础下面必须布置夯击点。

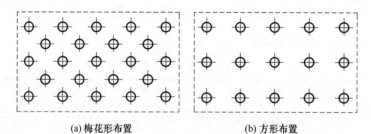

(a) 梅花形布置　　　　(b) 方形布置

图 3.1-5　夯击点布置

2) 强夯处理范围应大于建筑物基础范围，具体放大范围可根据建筑物类型和重要性等因素考虑确定。

(1) 一般建筑物应超出基础外边缘 $B=(1/3～1/2)H$，且不宜小于3m（图3.1-6）。

(2) 可液化地基扩大范围不应小于液化土层厚度的1/2，且不应小于5m。

3) 夯击点间距受基础布置、加固土层厚度和土质等条件影响。通常第一遍夯击点间距可取夯锤直径的 2.5～3.5 倍（通常为 5～15m），第二遍夯击点位于第一遍夯击点之间，以后各遍夯击点间距适当减小。

3. 试夯

1）施工前，在施工场地上选取有代表性一个或几个试验区，进行试夯或试验性施工（图 3.1-7）。每个试验区面积不宜小于 20m×20m。

2）测试工作内容有：

（1）地面及深层变形：了解地表隆起的影响范围及垫层的密实度变化，确定单点最佳夯击能量。

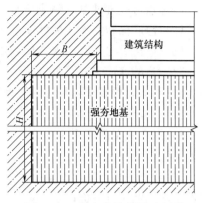

图 3.1-6 强夯地基范围示意图

B—超出基础外缘宽度；H—设计处理深度

（2）孔隙水压力：研究在夯击作用下孔隙水压力沿深度和水平距离的增长和消散的分布规律，确定两个夯击点间的夯距、夯击的影响范围、间歇时间以及饱和夯击能等参数。

（3）侧向挤压力：测试每夯击一次的压力增量沿深度的分布规律。

（4）振动加速度：了解强夯振动的影响范围。

（5）根据试夯夯沉量确定起夯面标高和夯坑回填方式。

4. 施工设备

1）施工机械宜采用自动脱钩装置的履带起重机。在臂杆端部应设置辅助门架，或采取其他安全措施，防止落锤时机架倾覆（图 3.1-8）。

图 3.1-7 试夯

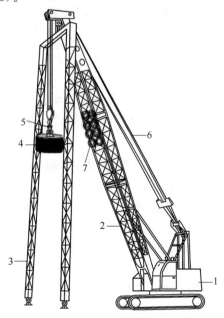

图 3.1-8 强夯设备示意图

1—履带起重机；2—起重臂杆；3—辅助门架；4—夯锤；5—自动脱钩装置；6—拉绳；7—废轮胎

2）夯锤有混凝土夯锤和装配式夯锤，夯锤底面分为圆形和方形两种，圆形夯锤定位方便，稳定性和重合性好，应用较广。

（1）强夯处理地基夯锤质量宜为 10～60t，其底面形式宜为圆形。

（2）锤底面积宜按土的性质确定，锤底静接地压力值宜为 25～80kPa。

（3）单击夯击能高时取高值，单击夯击能低时取低值，对于细颗粒土宜取较低值。

（4）锤的底面宜对称设置若干个上下贯通的排气孔，孔径宜为 300～400mm。

3）脱钩装置要求有足够的强度，使用灵活，脱钩快速、安全。

5. 施工要点

1）强夯施工前应平整场地，周围做好排水沟，沟网最大间距不宜超过 15m，按夯点布置测量放线确定夯位。

2）当场地表土软弱或地下水位较高时，宜采用人工降水或铺填一定厚度的砂石材料，使地下水位低于坑底面以下 2m。

3）强夯应分段进行，顺序从边缘向中央（图 3.1-9）。

16	13	10	7	4	1
17	14	11	8	5	2
18	15	12	9	6	3
18'	15'	12'	9'	6'	3'
17'	14'	11'	8'	5'	2'
16'	13'	10'	7'	4'	1'

图 3.1-9　强夯顺序

（1）强夯法的加固顺序：先深后浅，即先加固深层土，再加固中层土，最后加固表层土。

（2）最后一遍夯完后，再以低能量满夯两遍，采用小夯锤夯击为佳。

4）夯击时应按试验和设计确定的强夯参数进行，落锤应保持平稳，夯位应准确，夯击坑内积水应及时排除。

5）两遍夯击之间应有一定的时间间歇，间歇时间取决于土中超静孔隙水压力的消散时间。对于渗透性较差的黏土地基，间歇时间不应小于 3～4 周；对于渗透性好的地基可连续夯击。

6）夯击过程中应做好监测和记录。包括检查夯锤重和落距、夯点放线复核、夯坑位置、每个夯点的夯击次数和每击的夯沉量等。

7）强夯后，夯坑应立即推平、压实，且高于四周；基坑应及时修整，浇筑混凝土垫层封闭。

（二）降水联合低能级强夯施工

1. 适用范围

用于软土地区即地下水位埋深较浅的地区。

2. 施工流程要点

1）施工前应先设置降排水系统，降排水系统宜采用真空井点系统，在加固区以外 3～4m 处设置外围封闭井点（图 3.1-10）。

图 3.1-10　真空井点

2）施工流程：

（1）在封闭井点预埋孔隙水压力计和水位观测管，进行第一遍降水。

（2）检测地下水位变化，当达到设计水位并稳定不少于 2d 后，拆除场区内的降水设备，保留封堵系统，按夯击点位置进行第

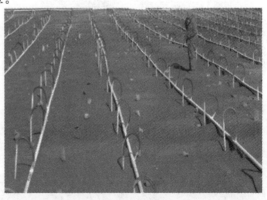

一遍强夯。

(3) 一遍强夯后，即可插设降水管，安装降水设备，进行第二遍降水。

(4) 按照设计的强夯参数进行第二遍强夯施工。

(5) 重复步骤（1）～（4），直至达到设计的强夯遍数。

3) 低能级强夯应采用少击多遍、先轻后重的原则。每遍强夯间歇时间宜根据超孔隙水压力消散不低于80%所需时间确定。

4) 全部夯击结束后，进行推平和碾压。

(三) 强夯置换地基

1. 适用范围

用于高饱和度的粉土与软塑～流塑的黏性土等地基上对变形要求不严格的工程。

2. 强夯置换法

强夯置换法分为桩式置换和整式置换两种不同形式（图3.1-11）：

1) 桩式置换时通过强夯将碎石填筑土体中，部分碎石桩（或墩）间隔地夯入软弱黏性土中，形成桩式（或墩式）的碎石墩（或桩）。

2) 整式置换时采用强夯将碎石整体挤入软弱黏性土中，作用机理类似于换土垫层。

3) 强夯置换处理地基必须通过现场试验确定其适用性和处理效果。

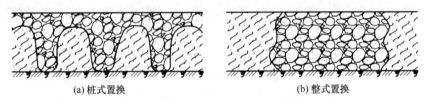

图3.1-11 强夯置换地基形式

3. 夯击点分布

1) 夯击点分布宜采用等边三角形或正方形。

2) 夯击点的间距应视被置换土体的性质（承载力）和上部结构的荷载大小而定。当土质较差、要求置换深度较深及承载力要求较高时，夯击点间距宜适当加密。

(1) 满堂布置时可取夯锤直径的2.0～3.0倍。

(2) 独立基础或条形基础取夯锤直径的1.5～2.0倍。

(3) 墩的计算直径可取夯锤直径的1.1～1.2倍。

4. 施工设备

1) 施工机具参见强夯法（图3.1-8）。

2) 强夯置换夯锤底面形式宜为圆形，与强夯法相比夯锤底面积较小，一般锤底面直径宜控制在2m以内。

3) 夯锤底静接地压力值宜大于80kPa。

5. 施工要点

1) 清理、平整施工场地，在软土表面铺设1～2m的砂石垫层，以防止夯击时出现吸锤现象，同时有利于强夯机械在软土表面上行走。

2) 标出夯点位置、测量场地高程、测量夯前锤顶高程、进行试打。

3) 夯打原则：由内而外，隔行跳打。整式挤淤置换宜采用一排施打方式，如图3.1-12所示，必须由抛填体中心向两侧逐点击打。如两边孔夯击一遍有残夯淤泥，须进行第二遍夯填。

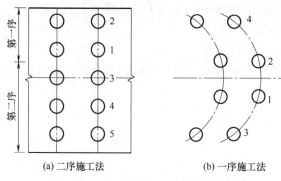

图 3.1-12 整齐挤淤置换的强夯顺序

(1) 采用 50t 夯锤夯击时，为避免形成扇形布点，分为二序施工。先夯击一侧，再夯击另一侧。

(2) 采用 100t 夯锤夯击时，可一序施工。

4）强夯挤淤应提高夯锤锤底单位面积的静压力和单位面积的单击夯击能，单位面积单击夯击能不宜小于 $1500kN \cdot m/m^2$。

5）夯击时宜利用淤泥的触变性连续夯击挤淤，不宜间歇，一般宜一遍接底。夯击次数宜控制在最后一击下沉量不超过 5cm。当夯坑深度超过 2.5m 时，如仍未夯击接底，可推平后再进行夯击。

6）夯击过程中应逐击记录夯坑深度。

(1) 当夯击过深而发生起锤困难时停夯，向坑内填料直至与坑顶平，记录填料数量，如此重复直至满足规定的夯击次数及控制标准完成一个墩体的夯击。

(2) 当夯击点周围软土挤出影响施工时，可随时清理并在夯击点周围铺垫碎石，继续施工。

（四）夯实地基质量检验

1）强夯处理后的地基竣工应进行承载力检验。检验应在施工结束后间隔一定时间方能进行。

(1) 碎石土和砂土地基，间隔时间为 7～14d。

(2) 粉土和黏性土地基，间隔时间为 14～28d。

(3) 强夯置换地基间隔时间为 28d。

2）承载力检验方法：

(1) 强夯处理地基承载力检验采用原位测试和室内土工试验。

(2) 强夯置换地基承载力除应采用单墩荷载试验检验外，还应采用动力触探等方法，查明置换墩着底情况及承载力与密度随深度的变化，对饱和粉土地基允许采用单墩复合地基荷载试验代替单墩荷载试验。

3）质量检验标准见表 3.1-7。

强夯、强夯置换地基质量检验标准　　　　表 3.1-7

项	序	检查项目	允许值或允许偏差		检查方法
			单位	数值	
主控项目	1	地基承载力	不小于设计值		静载荷试验
	2	处理后地基土的强度	不小于设计值		原位测试
	3	变形指标	设计值		原位测试
一般项目	1	夯锤落距	mm	±300	钢索设标志
	2	夯锤质量	kg	±100	称量
	3	夯击遍数	不小于设计值		计数法

续表

项	序	检查项目	允许值或允许偏差		检查方法
			单位	数值	
一般项目	4	夯击顺序	设计要求		检查施工记录
	5	夯击击数	不小于设计值		计数法
	6	夯点位置	mm	±500	用钢尺量
	7	夯击范围(超出基础范围距离)	设计要求		用钢尺量
	8	前后两遍间歇时间	设计值		检查施工记录
	9	最后两击平均夯沉量	设计值		水准测量
	10	场地平整度	mm	±100	水准测量

三、复合地基

(一) 水泥粉煤灰碎石桩复合地基

水泥粉煤灰碎石桩，简称CFG桩，是在碎石桩的基础上掺入适量石屑、粉煤灰和少量水泥，加水拌合后制成具有一定强度的桩体。与桩间土、褥垫层一起形成复合地基，共同承担上部结构荷载（图3.1-13）。

1. 适用范围

适用于处理黏性土、粉土、砂土和自重固结完成的素填土地基。

2. CFG桩材料要求

(1) 石屑：宜选用粒径 5~20mm、含泥量不大于 2% 的石子。

(2) 粉煤灰：宜选用Ⅰ级或Ⅱ级粉煤灰，细度分别不大于 12% 和 20%。

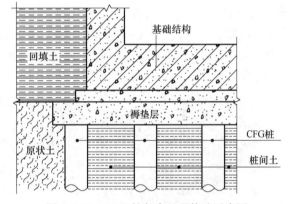

图 3.1-13　CFG桩复合地基构造示意图

(3) 砂子：宜选用含泥量不大于5%且泥块含量不大于2%的中砂或粗砂。

(4) 混合料坍落度：长螺旋钻孔、管内泵压混合料成桩施工的坍落度宜为160~200mm；振动沉管灌注成桩施工的坍落度宜为30~50mm。

3. 常用成桩工艺

CFG桩成桩工艺及适用范围见表3.1-8。

CFG桩成桩工艺及适用范围　　　　　　　　　　　　表3.1-8

成桩工艺	适用范围
长螺旋钻孔灌注成桩	用于地下水位以上的黏性土、粉土、素填土、中等密实以上的砂土地基
长螺旋钻中心压灌成桩	用于黏性土、粉土、砂土和素填土地基
振动沉管灌注成桩	用于粉土、黏性土及素填土地基
泥浆护壁成孔灌注成桩	用于地下水位以下的黏性土、粉土、砂土、填土、碎石土及风化岩等地基

4. 施工要点

1) CFG桩施打顺序：宜从一侧向另一侧［图3.1-14（a）］或从中心向两边的顺序施

打［图 3.1-14（b）］，以避免桩机碾压已施工完成的桩，或使地面隆起，造成断桩。

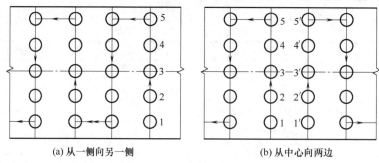

图 3.1-14　CFG 桩施打顺序

2）CFG 桩头处理：

（1）CFG 桩强度达到设计强度的 70% 时，方可进行土方开挖；为避免桩身扰动，宜采用小型机械和人工联合开挖。

（2）挖至设计标高后，对所有 CFG 桩进行抄平放线，剔除多余的桩头（一般桩顶保护桩长不少于 0.5m）。

（3）CFG 桩头剔除步骤（图 3.1-15）：

① 在距设计标高 2～3cm 的同一平面，先用切割机进行环形切割，再按同一角度对称放置 2～3 根钢钎，用大锤同时击打，将桩头截断。

② 桩头截断后，用手锤及钢钎剔至设计标高，并凿平桩顶表面。

(a) 机械环切

(b) 截断桩头

(c) 桩头剔除完成

图 3.1-15　CFG 桩头剔除

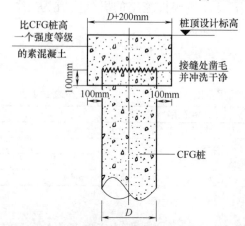

图 3.1-16　CFG 桩接高

3）CFG 桩接高处理（图 3.1-16）：

（1）如出现个别 CFG 桩施工未达到设计标高时，则需采取接桩施工。

（2）先按桩头处理要求，进行桩头处理。

（3）对处理好的桩头顶面进行凿毛，并用清水冲洗干净。

（4）接桩直径应大于原桩直径 200mm，竖向应从接缝位置向下包裹住原桩身不小于 100mm。

（5）采用比原桩混凝土强度高一个强度等级的素混凝土进行接桩浇筑，至设计桩顶标高。

4）褥垫层施工：

（1）褥垫层所用材料为级配碎石、碎石或中粗砂，粒径小于等于30mm，厚度由设计确定，一般为150～200mm。

（2）当厚度大于200mm，宜分层铺设，每层虚铺厚度计算如下：

$$H = h/\lambda \tag{3.1-1}$$

式中：H——虚铺厚度；

h——褥垫层设计厚度；

λ——夯实密度，一般取0.87～0.90。

（3）褥垫层铺设宜采用静力压实法。

（4）当根据设计要求，CFG桩顶设计标高出现高差，褥垫层形成斜面，无法采用级配碎石等材料施工时，可改用低强度等级干硬性水泥砂浆代替褥垫层施工（图3.1-17）。

5. 检验与验收标准

水泥粉煤灰碎石桩复合地基质量检验标准见表3.1-9。

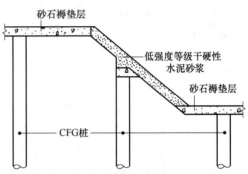

图 3.1-17 斜面褥垫层施工示意图

水泥粉煤灰碎石桩复合地基质量检验标准　　表3.1-9

项	序	检查项目	允许值或允许偏差		检查方法
			单位	数值	
主控项目	1	复合地基承载力	不小于设计值		静载荷试验
	2	单桩承载力	不小于设计值		静载荷试验
	3	桩长	不小于设计值		测桩管长度或用测绳测孔深
	4	桩径	mm	−0～+50	用钢尺量
	5	桩身完整性	—		低应变检测
	6	桩身强度	不小于设计要求		28d试块强度
一般项目	1	桩位	条基边桩沿轴线	≤1/4D	全站仪或用钢尺量
			垂直轴线	≤1/6D	
			其他情况	≤2/5D	
	2	桩顶标高	mm	±200	水准测量，最上部500mm劣质桩体不计入
	3	桩垂直度	≤1/100		经纬仪测桩管
	4	混合料坍落度	mm	160～220	坍落度仪
	5	混合料充盈系数	≥1.0		实际灌注量与理论灌注量的比
	6	褥垫层夯填度	≤0.9		水准测量

注：D为设计桩径（mm）。

（二）土桩、灰土桩复合地基

1. 适用范围

（1）适用于处理地下水位以上的粉土、黏性土、素填土、杂填土和湿陷性黄土等地基，可处理地基的厚度宜为3～15m。

（2）以消除土层的湿陷性为目的时，可选用土挤密桩。

（3）以提高地基承载力或增强水稳性时，宜选用灰土挤密桩。

（4）当地基土的含水量大于24％、饱和度大于65％时，不宜选用土桩、灰土桩复合地基，应通过现场试验确定其适用性。

2. 构造要求

1) 孔径：桩孔直径宜为300～450mm，可根据所选用的成孔设备及成孔方法确定。

2) 孔距：桩孔宜按等边三角形布置（图3.1-18），桩孔之间的中心距离，一般为桩孔直径的2.0～2.5倍，也可按下式进行估算：

$$L = 0.95d\sqrt{\frac{f_{pk}-f_{sk}}{f_{spk}-f_{sk}}} \tag{3.1-2}$$

式中：L——桩孔之间的中心距离（m）；

d——桩孔直径（m）；

f_{pk}——灰土桩体的承载力特征值，宜取500kPa；

f_{sk}——挤密前填土地基的承载力特征值（通过现场测试确定）；

f_{spk}——处理后要求的复合地基承载力特征值。

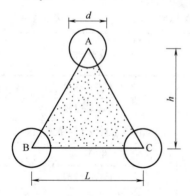

图3.1-18 挤密桩间距和排距计算简图
d—桩孔直径；L—桩间距；h—桩排距

3) 桩孔内填料：

（1）根据工程要求或处理地基的目的确定，采用素土、灰土、二灰（粉煤灰与石灰）或水泥土等。

（2）土料：有机质含量不大于5％的素土，且严禁使用膨胀土、盐碱土等。

（3）灰土：消石灰与土的体积配合比为2:8或3:7。

（4）水泥土：水泥与土的体积配合比为1:9或2:8。

（5）填料应分层回填夯实，平均压实系数λ_c不应小于0.97，其中压实系数最小不应小于0.94。

3. 施工要点

1) 土桩、灰土桩成孔有沉管（锤击、振动）及冲击、钻孔夯扩法等方式。施工时，根据设计要求、现场土质、周围环境等情况选择适宜的成桩设备及工艺。

2) 施工工艺流程（图3.1-19、图3.1-20）：

3) 设计标高以上预留土层要求：

（1）沉管（锤击、振动）成孔时，预留土层厚度不宜小于1.0m。

（2）冲击、钻孔夯扩法成孔时，预留土层厚度不宜小于1.5m。

4) 成孔和孔内回填夯实顺序：

（1）整片处理时，宜从中间向外，间隔1～2孔进行，大型工程可采用分段施工；成孔后及时夯填孔料、分批流水组织施工。

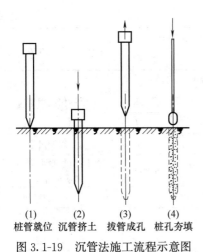

图 3.1-19 沉管法施工流程示意图

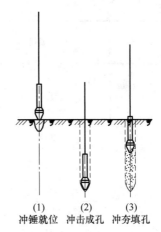

图 3.1-20 冲击法施工流程示意图

(2) 局部处理时，宜从外向中间间隔 1~2 孔进行；成孔后及时夯填孔料，等邻近孔夯填完孔料后再成孔。

5) 孔内夯填：

(1) 施工前，素土应过筛，灰土料应按设计体积比充分拌合均匀。

(2) 施工时使用的土或灰土含水量应接近最优含水量。一般控制土的含水量为 16% 左右，灰土的含水量为 10% 左右。

(3) 夯填施工应分层进行，每层虚铺厚度见表 3.1-10。

不同施工方法虚铺土或灰土的厚度控制 表 3.1-10

夯实机械	机具重量(t)	虚铺厚度(mm)	备注
沉管桩机	—	300	40~90kW 振动锤
冲击钻机	0.6~3.2	300	—

6) 施工时，地基的含水量应接近土的最优含水量，当地基土的含水量小于 12% 时，需在施工前 4~6d 进行增湿处理。

4. 检验与验收标准

土桩和灰土桩复合地基质量检验标准见表 3.1-11。

土桩和灰土桩复合地基质量检验标准 表 3.1-11

项	序	检查项目	允许值或允许偏差		检查方法
			单位	数值	
主控项目	1	复合地基承载力	不小于设计值		静载荷试验
	2	桩体填料平均压实系数	≥0.97		环刀法
	3	桩长	不小于设计值		测桩管长度或用测绳测孔深
一般项目	1	土料有机质含量	≤5%		灼烧减量法
	2	含水量	最优含水量±2%		烘干法
	3	石灰粒径	mm	≤5	筛析法

续表

项	序	检查项目	允许值或允许偏差		检查方法
			单位	数值	
一般项目	4	桩位	条基边桩沿轴线	≤1/4D	全站仪或用钢尺量
			垂直轴线	≤1/6D	
			其他情况	≤2/5D	
	5	桩径	mm	+500	用钢尺量
	6	桩顶标高	mm	±200	水准测量,最上部500mm劣质桩体不计入
	7	垂直度		≤1/100	经纬仪测桩管
	8	砂、碎石褥垫层夯填度		≤0.9	水准测量
	9	灰土垫层压实系数		≥0.95	环刀法

注：D 为设计桩径（mm）。

（三）振冲碎石桩复合地基

振冲碎石桩复合地基是在地基土中使用振冲器成孔，振密填料置换，形成以碎石、砂砾等散粒材料组成的桩体，与原地基土一起构成复合地基，使地基承载力提高，减少地基变形。

1. 适用范围

适用于挤密松散砂土、粉土、粉质黏土、素填土和杂填土等地基，以及用于可液化地基。饱和黏性土地基，如对变形控制不严格，可采用砂石桩作置换处理。

2. 桩体材料

可采用含泥量不大于5%的碎石、卵石、矿渣和其他性能稳定的硬质材料，不宜采用风化易碎的石料。

3. 施工设备

主要有振冲器、行走式吊车装置、泵送输水系统、加料机具和控制操作台等（图3.1-21）。

4. 施工要点

（1）施工前，应先在施工范围以外的场地上，进行两三个孔的试验，确定振动施工参数及水压、清孔次数、填料方式、振密电流和留振时间等参数。

（2）清理平整施工场地，并在场地四周用土筑起0.5~0.8m高的围堰，修排泥浆沟及泥浆存放池，布置振冲桩的桩位。

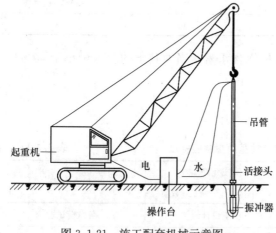

图3.1-21 施工配套机械示意图

（3）施工流程如图3.1-22所示。

（4）成孔设备组装就位，在桩管上设置控制深度的标尺，以便在施工中进行观察、记录。

（5）打孔顺序：一般采用"由里向外"或"一边向另一边"这两种方式，有利于挤走

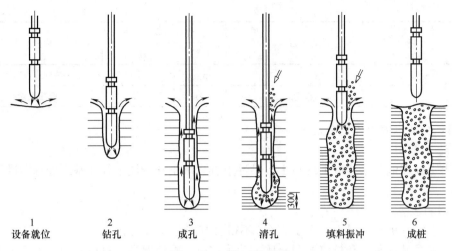

图 3.1-22 施工流程图

部分软土,从而使后续制桩比较容易;当地基土抗剪强度较低时宜"间隔跳打"。

(6)成孔时的水压应根据土质情况而定,对强度低的土,水压要小些,对强度高的土,水压则要大些。成孔时的水压与水量要比加料振密过程中的大,当成孔接近设计加固深度时,要降低水压,以避免破坏桩底以下的土。

(7)清孔时上提振冲器的速度不宜过快,最后将振动器停留在设计加固深度以上300~500mm 处,用循环水将孔中比较稠的泥浆排出,清孔时间大约为 1~2min。

(8)清孔后即开始进行填料制桩,每次倒入孔中的填料厚度不宜大于 500mm,振密直至达到密实电流并留振 30s。填料应自下而上逐段制作桩体,直至完成整个桩体,每米振密时间宜为 1min。

(9)桩体施工完毕后,应将顶部预留的松散桩体挖除,压实垫层。

(10)注意:控制操作台至振冲器的电缆不宜过长,否则电缆的电压降会使振冲器的工作电压达不到设计要求的电压,影响振冲器正常工作,从而降低振冲桩的施工质量。

5.检验与验收标准

振冲地基质量检验标准见表 3.1-12。

振冲地基质量检验标准　　　　　　　　表 3.1-12

项	序	检查项目		允许偏差或允许值		检查方法
				单位	数值	
主控项目	1	填料粒径		设计要求		抽样检查
	2	密实电流	黏性土	A	50~55	电流表读数
			砂性土或粉土	A	40~55	
	3	地基承载力		设计要求		按规定方法
一般项目	1	填料含泥量		%	<5	抽样检查
	2	振冲器喷水中心与孔径中心偏差		mm	≤50	用钢尺量
	3	成孔中心与设计孔位中心偏差		mm	≤100	用钢尺量
	4	桩体直径		mm	<50	用钢尺量

续表

项	序	检查项目	允许偏差或允许值		检查方法
			单位	数值	
一般项目	5	孔深	mm	±200	钻杆或重锤测
	6	垂直度	%	≤1	经纬仪检查

(四) 夯实水泥土桩复合地基

1. 适用范围

适用于处理地下水位以上的粉土、黏性土、素填土和杂填土等地基。处理深度不宜超过 10m。

2. 材料要求

(1) 土料有机质含量不应大于 5%，不得含有冻土和膨胀土。

(2) 水泥品种及掺和量应按配合比试验确定，一般情况混合料设计强度不宜大于 C5。

3. 施工设备

(1) 成孔机具：螺旋钻机，处理地基深度不宜大于 15m；洛阳铲（人工），处理地基深度不宜大于 6m。

(2) 夯实机具：具有偏心轮夹杆式夯实机。

4. 施工要点

(1) 施工顺序：就位→成孔→孔底夯实→夯填桩孔→提升钻具，移至下一根桩。

(2) 桩孔直径宜为 300～600mm，桩孔宜按等边三角形布置，桩孔之间的中心距离，一般为桩孔直径的 2～4 倍。成桩顶标高宜高出设计标高不小于 500mm，褥垫层施工时，将多余桩头凿除，桩顶面应处理水平。

(3) 桩体混合料人工拌合不得少于 3 遍，机械拌合时搅拌时间不得少于 1min；拌合后的混合料应均匀，颜色一致，含水量应接近最优含水量，并应在 2h 内使用完毕。

(4) 成桩可采用洛阳铲、螺旋钻等方法。施工时，应隔排隔桩跳打；填料夯填应分层进行，夯锤的落距和填料厚度应根据现场试验确定，一般每层虚铺厚度不超过 300mm（图 3.1-23）。

(5) 桩顶标高以上设置 300mm 厚中粗砂褥垫层，最大粒径不宜大于 20mm，夯填度不大于 0.9。褥垫层出桩外皮不小于 300mm，褥垫层四周应采用 250mm 厚夯实水泥土（1:9）进行围护，每边宽出褥垫层边≥1.0m，以防雨水、生活用水等渗漏浸泡地基（图 3.1-24）。

图 3.1-23 人工分层夯填

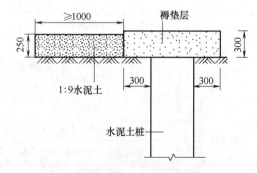

图 3.1-24 水泥土搅拌桩复合地基剖面（单位：mm）

5. 检验与验收标准

夯实水泥土桩复合地基质量检验标准见表 3.1-13。

夯实水泥土桩复合地基质量检验标准　　　表 3.1-13

项	序	检查项目	允许偏差或允许值		检查方法
			单位	数值	
主控项目	1	桩径	mm	−20	钢尺量
	2	桩长	mm	+500	测桩孔深度
	3	桩体干密度	设计要求		现场取样
	4	地基承载力	设计要求		按规定方法
一般项目	1	土料有机质含量	%	≤5	焙烧法
	2	含水量（与最优含水量比）	%	±2	烘干法
	3	土料粒径	mm	≤20	筛分法
	4	水泥质量	设计要求		查产品质量合格证或抽样送检
	5	桩位偏差	满堂布桩≤0.4D；条基布桩≤0.25D		钢尺量，D 为桩径
	6	桩垂直度	%	≤1.5	经纬仪、测桩管
	7	褥垫层夯填度	≤0.9		钢尺量

（五）水泥土搅拌桩复合地基

1. 适用范围

1) 适用于处理正常固结的淤泥、淤泥质土、素填土、黏性土（软塑、可塑）、粉土（稍密、中密）、粉细砂（松散、中密）、中粗砂（松散、稍密）、饱和黄土等土层。

2) 不适用于含大孤石或障碍物较多且不易清除的杂填土、欠固结的淤泥、淤泥质土、硬塑及坚硬的黏性土、密实的砂类土，以及地下水渗流影响成桩质量的土层。

2. 施工工艺

1) 水泥土搅拌桩的施工工艺分为浆液搅拌法（湿法）和粉体搅拌法（干法）。

2) 干法加固深度不宜大于 15m；湿法及型钢水泥土搅拌墙（桩）加固深度应考虑机械性能的限制。

3) 机械性能适用范围：

（1）单头、双头加固深度不宜大于 20m。

（2）多头及型钢水泥土搅拌墙（桩）加固深度不宜超过 35m。

4) 水泥土搅拌桩的桩径不应大于 500mm。形成水泥土加固体形状分为柱状、壁状、格栅状或块状等。

3. 施工要点

1) 施工流程如图 3.1-25 所示。

2) 水泥土搅拌桩施工前，应根据设计进行工艺性试桩，数量不得少于 3 根，多头搅拌不得少于 3 组，确定水泥土搅拌施工参数及工艺。包括：水泥浆的水灰比、喷浆压力、喷浆量、旋转速度、提升速度、搅拌次数等。

3) 湿法施工控制要点：

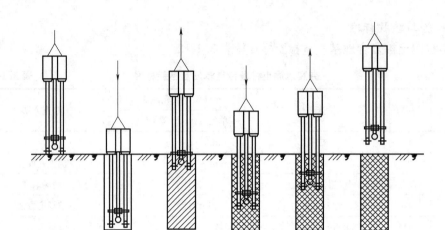

图 3.1-25 水泥土搅拌桩施工流程

(1) 水泥浆液到达喷浆口的出口压力不应小于10MPa。

(2) 所使用的水泥应过筛，制备好的浆液不得离析，泵送必须连续。

(3) 当水泥浆液到达出浆口后应喷浆搅拌30s，在水泥浆与桩端土充分搅拌后，再开始提升搅拌头。

(4) 搅拌机预搅下沉时，不宜冲水。如必须冲水时，应考虑冲水对桩身强度的影响。

(5) 施工时如因故停浆，应将搅拌头下沉至停浆点以下0.5m处，待恢复供浆时再喷浆搅拌提升。若停机超过3h，宜先拆卸输浆管路，并清洗干净。

(6) 壁桩加固时，相邻桩的施工时间间隔不宜超过24h。如间隔时间太长，应采取局部补桩或注浆等补强措施。

(7) 喷浆未达到设计桩顶标高（或底部桩端标高）集料斗中浆液已排空，或喷浆达到设计桩顶标高（或底部桩端标高）集料斗中浆液剩浆过多时，应重新标定投料量，或检查设备、清洗输浆管路，或重新标定灰浆泵输送流量。

4) 干法施工控制要点：

(1) 喷粉施工前应仔细检查搅拌机械、供粉泵、送气（粉）管路、接头和阀门的密封性、可靠性。送气（粉）管路的长度不宜大于60m。

(2) 干法施工机械必须配置经国家计量部门确认的具有能瞬时检测，并记录出粉体计量装置及搅拌深度自动记录仪。

(3) 搅拌头每旋转一周，其提升高度不得超过16mm。

(4) 搅拌头的直径应定期复核检查，其磨耗量不得大于10mm。

(5) 当搅拌头到达设计桩底以上1.5m时，应立即开启喷粉机提前进行喷粉作业。当搅拌头提升至地面下500mm时，喷粉机应停止喷粉。

(6) 成桩过程中因故停止喷粉，应将搅拌头下沉至停灰面以下1m处，待恢复喷粉时再喷粉搅拌提升。

4．检验与验收标准

1) 水泥土搅拌桩桩体检测

(1) 成桩后3d内，采用轻型动力触探检查上部桩身的均匀性。检验数量为施工总桩数的1%,且不少于3根。

(2) 成桩7d后,采用浅部开挖桩头进行检查,开挖深度宜超过停浆(灰)面下0.5m,目测检查搅拌的均匀性,量测成桩直径。检查数量为总桩数的5%。

(3) 成桩后28d,采用双管单动取样器钻取芯样进行桩身强度检验。检验数量为施工总桩(组)数的0.5%,且不少于6点。钻芯困难的部位,可采取单桩抗压静荷载试验检验桩身质量。

水泥土搅拌桩桩身检测如图3.1-26所示。

(a) 轻型触探仪　　(b) 成桩直径测量　　(c) 钻芯取样　　(d) 单桩抗压静荷载试验

图3.1-26　水泥土搅拌桩桩身检测

2) 水泥土搅拌桩复合地基质量检验标准(表3.1-14)

水泥土搅拌桩复合地基质量检验标准见表3.1-14。

水泥土搅拌桩复合地基质量检验标准　　　　表3.1-14

项	序	检查项目	允许值或允许偏差		检查方法
			单位	数值	
主控项目	1	复合地基承载力		不小于设计值	静载荷试验
	2	单桩承载力		不小于设计值	静载荷试验
	3	水泥用量		不小于设计值	查看流量表
	4	搅拌叶回转直径	mm	±20	用钢尺量
	5	桩长		不小于设计值	测钻杆长度
	6	桩身强度		不小于设计值	28d试块强度或钻芯法
一般项目	1	水胶比		设计值	实际用水量与水泥等胶凝材料的重量比
	2	提升速度		设计值	测机头上升距离及时间
	3	下沉速度		设计值	测机头下沉距离及时间
	4	桩位	条基边桩沿轴线	≤1/4D	全站仪或用钢尺量
			垂直轴线	≤1/6D	
			其他情况	≤2/5D	
	5	桩顶标高	mm	±200	水准测量,最上部500mm浮浆层及劣质桩体不计入
	6	导向架垂直度		≤1/150	经纬仪测量
	7	褥垫层夯填度		≤0.9	水准测量

注:D为设计桩径(mm)。

(六) 旋喷桩复合地基

1. 适用范围

适用于处理淤泥、淤泥质土、黏性土（流塑、软塑和可塑）、粉土、砂土、黄土、素填土和碎石土等地基。

2. 施工工艺

(1) 高压旋喷桩施工根据工程需要和土质条件，可选用单管法、二重管法和三重管法，见表 3.1-15。

旋喷桩法分类　　　　　　　　表 3.1-15

分类	单管法	二重管法	三重管法
喷射方法	浆液喷射	浆液、空气喷射	水、空气喷射、浆液注入
硬化剂	水泥浆	水泥浆	水泥浆
常用压力(MPa)	15.0～20.0	15.0～20.0	高压 20.0～40.0 低压 0.5～3.0
喷射量(L/min)	60～70	60～70	高压 60～70 低压 80～150
压缩空气(kPa)	不使用	500～700	500～700
旋转速度(rpm)	16～20	5～16	5～16
桩径(mm)	300～600	600～1500	800～2000
提升速度(cm/min)	15～25	7～20	5～20

(2) 旋喷桩加固体形状分为柱状、壁状、条状和块状。

3. 浆液要求

(1) 水泥：宜采用强度等级为 42.5 级的普通硅酸盐水泥，根据需要可加入适量的外加剂及掺和料。

(2) 外加剂和掺和料的用量，应通过试验确定。

(3) 水泥浆液的水灰比宜为 0.8～1.2，常用 0.9。

4. 施工要点

1) 旋喷桩法施工工艺流程如图 3.1-27 所示。

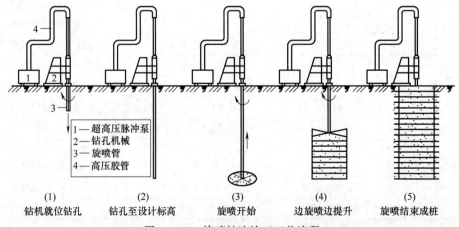

图 3.1-27　旋喷桩法施工工艺流程

2）施工前先进行场地平整，挖好排浆沟，根据设计的施工图和坐标网点测量放出桩位中心，并用钢筋进行标记，保证桩中心偏差小于50mm。

3）钻机就位、调平：

(1) 先将钻机主钻杆对准孔位中心，然后将支腿支设平稳、牢固。

(2) 定位后测量人员用水平尺进行钻杆垂直度检查，保证钻杆垂直度偏差不大于1.5%，经监理工程师检查确认后，方可进行下一步作业。

4）钻孔：

(1) 钻孔孔径应大于喷射管外径20～50mm，以保证喷射时正常返浆、冒浆。

(2) 钻孔每钻进5m用水平尺测量机身水平和立轴垂直一次，孔位纵、横向偏差不大于50mm，垂直度偏差不大于0.5%。

5）下喷射管：

(1) 下喷射管前进行地面气、浆试喷，并测量喷嘴中心线是否与喷射管方向一致。

(2) 下喷射管过程中，应边射水边插管，防止泥沙堵住喷嘴。水压不宜过大，一般不超过1MPa，以免损伤孔壁。

6）喷射作业：

(1) 当喷射注浆管贯入途中，喷嘴达到设计标高时，即可喷射注浆。

(2) 在喷射注浆参数达到规定值后，随即按旋喷工艺要求，提升喷射管，由下而上旋转喷射注浆。

(3) 喷射管分段提升的搭接长度不得小于100mm。喷射过程中因故中断恢复喷射时，搭接复喷长度不小于500mm。旋喷管提升接近桩顶以下1m时，应减慢提升速度，当提升至桩顶以上30cm停止喷浆。

(4) 每一孔的高压喷射注浆完成后，为防止浆液析水沉淀，应将输浆管插入孔内浆面以下2m，反复多次进行充填灌浆，直至孔口浆面不再下沉为止。

5. 质量检验与验收

旋喷桩（高压喷射注浆）复合地基质量检验标准见表3.1-16。

旋喷桩（高压喷射注浆）复合地基质量检验标准　　　　表3.1-16

项	序	检查项目	允许值或允许偏差		检查方法
			单位	数值	
主控项目	1	复合地基承载力		不小于设计值	静载荷试验
	2	单桩承载力		不小于设计值	静载荷试验
	3	水泥用量		不小于设计值	查看流量表
	4	桩长		不小于设计值	测钻杆长度
	5	桩身强度		不小于设计值	28d试块强度或钻芯法
一般项目	1	水胶比		设计值	实际用水量与水泥等胶凝材料的重量比
	2	钻孔位置	mm	≤50	用钢尺量
	3	钻孔垂直度		≤1/100	经纬仪测钻杆
	4	桩位	mm	≤0.2D	开挖后桩顶下500mm处用钢尺量
	5	桩径	mm	≥−50	用钢尺量

续表

项	序	检查项目	允许值或允许偏差		检查方法
			单位	数值	
一般项目	6	桩顶标高	不小于设计值		水准测量,最上部500mm 浮浆层及劣质桩体不计入
	7	喷射压力	设计值		检查压力表读数
	8	提升速度	设计值		测机头上升距离及时间
	9	旋转速度	设计值		现场测定
	10	褥垫层夯填度	≤0.9		水准测量

注:D 为设计桩径(mm)。

四、注浆加固

1. 适用条件

用于地基的局部加固处理,及砂土、粉土、黏性土和人工填土等地基加固。

2. 材料要求

(1) 可选用水泥浆液、硅化浆液和碱液等固化剂。

(2) 对软弱土处理,可选用以水泥为主剂的浆液,或选用水泥和水玻璃的双液型混合浆液。

(3) 砂土和黏性土宜采用压力双液硅化注浆。

(4) 在有地下水流动的情况下,不应采用单液水泥浆液。

3. 施工设备

灌浆设备主要是高压水泵,配套机具有搅拌机、灌浆管、阀门、流量计、压力表,以及钻孔机等(图3.1-28)。

4. 施工要点

1) 压密注浆法(图3.1-29):

(1) 适用于处理砂土、粉性土、黏性土和一般填土层以及地下结构、管道的堵漏、建筑物纠偏等工程。

(2) 注浆施工前应进行室内浆液配合比试验和现场注浆试验。

(3) 注浆施工应记录注浆压力和浆液流量,并应采用自动压力流量记录仪。

(4) 注浆顺序应按跳孔间隔注浆方式进行,并宜采用先外围后内部的注浆施工方法(先外围一圈封堵,再施工内部注浆)。

(5) 注浆孔的孔径宜为70~110mm,孔位偏差不应大于50mm,钻孔垂直度偏差应小于1/100,钻杆角度与设计角度之间的倾角偏差不应大于2°。

(6) 当地下水流速较大时,应从水流高的一段开始注浆。采用低坍落度的砂浆压密注浆时,每次上拔高度宜为400~600mm。采用坍落度为25~75mm的水泥砂浆压密注浆时,注浆压力宜为1~7MPa,注浆的流量宜为10~20L/min。

2) 劈裂注浆法(图3.1-30):

(1) 适用于软弱土层加固方法,它既可应用于渗透性较好的砂层,又可应用于渗透性差的黏性土层。

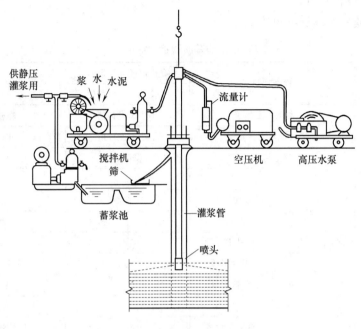

图 3.1-28 灌浆设备

（2）劈裂注浆采用高压注浆工艺，将水泥或化学浆液等注入土层，以改善土层性质，在注浆过程中，注浆管出口的浆液对四周地层施加了附加压应力，使土体发生剪切裂缝，而浆液则沿着裂缝从土体强度低的地方向强度高的地方劈裂，劈入土体中的浆体便形成了加固土体的网络或骨架。

图 3.1-29 压密注浆法施工

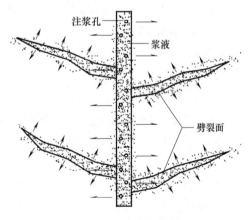

图 3.1-30 劈裂注浆断面

（3）注浆压力的选用应根据土层的性质及其埋深确定。劈裂注浆时，砂土中宜取 0.2～0.5MPa，黏性土宜取 0.2～0.3MPa。

3）当既有建筑地基进行注浆加固时，应对既有建筑及其邻近建筑、地下管线和地面的沉降、倾斜、位移、裂缝进行监测，并应采取多孔间隔注浆和缩短浆液凝固时间等措施，减少既有建筑基础因注浆而产生的附加沉降。

5. 检验与验收标准

注浆地基质量检验标准见表 3.1-17。

注浆地基质量检验标准　　　　　　　表 3.1-17

项	序	检查项目		允许值或允许偏差		检查方法
				单位	数值	
主控项目	1	地基承载力			不小于设计值	静载荷试验
	2	处理后地基土的强度			不小于设计值	原位测试
	3	变形指标			设计值	原位测试
一般项目	1	原材料检验	注浆用砂	粒径	mm	<2.5	筛析法
				细度模数		<2.0	筛析法
				含泥量	%	<3	水洗法
				有机质含量	%	<3	灼烧减量法
			注浆用黏土	塑性指数		>14	界限含水率试验
				黏粒含量	%	>25	密度计法
				含砂率	%	<5	洗砂瓶
				有机质含量	%	<3	灼烧减量法
			粉煤灰	细度模数		不粗于同时使用的水泥	筛析法
				烧失量	%	<3	灼烧减量法
			水玻璃：模数			3.0~3.3	试验室试验
			其他化学浆液			设计值	查产品合格证书或抽样送检
	2	注浆材料称量		%	±3	称重
	3	注浆孔位		mm	±50	用钢尺量
	4	注浆孔深		mm	±100	量测注浆管长度
	5	注浆压力		%	±10	检查压力表读数

五、预压地基

预压地基，又称预压加固法。是在建筑物的软土地基上，预先堆放足够的堆石或堆土等重物，对地基预压使土壤固结、密实以加固地基的工程措施。

1. 适用范围

用于淤泥质黏土、淤泥与人工冲填土等软弱地基。

2. 预压法分类

有堆载预压法、真空预压法、真空和堆载联合预压法等。

3. 堆载预压法

1) 适用于淤泥质土、淤泥、冲填土等饱和黏性土地基的加固，但不适用于泥灰等有机沉积地基。

2) 根据排水系统的不同分为砂井堆载预压法、袋装砂井堆载预压法、塑料排水带堆载预压法。

(1) 砂井堆载预压法（图 3.1-31）

① 在软弱地基中用钢管打孔，灌砂设置砂井作为竖向排水通道，并在砂井顶部设置砂垫层作为水平排水通道，在砂垫层上部压载以增加土中附加应力，使土体中的孔隙水较快地通过砂井和砂垫层排出。

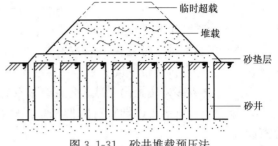

图 3.1-31　砂井堆载预压法

② 砂井可按等边三角形和正方形进行布置，砂井的直径和间距由黏性土的固结特性和施工期限确定。

③ 砂井施工顺序应从外围或两侧向中间进行，如砂井间距较大，可逐排进行。当地基表层出现松动隆起时，应进行压实。

④ 砂井中灌砂的含水量应严格控制。对饱和水的土层，灌砂可采用饱和状态；对非饱和土和杂填土，或能形成竖向孔的土层，灌砂含水量应控制在 7%～9%。

(2) 袋装砂井堆载预压法（图 3.1-32）

① 袋装砂井堆载预压法是在砂井堆载预压法基础上改良、发展的一种新方法。改善了砂井不连续、缩径、断颈、错位等工艺缺陷。

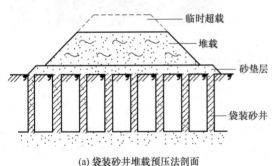

(a) 袋装砂井堆载预压法剖面　　　　(b) 袋装砂井施工

图 3.1-32　袋装砂井堆载预压法

② 装砂袋应具有良好的透水性、透气性，一定的耐腐蚀、抗老化性能，装砂不易漏失，并有足够的抗拉强度，能承受袋内装砂自重和弯曲所产生的拉力，一般多采用聚丙烯编织布、玻璃丝纤维布、再生布等。

③ 袋中砂宜用风干砂，不宜采用湿砂，避免干燥后体积减小。

④ 确定袋装砂井施工长度时，应考虑袋内砂体积减小，袋装砂井在井内的弯曲、超深及伸入水平排水垫层内的长度等因素，防止砂井全部沉入孔内，造成顶部与排水垫层不连接，影响排水效果。

⑤ 施工时，先用振动、锤击或静压方式把井管沉入地下，然后向井管中放入预先装好砂料的圆柱形砂袋，最后拔起井管将砂袋填充在孔中形成砂井。

(3) 塑料排水带堆载预压法（图 3.1-33）

① 塑料排水带的排水性能主要取决于截面周长，很少受其截面积的影响。设计塑料排水带时，把塑料排水带换算成相当直径的砂井，根据两种排水体与周围土接触面积相等的原理，换算直径 D，可按下式计算：

$$D=2(b+\delta)/\pi \tag{3.1-3}$$

式中：D——塑料排水带当量换算直径；

b——塑料排水带宽度；

δ——塑料排水带厚度。

② 带芯材料多采用聚丙烯或聚乙烯塑料带芯；滤膜材料则采用耐腐蚀的涤纶衬布。

③ 打设塑料排水带的导管有圆形和矩形两种，其管靴也各异，一般采用桩尖与导管分离设置。

④ 塑料排水带埋入砂垫层中的长度不应小于500mm，搭接长度宜大于200mm，采用滤膜内芯带平搭接连接。

⑤ 拔管后带上塑料排水带的长度不应超过500mm，回带根数不应超过总根数的5%。

(a) 塑料排水带堆载预压法剖面

(b) 塑料排水带施工

图 3.1-33 塑料排水带堆载预压法

4. 真空预压法

真空预压法是以大气压力作为预压载荷，先在需加固的软土地基表面敷设一层透水砂垫层或砂砾层，再在其上覆盖一层不透气的塑料薄膜或橡胶布，将四周密封好，使其与大气隔绝，在砂垫层内埋设渗水管道，然后与真空泵连通进行抽气，使透水材料保持较高的真空度，在土的孔隙水中产生负的孔隙水压力，将土中的孔隙水和空气逐渐吸出，从而使土体固结（图3.1-34）。

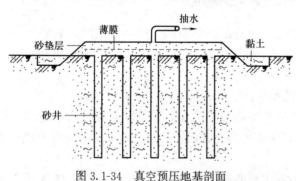

图 3.1-34 真空预压地基剖面

(1) 真空预压法主要设备为真空泵，一般宜用射流真空泵。

(2) 施工流程：测量放线→铺设主支滤排水管→铺设上层砂垫层→砂面整平→铺设聚氯乙烯薄膜→施工密封沟→设置测量标志→安装真空泵→抽真空预压固结土层。

(3) 砂垫层中水平滤管一般宜采用条形或鱼刺形布置（图3.1-35），敷设距离要适当，使真空度分布均匀，管线上部应覆盖100~200mm后的砂层。

(4) 砂层上铺设密封薄膜，密封薄膜一般采用2~3层聚氯乙烯薄膜。在离基坑线外缘2m处，开挖深度为0.8~0.9m的沟槽，将薄膜的周边放入沟槽内，用黏土或粉质黏土回填压实，或采用板桩围挡，覆水封闭（图3.1-36），保证密封薄膜层气密性完好、不漏气。

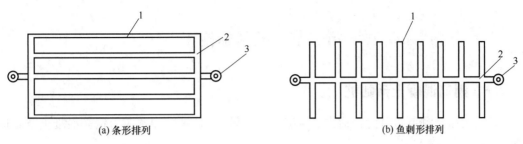

图 3.1-35 真空分布管排列示意图
1—真空压力分布管；2—集水管；3—出膜口

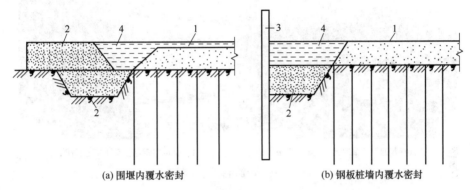

图 3.1-36 薄膜周边密封方法
1—密封膜；2—填土压实；3—钢板桩；4—覆水

(5) 当面积较大时，宜分区预压，区与区的间隔距离以 2~6m 为佳。施工中应检查密封膜的密封性能、真空表读数等。泵及膜内真空度应达到 96kPa 和 73kPa 以上的技术要求。

(6) 施工结束后应检查地基土的十字板剪切强度、标贯或静力触探值及要求达到的其他物理力学性能，重要建筑物地基应进行承载力检验。

5. 检验与验收标准

预压地基和塑料排水带质量检验标准见表 3.1-18。

预压地基和塑料排水带质量检验标准　　　　表 3.1-18

项	序	检查项目	允许值或允许偏差		检查方法
			单位	数值	
主控项目	1	地基承载力	不小于设计值		静载荷试验
	2	处理后地基土的强度	不小于设计值		原位测试
	3	变形指标	设计值		原位测试
一般项目	1	预压荷载（真空度）	%	≥-2	高度测量（压力表）
	2	固结度	%	≥-2	原位测试（与设计要求比）
	3	沉降速率	%	±10	水准测量（与控制值比）
	4	水平位移	%	±10	用测斜仪、全站仪测量
	5	竖向排水体位置	mm	≤100	用钢尺量
	6	竖向排水体插入深度	mm	0~+200	经纬仪测量
	7	插入塑料排水带时的回带长度	mm	≤500	用钢尺量
	8	竖向排水体高出砂垫层距离	mm	≥100	用钢尺量
	9	插入塑料排水带的回带根数	%	<5	统计
	10	砂垫层材料的含泥量	%	≤5	水洗法

第二节 桩基础施工

一、钢筋混凝土预制桩

钢筋混凝土预制桩分为普通钢筋混凝土实心桩（RC桩）和预应力钢筋混凝土空心桩（PC桩）（图3.2-1）。

(a) 普通钢筋混凝土实心桩(RC桩)　　(b) 预应力钢筋混凝土空心桩(PC桩)

图 3.2-1　钢筋混凝土预制桩

（一）钢筋混凝土预制桩制作

1. 预制桩制作流程

现场布置→场地整平与处理→支模→绑扎钢筋骨架、安设吊环→浇筑混凝土→养护至30%强度拆模，涂刷隔离层→重叠生产浇筑上层预制构件→养护至70%强度起吊→达到100%强度后运输、堆放。

2. 预制桩制作要点

1）混凝土预制桩可在工厂或施工现场预制，预制场地必须平整、坚实。

2）长桩可分节制作，每根桩的接头数量不宜超过3个，单节桩长度应符合下列规定：

（1）满足桩架的有效高度、制作场地条件、运输与装卸能力。

（2）避免在桩尖接近或处于硬持力层中时接桩。

3）预制桩的桩尖可将主筋合拢焊在桩尖辅助钢筋上［图3.2-2（a）］；对于持力层为密实砂和碎石类土时，宜在桩尖处包钢桩靴，以加强桩尖强度［图3.2-2（b）、(c)］。

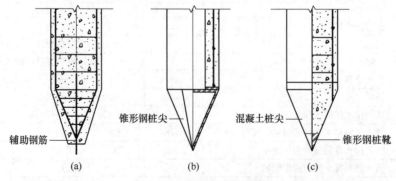

图 3.2-2　预制桩桩尖构造

4) 重叠制作预制桩时，应符合下列规定：

(1) 桩与邻桩及底模之间的接触面不得粘连。

(2) 上层桩或邻桩的浇筑，必须在下层桩或邻桩混凝土达到设计强度的30%以上时，方可进行。

(3) 桩的重叠层数不应超过4层。

3. 预制桩出厂、起吊、运输和堆放

1) 预制桩出厂检验：

(1) 预制桩达到设计强度的100%时，方可运输出厂。

(2) 出厂检查内容包括：规格、批号、制作日期是否符合所属的验收批号内容；桩的混凝土质量，尺寸、预埋件、桩靴或桩帽的牢固性；以及打桩中使用的标志等。

2) 预制桩起吊：单节桩长（L）在20m以下宜采用两点起吊 [图3.2-3 (a)]，20m以上宜采用3点起吊或多点起吊 [图3.2-3 (b)]；当吊点多于3个时，其位置应该按照反力相等的原则计算确定。

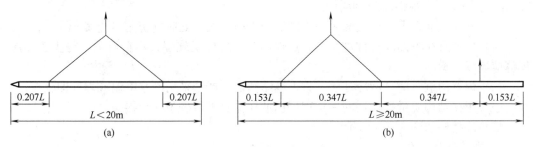

图 3.2-3 预制桩吊点位置

3) 预制桩运输：

(1) 场内运输：短距离时，可在桩下垫以滚筒，用卷扬机拖动桩前进；长距离时，可用起重机械吊运或采用平板拖车运输；严禁在场地上直接拖拉桩体。

(2) 场外运输：主要采用平板拖车运输，运输时，应做到桩身平稳放置、绑扎牢固，并采取必要的防滚动措施。

(3) 预制桩运至施工现场或操作面后，应再一次对预制桩进行检验，合格后方可进行下一步施工，严禁使用质量不合格或吊运过程中产生裂缝的桩。

4) 预制桩存放（图3.2-4）：

(1) 堆放场地应平整坚实，不得产生过大的或不均匀沉陷。预制桩与地面接触面，及桩间均需垫上垫木。垫木宜选用耐压的长木枋或枕木，不得使用有棱角的金属构件。

(2) 垫木应位于桩端0.2倍桩长处，底层最外缘的桩应在垫木处用木楔塞紧。

(3) 现场条件许可时，宜单层堆放；当叠层堆放时，外径为500～600mm的桩不宜超过4层，外径为300～400mm的桩不宜超过5层。

(二) 钢筋混凝土预制桩接桩

多节桩的接桩方法，常用的有焊接法、法兰连接法及硫黄胶泥锚接法三种，前两种方法适用于各类土层，后一种适用于软土层。

1. 焊接法接桩

(1) 下节桩段的桩头宜高出地面0.5m左右。

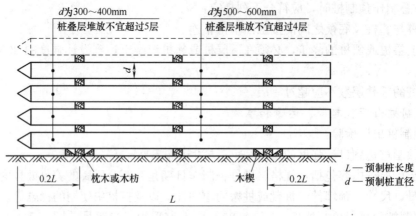

图 3.2-4 预制桩叠层堆放示意图

(2) 下节桩桩头处宜设置导向箍，保证上下两节桩段同心顺直；错位偏差不宜大于 2mm，不得采用大锤横向敲打纠偏。

(3) 桩对接前上下端板表面应用铁刷清刷干净，坡口处应刷至露出金属光泽。

(4) 焊接宜在桩四周对称进行，先点焊固定，再分层施焊；焊接层数不得少于 2 层，焊缝应连续、饱满。

(5) 焊好的桩头应自然冷却后，方可继续锤击，严禁采用冷水降温或焊好即施打。

(6) 焊接结构质量检查：同一工程探伤抽样检验不得少于 3 个接头。

焊接法接桩如图 3.2-5 所示。

2. 法兰连接法接桩

(1) 安装前应检查桩端制作的尺寸偏差及连接件质量，符合要求方可起吊施工，其下节桩端宜高出地面 0.8m。

(2) 接桩前，卸下上下节桩两端的保护装置，清理接头残物，再涂上润滑脂。

(3) 采用专用接头锥度对中，对准上下节桩进行旋紧连接。

(4) 可采用专用链条式扳手进行旋紧，锁紧后两端板尚应留有 1~2mm 的间隙。

法兰连接法接桩如图 3.2-6 所示。

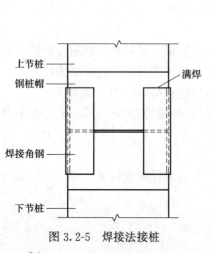

图 3.2-5 焊接法接桩

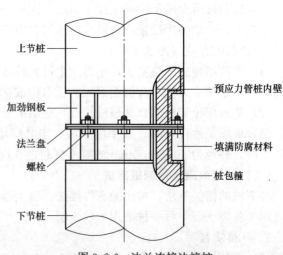

图 3.2-6 法兰连接法接桩

3. 硫黄胶泥锚接法接桩

1) 硫黄胶泥熬制方法

(1) 将硫黄胶泥成品放入专用胶炉内，加热至140～150℃，胶泥融化后启动搅拌电机将胶泥搅拌均匀，待硫黄胶泥融化完全脱水后（以液面上无气泡为准）即可使用。

(2) 每次出料后，应陆续加入固体硫黄胶泥，以确保供应。

(3) 硫黄胶泥熬制温度不可超过180℃，否则会开始焦化；严禁往胶泥加水，且注意明火不可直接接触硫黄胶泥。

(4) 操作人员必须穿戴好必要的防护用品，防止胶泥溅伤。

2) 接桩施工

(1) 锚接前应检查锚筋长度、锚孔深度和平面位置，锚筋应清刷干净、调直，锚筋孔内螺纹应完好，无积水、杂物和油污 [图3.2-7（a）]。

(2) 起吊上节桩并对准下节桩，将预埋锚筋试插入下节桩浆锚孔，位置调节好后，提升上节桩，与下节桩保持一定距离（便于灌浆即可），并用夹箍围住下节桩桩端，四周保持无缝隙，再开始浇筑硫黄胶泥 [图3.2-7（b）]。

(3) 硫黄胶泥浇筑温度应控制在140～150℃，浇筑时间不得超过2min。浆锚孔灌满后，再继续浇筑至下节桩顶面以上约20mm，立即下降上节桩并对接吻合。

(4) 待硫黄胶泥冷却凝固后（冷却凝固时间应大于10min），拆除夹箍，再继续沉桩。

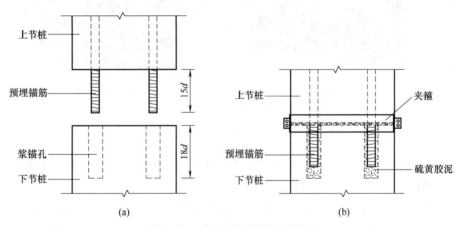

图3.2-7 硫黄胶泥锚结法接桩

（三）锤击沉桩法

1. 适用范围

可用于多种土层，沉桩效率高，速度快，但存在振动和噪声大。

2. 施工设备

施工设备包括桩锤、桩架、动力装置、送桩器及衬垫。

(1) 桩锤是锤击沉桩的主要设备，有落锤、蒸汽锤、柴油锤和液压锤等类型，其中，常用的是柴油锤。桩锤的选用应根据地质条件、桩型、桩的密集程度、单桩竖向承载力以及施工条件等因素确定，力求"重锤轻击"。

(2) 桩架的主要功能包括起吊桩锤、吊桩和插桩、导向沉桩等，常用桩架有多功能桩架和履带式桩架（图3.2-8）。

(3) 动力装置的配置取决于所选的桩锤。当选用蒸汽锤时，需配备蒸汽锅炉和卷扬机。

(4) 送桩器应有足够的强度、刚度和耐打性，且长度应满足桩深度要求，弯曲度不得大于 1/1000。

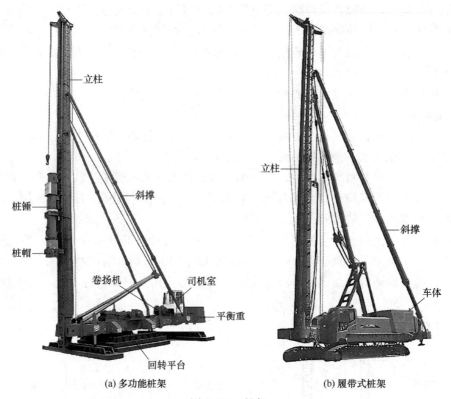

图 3.2-8　桩架

3. 施工要点

1) 施工程序：确定桩位和沉桩顺序→桩机就位→吊桩喂桩→校正→锤击沉桩→接桩→再锤击沉桩→送桩→收锤→切割桩头。

2) 沉桩顺序应按先深后浅、先大后小、先长后短、先密后疏的次序进行。对于密集桩群应控制沉桩速率，宜从中间向四周或两边对称施打 [图 3.2-9 (a)、(b)]；当一侧毗邻建筑物时，由毗邻建筑物处向另一方向施打 [图 3.2-9 (c)]。

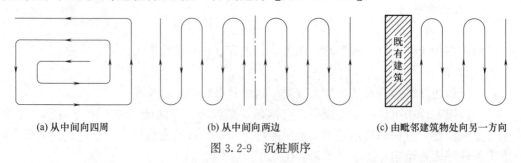

图 3.2-9　沉桩顺序

3) 沉桩：

(1) 取桩：桩堆放不超过 2 层时可利用桩机直接拖拉取桩，取桩时，桩的拖地端应用弹性材料加以保护；桩叠层堆放超过2层时，应用吊机取桩；三点支撑自行式打桩机不应拖拉取桩。

（2）桩身立直后，固定桩锤和桩帽，使桩、桩帽、桩锤在同一垂直线上，用2台经纬仪交会测量检查桩身垂直度，垂直度偏差不应超过0.5%，确保桩能垂直下沉（图3.2-10）。

（3）初始沉桩应起锤轻压或轻击数锤，观察桩身、桩架、桩锤等垂直一致，方可转入正常施打。

（4）正常施打时，桩锤宜"重锤低击、连续施打"，使桩均匀下沉。打桩过程中，如遇贯入度剧变，桩身突然出现倾斜、位移或有严重回弹，桩顶或桩身严重开裂、破碎时，应暂停打桩，处置后再行施工。

图3.2-10　桩身垂直度控制

4. 锤击桩终止沉桩标准

（1）终止沉桩应以桩端标高控制为主、贯入度控制为辅，当桩终端达到坚硬、硬塑黏性土，中密以上粉土、砂土、碎石土及风化岩时，可以贯入度控制为主、桩端标高控制为辅。

（2）贯入度达到设计要求而桩端标高未达到时，应继续锤击3阵，按每阵10击的贯入度不大于设计规定的数值予以确认。

（四）静力压桩法

1. 适用范围

常用于高压缩性黏土层或砂性较轻的软黏土层，及对邻近建（构）筑物产生振动的情况。

2. 施工设备

（1）静力压桩机宜根据单根桩的长度选用顶压式液压压桩机或抱压式液压压桩机（图3.2-11）。

(a) 顶压式液压压桩机

(b) 抱压式液压压桩机

图3.2-11　静力压桩机

(2) 静力压桩机选用时，还应综合考虑桩的截面、长度、穿越土层和桩端土的特性、单根桩极限承载力和布桩密度等因素（表 3.2-1）。

静力压桩机选择参考　　　　　　表 3.2-1

压桩机型号		160～180	240～280	300～360	400～460	500～600
最大压桩力(kN)		1600～1800	2400～2800	3000～3600	4000～4600	5000～6000
适用桩径(mm)	最小	300	300	350	400	400
	最大	400	450	500	550	600
单桩极限承载力(kN)		1000～2000	1700～3000	2100～3800	2800～4600	3500～5500
桩端持力层		中密～密实砂层，硬塑～坚硬黏土层，残积土层	密实砂层，坚硬黏土层，全风化岩层	密实砂层，坚硬黏土层，全风化岩层	密实砂层，坚硬黏土层，全风化岩层，强风化岩层	密实砂层，坚硬黏土层，全风化岩层，强风化岩层
桩端持力层标准值(N)		20～25	20～35	30～40	30～50	30～55
穿透中密～密实砂层厚度(m)		约2	2～3	3～4	5～6	5～8

(3) 液压式压桩机的最大压桩力应取压桩机的机架重量和配重之和乘以 0.9，且不得小于设计的单桩竖向极限承载力标准值。

(4) 场地地基承载力应不小于压桩机接地压强的 1.2 倍。

3. 施工要点

(1) 施工程序：测量定位→压桩机就位→吊桩、插桩→桩身对中调直→静压沉桩→接桩→再静压沉桩→送桩→终止压桩→检查验收→转移桩机。

(2) 静力压桩施工场地应平整。采用静力压桩的基坑，严禁边沉桩边开挖基坑。

(3) 沉桩施工应按"先深后浅、先长后短、先大后小、避免密集"的原则进行。施工场地开阔时，从中间向四周进行；施工场地狭长时，从中间向两端对称进行；沿建筑物长度方向进行（图 3.2-9）。

(4) 施工前进行试压桩，数量不少于 3 根。

(5) 静力压桩法沉桩一般采用分段压入、逐段接长的方法施工（图 3.2-12）。当下节桩压入土中后，上端距地面 0.8～1m 时接长上节桩，继续压入。每根桩的压入、接长应连续。

① 第一段桩的垂直度是保证桩身质量的关键。在开始压桩入土 1m 左右后，应停止压桩，用经纬仪测量、调正两个方向的垂直度后，再继续压桩。

② 接桩可采用焊接法，或螺纹式、啮合式、卡扣式、抱箍式等机械快速连接方法。

③ 送桩深度大于 8m 时，应设置送桩器，一次送桩深度不宜大于 10～12m。

④ 同一承台桩数大于 5 根时，不宜连续压桩。密集群桩区的静压桩不宜 24h 连续作业，日停歇时间不宜少于 8h。

4. 静压桩终止沉桩标准

(1) 静压桩应以标高为主、压力为辅。摩擦桩应按桩顶标高控制；端承摩擦桩，应以桩顶标高控制为主、终压力控制为辅；端承桩应以终压力控制为主、桩顶标高控制为辅。

(2) 终压连续复压时，对于入土深度大于或等于 8m 的桩，复压次数可为 2～3 次，入土深度小于 8m 的桩，复压次数可为 3～5 次。

(3) 稳压压桩力不应小于终压力，稳压时间宜为 5～10s。

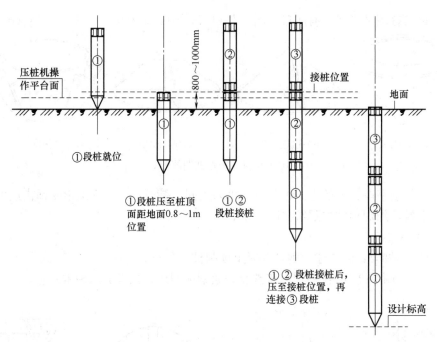

图 3.2-12 静力压桩法沉桩工艺流程

二、钢桩

钢桩一般适用于码头、水中结构的高桩承台、桥梁基础、超高层公共与住宅建筑桩基、特重型工业厂房等基础工程。钢桩可分为钢管桩或型钢桩两种，具有承载力大、抗冲击力强、穿透硬土层性能好等优点，能获得较高的承载能力，有利于建筑物的沉降控制。

(一) 钢管桩

1. 材料要求

(1) 钢管桩一般采用普通碳素钢，抗拉强度为402MPa，屈服强度为235.2MPa，或按设计要求选用。钢管按加工工艺不同分为螺旋缝钢管和直缝钢管两种，因螺旋缝钢管刚度大，在工程中使用较多。

(2) 钢管桩一般由一根上节桩、一根下节桩和若干根中节桩组合而成，每节桩长度一般为13m或15m，钢管的下口有开口和闭口之分（图 3.2-13）。

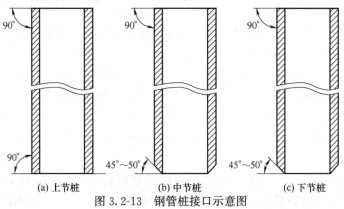

图 3.2-13 钢管桩接口示意图

（3）钢管桩端部形式：有闭口［图 3.2-14（a）～（c）］和敞口［图 3.2-14（d）］两种。

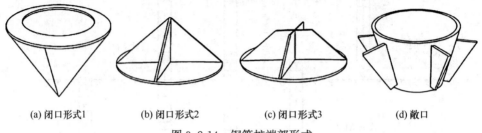

(a) 闭口形式1　　(b) 闭口形式2　　(c) 闭口形式3　　(d) 敞口

图 3.2-14　钢管桩端部形式

（4）钢管桩壁厚：一般上、中、下节桩采用同一壁厚；为更好地承受锤击应力，在钢管桩上、下端可加焊扁铁加强箍（图 3.2-15）。

2. 施工设备

1）桩锤和桩架：同前述"钢筋混凝土预制桩"。

2）桩帽（图 3.2-16）：桩帽由铸铁及普通钢板制成，顶部放入硬木锤垫。

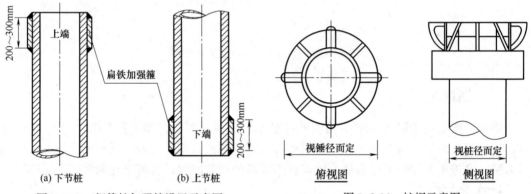

图 3.2-15　钢管桩加强箍设置示意图　　　图 3.2-16　桩帽示意图

3）钢管桩内切割机和拔管设备：

（1）切割设备：等离子切桩机、手把式氧乙炔切桩机、半自动氧乙炔切桩机、悬吊式全回转氧乙炔自动切割机等。

（2）拔短桩管方法（图 3.2-17）：小型振动锤夹住桩管，振动拔起；在桩管顶管壁上开孔，穿钢丝绳，用 40～50t 履带起重机拔管；用内胀式拔管器拔出。

3. 施工要点

（1）施工流程：桩机安装→桩机移动就位→吊桩→插桩→锤击下沉、接桩→锤击至设计深度→内切钢管桩→拔短管桩→切割、戴帽。

（2）钢管桩沉桩一般采用锤击沉桩，施工方法参照前述"钢筋混凝土预制桩"施工。

（3）对敞口钢管桩，当锤击沉桩有困难时，可在管内取土助沉。

（4）接桩采用焊接时，钢管桩内侧应设置内衬套（图 3.2-18），采用多层焊；钢管桩各层焊缝的接头应错开，焊渣应清除；每个接头焊接完毕后，应冷却 1min 后方可锤击。

（二）H 型钢桩

H 型钢桩在南方软土层中应用较多，除用于建筑物桩基外，还可用作基坑支护的立柱，也可以拼成组合桩以承受更大的荷载。H 型钢桩宜采用热轧 H 型钢。

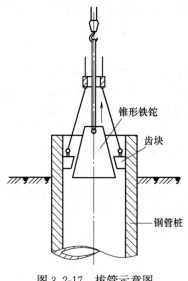
图 3.2-17 拔管示意图

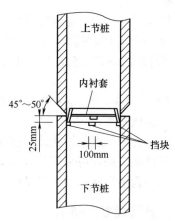
图 3.2-18 钢管桩接桩示意图

1. 施工流程

清理场地→H 型钢桩堆放→沉桩→接桩→送桩。

2. 桩帽

桩帽由普通钢板制成，顶部放入硬木锤垫（图 3.2-19）。

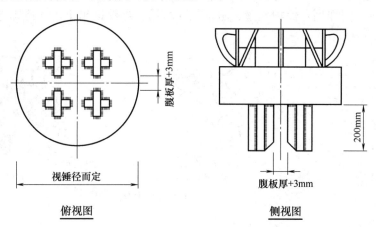
图 3.2-19 H 型钢桩桩帽示意图

3. 插桩

插桩需对准方向。H 型钢桩不像钢管桩无方向性要求，其 X 与 Y 向的抗弯性能不一样，应按设计图样要求的正确方向插入 H 型钢桩。

4. 沉桩

（1）H 型钢桩沉桩一般采用锤击沉桩，施工机具及施工方法参照前述"钢筋混凝土预制桩"施工。

（2）锤击 H 型钢桩时，锤重不宜大于 4.5t 级（柴油锤），且在锤击过程中桩架前应有横向约束装置。

(3) 当地表面遇有大块石、混凝土块等回填物时,应在插入 H 型钢桩前进行触探,并清除桩位上的障碍物。

5. 接桩

接桩时,上下节桩段应保持对直,错位偏差不宜大于 2mm,对口的间隙为 2～3mm;焊接时宜先在坡口圆周上对称点焊 4～6 点,待上下节桩固定后拆除导向箍再分层施焊,施焊宜对称进行;焊接接头应在自然冷却后才可继续沉桩,严禁用水冷却或焊好后立即沉桩。

6. 送桩

送桩不宜过深,否则容易使 H 型钢桩移位,或者因锤击过多而失稳。

(三) 钢桩防腐

1) 用于有地下水侵蚀的地区或腐蚀性土层的钢桩,应按设计要求做防腐处理。
2) 钢桩防腐处理可采用外表面涂防腐层、增加腐蚀余量及阴极保护。
3) 当钢管桩内壁同外界隔绝时,可不考虑内壁防腐。

三、钢筋混凝土灌注桩

(一) 泥浆护壁灌注桩

泥浆护壁灌注桩是机械成孔作业时,在桩孔内注入既可保护孔壁,又能循环排出土渣的泥浆,成孔后水下浇灌混凝土将泥浆置换出来的施工方法,宜用于地下水位以下的黏性土、粉土、砂土、填土、碎石土及风化岩层。

1. 护壁泥浆

1) 泥浆的主要作用:保护孔壁、防止孔壁坍塌、悬浮排出土渣、冷却施工机械及润滑钻头(图 3.2-20)。

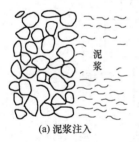
(a) 泥浆注入

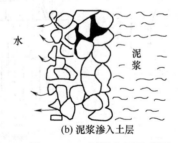
(b) 泥浆渗入土层

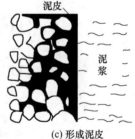
(c) 形成泥皮

图 3.2-20 泥浆作用示意图

2) 泥浆配制:

泥浆需具有物理稳定性、化学稳定性、合适的密度和流动性。泥浆一般在现场制备,分为自造泥浆和制备泥浆两种。

(1) 自造泥浆:在黏性土层钻进过程中形成的适合护壁的浆液。

(2) 制备泥浆:由高塑性黏土或膨润土和水拌合的混合物,也可掺入加重剂、分散剂、增黏剂及堵漏剂等掺和剂。

(3) 灌注混凝土前,应对泥浆相对密度、含砂率、黏度等进行测定。

(4) 黏性土中成孔,宜采用清水钻进、自造泥浆护壁;砂土中成孔,则宜采用制备泥浆,注入泥浆密度应控制在 $1.1g/cm^3$ 左右,排出泥浆密度控制在 $1.2～1.4g/cm^3$。

2. 成孔机械

1) 回转钻机

回转钻机由动力装置带动有钻头的钻杆转动，由钻头切削土壤。切削形成的土渣，通过泥浆循环排出桩孔。根据泥浆循环方式的不同，分为正循环回转钻机和反循环回转钻机。

（1）正循环回转钻机

成孔时泥浆由钻杆内部注入，从钻杆底部喷出，携带钻下的土渣沿孔壁向上经孔口带出并流入沉淀池，沉淀后的泥浆流入泥浆池再注入钻杆，由此进行循环［图3.2-21（a）］。

（2）反循环回转钻机

成孔时泥浆由钻杆与孔壁间的间隙流入钻孔，由砂石泵在钻杆内形成真空，使钻下的土渣由钻杆内腔吸出至地面而流向沉淀池，沉淀后再流入泥浆池［图3.2-21（b）］。反循环工艺的泥浆上流的速度较高，排放土渣的能力强。

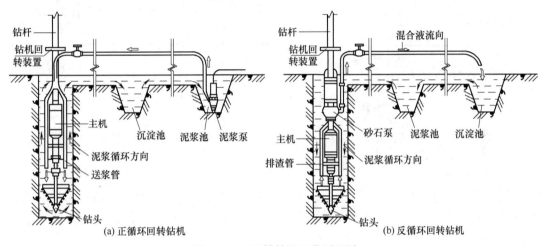

图3.2-21　回转钻机工艺原理图

2）潜水钻机

潜水钻机属于旋转式钻孔机械，其动力、变速机构和钻头连在一起，加以密封，因而可以下放至孔中地下水位以下进行切削土壤成孔（图3.2-22）。用正循环工艺输入泥浆，进行护壁和将钻下的土渣排出孔外。

3）冲击钻机

冲击钻机主要用于在岩土层中成孔，成孔时将冲锥式钻头提升一定高度后以自由下落的冲击力来破碎岩层，然后用掏渣筒来掏取孔内的渣浆（图3.2-23）。

4）冲抓钻机

冲抓钻机用卷扬机悬吊冲抓锥，钻头（图3.2-24）内有压重铁块及活动抓片，下落时抓片张开，钻头落下冲入土中；再提升钻头、闭合抓土，提升至地面卸土，如此循环作业直至形成所需桩孔。成孔直径为450～600mm，成孔深度为5～10m。

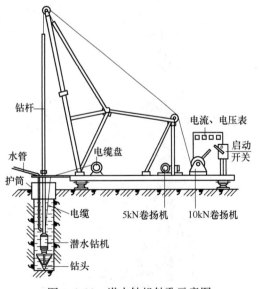

图3.2-22　潜水钻机钻孔示意图

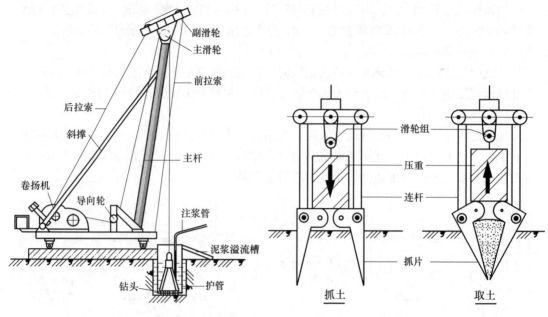

图 3.2-23 冲击钻机钻孔示意图　　图 3.2-24 冲抓钻机钻头示意图

5）旋挖钻机

旋挖钻机通过钻头和钻杆的旋转，借助钻具自重和钻机加压系统，边旋转边切削地层并将其装入钻斗内，再将钻斗提出孔外卸土，取土卸土、循环往复，成孔直至设计深度（图 3.2-25）。

（1）旋挖钻机是全液压驱动、电脑控制，能精确定位钻孔、自动校正钻孔垂直度、量测钻孔深度，工效是循环钻机的 20 倍，具有施工效率高、振动小、噪声低，无泥浆或排浆量小等特点。

（2）旋挖钻机钻具的选择对提高钻进速度和成孔质量、节约能源、降低钻具损耗有着至关重要的作用。钻具可分为以下四类：

① 旋挖钻斗（图 3.2-26）：钻进时将土屑切削入斗筒内，提升钻斗至孔外卸土而成孔。主要用于含水量较高的砂土、淤泥、黏土、淤泥质粉质黏土、砂砾层、卵石层和风化软基岩等地层中的无循环钻进。

② 螺旋钻头（图 3.2-27）：钻进时土进入钻头螺纹中，卸土时提起钻头，反向旋转将土甩出而成孔。主要用于地下水位以上软岩、小粒径的砾石层、中风化以下岩层的无循环钻进。

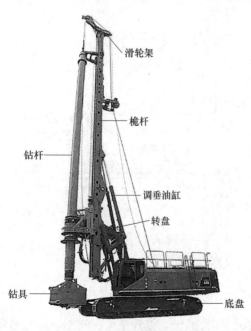

图 3.2-25　旋挖钻机构造示意图

(a) 单底双开门斗齿钻斗　　(b) 双底双开门斗齿钻斗　　(c) 双底单开门斗齿钻斗　　(d) 双底单开门截齿钻斗

图 3.2-26　旋挖钻斗

③ 筒式钻头（图 3.2-28）：硬度较大的基岩、大的漂石层及硬质永冻土层，螺旋或旋挖钻头钻进较困难时，就需用筒式钻头切出环槽，配合旋挖钻头钻进。筒式钻头有双层筒式钻头及分别适用于软岩、中硬岩、坚硬岩石的斗齿、截齿、牙轮筒式钻头。

④ 扩底钻头（图 3.2-29）：当钻机回转时在钻具自重作用下使扩底翼逐渐张开，切削孔壁进行扩底。一般由扩底翼、加压架、连杆、底座和销轴组成，扩底翼有两翼、三翼或四翼之分。

(a) 双头单锥岩石螺旋钻头　　(b) 土层螺旋钻头

图 3.2-27　螺旋钻头

(a) 截齿筒式钻头　　(b) 牙轮筒式钻头　　(c) 双层筒式钻头

图 3.2-28　筒式钻头

(a) 两翼土层扩底钻头　　(b) 两翼岩层扩底钻头　　(c) 三翼扩底钻头　　(d) 自御式扩底钻头

图 3.2-29　扩底钻头

3. 施工要点

1）施工流程

场地平整→桩位放线→开挖浆池、浆沟→护筒埋设→钻机就位、孔位校正→成孔、泥浆循环，清除废浆、泥渣→清孔换浆→终孔检查→下钢筋笼和钢导管→二次清孔→浇筑水下混凝土→成桩。

2）测量放线

根据现场控制点用"双控法"测量桩位，并用标桩标定准确。

3）护筒埋设

（1）护筒的作用：固定桩孔位置，保护孔口，防止塌孔，增加桩孔内水压，成孔时引导钻头的方向等。

（2）护筒通常采用钢筋混凝土护筒和钢制护筒两种，使用时，视具体情况而定。

① 钢制护筒壁厚4～8mm，钢筋混凝土护筒壁厚8～10cm，护筒上部应设置1～2个溢浆孔。

② 护筒的内径（D）比钻孔桩设计直径应稍大些。用回转钻机钻孔的宜加大100mm；用冲击钻和冲抓钻钻孔的宜加大200mm。

（3）埋设要求：

① 护筒埋设可采用挖埋或锤击、振动、加压等方法，护筒下端外侧应采用黏土填实（图3.2-30）。

② 护筒埋设深度（H）：黏性土中不宜小于1.0m，砂土中不宜小于1.5m；护筒顶面高出地面不小于0.3m，且应满足孔内泥浆面高度要求。

③ 护筒中心竖直线与桩中心线应重合，偏差不得大于50mm，采用实测定位法进行控制。

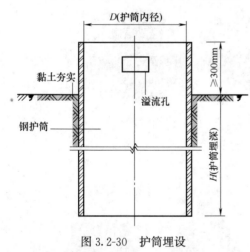

图3.2-30 护筒埋设

4）成孔

（1）施工前，进行工艺性试成孔，数量不少于2根。

（2）钻机就位，钻头回转中心对准护筒中心，偏差不得大于允许值。

（3）钻进过程中，应保持护筒内泥浆液面高出地下水位0.5m以上。

（4）正循环钻机成孔：开动泥浆泵使冲洗液循环2～3min，然后再开动钻机，慢慢将钻头放置孔底；钻进时，钻压应保证冲洗液畅通、钻渣清除及时［图3.2-21（a）］。

（5）反循环钻机成孔：先启动砂石泵，待泥浆循环正常后，开动钻机慢速回转放下钻头至孔底。待钻头正常工作后，逐渐加大转速，调整压力，并使钻头不产生堵水［图3.2-21（b）］。

（6）冲击钻成孔：开孔时，应低锤密击。遇软弱土层时可加黏土块夹小片石反复冲击造壁；遇岩石表面不平或遇孤石时，应向孔内投入黏土、块石，将孔底表面填平后低锤快击，形成挤密平台，再进行正常冲击；进入基岩后，应采用大冲程、低频率冲击，孔内泥浆面应保持稳定。

(7) 旋挖钻机成孔：采用跳挖方式成孔，钻头倒出的土距桩孔口的最小距离应大于6m；应根据钻进速度同步补充泥浆，以保持所需的泥浆面高度不变。

(8) 成孔过程中，每钻进 4～5m、加接钻杆或更换钻头时，均需进行验孔。如遇到斜孔、弯孔、塌孔及护筒周边冒浆、失稳等情况时，应停止施工，采取措施后方可继续施工。

(9) 钻进达到要求孔深停钻时，仍要维持冲洗液正常循环，直至返出的冲洗液的钻渣含量小于 4‰时为止。

5) 清孔

(1) 可采用正循环清孔、泵吸反循环清孔、气举反循环清孔等方法。

(2) 第一次清孔：钻孔达到设计标高后应进行清孔。

(3) 第二次清孔：在钢筋笼和导管安放后、水下混凝土浇灌前进行。

(4) 清孔后孔底沉渣厚度要求：端承型桩应不大于 50mm，摩擦型桩应不大于 100mm，抗拔、抗水平荷载桩应不大于 200mm。

6) 吊放钢筋笼

(1) 钢筋笼制作：

① 钢筋笼制作场地应平整、坚实、无积水，可采用原土夯实、表面硬化处理等措施 [图 3.2-31 (a)]，同时加工场地应选择施工场地内运输和就位均比较方便的场所。

② 钢筋笼绑扎顺序：放置架立筋（加强箍筋）→等距离布置好主筋→按设计间距绑扎箍筋。

③ 箍筋、架立筋和主筋之间的接点可用电焊焊接固定；架立筋根据钢筋笼直径的大小，可采用如图 3.2-31 (b) 所示形式；当钢筋笼直径大于 2m 时，可使用角钢或扁钢制作，以增强钢筋笼刚度。

④ 在钢筋笼横截面外侧应均匀分布 4 个起吊用吊环 [图 3.2-31 (a)]，与主筋焊接，吊环应采用圆钢制作 [图 3.2-31 (c)]，两层吊环间距一般为 5m。

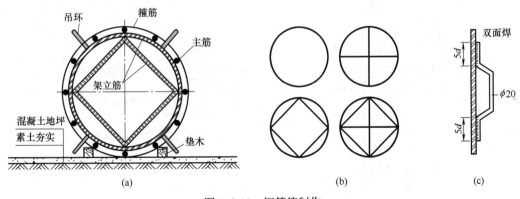

图 3.2-31 钢筋笼制作

⑤ 钢筋保护层控制一般采用在主筋外侧安设钢筋定位器或滚轴垫块（图 3.2-32）。

(2) 钢筋笼就位应采用小型吊运机具或起重机进行，钢筋笼要对准孔位慢放、徐落，防止碰撞孔壁而引起塌孔。钢筋笼下笼到位后应牢固定位，防止混凝土灌注过程中浮笼（图 3.2-33）。

(3) 钢筋笼接长：上下节主筋采用帮条双面焊连接（不便于施焊操作时也可采用帮条、面焊连接），需做到上下节焊接主筋同轴线。接头位置要相互错开，同一截面内接头数量不应超过总钢筋数量的50%。

(4) 钢筋笼安设完成后，应检查确认钢筋顶端的高度。

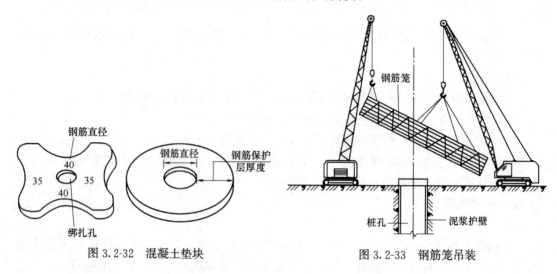

图 3.2-32　混凝土垫块　　　　　图 3.2-33　钢筋笼吊装

7）灌注混凝土

(1) 水下混凝土灌注的主要机具有导管、承料斗和隔水栓（图 3.2-34）。其中，隔水栓设在导管内，能起到阻隔泥浆和混凝土直接接触的作用。

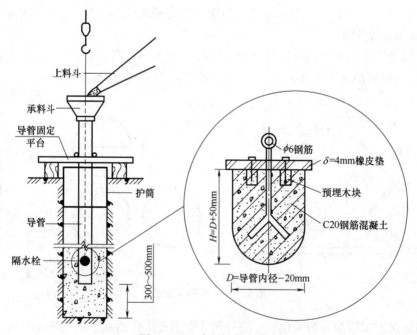

图 3.2-34　水下混凝土灌注

(2) 水下混凝土强度应按比设计强度提高一个等级配置，坍落度宜为180～220mm。

(3) 灌注混凝土的导管直径宜为200～250mm，壁厚不小于3mm，分节长度一般为

2.0～2.5m；承料漏斗利用法兰盘安装于导管顶端。导管使用前应试拼装，并以水压力0.6～1.0MPa进行试压。

（4）开始灌注水下混凝土时，管底至孔底的距离宜为300～500mm，并使导管一次埋入混凝土面以下0.8m以上，此后浇筑中，导管埋深宜为2～6m，导管与钢筋应保持100mm的距离。

（5）水下混凝土灌注应连续进行，需经常用测绳探测井孔内混凝土面的高程，并不断上下拨动导管，以防卡管。桩顶超灌高度应高于设计桩顶标高1m以上，充盈系数不应小于1。

（6）桩底注浆导管应采用钢管，单根桩上数量不少于两根。注浆终止条件为控制注浆量与注浆压力两个因素，以前者为主。满足下列条件之一即可终止注浆：

① 注浆总量达到设计要求。

② 注浆量不低于80%，且压力大于设计值。

（二）沉管灌注桩

沉管灌注桩又称为套管成孔灌注桩，是利用锤击法或振动法将带有钢筋混凝土桩靴（或活瓣式桩尖）的钢制桩管沉入土中，然后边拔管边灌注混凝土而成桩。适用于黏性土、粉土和砂土。

1. 机具设备

（1）锤击打桩设备为一般锤击打桩机，由桩架、桩锤、落锤、柴油锤（蒸汽锤）、桩管等组成，桩管直径为270～370mm，长8～15m[图3.2-35（a）]。

（2）振动沉桩设备有振动锤、桩架、卷扬机、加压装置、桩管等组成，桩管直径为220～370mm，长10～28m[图3.2-35（b）]。

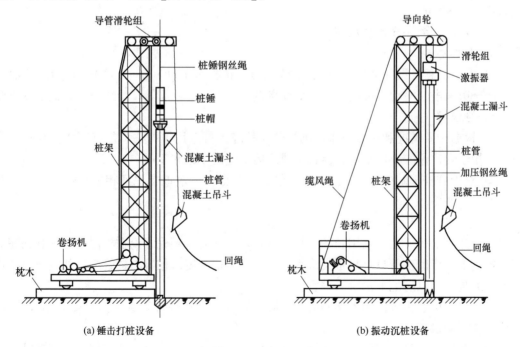

图3.2-35 沉管灌注桩机

（3）配套机具设备有桩靴、下料斗、吊斗、装载机、交流电焊机等。其中，桩靴（图

3.2-36）有预制混凝土桩靴和活瓣钢制桩靴两种，当土层含水量较小时，宜采用预制混凝土桩靴。

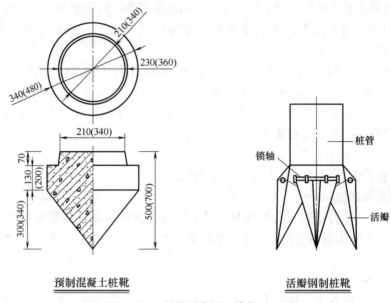

图 3.2-36　桩靴示意图（单位：mm）

2. 材料要求

（1）钢筋混凝土桩的混凝土坍落度宜采用 80～100mm；素混凝土桩的混凝土坍落度宜采用 60～80mm。

（2）混凝土灌注充盈系数应≥1.0。

3. 施工要点

1）施工流程（图 3.2-37）：桩机就位（a）→锤击（振动）沉管（b）→开始灌注混凝土（c）→边锤击（振动）边拔管，边继续浇筑混凝土→下钢筋笼，继续浇筑混凝土及拔管（d）→拔管成桩（e）。

2）根据土质情况和荷载要求，沉管灌注桩施工可选用单打法、复打法或反插法。单打法适用于含水量较小的土层，复打法或反插法适用于饱和土层。

3）对于群桩基础中桩中心距小于 4 倍桩径的桩基，应该有保证相邻桩桩身质量不受影响的技术措施。

4）单打法：

（1）先将桩机就位，利用卷扬机吊起桩管，垂直套入预先埋设在桩位上的预制钢筋混凝土桩靴上，借助桩管自重将桩尖垂直压入土中一定深度。桩靴与桩管接口处应垫以稻草绳或麻绳垫圈，以防地下水渗入桩管。

（2）检查桩管、桩锤和桩架是否处于同一垂线上，在桩管垂直度偏差≤5‰后，即可在桩管顶部安设桩帽，起锤沉管。

（3）开始锤击时，宜先轻击慢振，观察桩管无偏移后，才可正式施打，直至将桩管沉至设计标高或要求的贯入度。

① 当有水或泥浆可能进入桩管时，应先在管内灌入 1.5m 左右的封底混凝土。

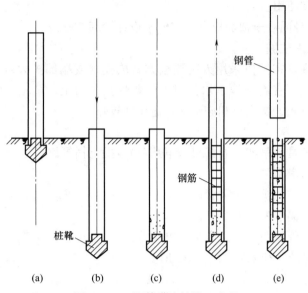

图 3.2-37 沉管灌注桩施工流程

② 如因遇到孤石或硬土层使沉桩受阻时,应采用"轻锤低击或慢振"的方法放慢沉管速度,待清除障碍后再正常沉桩。

③ 如因遇到软土层出现快速下沉时,应根据地质勘查报告确认后,可继续沉管作业。

④ 如最后贯入度不能满足设计要求,则应核对地质资料,并会同建设、设计、勘察等单位研究处理。

(4) 沉管至设计标高后,检查管内有无进泥浆、进水和吞桩尖等情况,即可灌注混凝土。当沉管灌注桩为钢筋混凝土桩时,混凝土应先灌至钢筋笼底标高后放入钢筋骨架,再继续浇筑混凝土。

(5) 混凝土灌满桩管后应先振动,再拔管。拔管过程中,应分段添加混凝土,保持管内混凝土面不低于地表面或高于地下水位 1~1.5m。在管底未拔至桩顶设计标高前,对桩管的倒打和轻击不得中断。

5) 复打法:

(1) 在单打法施工完毕并拔出桩管后,清除粘在桩管外壁上和散落在桩孔周围地面上的泥土,立即在原桩位上再次埋设桩尖,进行第二次沉管,即为复打。

(2) 复打应注意前后两次沉管轴线应重合,且复打施工必须在第一次灌注的混凝土初凝之前完成。

(3) 对混凝土充盈系数小于 1.0 的桩,宜全长复打,对可能的断桩和颈缩桩,应采用局部复打。全长复打桩的入土深度宜接近原桩长,局部复打深度应超过断桩或颈缩区 1m 以上。

6) 反插法:

(1) 在桩管内灌满混凝土后,先振动再开始拔管,每次拔管高度为 0.5~1.0m,向下反插深度为 0.3~0.5m。如此反复进行,直至桩管全部拔出地面。

(2) 反插法能增大桩的截面,提高桩的承载能力,适宜在较差的软土地基上应用,但在流动性淤泥中不宜使用。

7) 成桩后，桩身混凝土顶面标高不应低于设计标高 500mm。

（三）人工挖孔灌注桩

人工挖孔灌注桩是在桩位采用人工挖掘方式成孔（或端部扩大），然后安放钢筋笼，灌注混凝土而成的桩。宜用于地下水位以上的黏性土、粉土、填土、中等密实以上的砂土、风化岩层，及黄土、膨胀土和冻土中，适用性较强。

1. 施工机具

（1）垂直运输工具：吊架、卷扬机（电葫芦）、提土桶等。

（2）排水机具：潜水泵。

（3）通风设备：鼓风机和送风管。

（4）挖掘工具：镐、锹、土筐等。

（5）其他：井内外照明、应急爬梯、电铃等。

人工挖孔灌注桩施工机具如图 3.2-38 所示。

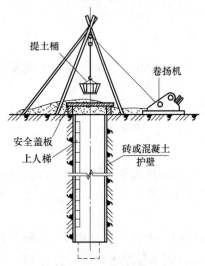

图 3.2-38 人工挖孔灌注桩施工机具

2. 施工流程

放线、定桩位→开挖第一节桩孔土方→支模、浇筑第一节护壁混凝土→养护→检查桩位（中心）轴线→架设垂直运输架及配套机具安装→第二节桩孔土方开挖→循环作业直至设计深度→扩底开挖→检查验收→清理基底、封底→吊放钢筋笼就位→浇筑桩体混凝土。

3. 桩孔开挖

（1）桩净距小于 2.5m 时，应采用间隔开挖、间隔浇筑，且相邻排桩最小施工间距不应小于 5m。

（2）孔内挖土次序宜先中间后周边，扩底部分应先挖桩身圆柱体，再按扩底尺寸从上而下进行。

4. 护壁施工

（1）护壁材料：有现浇混凝土护壁、喷射混凝土护壁、砖砌体护壁、沉井护壁、钢套管护壁、型钢或木板桩工具式护壁等多种，应用较广的是现浇混凝土分段护壁，每段高度一般为 0.8~1m。

（2）混凝土护壁形式分为内齿式和外齿式两种，如图 3.2-39 所示。第一节孔圈护壁井圈中心线与设计轴线的偏差不得大于 20mm，孔圈顶面应比场地高出 100~150mm，上下节护壁的搭接长度不得小于 50mm。

（3）每节护壁应在当日连续施工完毕。护壁混凝土必须保证振捣密实，如发现护壁有蜂窝、漏水现

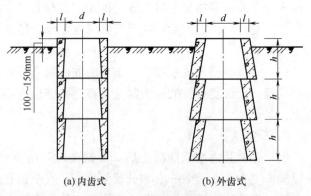

图 3.2-39 混凝土护壁形式

象时，应及时补强。

(4) 当遇到局部或厚度不大于 1.5m 的流动性淤泥或出现涌土、涌沙时，可采取以下措施：

① 将每节护壁的高度减小到 300～500mm，并随挖、随验、随灌注混凝土。

② 可采用钢护筒或降水措施。

5. 桩体混凝土浇筑

(1) 桩体混凝土浇筑宜采用导管泵送（图 3.2-40）。

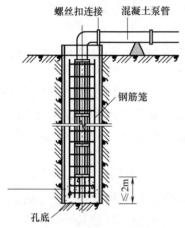

图 3.2-40 导管混凝土浇筑

(2) 导管内径为 300mm，螺丝扣连接，且使用前应采用气泵进行水密承压试验。

(3) 导管安放时应人工配合扶稳，使其位置位于钢筋笼中心，然后稳步沉放，防止卡挂钢筋骨架和碰撞孔壁。导管末端距孔底高度不宜大于 2m。

(4) 混凝土灌注中，每车混凝土灌注完成或预计拔导管前，量测孔内混凝土面位置，以便及时调整导管埋深。导管埋深一般控制为 4～6m。

(5) 当渗水量过大时，应采取场地截水、降水或水下灌注混凝土等有效措施。严禁在桩孔中边抽水边开挖边灌注，包括相邻桩的灌注。

（四）长螺旋钻孔压灌桩

长螺旋钻孔压灌桩是利用长螺旋钻机钻孔至设计深度，在提钻的同时利用混凝土泵通过钻杆中心通道，以一定压力将混凝土压至桩孔中，混凝土灌注到设定标高后，再借助钢筋笼自重或专用振动设备将钢筋笼插入混凝土中至设计标高，形成钢筋混凝土灌注桩。

1. 适用范围

宜用于黏性土、粉土、砂土、填土、非密实的碎石类土、强风化岩。当需要穿越老黏土、厚层砂土、碎石土以及塑性指数大于 25 的黏土时，应进行试钻。

2. 施工机具

(1) 长螺旋钻机：主要结构由顶部滑轮组、立柱、斜撑杆、底盘、行走机构、回转机构、卷扬机构、操纵室、液压系统及电气系统组成（图 3.2-41）。

(2) 灌注设备：混凝土输送泵、连接混凝土输送泵与钻机的钢管、高强柔性管（内径不宜小于 150mm）。

(3) 钢筋笼置入设备：振动锤、导入管、起重机等。

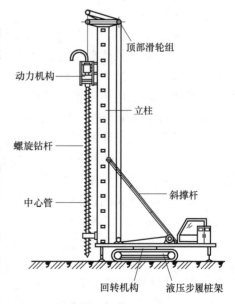

图 3.2-41 长螺旋钻机

3. 施工流程

桩位放样→钻机定位→钻孔→钻至桩底标高→终孔验收→钻机软管与泵管连接→混凝土灌注→振动下压钢筋笼→成桩验收。

4. 施工要点

1) 钻机就位

(1) 钻机定位要准确，机架应平稳、钻塔应调整垂直、钻杆的连接应牢固。

(2) 钻机就位后，应进行复检，确定钻孔直径不小于设计桩径，钻具中心与桩位的偏差应不大于20mm。

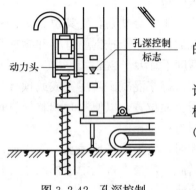

图 3.2-42 孔深控制

2) 试桩

(1) 钻机启动前，应将钻杆、钻尖内的土块、残留的混凝土清理干净。

(2) 开孔时，下钻速度应缓慢进行。当钻头达到设计桩底标高时，在动力头底面停留水平位置相对应的钻机塔身处，做出明确标记，作为施工时控制孔深的依据（图 3.2-42）。

3) 钻进成孔

(1) 钻进过程中，不宜反转或提升钻杆。如需提升或反转时，应将钻杆提升到地面，对钻尖开启门重新清洗、调试、封口后进行。

(2) 桩间距小于 1.3m 的饱和粉细砂及软土层部位，宜采用跳打法，以防止发生串孔。

(3) 如遇到卡钻、钻机摇晃、偏斜或发生异响时，应立刻停钻检查，排除故障后方可继续作业。

4) 压灌混凝土

(1) 压灌混凝土一般采用泵送混凝土。混凝土泵应根据桩径选型，且混凝土泵与钻机的距离不宜超过 60m。输送泵管与钻机中心管连接口采用高强柔性连接管，且输送泵管布置宜减少弯道（图 3.2-43）。

(2) 钻孔达到设计桩底标高终孔验收后，先泵入混凝土并停顿 10~20s，再缓慢提升钻杆。观察混凝土输送泵压力有无变化，判断钻头两侧阀门已经打开，输送桩料顺畅后，方可开始压灌成桩工作。

(3) 混凝土泵送应连续进行，边泵送混凝土边提钻。提钻速度应与混凝土泵送量相匹配，保持料斗内混凝土的高度不低于 400mm，且保持钻头始终埋在混凝土面以下不小于 1000mm。

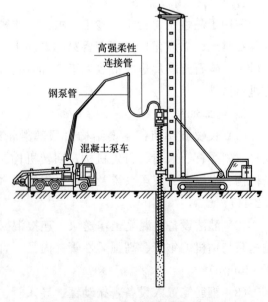

图 3.2-43 压灌混凝土

(4) 桩顶混凝土超灌高度不宜小于 500mm。

5) 振动下压钢筋笼

(1) 钢筋笼制作

① 钢筋笼制作平台应平整、无积水，钢筋笼支撑点间距不大于 2m，且各支撑点应在同一水平面上，确保钢筋笼整体顺直（图 3.2-31）。

② 架立筋、箍筋直径，主筋、箍筋搭接长度、间距等，均应符合偏差规范，且各交叉点均应焊接牢固。

③ 钢筋笼在按设计制作完成后，将端头钢筋弯向中心，做成一个尖锥状，并对尖锥做一定的焊接加固处理，锥尖应对准钢筋笼横截面中心（图 3.2-44②）。

(2) 钢筋笼起吊：在地面将振动杆平套入钢筋笼，用挂笼绳将钢筋笼绑扎牢靠后，再用起重机将钢筋笼连同振动装置起吊，立于桩位旁备用（图 3.2-44①）。

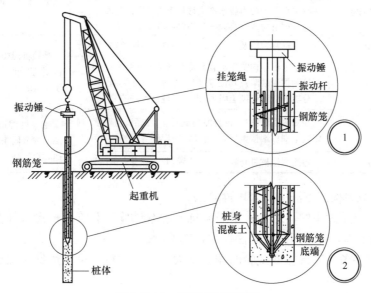

图 3.2-44 振动下压钢筋笼

(3) 压放钢筋笼：形成素混凝土桩后，先将螺旋钻具迅速移离孔口，然后将孔口工作面清理干净。将装配好的钢筋笼，利用起重机置于素混凝土桩位处，对准桩身中心。先利用自重下沉稳定，调整好钢筋笼垂直度后，启动偏心振动锤，将钢筋笼慢慢下压入素混凝土桩内，至设计深度，随后拔出振动杆。

四、桩基检测技术

(一) 桩基检测概述

1) 桩基检测可分为试验桩检测和工程桩检测。

(1) 试验桩检测：正式施工前的试验桩检测，为设计提供依据，主要确定单桩极限承载力。

(2) 工程桩检测：正式施工后的桩基检测，为验收提供依据，主要进行单桩承载力和桩身完整性检测。

2) 基桩检测应根据检测目的、检测方法的适应性、桩基的设计条件、成桩工艺等，按表 3.2-2 合理选择两种或两种以上的检测方法进行检测,以达到相互补充、验证,有效提高基桩检测结果判定的可靠性。

检测方法、目的及开始检测时间　　　　　　　　　　表 3.2-2

检测方法		检测目的	开始检测时间
静载法	单桩竖向抗压静载试验	确定单桩竖向抗压极限承载力; 判定竖向抗压承载力是否满足设计要求; 通过桩身应变、位移测试,测定桩侧、桩端阻力,验证高应变法的单桩竖向抗压承载力检测结果	混凝土龄期达到 28d,或预留同条件养护试件强度达到设计强度规定。 休止时间:砂土地基不少于 7d,粉土地基不少于 10d,非饱和黏性土不少于 15d,饱和黏性土不少于 25d。泥浆护壁灌注桩,宜延长休止时间
	单桩竖向抗拔静载试验	确定单桩竖向抗拔极限承载力; 判断竖向抗拔承载力是否满足设计要求; 通过桩身应变、位移测试,测定桩的抗拔侧阻力	
	单桩水平静载试验	确定单桩水平临界荷载和极限承载力,推定土抗力参数; 判定水平承载力或水平位移是否满足设计要求; 通过桩身应变、位移测试,测定桩身弯矩	
动测法	低应变	检测桩身缺陷及其位置,判定桩身完整性类别	受检桩混凝土强度不应低于设计强度 70% 且不应低于 15MPa
	高应变	判定单桩竖向抗压承载力是否满足设计要求; 检测桩身缺陷及其位置,判定桩身完整性类别; 分析桩侧和桩端土阻力,进行打桩过程监控	
	钻芯法	检测灌注桩桩长、桩身混凝土强度、桩底沉渣厚度,判定或鉴别桩端持力层岩土性状,判定桩身完整性类别	受检桩混凝土龄期应达到 28d,或者同条件养护试块强度达到设计强度要求
	声波透射法	检测灌注桩桩身缺陷及其位置,判定桩身完整性类别	

(1) 桩承载力检测方法主要采用静载法。

① 以竖向承压为主的,通常采用竖向抗压静载试验,对符合一定条件及高应变法适用范围的桩基工程,可选用高应变法作为补充检测。

② 对不具备条件进行静载试验的端承型大直径灌注桩,可采用钻芯法或深层载荷板试验进行承载力检测。

③ 对专门承受竖向抗拔荷载或水平荷载的桩基,应选用竖向抗拔静载试验或水平静载试验。

(2) 桩身完整性检测方法主要采用低应变法、高应变法、钻芯法和声波投射法。桩身完整性分类见表 3.2-3。

桩身完整性分类表　　　　　　　　　　表 3.2-3

桩身完整性类别	分类原则
Ⅰ类桩	桩身完整
Ⅱ类桩	桩身有轻微缺陷,不会影响桩身结构承载力的正常发挥
Ⅲ类桩	桩身有明显缺陷,对桩身结构承载力有影响
Ⅳ类桩	桩身存在严重缺陷

3) 桩基检测工作流程如图 3.2-45 所示。

(二) 静载试验法

通过在桩顶部逐级施加竖向压力、竖向上拔力和水平推力,观测桩顶部随时间产生的沉降、上拔位移和水平位移,以确定相应的单桩竖向抗压承载力、单桩竖向抗拔承载力和单桩水平承载力的试验方法。

1. 检测数量

在满足设计要求的前提下，在同一条件下不应少于3根；当预计工程总数小于50根时，检测数量不应少于2根。

2. 单桩竖向抗压静载试验

1）用于检测单桩的竖向抗压承载力。当桩身埋设应变、位移传感器或位移杆时，可测定桩身应变或桩身截面位移，计算桩的分层侧阻力和端阻力。

2）加载量要求：

（1）试验桩：应加载至桩侧于桩端的岩土阻力达到极限状态；当桩的承载力由桩身强度控制时，可按设计要求的加载量进行加载。

（2）工程桩：加载量不应小于设计要求的单桩承载力特征值的2.0倍。

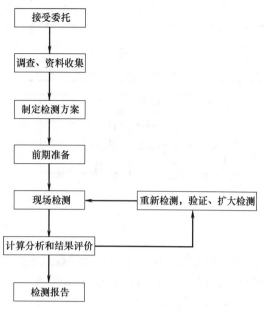

图3.2-45 桩基检测工作流程

3）设备仪器与其安装：

（1）试验加载设备宜采用液压千斤顶。当采用两台或两台以上千斤顶加载时，应并联同步工作。且采用的千斤顶型号、规格应相同；千斤顶的合力中心应与受检桩的横截面形心重合。

（2）加载反力装置分为锚桩反力装置（图3.2-46）、压重平台反力装置（图3.2-47）、锚桩压重联合反力装置及地锚反力装置等，检测时可根据现场条件选用。

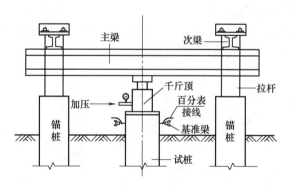

图3.2-46 锚桩反力装置

4）检测方法：

（1）通过手泵或高压油泵向千斤顶供油加载，由并联于千斤顶上的标准压力表测定油压，根据千斤顶率定曲线换算荷载。

（2）桩的沉降采用2只量程为50mm的百分表测定，百分表通过磁性表座固定在两根基准梁上。

（3）采用慢速维持荷载法逐级加载，每级荷载作用下沉降达到稳定标准后加下一级荷

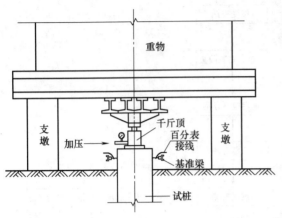

图 3.2-47 压重平台反力装置

载,直到荷载最大值,然后分级卸载到零。每级加载为荷载最大值的 1/10,第一级可按 2 倍分级荷载加载;每级卸载量取加载时分级荷载的 2 倍,逐级等量卸载。现场检测过程中,按规定时长测读记录。

(4) 单桩竖向抗压承载力特征值应按单桩竖向抗压极限承载力的 50% 取值。

3. 单桩竖向抗拔静载试验

1) 用于检测单桩的竖向抗拔承载力。当桩身埋设应变、位移传感器和桩端埋设位移测量杆时,可测定桩身应变或桩端上拔量,计算桩的分层抗拔侧阻力。

2) 加载量要求:

(1) 试验桩:应加载至桩侧土破坏或桩身材料达到设计强度。

(2) 工程桩:按设计要求确定最大加载量,但不得大于钢筋的设计强度。

3) 设备仪器与其安装:

(1) 试验加载设备及要求同"单桩竖向抗压静载试验"。

(2) 试验反力系统宜采用反力桩提供支座反力,反力桩可采用工程桩,也可采用地基提供支座反力。反力架的承载力应具有 1.2 倍的安全系数(图 3.2-48)。

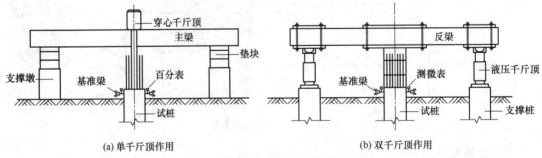

图 3.2-48 反力梁装置

(3) 采用地基提供反力时,施加于地基的压应力不宜超过地基承载力特征值的 1.5 倍。

4) 检测方法:

(1) 现场检测方法采用慢速维持荷载法,加、卸载分级以及桩顶上拔量的测读方式同

"单桩竖向抗压静载试验"。

(2) 设计有要求时,可采用多循环加、卸载法或恒载法。

(3) 单桩竖向抗拔承载力特征值应按单桩竖向抗拔极限承载力的 50% 取值。

4. 单桩水平静载试验

1) 用于在桩顶自由的试验条件下,检测单桩的水平承载力,推定地基土水平抗力系数的比例系数。当桩身埋设应变测量传感器时,可测定桩身横截面的弯曲应变,计算桩身弯矩以及确定钢筋混凝土桩受拉区混凝土开裂时对应的水平荷载。

2) 加载量要求:

(1) 试验桩:加载至桩顶出现较大水平位移或桩身结构破坏。

(2) 工程桩:按设计要求的水平位移允许值控制加载。

3) 检测装置及其安装(图 3.2-49):

(1) 加载设备宜采用卧式千斤顶,其加载能力不得小于最大试验加载量的 1.2 倍。

(2) 水平推力的反力可由相邻桩提供;当专门设置反力结构时,其承载能力和刚度应大于试验桩的 1.2 倍。

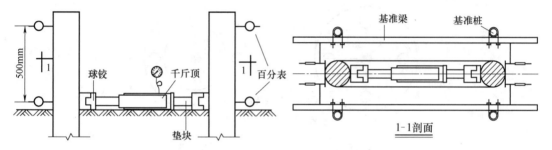

图 3.2-49 水平静载检测装置

(3) 千斤顶作用力应水平通过桩身轴线。千斤顶和试验桩接触处应安置球形铰支座,当千斤顶与试桩接触面的混凝土不密实或不平整时,应对其进行补强或补平处理。

4) 检测方法:

(1) 根据工程桩实际受力特性,可选用单向多循环加载法或慢速维持荷载法。

(2) 对试桩桩身横截面弯曲应变进行测量时,宜采用维持荷载法。

(3) 单向多循环加载法的分级荷载,不应大于预估水平极限承载力或最大试验荷载的 1/10;每级荷载施加后,恒载 4min 后,可测读水平位移,然后卸载至零,停 2min 测读残余水平位移,至此完成一个加卸载循环;如此循环 5 次,完成一级荷载的位移观测;试验不得中间停顿。

(三) 动测法

1. 低应变法

1) 用于检测混凝土桩的桩身完整性,判定桩身缺陷程度及位置。对于桩身截面多变且变化幅度较大的灌注桩,应采取其他方法辅助验证应变法检测的有效性。

2) 仪器设备:压电式加速度传感器、激振设备(包括力锤和锤垫)、放大器、信号采集分析仪。

3) 传感器安装和激振操作:

(1) 传感器安装应与桩顶面垂直,桩顶混凝土表面应平整、整洁,传感器用耦合剂进行粘结固定。

(2) 传感器安装位置及激振点位置选择,应避开钢筋笼的主筋影响。

(3) 瞬态激振试验:以宽脉冲获取桩底或桩身下部缺陷反射信号,以窄脉冲获取桩身上部缺陷反射信号。

(4) 稳态激振试验:应在每一个设定频率下获取稳定响应信号,并根据桩径、桩长及桩周边土约束情况调整激振力大小。

(5) 激振点位选择及数量要求:

① 根据桩径大小,以桩中心对称布置 2~4 个检测点,每个检测点记录的有效信号数不宜少于 3 个。

② 实心桩的激振点应选择在桩中心,检测点宜在距桩中心 2/3 半径处;空心桩的激振点和检测点宜在桩壁厚的 1/2 处,激振点和检测点与桩中心连线形成的夹角宜为 90°(图 3.2-50)。

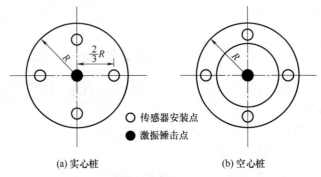

图 3.2-50 传感器安装点、锤击点布置示意图

4) 桩完整性典型时域信号特征及速度幅频信号特征如图 3.2-51 所示。

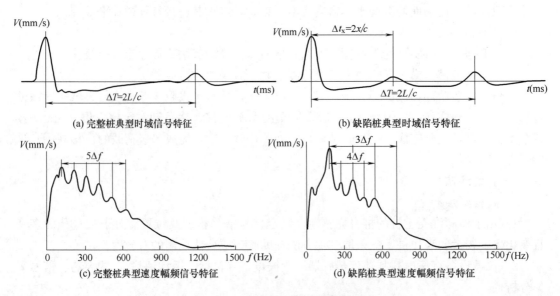

图 3.2-51 桩完整性信号特征对比图

2. 高应变法

1）用于检测桩基的竖向抗压承载力和桩身完整性。监测预制桩打入时的桩身应力和锤击能量传递比，为选择沉桩工艺参数及桩长提供依据。不宜用于大直径扩底桩和具有缓变特征的大直径灌注桩竖向抗压承载力检测。

2）仪器设备如图 3.2-52 所示。

（1）检测仪器的主要技术性能指标不应低于现行行业标准《基桩动测仪》JG/T 518—2017 规定的 2 级标准。

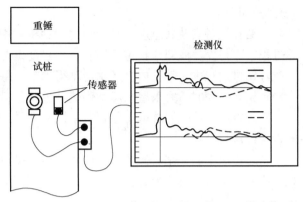

图 3.2-52 高应变动力试桩现场测试示意图

（2）锤击设备可采用专用锤击设备或打桩机械，且均应具有稳固的导向装置。

（3）重锤：

① 可采用筒式柴油锤、液压锤及蒸汽锤等，但不得采用导杆式柴油锤或振动锤。

② 重锤分为一体锤和组合锤两类（图 3.2-53），锤体材质应均匀、形状对称、锤底平整，高径（宽）比不得小于 1。

③ 当采取在落锤上安装加速传感器的方式实测锤击力时，重锤应选用一体锤，且高径（宽）比应在 1.0～1.5 范围内。

④ 进行承载力检测时，锤的重量与单桩竖向抗压承载力特征值的比值不得小于 0.02。

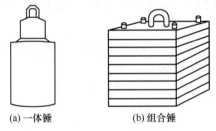

图 3.2-53 重锤形式

（4）桩的贯入度可采用精密水准仪等仪器测定。

3）高应变法检测报告应包括以下重点内容：

（1）计算中实际采用的桩身波速值和 J_c 值（凯司法阻尼系数）。

（2）实测曲线拟合法所选用的各单元桩和土的模型参数、拟合曲线、土阻力沿桩身分布图。

（3）实测贯入度。

（4）试打桩和打桩监控所采用的桩锤型号、桩垫类型，以及监测得到的锤击数、桩侧和桩端静阻力、桩身锤击拉应力和压应力、桩身完整性以及能量传递比随入土深度的变化。

（四）钻芯法

1）用于检测混凝土灌注桩的桩长、桩身混凝土强度、桩底沉渣厚度和桩身完整性。

2）每根受检桩的钻孔数量及位置要求：

（1）桩径小于 1.2m 的桩可为 1～2 个孔；桩径为 1.2～1.6m 的桩宜为 2 个孔；桩径大于 1.6m 的桩宜为 3 个孔；对桩端持力层的钻探，每根受检桩不应少于 1 个孔。

（2）钻孔位置宜在距桩中心（0.15～0.25）D 范围内均匀对称布置。

3）设备：宜采用液压操纵的高速钻机，并配置适宜的水泵、孔口管、扩孔器、卡簧、扶正稳定器和可捞取松软渣样的钻具。

4）检测要点：

（1）钻孔设备安装底座应水平、稳固，钻机轴中心与孔口中心必须在同一铅垂线上；钻芯过程中不得发生倾斜、移位，钻芯孔垂直度偏差不大于0.5%。

（2）钻进过程中，钻孔内循环水流不得中断，每回次进尺宜控制在1.5m内。

（3）钻至桩底时，宜采取减压、慢速钻进及干钻等方法，钻取沉渣并测定沉渣厚度。

（4）对桩底强风化岩层或土层，可采用标准贯入试验、动力触探等方法，对桩端持力层的岩土性进行鉴别。

（5）芯样取出后，钻机操作人员应由上而下按回次顺序放进芯样箱内，并清晰标明回次数、块号、本回次总块数、孔号、起止深度等（图3.2-54）。

（6）钻芯结束后，对芯样和钻探标识牌的全貌进行拍照。

（7）检测合格的钻孔，采用水泥浆回灌封闭。

（五）声波透射法

1）用于已预埋声测管的混凝土灌注桩桩身完整性检测，判定桩身缺陷的位置、范围和程度。对于桩径小于0.6m的桩，不宜采用。

2）检测设备：声波发射与接收换能器、声波检测仪等。

图3.2-54 芯样标识

3）声测管埋设位置及数量要求：

（1）声测管应沿钢筋笼内侧呈对称形状布置，如图3.2-55所示。

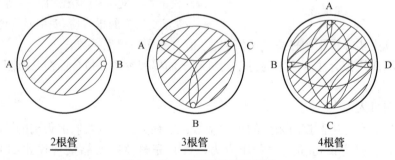

图3.2-55 声测管布置示意图

（2）桩径小于或等于800mm时，不得少于2根声测管；桩径大于800mm且小于等于1600mm时，不得少于3根声测管；桩径大于1600mm时，不得少于4根声测管；桩径大于2500mm时，宜增加预埋声测管数量。

4）检测要点：

（1）声波发射与接收换能器应通过深度标志分别置于两根声测管中。

（2）平测时，声波发射与接收换能器应始终保持相同深度；斜测时，声波发射器与接收换能器应始终保持固定高差，且两个换能器中心连线的水平夹角不应大于30°；扇形扫测时，两个换能器中心连线的水平夹角不应大于40°（图3.2-56）。

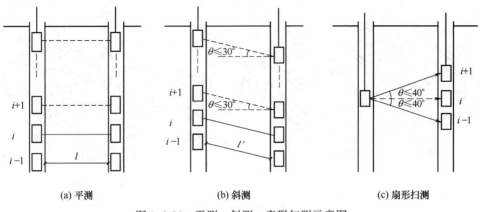

图 3.2-56 平测、斜测、扇形扫测示意图

（3）声波发射与接收换能器应从桩底向上同步提升，声测线间距不应大于 100mm；提升过程中，应校核换能器的深度和校正换能器的高差，并确保测试波形的稳定性，提升速度不宜大于 0.5m/s。

（4）同一检测剖面的声测线间距、声波发射电压和仪器参数应保持不变。

（5）在桩身质量可疑的声测线附近，应采用增加声测线或采用扇形扫测、交叉斜测、CT 影像技术等方式，进行复测或加密测试，确定缺陷的位置和空间分布范围，排除因声测管耦合不良等非桩身缺陷因素导致的异常声测线。

五、桩基础冬期施工要点

1）冻土地基可采用干作业钻孔桩、挖孔灌注桩或沉管灌注桩、预制桩等施工。

2）桩基施工时，当冻土层厚度超过 500mm，冻土层宜采用钻孔机引孔，引孔直径不宜大于桩径 20mm。振动沉管成孔施工有间歇时，宜将桩管埋入桩孔中进行保温。

3）预制桩沉桩应连续进行，施工完成后应采用保温材料覆盖桩头进行保温。

4）桩基静荷载试验前，应将试桩周围的冻土融化或挖除。试验期间，应对试桩周围地表土和锚桩横梁支座进行保温。

第三节　混凝土基础施工

一、混凝土基础构造类型

（一）条形基础

条形基础为连续的带状基础，常用于墙下。当地基承载力较低、各柱荷载差值过大、地基土质变化较多，而采用独立柱下基础无法满足设计要求时，可考虑采用柱下条形基础。条形基础有无筋和有筋混凝土基础之分（图 3.3-1）。

（二）独立基础

独立基础为在柱下独立设置的基础形式，常用于工业厂房（排架结构）和框架结构基础。独立基础分为现浇阶梯形基础、现浇锥形基础和预制柱杯形基础三类（图 3.3-2）。

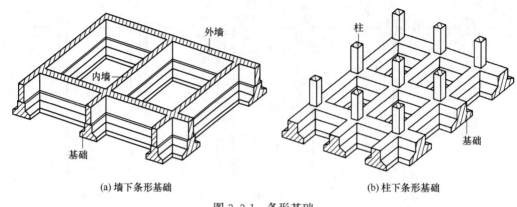

图 3.3-1　条形基础

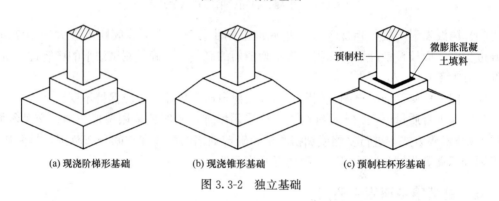

图 3.3-2　独立基础

（三）筏形基础

筏形基础指柱下或墙下连续的平板式或梁板式钢筋混凝土基础，亦称筏板基础、片筏基础或满堂红基础。筏形基础的自身刚度较大，可有效地调整建筑物的不均匀沉降，对充分发挥地基的承载力较为有利。适用于下部土层较弱且刚度较好的 5~6 层的居住建筑中（图 3.3-3）。

（四）箱形基础

箱形基础由钢筋混凝土的底板、顶板和若干纵横墙组成的，形成中空箱体的整体结构，共同来承受上部结构的荷载。箱形基础整体空间刚度大，对抵抗地基的不均匀沉降有利，一般适用于高层建筑或在软弱地基上建造的上部荷载较大的建筑物（图 3.3-4）。

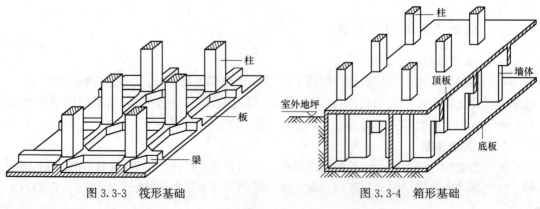

图 3.3-3　筏形基础　　　　　图 3.3-4　箱形基础

二、基础钢筋施工

(一) 基础底板钢筋绑扎

1. 施工工艺流程

(1) 条形基础钢筋绑扎：垫层清理、弹钢筋位置线→下层钢筋布设（短向）→上层钢筋布设（长向）→钢筋网片绑扎→柱预留筋定位绑扎。

(2) 独立基础钢筋绑扎：垫层清理、弹钢筋位置线→钢筋网片绑扎→设置定位框→插柱预埋钢筋→验收。

(3) 筏形基础钢筋绑扎：垫层清理、弹钢筋位置线→基础梁钢筋绑扎→绑扎下层钢筋及墙、柱预留插筋→安放间隔件（马凳铁）→绑扎上层钢筋。

2. 钢筋位置放线

先在基础垫层上弹出构件（基础梁、柱、墙）边线，并用红色油漆在构件交叉线四角进行标识。再根据设计保护层厚度，弹出第一道钢筋的位置线，最后按照设计钢筋间距，弹出其余钢筋位置线。

3. 底板钢筋排布要求

1) 条形基础底板钢筋排布

在T形及十字形交接处底板，横向受力钢筋仅沿一个主要受力方向通长布置，另一方向的横向受力钢筋可排布在主要受力方向底板宽度1/4处［图3.3-5（a）、（b）］，L形拐角底板横向受力钢筋应沿两个方向排布［图3.3-5（c）］。

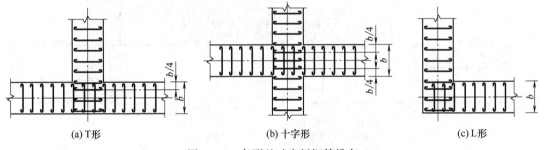

图 3.3-5　条形基础底板钢筋排布

2) 筏形及箱形基础底板钢筋排布

(1) 底板端部构造主要有无延伸结构和有延伸结构两种形式，如图3.3-6所示。

① 当底板端部无延伸结构时［图3.3-6（a）］，下层筋弯折应朝上，且不小于15d（d为钢筋直径），上层钢筋无弯折，从墙或梁结构边起向结构内部锚固长度l_a应大于等于12d，且至少到支座中线。

② 当底板端部有延伸结构时［图3.3-6（b）］，延伸结构端部上、下层筋弯折应分别上、下朝向板内，且不小于12d，外伸段顶部纵筋伸入梁内锚固长度l_a应大于等于12d，且至少到支座中线。

③ 另一侧垂直方向的板筋，第一根的起步位置应为距墙（梁）边1/2板筋设计间距，且不大于75mm。

(2) 底板变截面分为板顶有高差和板底有高差两种情况，如图3.3-7所示。

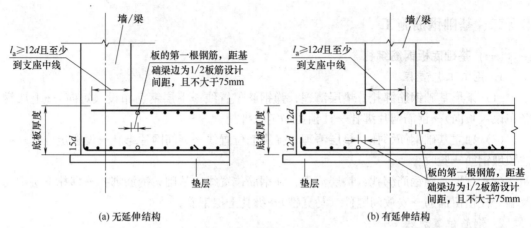

图 3.3-6 底板端部钢筋排布

① 当底板变截面为板顶有高差时[图 3.3-7（a）]，底板厚度 1 的上层钢筋无弯折，从墙或梁结构边起向结构内部锚固长度 l_a 应大于等于 $12d$，且至少到支座中线；底板厚度 2 的上层钢筋应向下设置 $15d$ 的弯折，且应伸至尽端钢筋内侧，当直段长度能够满足锚固长度 l_a 时，可不设置弯折。

② 当底板变截面为板底有高差时[图 3.3-7（b）]，受力钢筋排布时重点要控制好锚固起算点的位置，满足钢筋锚固长度。

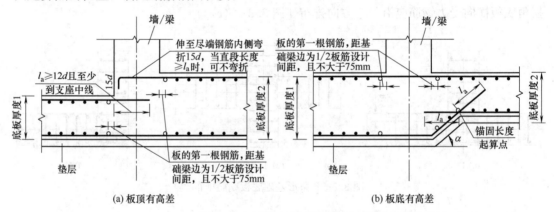

图 3.3-7 底板变截面钢筋排布

4. 底板钢筋绑扎要点

1) 按弹出的钢筋位置线，双向板底部布置的单层双向钢筋摆放、绑扎应遵循平行于短边的钢筋放在最下侧，平行于长边的钢筋放在短边钢筋之上的原则（图 3.3-8）。墙下筏板平板基础单向配置受力钢筋时，应将受力钢筋总面积的 50% 连续通长配置，其余 50% 可在两墙中线距的 1/2 处断开，且长短钢筋应间隔放置。

2) 钢筋绑扎时，靠近外围两行的每个交点都需绑扎，中间部分的交叉点可相隔交错绑扎，双向受力钢筋必须将钢筋交叉点全部绑扎，如采用一面顺口应交错变换方向，也可采用八字扣绑扎，但必须保证钢筋不产生位移（图 3.3-9）。

3) 底板下层钢筋绑扎完毕后，放置底板混凝土保护层垫块，垫块厚度等于钢筋保护层厚度，按每 1m 左右距离梅花形放置。

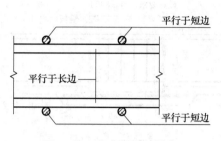

图 3.3-8 双向板钢筋排布

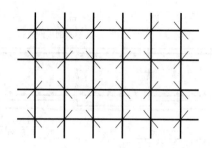

图 3.3-9 八字扣绑扎示意图

4）基础底板采用双层钢筋时，绑扎完下层钢筋后，摆放钢筋马凳或钢筋支架（间距以 1m 左右一个为宜），在马凳上摆放纵、横两个方向的定位钢筋，钢筋上下次序及绑扣方法同底板下层钢筋。

5）钢筋支撑（马凳铁）制作要求：

（1）设置在上下层基础底板钢筋之间，沿短向钢筋设置，以间距 0.8～1m 均匀布置。

（2）当板厚≤300mm 时 [图 3.3-10（a）]，钢筋支撑可采用 $\phi 8 \sim \phi 10$ 螺纹钢筋制作；当板厚为 300～1000mm 时 [图 3.3-10（b）]，钢筋支撑可采用 $\phi 12 \sim \phi 18$ 螺纹钢筋制作；当板厚大于 1m 时 [图 3.3-10（c）]，钢筋支撑可采用型钢制作。

（3）h（钢筋支撑高度）＝板厚－上下层钢筋保护层－下层下排钢筋直径－上层两排钢筋直径之和。

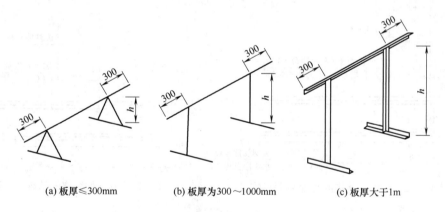

(a) 板厚≤300mm　　(b) 板厚为300～1000mm　　(c) 板厚大于1m

图 3.3-10 底板钢筋支撑（单位：mm）

6）后浇带钢筋施工：

（1）在后浇施工缝处，钢筋必须贯通。

（2）后浇带钢筋裸露时间比较长，应采取钢筋除锈或阻锈等保护措施。

（二）基础梁钢筋绑扎

1. 施工工艺流程

搭设梁筋绑扎架→分别布设梁的上、下层钢筋及腰筋→依次穿入箍筋梁→按设计要求在梁上部纵筋上画出箍筋间距→按间距绑扎箍筋→绑扎保护层垫块→最后拆除支撑架、绑扎好的钢筋梁就位。

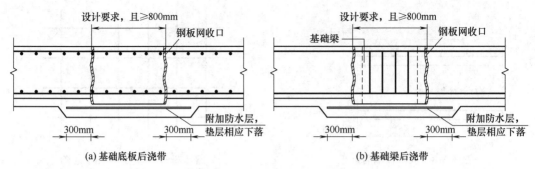

图 3.3-11 后浇带钢筋排布

2. 基础梁钢筋排布要求

1) 无延伸结构的基础梁主筋排布要求（图3.3-12）：顶部贯通纵筋伸至端部弯折15d，当直段长度大于等于锚固长度l_a时，可不弯折；底部第一排钢筋从柱边缘向跨内的延伸长度为$l_n/3$（l_n为净跨长度），第二排非贯通钢筋伸至端部弯折15d，水平段长度应大于等于0.6l_{ab}。

2) 有延伸结构的基础梁主筋排布要求（图3.3-13）：顶部上排钢筋伸于外尽端弯折12d，顶部下排钢筋不伸入外伸部位，只伸至柱内l_a；底部非贯通钢筋位于上排时，则伸至端部截断；底部非贯通钢筋位于下排（与贯通位于同一排）时，则端部向上弯折12d，从柱中心线向跨内的延伸长度为$l_n/3$，且大于等于l_n'。

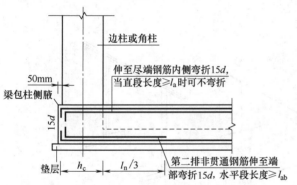

图 3.3-12 无延伸结构的基础梁主筋排布

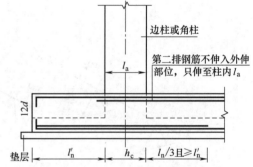

图 3.3-13 有延伸结构的基础梁主筋排布

3) 变截面基础梁主筋排布如图3.3-14所示。

（1）上部钢筋：低位钢筋锚入l_a；高位上排钢筋伸至柱外边下弯至低位梁顶再加l_a；高位下排钢筋伸至尽端钢筋内侧弯折15d，当直段长度大于等于l_a时，可不弯折。

（2）下部钢筋：从柱中心线向跨内的延伸长度为$l_n/3$。

（3）梁宽度不同时，宽出部位第

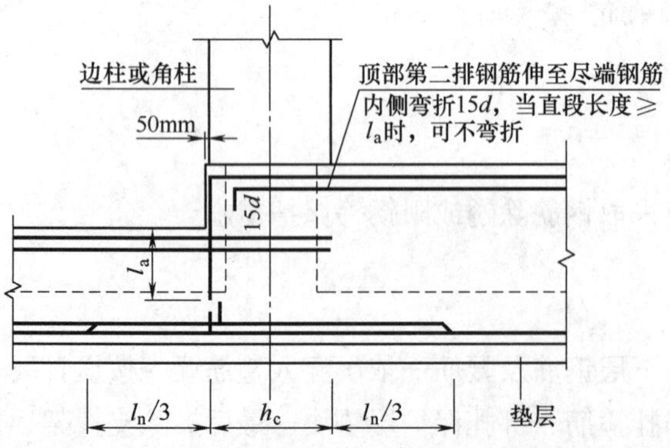

图 3.3-14 变截面基础梁主筋排布

一排钢筋伸至对边弯折 15d；宽出部位第二排钢筋弯锚，伸至对边弯折 15d，直锚应大于等于锚固长度。

4) 箍筋：

(1) 箍筋起步距离为距墙（柱）外边 50mm；基础梁变截面外伸、梁高加腋位置，箍筋高度逐渐缩小[图 3.3-15（a）]。

(2) 节点区域内箍筋按梁端箍筋设置，梁相交叉宽度内的箍筋按截面高度较大的基础梁设置，同跨箍筋有两种时，各自设置范围按设计要求排布[图 3.3-15（b）]。

(3) 纵筋受力钢筋搭接区箍筋：受拉搭接区域的箍筋间距，不大于搭接钢筋较小直径的 5 倍，且不大于 100mm；受压搭接区域的箍筋间距不大于搭接钢筋较小直径的 10 倍，且不大于 200mm[图 3.3-15（c）]。

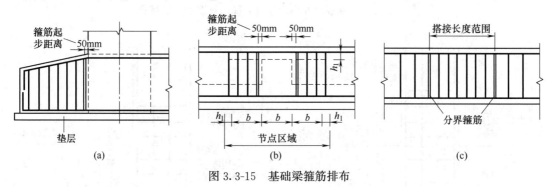

图 3.3-15 基础梁箍筋排布

3. 基础梁绑扎要点

1) 主筋与箍筋垂直部位采用缠扣绑扎方式，主筋与箍筋拐角部位采用套扣绑扎方式（图 3.3-16）。

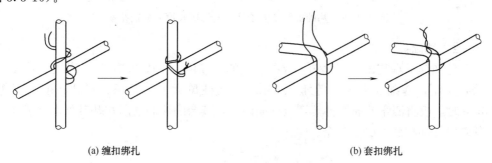

图 3.3-16 缠扣、套扣绑扎示意图

2) 基础梁箍筋 135°弯钩应朝下交错布置，次梁节点区域内布设箍筋。

3) 底板的上部钢筋应从梁上部受力筋下侧穿过。

(三) 基础插筋绑扎

1. 柱插筋绑扎

1) 基础板厚度 h_j 小于柱纵筋锚固长度 l_{aE} 时，纵筋须下插至基础底弯折 15d（直线段长度 $\geqslant 0.6 l_{abE}$，且 $\geqslant 20d$），如图 3.3-17 所示。

2) 基础板厚度 h_j 大于柱纵筋锚固长度 l_{aE} 时，纵筋须下插至基础底弯折 6d 且 $\geqslant$ 150mm，如图 3.3-18 所示。

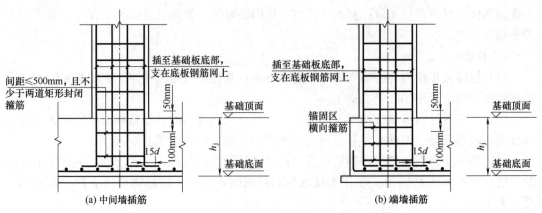

(a) 中间墙插筋　　　　　　　　　(b) 端墙插筋

图 3.3-17　基础板厚度小于柱纵筋锚固长度的插筋排布

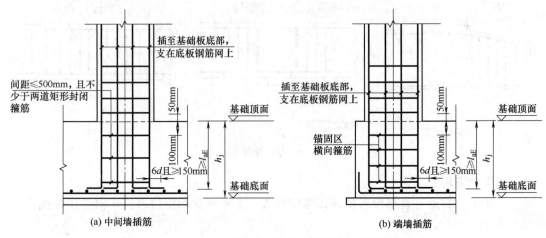

(a) 中间墙插筋　　　　　　　　　(b) 端墙插筋

图 3.3-18　基础板厚度大于柱纵筋锚固长度的插筋排布

3）独立基础：

（1）柱插筋下端宜做成直弯钩，放在基础的钢筋网上（图 3.3-19）。当柱为轴心受压或小偏心受压，基础高度大于等于 1200mm，或柱位大偏心受压、基础高度大于等于 1400mm 时，仅将四角的插筋伸至底板钢筋网上，其余的插筋锚固在基础顶面下 l_a 或 l_{aE} 处；基础内插筋箍筋不少于 2 个。

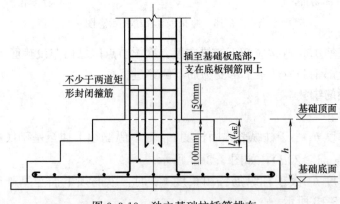

图 3.3-19　独立基础柱插筋排布

（2）独立柱基础为双向钢筋时，其底面短边的钢筋应放在长边钢筋的上面。

4）柱插筋定位钢筋框（图3.3-20）：

（1）在柱插筋上口设置定位钢筋框，控制插筋位置；定位钢筋框根据主筋直径大小，可采用$\phi 12 \sim \phi 20$螺纹钢制作；定位钢筋框可周转使用。

（2）定位钢筋框由框边筋、内撑筋及卡筋组成。各部分组成筋端头均应用无齿锯切割平整，各连接点电焊固定。

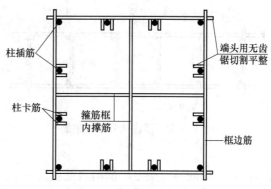

图3.3-20 柱插筋定位钢筋框

2. 墙体插筋绑扎

1）当$h_j < l_{aE}$时，墙体插筋锚固区最小保护层厚度$>5d$时，基础厚度满足直锚时墙体插筋可"隔二下一"；否则下插至筏板底部后弯折（图3.3-21）。

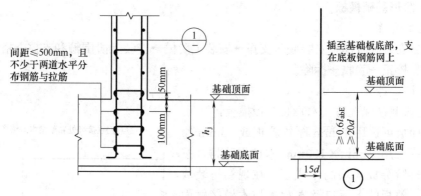

图3.3-21 墙体插筋（一）

2）当$h_j \geqslant l_{aE}$时，墙体插筋锚固区最小保护层厚度$\leqslant 5d$时，墙体插筋须下插至筏板底部后弯折，并增加"锚固区横向钢筋"用以避免外围混凝土纵向劈裂而削弱锚固作用（图3.3-22）。

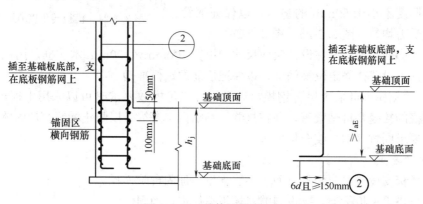

图3.3-22 墙体插筋（二）

3）锚固区横向钢筋设置要求：直径$\geqslant d/4$（d为插筋最大直径），间距$\leqslant 10d$（d为

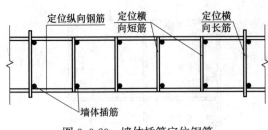

图 3.3-23 墙体插筋定位钢筋

插筋最小直径）且≤100mm。

4）墙体插筋定位钢筋（图 3.3-23）：

（1）在墙体插筋上方水平设置定位钢筋，控制插筋位置；定位钢筋可采用比墙体水平钢筋大一规格的钢筋制作；定位钢筋可周转使用。

（2）墙体插筋定位钢筋由通长纵向定位钢筋、定位横向短筋及定位横向长筋组成；一般间隔四根定位横向短筋设置一道定位横向长筋，且两根定位横向长筋间距不大于 1m。

（3）各部分组成筋端头均应用无齿锯切割平整，各连接点电焊固定。

三、基础模板施工

（一）阶形基础模板

1. 施工流程

放线→安装底阶模→安装底阶支撑→安装上阶模→安装上阶围箍和支撑→搭设模板吊架→检查、校正→验收→拆除。

2. 模板构造

1）台阶侧模优选竹（木）胶合板模板：

（1）面板可选用 12mm 厚竹胶板或 18mm 厚覆膜多层板，用 50mm×100mm 木枋做背楞，按设计尺寸每阶分成 4 块制作成型，在现场拼装成整体模板，模板的上下口及木背楞与木模接触面均需刨平，且接缝要严密。

（2）各边模板接缝采用企口连接，且接缝处粘贴憎水海绵条以防止漏浆（图 3.3-24）。

（3）加固体系采用钢管支撑。钢管与基坑接触面应垫厚度不小于 50mm 的垫木，以保证钢管着力部位受力均匀（图 3.3-25、图 3.3-26）。

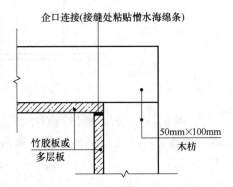

图 3.3-24 模板转角接缝示意图

（4）柱脚插筋部位按柱设计截面尺寸，设置 100mm×100mm 木枋框，用钢管固定限位。木枋框内设置柱筋定位箍筋框，以保证插筋的定位准确。

2）台阶侧模也可采用组合钢模，钢模板不满足模数要求时可以采用木模进行拼缝，木模与钢模的接缝要拼贴紧密，并在接缝处粘贴憎水海绵条以防止漏浆。加固体系及其他模板构造要求同竹（木）胶合板模板。

3. 施工要点

（1）模板支设时，应先从下而上逐层支设、加固台阶模板。

（2）再搭设模板吊架，支设斜撑对模板整体进行加固。

（3）最后检查斜撑及拉杆是否稳固，校核基础模板几何尺寸、标高及轴线位置。

（4）锥形基础模板应随混凝土浇捣分段支设并固定牢靠，斜面部分不支模，应用铁锹

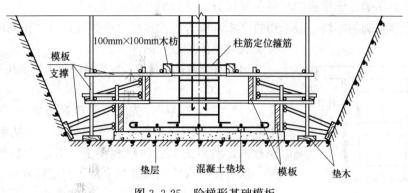

图 3.3-25 阶梯形基础模板

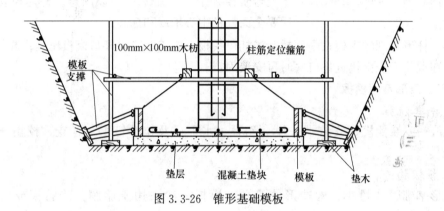

图 3.3-26 锥形基础模板

拍实。

(5) 在地下水位较高的地区或遇雨季时,应沿基坑底边设置明沟排水,及时清除基槽内积水。

(二) 杯形基础模板

1. 施工流程

放线→安装底阶模→安装底阶支撑→安装上阶模→安装上阶围箍和支撑→搭设模板吊架→(安装杯芯模)→检查、校正→验收→拆除。

2. 模板构造

(1) 杯形基础主要分为单杯口基础、双杯口基础及高杯口基础三种形式(图 3.3-27)。

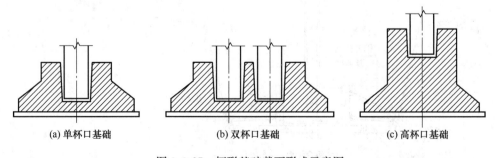

图 3.3-27 杯形基础截面形式示意图

(2) 杯形基础外侧模板的材料及支设方式同阶形基础模板。

(3) 杯形基础的芯模一般采用竹（木）胶合板及木枋，按照设计尺寸预制成型，待模板安装时整体就位（图3.3-28）。

(4) 杯形基础芯模底板应留置混凝土振捣孔及排气孔。

3. 施工要点

(1) 模板安装时，先将下台阶模板放在基础垫层上，中心线对准，四周用斜撑和平撑钉牢，再把钢筋网放入模板内，然后把上台阶模板摆上，对准中心线，校正标高，最后在下台阶侧板外加木挡，固定轿杠的位置。

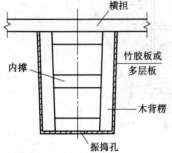

图3.3-28 杯形基础芯模示意图

(2) 杯芯模应最后安装，对准中线，再将轿杠搁置于上台阶模板上，并加木挡予以固定。杯芯模安装完成后要全面校核中心轴线和标高。

(3) 杯形基础的支模宜采用封底式杯口模板，施工时应将杯口模板压紧；高杯口基础芯模可在混凝土浇捣接近杯口底时再安装固定。

(三) 条形基础模板

1. 施工流程

放线→安装侧模→安装端头模→斜撑、水平撑及拉撑钉牢→检查、校正→验收→拆除。

2. 模板构造

条形基础因体量小、构造形式简单，模板一般采用土胎膜、砖胎模或组合钢模（图3.3-29）。

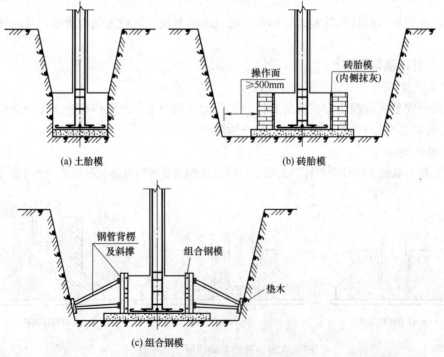

图3.3-29 条形基础模板示意图

3. 施工要点

（1）土胎模一般用于黏性土等边坡条件较好，且基础埋深不大的工程。为防止土胎模侧壁土方掉落，可采取挂网抹灰的方式进行处理。

（2）砖胎模墙体厚度根据条形基础截面大小，可采用 24 墙或 37 墙，与混凝土接触一侧抹灰找平；为增加砖胎模的强度，可在砖胎模外侧按间距 1200～1500mm 砌筑斜撑砖垛，或砖胎模墙背回填。

（3）组合钢模支设应先在基础底弹出中心线、基础边线，再把侧板和端头板对准边线和中心线，用水准仪和水平尺抄测校正侧板顶面水平，经检测无误后，用斜撑、水平撑及拉撑钉牢。

（4）当侧板高度大于基础台阶高度时，可在侧板内侧按台阶高度弹基准线，作为浇筑混凝土的标志。

（5）为了防止浇筑时模板变形，保证基础宽度的准确，应在模板上口，按 800～1000mm 间距设置内撑。

（6）带有地梁的条形基础模板安装时，先按前述方法将基槽中的下部模板安装好，拼好地梁侧板，外侧钉上吊木（间距为 800～1200mm），将侧板放入基槽内。在基槽两边地面上铺好垫板，把轿杠搁置于垫板上，并在两端垫上木楔。将地梁边线引到轿杠上，拉上通线，再用斜撑固定，最后用木楔调整侧板上口标高。

(四) 筏形及箱形基础底板模板

1. 施工流程

筏形及箱形基础底板模板施工流程如图 3.3-30 所示。

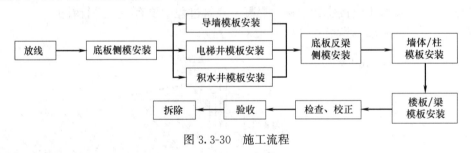

图 3.3-30　施工流程

2. 模板构造及施工要点

1) 底板及导墙模板

（1）基础底板模板宜采用砖胎模，以便于保证底板防水层的连续性。

（2）基础导墙高度一般超出底板顶面 300mm，人防工程高度为 500mm，基础导墙与底板一次浇筑成型。

（3）导墙模板可采用竹（木）胶合板模板或组合式钢模。采用竹（木）胶合板模板时，可先用竹（木）胶合板为面板及 50mm×100mm 木枋，按照导墙高度加工成预制模板，再根据放线位置进行现场组拼，且两块预制模板接缝处应增设一根连接木枋，以防止漏浆。

（4）导墙模板下部支撑可采用钢制模板支撑，加固采用竖向钢管或木枋背楞及止水对拉螺栓固定成型。

底板及导墙模板支设如图 3.3-31 所示。

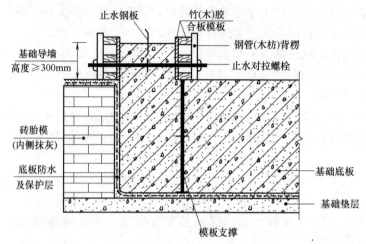

图 3.3-31　底板及导墙模板支设示意图

2) 基础底板高低差部位模板

(1) 基础高低跨处模板宜采用木模板及钢管加固体系。

(2) 模板底部及垫木部位均需设置止水顶撑,且止水顶撑与构件接触部位加设混凝土保护层垫块,防止顶撑上部金属外露。

(3) 斜向顶撑根部设置钢筋地锚,与附加钢筋焊接牢固,并在模板上口与斜撑反方向,按钢管背楞间距设置拉绳,拉绳可采用 8 号铅丝。

(4) 为进一步防止模板位置偏移,混凝土浇筑过程中要有专人进行看护。

基础底板高低差部位模板支设如图 3.3-32 所示。

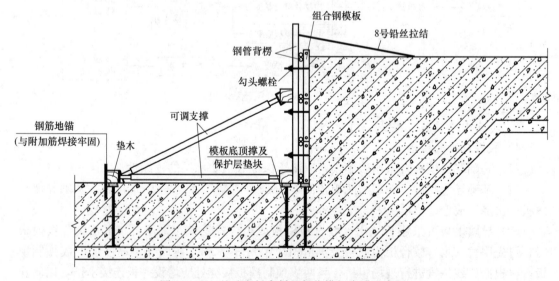

图 3.3-32　基础底板高低差部位模板支设示意图

3) 电梯井、集水井模板

(1) 电梯井及集水井模板多采用木模整拼或组合钢模支设。

(2) 根据电梯井及集水井深度不同,模板底部采用直径不小于 22mm 钢筋焊制的三角模板定位支架。定位支架与附加筋焊接固定,不得与主筋焊接。

(3) 模板底部及垫木部位均需设置止水顶撑,且止水顶撑与构件接触部位加设混凝土保护层垫块,防止顶撑上部金属外露。

(4) 模板内侧除水平顶撑外应设置剪刀撑,以增加模板整体刚度。

(5) 模板上口周边,按竖向背楞间距,采用 8 号铅丝与顶层主筋进行拉结,以防止模板上浮。

电梯井、集水井模板支设如图 3.3-33 所示。

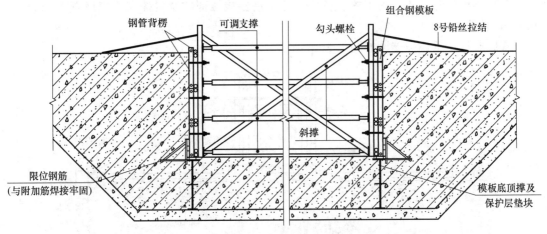

图 3.3-33 电梯井、集水井模板支设示意图

4) 基础底板后浇带模板

(1) 基础底板后浇带模板一般采用竹(木)胶合板模板,内支撑可根据底板厚度大小,采用木枋支撑或钢管支撑。

(2) 因底板后浇带处钢筋不得切断,为保证模板的严密性,竹(木)胶合板上下口应按主筋间距及直径进行切槽处理。止水带部位需设置异形木枋,形成凹槽。

(3) 箱形基础后浇带模板应有固定牢靠的支撑措施,并独立支设。

基础底板后浇带模板支设如图 3.3-34 所示。

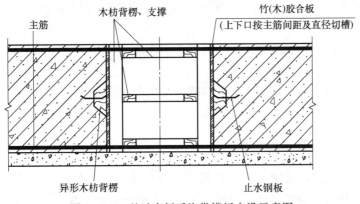

图 3.3-34 基础底板后浇带模板支设示意图

5）基础底板反梁模板

（1）基础上反梁多采用组合钢模板或竹（木）胶合板模板组拼，支撑体系一般采用钢管支撑。

（2）基础上反梁一般在基础底板浇筑完成后施工，基础底板施工时，应预埋模板斜撑支撑用的钢筋地锚。钢筋地锚的预埋位置，可根据反梁高度计算所得。

（3）梁模内径控制采用钢筋内撑，间距为800～1000mm，内撑与模板接触面设置混凝土保护层垫块；外径控制采用对拉螺栓，间距同内支撑。当反梁高度大于600mm时，可根据模板设计计算，确定内撑及对拉螺栓的竖向设置层数。

（4）梁模外侧设置三角支撑，三角支撑与模板接触部位及斜撑点均应设置100mm×100mm通长垫木。

基础底板反梁模板支设如图3.3-35所示。

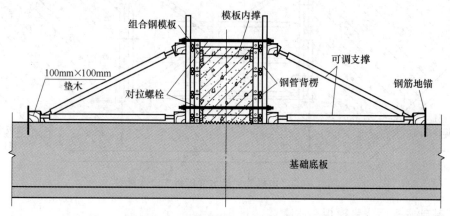

图3.3-35　基础底板反梁模板支设示意图

6）地下室外墙单侧支模

（1）当基坑边坡采用直壁支护时，地下室外墙一般采用单侧支模。模板可采用竹（木）胶合板模板或组合式钢模，支撑体系为钢管支撑。

（2）基础底板施工时，根据墙体模板设计，预埋地脚螺栓及地锚，与附加钢筋焊接牢固，其中，地脚螺栓为45°斜向设置。

（3）墙体模板支设前，可预制成单元模板后，再进行现场组拼成型，墙体高度超过3m时，可采用分层拼装。

（4）模板加固时，先在地脚螺栓上固定角钢调整、限定模板底部位置；再逐层支设钢管支撑架及斜撑，调整模板的垂直度。

（5）边坡支护体系与砖胎模之间的空隙应采用素土或素混凝土填充密实。

地下室外墙单侧支模如图3.3-36所示。

四、基础混凝土施工

基础混凝土施工前，对地基应事先按设计标高和轴线进行校正，并应清除淤泥和杂物；同时，注意基坑降排水，以防冲刷新浇筑的混凝土。垫层混凝土应在基础验槽后立即浇筑，混凝土强度达到70%后方可进行后续施工。

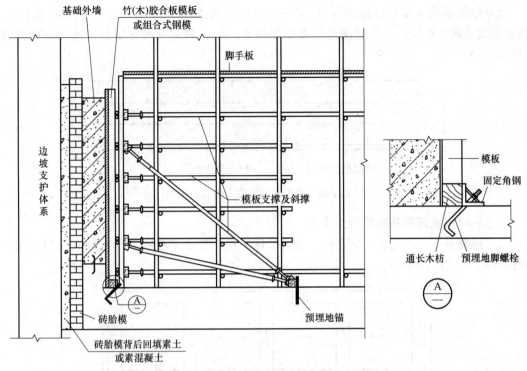

图 3.3-36 地下室外墙单侧支模示意图

(一) 独立基础混凝土施工

1) 独立基础混凝土宜按台阶分层，从四角向中心对称连续浇筑成型 [图 3.3-37 (a)]。

2) 阶梯形基础：以每一台阶作为一个浇捣层，每浇筑完一台阶宜稍停 0.5~1.0h，待其初步获得沉实后，再浇筑上层，基础上有插筋、埋件时，应固定其位置 [图 3.3-37 (b)]。

3) 杯形基础：宜先将杯口底混凝土振实并稍停沉实，再浇筑振捣杯口四周的混凝土，在混凝土初凝后终凝前将芯模拔出，杯壁凿毛 [图 3.3-37 (c)]。

4) 锥式基础：在振捣器振捣完毕后，用人工将斜坡表面拍平 [图 3.3-37 (d)]。

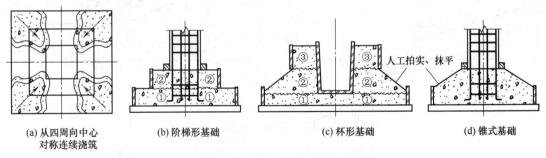

图 3.3-37 独立基础混凝土浇筑示意图

(二) 条形基础混凝土施工

1) 浇筑前，应根据混凝土基础顶面的标高在两侧木模上弹出标高线，标杆之间的距离约 3m。

2）根据基础深度宜分段分层（300～500mm）连续浇筑混凝土，一般不留施工缝。各段层间应相互衔接，每段间浇筑长度控制在2～3m，做到逐段逐层呈阶梯形向前推进（图3.3-38）。

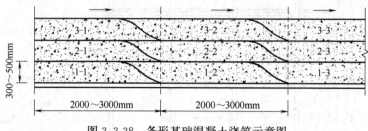

图3.3-38　条形基础混凝土浇筑示意图

（三）筏形及箱形基础混凝土施工

1）混凝土平面浇筑方向宜平行于次梁长度方向，对于平板式筏形基础宜平行于基础长边方向（图3.3-39）。

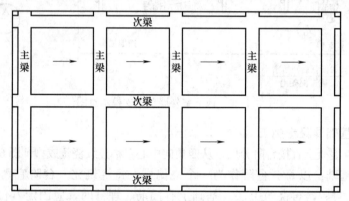

图3.3-39　条形基础混凝土平面浇筑方向示意图

2）混凝土竖向浇筑可分为斜面分层浇筑、全面分层浇筑及分块分层浇筑三种方式，分层厚度为300～500mm（图3.3-40）。

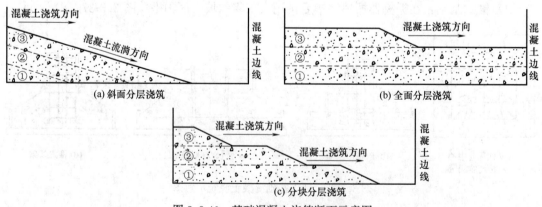

图3.3-40　基础混凝土浇筑断面示意图

3）根据结构形状尺寸、混凝土供应能力、混凝土浇筑设备、场内外条件等划分泵送混凝土浇筑区域及浇筑顺序，采用硬管输送混凝土时，宜由远而近浇筑，多根输送管同时浇筑时，其浇筑速度宜保持一致。

4）混凝土浇筑的布料点宜接近浇筑位置，应采取减缓混凝土下料冲击的措施，混凝土自高处倾落的自由高度应根据混凝土的粗骨料粒径确定，粗骨料粒径大于 25mm 时不应大于 3m，粗骨料粒径不大于 25mm 时不应大于 6m。

5）基础混凝土应采取减少表面收缩裂缝的二次抹面技术措施。

五、大体积混凝土施工

大体积混凝土工程施工应符合《大体积混凝土施工标准》GB 50496—2018 的规定。

（一）大体积混凝土制备及运输要求

1）水泥应选用水化热低的通用硅酸盐水泥。

2）大体积混凝土配合比设计应满足表 3.3-1 的要求。

大体积混凝土配合比设计要求一览表　　　　　表 3.3-1

坍落度	不宜大于 180mm	水胶比	不宜大于 0.45
拌合水用量	不宜大于 170kg/m³	砂率	宜为 38%～45%
粉煤灰及矿渣粉掺量	粉煤灰掺量	不宜大于胶凝材料用量的 50%	
	矿渣粉掺量	不宜大于胶凝材料用量的 40%	
	粉煤灰和矿渣粉掺量总和	不宜大于胶凝材料用量的 50%	

3）大体积混凝土运输应采用混凝土搅拌运输车，运输车应根据施工现场实际情况具有防晒、防雨和保温措施。

4）大体积混凝土供应能力应满足混凝土连续施工需要，不宜低于单位时间所需量的 1.2 倍。

（二）大体积混凝土施工要点

1）大体积混凝土施工宜采用全面分层或斜面分层连续浇筑施工（图 3.3-40）。

2）混凝土浇筑时常采用跳仓法施工。

（1）跳仓划分的最大分块单向尺寸不宜大于 40m，跳仓间隔施工的时间不宜小于 7d（图 3.3-41）。

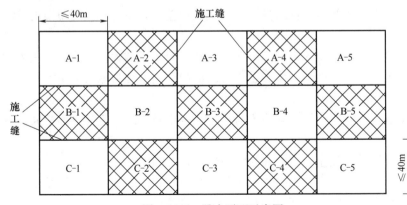

图 3.3-41　跳仓平面示意图

（2）跳仓接缝设置首先应考虑设置在设计后浇带处，处理方法以设计要求为准，其次按跳仓设置间距要求进行其他跳仓接缝。跳仓施工缝处按图 3.3-42 要求，设置钢板止水带并挂密目钢丝网进行分割；为保证接缝处上下层钢筋间距，应在接缝两边增设马凳铁。

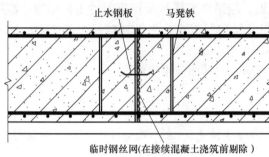

图3.3-42　跳仓施工缝节点图

（3）混凝土浇筑前，应剔除跳仓接缝处多余的混凝土及松动的石子，并用清水冲洗干净。

3）混凝土入模温度宜控制在5～30℃。输送方式宜采用泵送方式连续、有序浇筑。

4）混凝土浇筑层厚度应根据所用振捣器作用深度及混凝土的和易性确定，整体连续浇筑时宜为300～500mm。浇筑时，应尽量缩短各层浇筑的间歇时间，在前层混凝土初凝之前将次层混凝土浇筑完毕。

5）混凝土振捣宜采用二次振捣工艺，以达到增加混凝土的密实度、提高防渗性、消除混凝土由于沉陷产生的裂纹和细缝的目的。二次振捣时间应在混凝土初凝前1～4h左右进行较佳，尤其是在混凝土初凝前1h进行效果最理想。

6）混凝土收面宜进行多次抹压处理，消除表面裂缝。

7）大体积混凝土应采取保温保湿及缓慢降温的养护措施，并设置测温系统进行混凝土温度变化的监测。当混凝土表面温度与环境最大温差小于20℃时，可拆除保温覆盖层。

8）当混凝土浇筑厚度大于3m时，混凝土内部可设置冷却水循环降温系统，调节混凝土内部温度，使其控制在25℃以内。

9）大体积混凝土浇筑过程中突遇大雨或大雪天气时，应及时在结构合理部位留置施工缝，并应中止混凝土浇筑；对已浇筑还未硬化的混凝土应立即覆盖，严禁雨水直接冲刷新浇筑的混凝土。

（三）大体积混凝土测温要点

1）测温设备可采用"大体积混凝土温度微机自动测试仪"，温度传感器预先埋设在测点位置上，监控混凝土浇筑体内最高温升、里表温差、降温速率及环境温度等。

2）测温点布置：

（1）应选择在温度变化大，容易散热、受环境温度影响大，绝热温升最大和产生收缩拉应力最大的地方，如平面形状中心、中心对应的侧边及容易散发热量的拐角处及主风向部位等。

（2）测试区可选混凝土浇筑体平面对称轴线的半条轴线，竖向剖面交叉点宜通过中部区域测量点。

（3）在每条测试轴线上，平面监测点位（图3.3-43）不宜少于4处，间距不应小于0.5m且不应大于10m。竖向剖面的周边及内部（图3.3-44）应设置测温点，周边及内部测温点宜上下、左右对齐，每个竖向位置设置的测温点不应少于3处，间距不宜小于0.5m且不宜大于1.0m。

3）测温点构造：

（1）每个测温点至少包括：3组插头、导线及传感器，用辅助钢筋固定在混凝土的

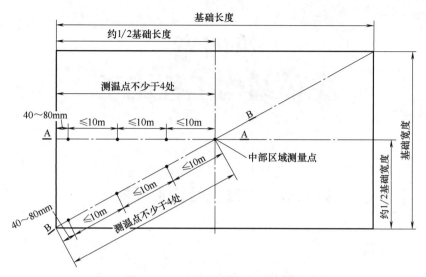

图 3.3-43 平面监测点布置示意图

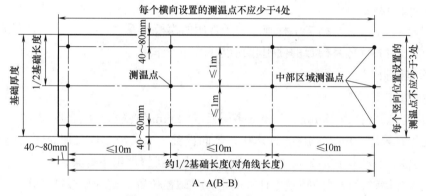

图 3.3-44 竖向监测点布置示意图

上、中、下三个部位（图 3.3-45）。

（2）上层传感器设置位置，距表层混凝土浇筑体表面以内 50mm 处，用于测定混凝土表面温度。

（3）底层传感器设置位置，距混凝土浇筑体底面以上 50mm 处，用于测定混凝土底部温度。

4）测温监测频率：

（1）入模温度测量，每台班不应少于 2 次。

（2）混凝土浇筑后，每昼夜不应少于 4 次。

5）大体积混凝土施工温控指标：

（1）混凝土浇筑体在入模温度基础上的温升值不宜大于 50℃。

（2）混凝土浇筑体里表温差（不含混凝土收缩当量温度）不宜大于 25℃。

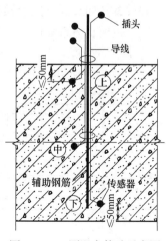

图 3.3-45 测温点构造示意图

（3）混凝土浇筑体降温速率不宜大于 2.0℃/d。

（4）拆除保温覆盖层时混凝土浇筑体表面与大气温差不应大于 20℃。

第四章
主体结构工程施工

第一节 混凝土结构工程施工

一、模板工程

(一) 常用各类型模板安装要点

1. 胶合板模板

胶合板模板是混凝土结构工程施工中最常用的模板体系之一,适用于各类结构构件的模板,并能够对其他体系模板的使用起到很好的补充作用。

1)墙体模板

(1)模板主要构造

① 面板主要材料为18mm、15mm多层板或12mm竹(木)胶合板。

② 龙骨宜采用50mm×100mm木枋,竖向设置。木枋与面板及加固体系接触面需刨平、刷封边漆,且模板拼缝处应增设一道龙骨,保证拼缝严密不漏浆。

③ 模板穿墙螺栓设置间距根据计算确定,且螺栓位置应避开模板拼缝处。

④ 模板加固体系采用钢管。一般横向采用单根钢管,紧贴木龙骨,竖向采用双管设置,并设置斜向支撑。整个模板加固体系用穿墙螺栓进行连接固定。

胶合板模板体系如图4.1-1所示。

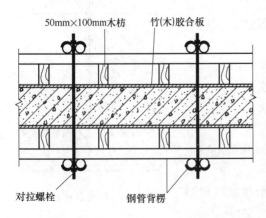 

图 4.1-1 胶合板模板体系示意图

(2) 阴阳角模板设置

① 阴角处模板施工时,增设一根 100mm×100mm 的木枋,连接两侧面板,面板采用长边压短边的方式拼缝,在阴角两侧增设对拉螺栓进行固定(图 4.1-2)。

② 阳角处模板施工时,使两侧模板形成子母口进行拼接,用钢管扣紧、木楔挤紧,从而保证阳角方正(图 4.1-3)。

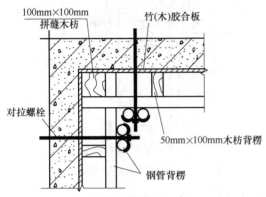

图 4.1-2 阴角处模板拼接节点图

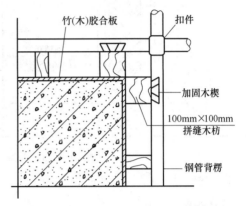

图 4.1-3 阳角处模板拼接节点图

(3) 胶合板模板与钢模板拼接

① 当钢模板拼装宽度与设计墙体宽度存在小于 500mm 的拼装间隙时,可以采用胶合板模板填充拼接。

② 拼缝胶合板模板厚度(胶合板面板厚度+木龙骨厚度)=钢模板厚度;高度同钢模板高度。

③ 胶合板模板木枋四面要刨光、刷封边漆,与两边钢模板用螺栓固定牢固,拼缝严密(图 4.1-4)。

(4) 用胶合板模板接高钢模板

① 先进行底部模板的安装就位,并固定牢固。

② 规划处理好底部大钢模的吊点,以避免影响上部模板的安装。

③ 胶合板模板底部与钢模板接触面设置一道木枋(木枋规格根据设计计算确定)。木枋与上下模板接触面应刨光,并贴憎水海绵条,以防止漏浆。

④ 木模板竖向加强背楞下跨钢模板不少于 100mm,并加设水平及斜向钢支撑固定牢固(图 4.1-5)。

(5) 阳台、女儿墙栏板模板

① 安装模板时,模板应准确就位,底板和外墙设置密封条。

② 模板加固采用对拉螺栓,内侧采用钢管支顶。

③ 模板安装时,外侧模板应下跨已经浇筑完的混凝土墙体至少 150mm,并且与墙体贴紧,用预留的穿墙螺杆固定,接缝处可以增设海绵条,确保混凝土浇筑时不漏浆(图 4.1-6)。

2) 框架柱模板

(1) 方(矩)形柱模板

① 模板面板宜选用≥15mm 的覆膜多层板。

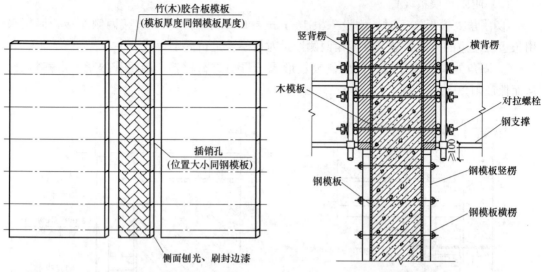

图4.1-4 胶合板模板与钢模板拼接示意图　　图4.1-5 木模板接高钢模板示意图

② 背楞可采用50mm×100mm木枋，加强紧固措施可选用钢管、槽钢、定型钢柱箍或可调柱箍等形式。

③ 柱子边长≥900mm时，宜加设对拉螺栓。为避免漏浆，柱内加塑料套管，螺栓端头加设塑料堵头（图4.1-7）。

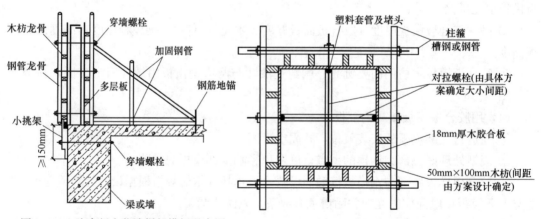

图4.1-6 胶合板女儿墙栏板模板示意图　　图4.1-7 方（矩）形柱模板大样图

（2）圆（异）形柱模板

① 以圆柱中心线为基准线，多采用覆膜多层板加工成两个半圆形模板，模板拼缝采用企口缝，互相咬合组装成型。每块模板切割边线刨光，刷封边漆（图4.1-8）。

② 模板采用定型钢箍，按设计加固间距固定。每层模板接缝部位需增设一道定型钢箍。

③ 圆柱模板的加固体系采用钢管脚手架，加斜撑加固。

3) 楼板模板

（1）楼板模板基本构造

① 面板可采用18mm覆膜多层板或12mm竹（木）胶合板；次龙骨采用50mm×

100mm 木枋，间距不大于 300mm；主龙骨为 100mm×100mm 木枋，间距不大于 1200mm；支撑体系采用满堂脚手架，脚手架顶部设可调托撑（图 4.1-9）。

② 面板拼接处，次龙骨与面板、墙体交接面，以及主次龙骨接触面，均应刨光、刷封边漆。

③ 主龙骨平行于开间长边布置，次龙骨布置则方向相反，并在开间四边设置一道封闭交圈的次龙骨。

④ 面板与成型墙体接触面粘贴憎水海绵条，以防止漏浆。

图 4.1-8　圆（异）形柱模板示意图

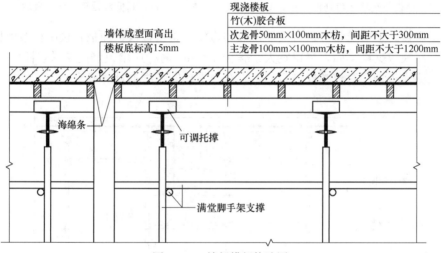

图 4.1-9　楼板模板构造图

（2）楼板与端墙接口处模板支设

① 下层墙体混凝土浇筑高度应超过楼板结构底标高 30mm，楼板支模前剔除 15～20mm，并清理干净。

② 沿端墙设置楼板挡模。挡模利用外墙模板的顶层穿墙螺栓孔，用穿墙螺栓进行固定。

③ 在挡模与完成墙面接触处贴海绵条以防止漏浆（图 4.1-10）。

④ 当楼板厚度过大时，应在挡模外侧增加斜向支撑进行加固。

（3）高低楼板接槎处模板

① 该部位施工一般采用墙体混凝土二次浇筑及高低楼板接槎处墙体与顶板共同浇筑的方法进行施工。

② 安装时，外侧模板应下跨已经浇筑完的混凝土墙体至少 100mm，并且与墙体贴紧，接缝处可以增设海绵条，确保混凝土浇筑时不漏浆（图 4.1-11）。

4）梁模板

（1）梁模板基本构造

① 梁模板一般与楼板模板一起支设，面板、次龙骨、主龙骨的材质及规格同楼板模

板；支设顺序为先支梁模板再支楼板模板（图4.1-12）。

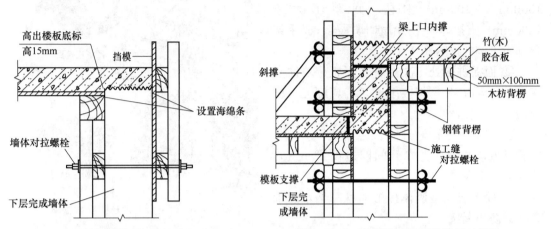

图4.1-10　楼板与端墙接口处模板示意图　　图4.1-11　高低楼板接槎处模板示意图

② 梁模板的上口龙骨可代替楼板模板的边模，将楼板模板面板直接压在梁模板面上。
③ 梁底模应支设牢固，当梁宽大于等于200mm时，应增设竖向支撑立杆。
④ 梁侧模板采用对拉螺栓进行固定，对拉螺栓间距根据计算确定。

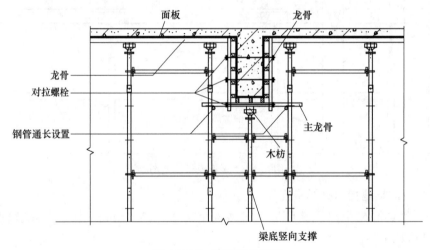

图4.1-12　梁模板构造图

（2）梁柱节点模板
① 梁柱节点宜做成定型模板或装配式模板，且便于拆卸周转（图4.1-13）。
② 梁柱接头的模板要下跨柱子600～800mm，至少应有两道锁木锁在柱子上。
③ 模板的接缝处应加贴双面胶带，以防止接缝漏浆。

5）楼梯模板
（1）楼梯休息平台模板构造同楼板模板构造。
（2）楼梯梯段底模主次龙骨均采用100mm×100mm木枋，梯段模板竖向支撑应平行于休息平台竖向支撑进行设置，顶部用楔形木块将主龙骨楔紧；横向杆应平行于梯段设置，并设置水平拉杆进行固定（图4.1-14）。

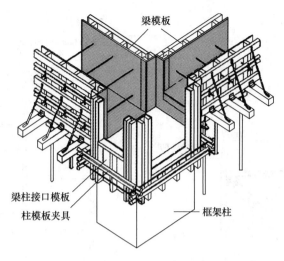

图 4.1-13　梁柱节点模板示意图

(3) 踏步侧模及楼梯侧模面板采用竹（木）胶合板，用 100mm×100mm 木枋固定成型；踏步的高度和宽度应考虑装修面层的厚度，第一踏步和最后一个踏步浇筑高度还要考虑楼梯间休息平台面层的厚度。

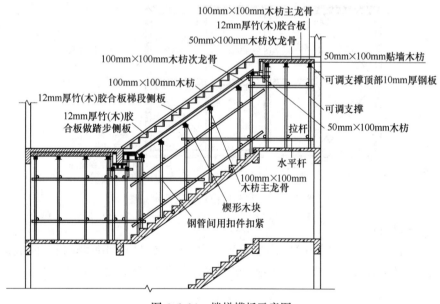

图 4.1-14　楼梯模板示意图

6) 门窗洞口模板

(1) 木制定型模板应采用定型钢抱角，门窗洞口模板侧面加贴海绵条以防止漏浆（图 4.1-15）。

(2) 当窗口尺寸较大时，可采用内部加设支撑或双窗口模板拼接，以加强洞口模板的整体刚度（图 4.1-16）。

(3) 窗口模板下部模板要设排气孔，以防止混凝土浇筑不到位和避免混凝土表面产生气泡（图 4.1-17）。

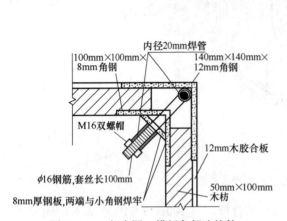

图 4.1-15 门窗洞口模板角部连接件

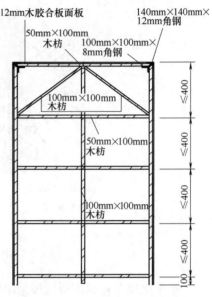

图 4.1-16 门洞口模板构造示意图

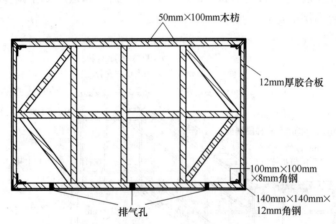

图 4.1-17 窗洞口模板排气孔示意图

2. 组合钢模板

组合钢模板是按常规工程模数制造设计、由工厂成型的通用型模板，模板体系由平模、阴阳角模及配套配件构成。可适用于各类建筑构件模板支设，但目前主要应用于墙体模板。

1) 墙体组合钢模板配套配件

墙体组合钢模板配套配件包括钢背楞、平台支架、斜支撑、钢卡、吊环等，如图 4.1-18 所示。

2) 墙体组合钢模板阴阳角连接

(1) 墙体阴阳角模板处应设计企口缝，安装时模板应紧贴（图 4.1-19）。

(2) 阳角处应根据受力计算，设置可靠的加固措施。

3) 非标拼接

(1) 组合钢模板现场不可随意裁切，平模拼接长度与设计长度出现模数不匹配的情况

图 4.1-18　组合钢模组成示意图

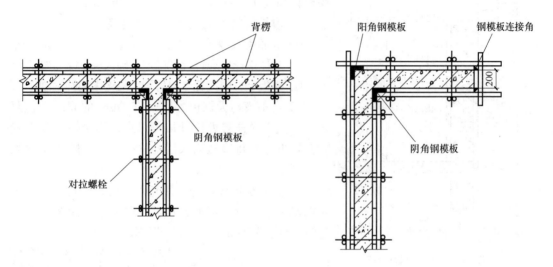

图 4.1-19　墙体组合钢模板阴阳角连接示意图

时，可采用木枋或竹（木）胶合板模板调节补充（图 4.1-20）。

（2）当采用木枋调节时，木枋三面需刨光、刷封边漆，高度同墙体模板高度；木枋上钻孔孔距同组合式模板孔距；安装时用螺栓将两侧模板连接紧密。

3. 钢框木（竹）胶合板模板

钢框木（竹）胶合板模板是由热轧异形钢为框架，以覆面木（竹）板面，并加焊若干钢肋承托面板的一种组合式模板。与组合钢模板相比，其特点有自重轻、用钢量少、面积大、模板拼缝少、维修方便等。常用于墙柱模板支设，其安装要求同组合钢模板（图 4.1-21）。

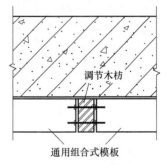

图 4.1-20　调节木枋设置示意图

4. 大模板

大模板又称大钢模，是根据设计开间尺寸及层高，采用钢板和型钢制作的定型模板。一般用于建筑的竖向结构模板支设。模板具有整体性好、抗震性强、无拼缝等特点。

图 4.1-21 钢框木（竹）胶合板模板示意图

1）墙体模板

（1）大钢模设计要求

① 模板高度设计（图 4.1-22）：内墙模板高度 H_n＝净空层高 h_n＋(30～50mm)；外墙模板高度 H_w＝净空层高 h_n＋100mm。

② 模板拼缝处应设计企口缝连接。

③ 板面钢板厚度以 6mm 为宜。

④ 对拉螺栓应通过计算确定，确保满足受力要求。

⑤ 模板上方应设置专用吊钩，吊钩采用圆钢制作。

⑥ 阴角模与大钢模之间留有 1mm 的间隙，且阴角模与大钢模连接处设计成子母口；阴角模上部设置撬孔，拆除时将撬杠插入撬孔进行拆除，防止角模被撬变形。

⑦ 为减少墙体接缝，阳角可不设置阳角模。在阳角两侧模板上设置定型连接器，并采用专用螺栓交错连接，保证模板的平整和方正（图 4.1-23）。

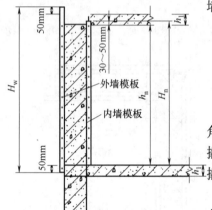

图 4.1-22 墙体模板高度计算示意图

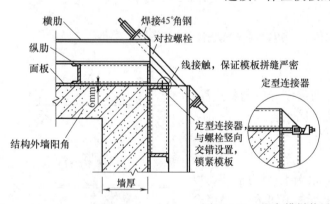

图 4.1-23 阳角模拼装示意图

（2）大钢模连接

① 大钢模拼缝处企口可采用 Y 型子母口。拼装时在 Y 型子母口处设置憎水泡沫棒，可保证接缝严密，防止漏浆（图 4.1-24）。

② 大钢模连接固定采用专用螺栓和加设的横肋

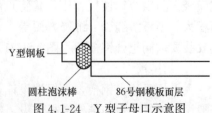

图 4.1-24 Y 型子母口示意图

用勾头螺栓进行连接（图4.1-25）。

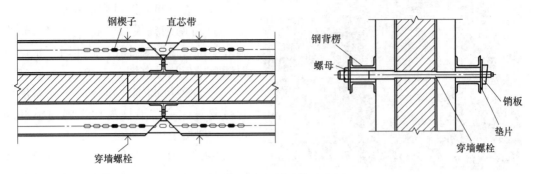

图4.1-25　大钢模连接示意图

③丁字墙外侧模板应采用整块模板，减少拼缝；丁字墙内侧模板采用阴角模与大钢模拼装的方式（图4.1-26）。

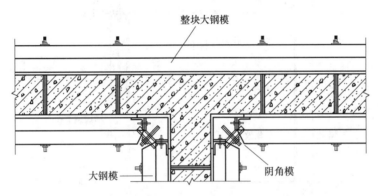

图4.1-26　丁字墙模板拼装示意图

（3）大钢模与角模的连接

①大钢模的角模要和大钢模配套使用，用勾头螺栓和直角芯带与大钢模连接固定。

②大钢模板企口为母口，宽度宜为20mm；阴阳角模为子口，宽度宜为30mm（图4.1-27）。

（4）大钢模的接高

①先进行底部模板的安装就位，并固定牢固。

②规划处理好底部大钢模的吊点，以避免影响上部钢模板的安装。

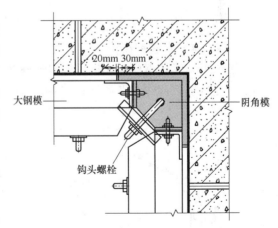

图4.1-27　阴角模连接示意图

③上部钢模板吊装就位后，在主龙骨后设置竖向通高型钢做加强竖背楞（其间距根据设计计算确定），并与上下部模板连接牢固（图4.1-28）。

图 4.1-28 大钢模接高示意图

2）框架柱

（1）方（矩）形可调钢柱模板

① 可调钢柱模板，通常以 50mm 为调节单位，设置螺栓孔，施工时可根据需要调整模板尺寸（图 4.1-29）。

② 此种可调钢柱模板由于无需加设背衬龙骨，只需沿柱高加设斜向撑杆即可，一般按上中下加设三道。

③ 施工中注意将位于柱内用于调节柱截面大小的螺栓眼堵严，防止漏浆。

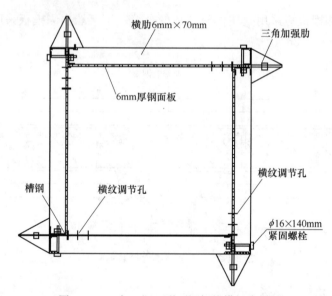

图 4.1-29 方（矩）形可调钢柱模板大样图

（2）圆（异）形柱钢模板

① 圆（异）形柱钢模板连接拼缝以结构轴线为拼接对称轴，采用企口缝连接。

② 拼缝处模板背面水平和垂直方向宜增加横肋和竖肋（图 4.1-30）。

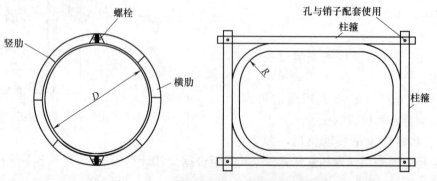

图 4.1-30 可调圆（异）形钢柱模大样图

3）钢制定型楼梯模板

(1) 楼梯踏步钢制定型模板，梯段板下口滴水线可一次成型（图 4.1-31）。

(2) 楼梯踏步模板支撑应与踏步底面垂直。

(3) 楼梯梯步模板高度应考虑休息平台与梯步装饰层厚度关系。

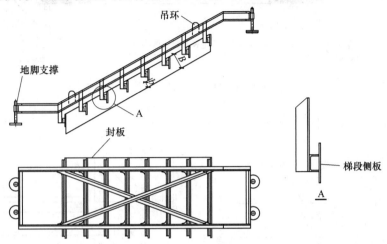

图 4.1-31 钢制定型楼梯模板构造图

4）电梯井模板

(1) 电梯井筒模板

① 筒模是由平模、角模和紧伸器等组成（图 4.1-32）。

② 主要适用于电梯井内模的支设，同时也可用于方形或矩形狭小建筑单间、建筑构筑物及筒仓等结构。

③ 筒模具有结构简单、装拆方便、施工速度快、劳动工效高、整体性能好、使用安全可靠等特点。

(2) 电梯井支模平台——墙豁支撑式

① 平台结构采用普通梁格系，面层铺 50mm 厚脚手板，下面布置 5 根 60mm×90mm 方木龙骨，龙骨下面为两根［128a 槽钢钢梁。

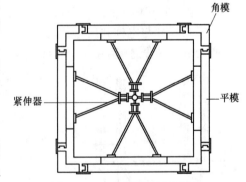

图 4.1-32 电梯井筒模构造图

② 在两根钢梁上焊 4 个吊环，每浇筑完一个楼层高的井筒筒壁混凝土，平台就提升一次，在每层筒壁上部平台钢梁支座的位置上留出 4 个墙豁，即支座孔（尺寸为 100mm×100mm×300mm），作为平台提升后钢梁的支座（图 4.1-33）。

③ 平台两端有钢支腿，支腿采用∠90mm×8mm 角钢制作，用 $\phi 20$ 钢销钉与钢梁连接。

④ 平台向上提升时，支腿沿井筒壁滑行，当滑行到支座孔时，由于支腿有配重板，支腿会自动伸入支座孔内；经检查 4 个支腿全部伸入支座孔后，方可将吊环与塔式起重机

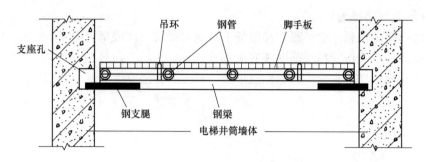

图 4.1-33 电梯井支模平台构造图

吊钩脱离，工人即可在平台上操作（图 4.1-34）。

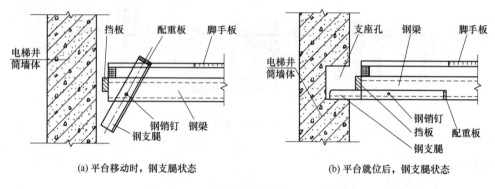

图 4.1-34 电梯井筒平台钢支腿示意图

(3) 电梯井支模平台——三角支架式

① 平台尺寸与电梯井尺寸相同，直角边为电梯井高度，直角边采用 $\phi48$ 钢管，平台面层铺 50mm 厚普通脚手板，平台由 $\phi48$ 钢管焊接而成，支架由四根 $\phi48$ 钢管和两根 10 号槽钢组成，支座为 80mm×100mm×8mm 角钢；在平台上焊 2 个吊环（图 4.1-35）。

② 由于平台为三角形，根据三角稳定的原理，只要将平台支座支设在下一层的入口处，平台即牢固地卡在电梯井内。

③ 拆模后用塔式起重机吊钩钩住吊环，使平台略微倾斜，即可将平台平稳提升。

5）门窗洞口钢制定型模板

(1) 定型钢制门窗洞口模板由侧模、角模、支撑、丝杠及调节件组成。窗洞口模板下口应设置排气孔（图 4.1-36 和图 4.1-37）。

(2) 安装时，丝杠和调节件应紧固到位，顶紧支撑，保证洞口模板尺寸方正。

(3) 门窗洞口模板与墙面接触面处，应粘贴憎水海绵条以防止漏浆。

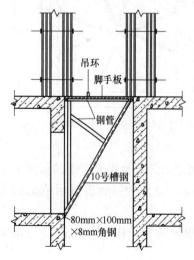

图 4.1-35 电梯井支模平台三角支架示意图

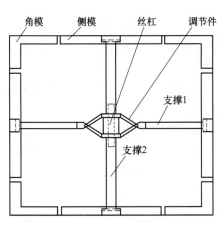
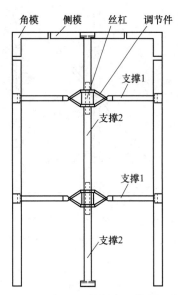

图 4.1-36 窗洞口钢制定型模板示意图　　图 4.1-37 门洞口钢制定型模板示意图

5. 组合铝合金模板

组合铝合金模板以铝合金型材为主要材料，经过机械加工和焊接等工艺制成的适用于混凝土工程的模板，并按照 50mm 模数设计，由面板、肋、主体型材、平面模板、转角模板、早拆装置组合而成，具有重量轻、拼缝好、周转快、成型误差小、利于早拆体系应用、现场施工垃圾少、标准及通用性强、回收价值高等优点。

1) 铝合金墙模板拉结措施

（1）墙模板设置高拉力对拉螺栓，以固定模板和控制墙厚（图 4.1-38）。

（2）对拉拉杆纵向、横向间距应根据设计计算。

（3）墙模板背面设置有背楞，背楞设置间距应根据设计计算。

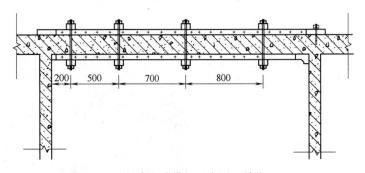

图 4.1-38　铝合金墙模板示意图（单位：mm）

2) 铝合金竖向模板支撑

（1）楼板浇筑时预埋可调斜撑使用的固定件。

（2）墙模板斜撑间距不宜大于 2000mm，柱模板斜撑间距不宜大于 700mm，柱截面尺寸大于 400mm 时，单边斜撑不应少于两根（图 4.1-39）。

（3）安装过程中遇到墙拉杆位置，需要将胶管套住拉杆，两头穿过对应的模板孔位。

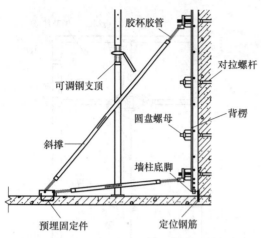

图4.1-39 铝合金竖向模板支撑示意图

3）铝合金顶板模板支撑

（1）铝合金模板支撑采用早拆体系，拆除顶板模板，保留早拆头及立杆（图4.1-40）。

（2）支撑系统是独立式钢支撑，只用可伸缩微调的单支顶来支撑，立杆间距纵、横向不宜大于1.3m。

（3）安装完成后，应检查模板板面的标高，通过可调钢支顶调节高度。

4）铝合金梁模板

（1）楼板、梁板模板应通过阴角连接件相连，并用卡扣紧固。

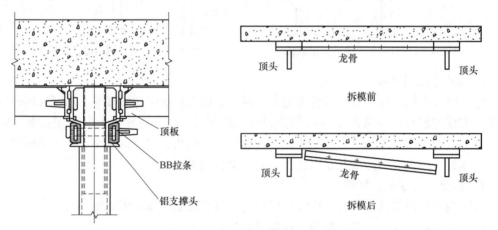

图4.1-40 铝合金顶板模板支撑示意图

（2）梁底模板需支顶于铝梁上，此处刚度加大，模板不易变形（图4.1-41）。

（3）根据设计计算，梁模板必要时需加设对拉螺栓；支撑数量、间距亦根据设计计算确定。

5）铝合金模板顶板留洞

（1）安装时应保证洞口模板与铝模销钉锁紧（图4.1-42）。

（2）模板留洞不应设置于卫生间等预埋管线较多及有防水要求的部位。

6）电梯井铝合金模板

（1）电梯井、采光井模板顶部需用角铁或者槽钢加固，以保证电梯井模板刚度（图4.1-43）。

（2）模板设置背楞及对拉螺栓，设置间距应根据模板设计计算。

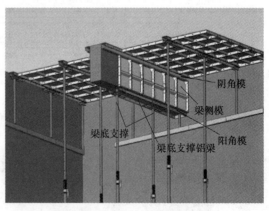

图4.1-41 铝合金梁模板示意图

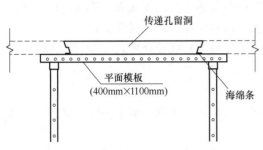

图 4.1-42　铝合金模板顶板留洞示意图

图 4.1-43　电梯井铝合金模板示意图

6. 早拆模板体系

早拆模板体系一般应用于楼板模板支撑体系上，目的是在保证国家现行标准所规定的拆模原则的前提下，提前拆除部分楼板模板，达到加快模板周转、节约成本的目的。

1）楼板早拆支撑体系

（1）早拆体系由平面模板、模板支架、早拆柱头、横梁和底座等组成。

（2）梁、板底早拆系统支撑间距应根据计算确定，且不宜大于 1.3m。

（3）拆模时间根据同条件试块抗压强度确定且符合规范设计要求，拆除模板和横梁，保留支撑楼板的柱头和立柱，直到养护期结束时再拆除（图 4.1-44）。

2）后浇带早拆支撑体系（快拆头）

（1）后浇带两侧模板采用"顺短向排布"的方式。在距后浇带两边 200mm 位置设置带快拆头的立杆，将后浇带模板与两侧楼板模板分开支设，接缝部位设置海绵条以防止漏浆。

（2）楼板混凝土浇筑成型后，调节支架托件，拆除后浇带两侧结构构件的模板，保留后浇带外延两跨快拆模架支撑（图 4.1-45）。

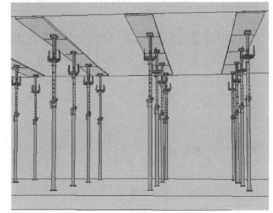

图 4.1-44　楼板早拆支撑体系示意图

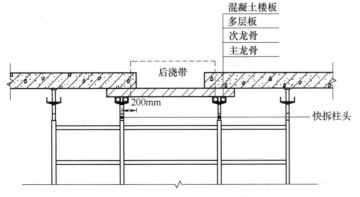
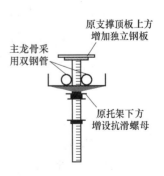

图 4.1-45　后浇带早拆支撑体系示意图

7. 清水模板

清水混凝土技术是直接利用混凝土成型后的自然质感作为饰面效果，不做其他外装饰的混凝土工程。清水混凝土模板可采用大钢模板、钢木模板、组合式带肋塑料模板、铝合金模板及聚氨酯内衬模板等模板体系，除上述模板体系的常规设计外，还需对细部节点进行特殊设计。

1) 禅缝模板

（1）禅缝设置的原则为设缝合理、均匀对称、长宽比例协调。水平禅缝应交圈，不得出现断缝、错缝。

（2）禅缝模板拼缝宽度根据禅缝设计要求的明暗程度进行设置。当禅缝设计要求的明暗程度为似隐似现时，拼缝可控制在 0.3～0.5mm；当禅缝设计要求的明暗程度为明显时，拼缝可控制在 0.5～0.8mm。

（3）禅缝模板的一般做法如图 4.1-46 所示。

① 拼模前模板刷 2 遍封边漆，涂玻璃胶。

② 拼模处设置通长高密度海绵条和胶带纸。

2) 明缝模板

（1）明缝宜设置在楼层标高、窗台标高、窗过梁梁底标高、窗间墙边线或其他分格线位置。

（2）明缝条可设在模板周边，也可设在面板中间。

（3）明缝条可选用截面呈梯形的硬木、铝合金等材料，并用螺栓固定在模板边框上（图 4.1-47）。

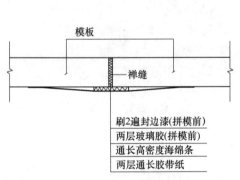

图 4.1-46 禅缝模板构造示意图

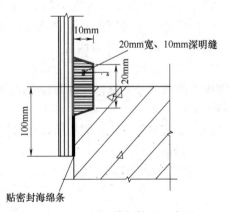

图 4.1-47 明缝模板构造示意图

（4）明缝位置在墙体阴阳角处时，角模和大模板分别压明缝条。

（5）明缝水平方向应交圈，竖向应顺直有规律。

3) 穿墙螺栓孔

（1）螺栓孔眼的排布应纵横对称、间距均匀，距构件边缘尺寸一致，穿墙螺栓应满足受力要求且同时应满足设计的要求。

（2）穿墙套管外表面材质应光滑。穿墙套管组件有尼龙堵头、弹性橡胶垫片、外径 32mm 的 PVC 管（2mm 厚）、内衬钢管、外径 16mm 的 PVC 管（1mm 厚）及穿墙螺栓等（图 4.1-48）。

(3) 螺帽处设置弹性橡胶垫片，以防止漏浆。

(4) 拆模后形成的孔洞应用防水砂浆抹成弧形，孔洞应具有装饰效果，均匀一致（图 4.1-49）。

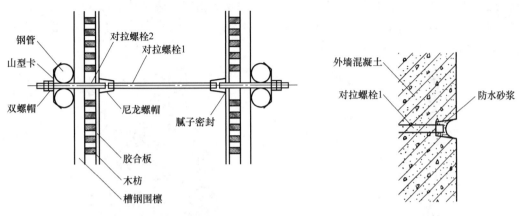

图 4.1-48 对拉螺栓安装详图　　　　　图 4.1-49 螺栓洞处理示意图

4) 假眼

(1) 在没有对拉螺栓的位置设置堵头而形成有饰面效果的孔眼（图 4.1-50）。

(2) 假眼根据实际要求的大小，可选择不同直径的螺帽或替代品定在模板面上（图 4.1-51）。

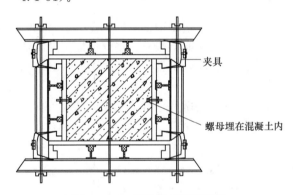

图 4.1-50 假眼螺母预埋详图　　　　　图 4.1-51 假眼成型示意图

5) 定位钢筋端头处理

定位钢筋的端头要套上与混凝土颜色相近的塑料套，以保证清水混凝土的效果（图 4.1-52）。

8. 液压爬升模板

爬升模板是一种自行爬升、不需要起重机吊运的工具式模板，其具有大模板和滑模的优点，又避免了它们的不足。适用于高层建筑外墙外侧和电梯井筒内侧无楼板阻隔的现浇混凝土竖向结构施工。

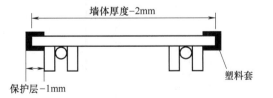

图 4.1-52 定位钢筋端头示意图

1）液压爬升模板系统基本构造

（1）液压爬模架可自行爬升，全封闭防护，可与内爬塔、施工电梯机具配合使用。

（2）液压爬模架可覆盖四个半层高，有六层操作平台，上两层为绑筋操作平台；中间两层为支模操作平台；下层为爬升操作平台；最底层为拆卸清理维护平台（图4.1-53）。

（3）模架具有可承重钢平台，钢筋绑扎平台及拆卸清理平台施工荷载限值为4kN/m^2，支模操作平台施工荷载限值为1kN/m^2。

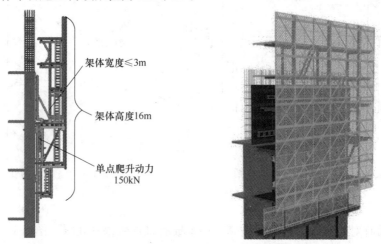

图4.1-53 液压爬升模板系统示意图

2）液压爬升导轨固定节点

（1）液压爬升导轨固定系统包括穿墙螺栓、附墙装置、连接销轴（图4.1-54）。

（2）随结构施工预埋穿墙套管，预埋时除套管用辅助钢筋与墙体钢筋焊接固定外，还需将两套管之间用辅助钢筋进行焊接连接固定，当浇筑完混凝土且其强度大于10MPa时，方可安装附墙装置。

（3）导轨固定埋件位置设计时，尽量避开洞口，若无法避开，可采用槽钢做成可拆卸辅助支撑或在洞口内做钢筋混凝土柱体上下连成整体，满足固定要求。

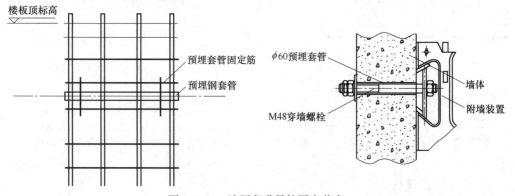

图4.1-54 液压爬升导轨固定节点

3）液压爬升模板固定、退模节点

（1）模板通过3道模板钩或螺栓与架体进行拉结固定。

（2）开、合模及模板移动系统由水平移动滑车、调节支腿、液压支杆组成（图4.1-55）。

（3）移动滑车横梁与爬架体主梁上下位置错开安装，方便架体机位附着安装。

（4）滑车最大移动距离设计为 750mm，当退出模板时，旋转调节支腿，使得整个模板支架稍倾斜一定角度，然后再进行退模，最大调节角度不超过 45°。

图 4.1-55 液压爬升模板滑动机构示意图

9. 塑料模壳模板

塑料模壳模板是在密肋楼板施工中推广应用的一种工业化模板，根据制作模壳的材料可分为聚丙烯（俗称塑料）模壳和玻璃钢模壳。其中塑料模壳适用于空间大、柱网大的工业厂房、图书馆等公用建筑。塑料模壳的施工要点如下（图 4.1-56）：

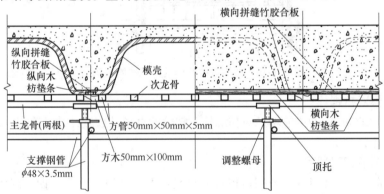

图 4.1-56 塑料模壳模板施工节点

（1）排架搭设：沿短轴方向的排架间距应按塑料模壳尺寸进行设计排列，钢龙骨下排架搭设偏差不应大于 1cm，否则模壳无法准确定位。

（2）模壳安装：要在一个柱网内由中间向两端排放，以免出现两端宽肋不等的情况。

（3）模壳拼缝：建议使用高弹性腻子进行封堵拼缝，浇筑前表面应刷脱模剂。

（二）模板通用节点安装要求

1. 模板螺栓

1）墙体模板穿墙螺栓

穿墙螺栓采用楔形，大头直径为 32mm，小头直径为 28mm。大头在内，小头在外，穿墙螺栓与模板间设胶套以防止混凝土浇筑时从穿墙孔漏出水泥浆（图 4.1-57）。

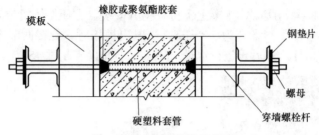

图 4.1-57 穿墙螺栓示意图

2）柱模螺栓

（1）当柱子边长小于 900mm 时，采用对拉螺栓与钢背楞进行紧固连接，固定柱模。

（2）当柱子边长大于或等于 900mm 时，除对拉螺栓外，增设穿柱螺栓，以保证柱截面尺寸。为避免漏浆，柱内加塑料套管，对拉螺栓与模板间设胶套（图 4.1-58）。

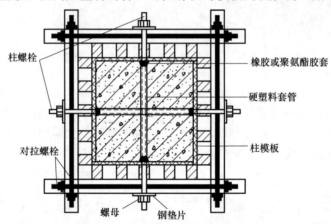

图 4.1-58　柱模对拉螺栓及穿柱螺栓示意图

3）梁侧模对拉螺栓

通常高度＞600mm 的梁应增加对拉螺栓，螺栓的直径及数量经计算确定（图 4.1-59）。

2. 模板清扫口

1）柱模板清扫口留置

柱模底部应留置清扫口：清扫口位置应正确，大小合适，开启方便，封闭牢固，浇筑混凝土时能承受混凝土的冲击力，不得漏浆或变形（图 4.1-60）。

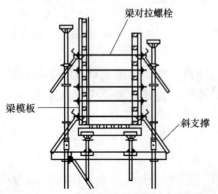

图 4.1-59　梁侧模对拉螺栓示意图

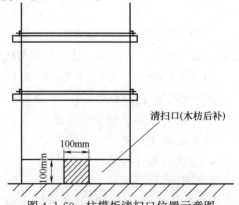

图 4.1-60　柱模板清扫口位置示意图

2)梁底清扫口设置

框架梁梁底每跨应设清扫口,并考虑今后封堵方便;在清扫完毕后、浇筑混凝土之前进行封堵(图4.1-61)。

图4.1-61 梁底清扫口示意图

3. 施工缝模板

1)楼板施工缝模板

楼板施工缝采用竹胶合板或多层板,按钢筋间距和直径做成刻槽挡模,加木条垫板,施工完成后及时取出(图4.1-62)。

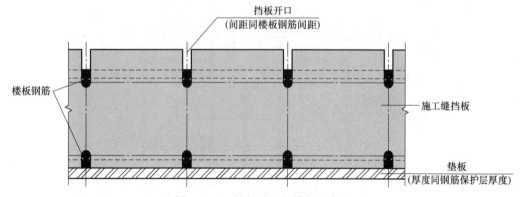

图4.1-62 楼板施工缝模板示意图

2)墙体竖向施工缝模板

(1)竖向施工缝采用钢丝板网或快易收口网,应用挡板支撑牢固(图4.1-63)。

图4.1-63 墙体竖向施工缝模板示意图

（2）竖向施工缝也可采用快易收口网，接槎部位需剔凿处理，可直接进行下段混凝土施工。

4. 超高梁板模板支撑

1）梁板模架基本构造要求

（1）模板支架应尽量采用承插型盘扣式钢管脚手架，局部不合模数的地方可以采用扣件式钢管进行搭设，扣件式钢管应与盘扣进行连接（图4.1-64）。

（2）模板支架顶部可调托座插入立杆长度不得小于150mm，伸出顶层水平杆悬臂长度严禁超过650mm，且丝杆外露长度严禁超过400mm，可调托座螺杆外径与立柱钢管内径间隙不得大于3mm。

（3）模板支架最顶层的水平杆步距应比标准步距缩小一个盘扣间距。

（4）模板支架可调底座调节丝杆外露长度不应大于300mm，作为扫地杆的最底层水平杆离地高度不应大于550mm，并应借助可调底座调节尽可能使扫地杆在一个高度上。

（5）当单肢立杆荷载设计值不大于40kN时，底层的水平杆步距可按标准步距设置，且应设置竖向斜杆；当单肢立杆荷载设计值大于40kN时，底层的水平杆应比标准步距缩小一个盘扣间距，并设置竖向斜杆。

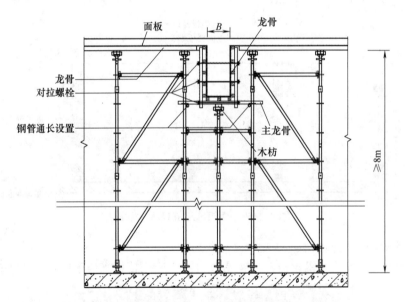

图4.1-64 梁板模架搭设示意图

2）梁板模架整体性加固措施

（1）脚手架外侧周边应满布斜杆（图4.1-65）。

（2）脚手架中间纵向、横向分别连续布置竖向剪刀撑，竖向剪刀撑间隔不应大于6跨，且不应大于6m。剪刀撑的跨数不应大于6跨，且宽度不应大于6m。

（3）水平剪刀撑应在架体顶部、扫地杆层设置连续水平剪刀撑。

（4）搭设高度大于5m，或施工荷载设计值大于10kN/m²，或集中线荷载设计值大于15kN/m时，应在竖向剪刀撑顶部及底部交点平面设置连续水平剪刀撑，水平剪刀撑间距不应大于6m。剪刀撑跨数不应大于6跨，且宽度不应大于6m。

（5）当梁板模架高度超过5m时，应按水平间距6~9m、竖向间距2~3m与施工完成的竖向结构间设置一个固结点。

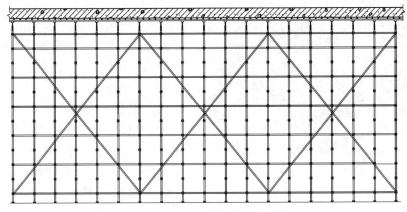

图4.1-65 梁板模架加固示意图

5. 梁板起拱

（1）跨度等于或大于4m的梁板模板应按设计要求起拱，当设计无要求时，起拱高度为跨度的1/1000~3/1000，并绘制起拱图，置于操作现场控制（图4.1-66）。

（2）楼板只允许从四周向中间起拱，四周不起拱。起拱要顺直，不得有折线。在允许范围内，多种跨度可以取一个统一值。刚性支模体系宜控制在1/1000~1.5/1000。

图4.1-66 梁板模板起拱示意图

6. 楼板预留洞口模板

（1）顶板预留洞处应采用定型模具，预留洞孔模板加设对拉螺栓，并加外力固定模板（图4.1-67）。

（2）预留孔洞大小、直径、钢筋附加措施应符合专业设计要求。

（3）对拉螺栓紧固需严密紧实，下部宜采用海绵条等密封措施。

7. 楼板降板处模板

1）定型钢模

（1）方钢梁支设前，表面刷油脂脱模剂，方钢管下部及侧边垫块应根据保护层厚度要求放置对应垫块（图4.1-68）。

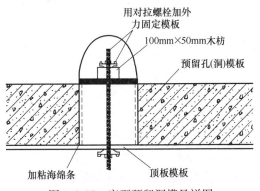

图4.1-67 定型预留洞模具详图

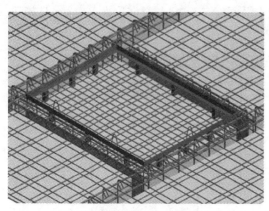

图 4.1-68 降板处定型钢模示意图

(2) 方钢梁定位后,为防止方钢管模板移位,用 16 号铅丝将方钢管与侧向钢筋绑扎拉紧。

(3) 适用于降板 100mm 左右楼板吊模支设,如为大跨度降板,为减少钢梁中部受混凝土挤压产生挠度变形,宜单独增加对撑钢梁布置。

2) 胶合板模板

(1) 楼板降板处可采用钢筋骨架作支撑,钢筋直径宜大于 14mm。

(2) 支撑可采用预制成型托架,与楼板及梁钢筋绑扎固定,支架间距宜为 800mm(图 4.1-69)。

(3) 降板处模板上、下口设水平龙骨,并用压刨机刨光、刨平,截面尺寸一致;四个大角设水平斜撑。

8. 外墙模板楼层间接缝处节点

(1) 为保证墙体水平接缝严密,模板底部支撑可采用专用的墙挂支承件(图 4.1-70)。

(2) 墙挂支承件与下层墙体的螺栓孔通过穿墙螺栓固定。

(3) 接槎处的模板应下跨浇筑完的墙体至少 100mm,模板与墙体之间应粘贴海绵条。

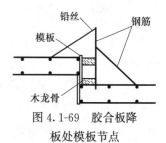

图 4.1-69 胶合板降板处模板节点

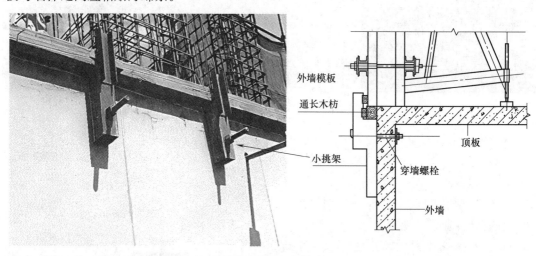

图 4.1-70 外墙模板楼层间接缝处节点示意图

9. 墙体大钢模板保温

(1) 墙体大钢模板外侧多采用苯板做保温,将苯板置于竖肋及背楞之间(图 4.1-71)。

(2) 大模板边缘部位和穿墙螺栓处的保温应加强,在螺栓四周苯板处可用丝绵塞严,以免形成冷桥。

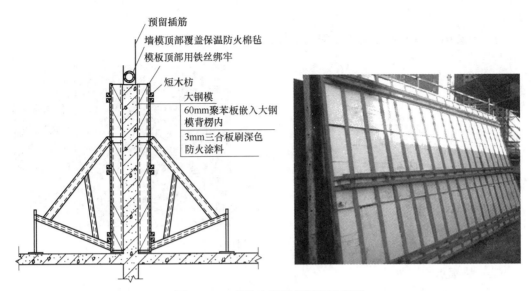

图 4.1-71 墙体大钢模板保温示意图

(3) 大模板拆模后发现有脱落、损坏的现象，应及时修补。

10. 滴水线

1) 窗洞口滴水线模板

(1) 外墙只刷涂料的外窗口宜做成企口型；滴水可做成 U 形、半圆形，可用定型模具制成。

(2) 滴水线槽不应撞墙，槽端距墙 20mm 为宜（图 4.1-72）。

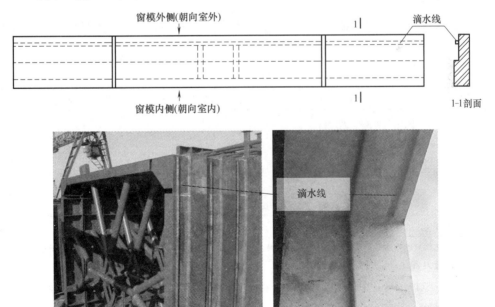

图 4.1-72 窗洞口滴水线模板示意图

2) 阳台滴水线

(1) 阳台模板设计时，根据工程量大小及特点，可选用定型模板或拼装式模板

(图4.1-73)。

(2) 外墙内保温或外墙只刷涂料的工程，阳台滴水线槽应随结构一次留置。

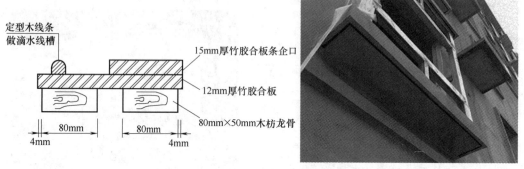

图4.1-73　阳台滴水线模板示意图

（三）模板拆除要求

1. 墙、柱模板拆除

(1) 在混凝土强度能保证其棱角与表面不因为拆模而受损坏后，方可拆除。一般墙体大模板在常温条件下，混凝土强度达到$1.2N/mm^2$，即可拆除。冬期施工时，根据同条件受冻临界强度，且混凝土表面温度不高于5℃，方可拆除模板和保温层。

(2) 拆除模板顺序与安装模板顺序相反。先拆除纵墙模板，后拆除横墙模板，先松下穿墙螺栓竖向背楞、水平背楞，而后再拆模板。如果模板与混凝土墙面吸附或粘结不能离开时，可用撬棍撬动模板下口，且保证拆模时不晃动墙体。

2. 梁板模板拆除

(1) 底板及其支架拆除时的混凝土强度应符合设计要求。当设计无具体要求时，应符合表4.1-1的规定。

拆模强度要求　　　　表4.1-1

构件类型	构件跨度(m)	达到设计的混凝土立方体抗压强度标准值的百分率(%)
板	≤2	≥50
	>2,≤8	≥75
	>8	≥100
梁、拱、壳	≤8	≥75
	>8	≥100
悬臂构件	—	≥100

注：快拆支架体系的支架立杆间距不应大于2m。拆模时应保留立杆并顶托支承楼板，拆模时的混凝土强度可取构件跨度为2m的相应混凝土强度标准。

(2) 梁板模板拆除顺序：先拆除梁侧模，后下调顶托，再依次拆除主次龙骨、面板、支撑架等，严禁大面积同时拆除。

3. 楼板后浇带模板拆除

楼板后浇带处模板为独立支模体系，顶板模板拆除时后浇带部分不拆除。待后浇带混凝土浇筑完毕并达到强度后，再将后浇带模板拆除。后浇带卡缝的模板待两侧混凝土强度达到 1.2MPa，应及时拆除，拆除时严禁破坏混凝土棱角。

4. 模板清理

(1) 设置专人、专用工具对模板进行清理，并将清理模板作为一道工序验收。

(2) 做到"一磨（用打磨机磨去凸物）、一铲（用铁铲铲去污物）、一擦（用拖布擦洗板面）、一涂（用滚子涂刷脱模剂）"四道工序，尤其是模板的口角处。

(3) 模板清理合格后方能涂刷脱模剂，脱模剂宜选用专用脱模剂。

① 钢模脱模剂可采用机油加柴油按一定比例配制，一般用机油和柴油的比例为 3∶7 或 2∶8（体积比）配制而成。

② 木模板宜采用水性脱模剂，但冬雨期施工不宜使用水性脱模剂。

(4) 涂刷时以不流坠为准，且要均匀，无漏刷，模板吊装前应将浮油擦净。

(四) 安全文明施工要求

1) 施工前，对施工班组做好安全技术交底，严禁违章操作和野蛮施工。

2) 木工加工场严禁吸烟，刨花木屑等应及时清运，附近应设置可靠的消防措施。使用的电锯、电刨应有安全防护装置，且灵活有效。

3) 模板在吊装时，信号工与吊装工人应密切配合，严禁超载。五级以上大风，应停止模板的吊运作业，六级以上大风，应停止室外高空作业。

4) 装拆模板时，必须有稳固的操作平台，且操作平台上不得堆放模板。高度超过 4m 时，必须搭设脚手架。高处作业操作人员必须系挂安全带；且操作面下方除操作人员外，不得站人。

5) 墙、柱等大型模板安装时，未安装就位前，应加设临时支撑，以防止倾覆。

6) 拆除模板时应按顺序分段进行，严禁操作人员站在正在拆除的模板上作业，严禁猛撬、硬砸或大面积拉倒。收工时，不得留下松动和悬挂的模板。

7) 模板工程施工过程中及完工后，均应做到材料集中堆放、及时回收、工完场清，防止意外工伤事故的发生。

二、钢筋工程

(一) 钢筋进场

1. 钢筋原材料进场检验

1) 资料检查

资料检查：生产许可证证书及钢筋质量证明文件（出厂合格证、出厂检验报告）。

(1) 若出厂合格证为复印件，应与原件内容一致，注明炉批号、原件存放单位、使用部位、进场数量、抄件人、抄件日期，并加盖原件存放单位公章（图 4.1-74）。

(2) 每捆钢筋均应有吊牌，注明钢筋的材质规格、数量、生产日期、生产厂家，其内容应与钢筋的质量合格证对应一致（图 4.1-75）。

2) 外观检查

(1) 钢筋应平直、无损伤。

(2) 表面不应有裂纹、油污、颗粒状或片状老锈（钢筋表面如若油污，原材料必须退场）。

(3) 钢筋直径可用游标卡尺进行检查，如钢筋实际重量与理论重量允许偏差符合

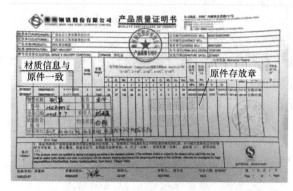

图 4.1-74 产品质量证明书

图 4.1-75 吊牌号

表 4.1-2 的规定时，钢筋直径允许偏差可不作为交货条件。

钢筋实际重量与理论重量允许偏差　　　　表 4.1-2

钢筋品种	公称直径(mm)	实际重量与理论重量的允许偏差(%)
圆钢	6～12	±5.5
	14～22	±4.5
	22～25	±3.5
带肋钢筋	6～12	±5.5
	14～20	±4.5
	22～50	±3.5

3）原材料复试

（1）国家标准：《钢筋混凝土用钢 第1部分：热轧光圆钢筋》GB 1499.1、《钢筋混凝土用钢 第2部分：热轧带肋钢筋》GB 1499.2。

（2）复试项目：屈服强度、抗拉强度、伸长率、弯曲性能及重量偏差。

（3）取样要求：同一牌号、同一炉罐号、同一尺寸的钢筋进场时，每60t为一检验批，不足60t也按一批计。允许由同一牌号、同一冶炼方法、同一浇筑方法的不同炉罐号可组成混合批，但各炉罐号含碳量之差不大于0.02%，含锰量之差不大于0.15%。混合批的重量不大于60t。不应将轧制成品组成混合批。

（4）施工中发现钢筋脆断、焊接性能不良或力学性能显著不正常等现象时，应停止使用该批钢筋，并应对该批钢筋进行化学成分检验或其他专项检验。

（5）钢筋调直后应进行力学性能和重量偏差的检验，其强度应符合有关标准的规定。采用无延伸功能的机械设备调直的钢筋，可不进行调直后的检验。

2. 成品钢筋进场检验

1）成型钢筋出厂时应按出厂批次全数检查钢筋料牌悬挂情况和钢筋表面质量。钢筋表面不应有裂纹、结疤、油污、颗粒状或片状铁锈，料牌掉落的成型钢筋严禁出厂。

2）成型钢筋进场时，应抽取试件做屈服强度、抗拉强度、伸长率和重量偏差检验，检验结果应符合国家现行相关标准的规定。

(1) 对由热轧钢筋制成的成型钢筋,当有施工单位或监理单位代表驻厂监督生产过程,并提供原材料钢筋力学性能第三方检验报告时,可仅进行重量偏差检验。

(2) 同一厂家、同一类型、同一钢筋来源的成型钢筋,不超过30t为一批,每批中每种钢筋牌号、规格均应至少抽取1个钢筋试件,总数不应少于3个。

(3) 成型钢筋进场后应按进场批次检查外观质量、形状尺寸及开焊漏焊点数量,对同一工程、同一类型、同一原材料钢筋来源、同一组生产设备生产的成型钢筋,连续三次进场均一次检验合格时,其检验批容量可扩大一倍。

3) 成型钢筋工程质量验收时,应提供的文件资料有:加工配送单位的资质证明文件;钢筋生产单位的资质证明文件;钢筋的产品质量证明书;钢筋的力学性能和重量偏差复验报告;成型钢筋出厂合格证和出厂检验报告;成型钢筋进场检验报告;连接接头质量证明文件等。

3. 钢筋堆放

1) 钢筋堆放场地应平整、坚实,可选用低强度等级素混凝土或碎石进行硬化处理。堆放场地应设排水坡度及排水沟,设置型钢支架或枕垫放置钢筋(图4.1-76)。

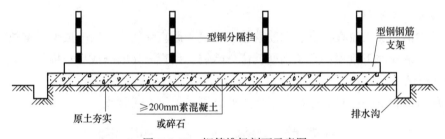

图 4.1-76 钢筋堆场剖面示意图

2) 钢筋堆放应按进场批的级别、品种、直径、外形分垛堆放,并设置标识牌进行标识。标识牌如图4.1-77所示,标识内容包括生产厂家、规格、数量、复试报告单编号、检验状态(合格、不合格、待检验)等。

3) 钢筋露天堆放时,宜在钢筋上加盖覆盖物,避免钢筋锈蚀或被污染。

4) 成型钢筋应根据施工进度分批次进场,可分规格、数量直接整齐地堆放在相应的施工部位处,并应采取必要的防油污、防锈蚀及防碾压措施。

(二) 钢筋加工

1. 钢筋配料

1) 配料流程:根据构件配筋图绘出各种形状和规格的单根钢筋简图→编号→计算钢筋下料长度、根数及重量→填写钢筋配料单→审核→下料。

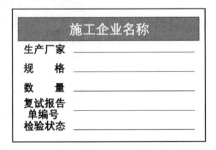

图 4.1-77 钢筋标识牌

2) 钢筋下料长度计算公式:

(1) 直钢筋下料长度=构件长度-保护层厚度+弯钩增加长度。

(2) 弯起钢筋下料长度=直段长度+斜段长度-弯曲调整值+弯钩增加长度。

(3) 箍筋下料长度=箍筋周长+箍筋调整值。

(4) 上述钢筋如需要搭接，还要增加钢筋搭接长度。

3) 构件中的钢筋可采用并筋的配置方式：直径 28mm 及以下的钢筋并筋数量不应超过 3 根；直径 32mm 的钢筋并筋数量宜为 2 根；直径 36mm 及以上的钢筋不应采用并筋。

2. 钢筋代换

1) 代换原则：等强度代换或等面积代换。

(1) 等强度代换：当构件配筋受强度控制时或不同钢号的钢筋，可按强度相等代换；代换后的钢筋强度应大于或等于代换前的钢筋强度。

(2) 等面积代换：当构件按最小配筋率配筋时或同钢号的钢筋，可按钢筋面积相等的原则进行代换。

(3) 当构件受裂缝宽度或挠度控制时，代换后应进行裂缝宽度和挠度验算。

(4) 钢筋代换还应满足最小配筋率、钢筋间距、保护层厚度、钢筋锚固长度、接头面积百分率及搭接长度等构造要求。

2) 钢筋代换时，应征得设计单位的同意，并办理相应手续。

3. 钢筋加工流程

1) 盘卷钢筋加工流程：盘卷钢筋就位→开盘→调直除锈→切断→成型→堆放。

2) 直条钢筋加工流程：直条钢筋就位→除锈、调直→切断→成型→堆放。

4. 钢筋调直

1) 钢筋调直主要针对的是盘条钢筋，调直可采用调直机调直。

图 4.1-78 钢筋调直机

2) 钢筋调直机调直（图 4.1-78）：

(1) 钢筋调直机不具有延伸功能，可根据钢筋直径选用调直模和传送压辊，并正确掌握调直模的偏移量和压辊的压紧程度。

(2) 数控钢筋调直切割机是在普通调直机的基础上，增加了光电测长系统和光电计数装置，可以准确控制断料长度，并自动计数。

(3) 冷拉率控制要求：HPB235、HPB300 光圆钢筋的冷拉率不宜大于 4%；

HRB335、HRB400、HRB500、HRBF335、HRBF400、HRBF500 及 RRB400 带肋钢筋的冷拉率不宜大于 1%。

（4）钢筋调直后应进行力学性能和重量偏差的检验，其强度应符合国家有关标准的规定，其断后伸长率、重量负偏差应符合表 4.1-3 的规定。

冷拉调直后的断后伸长率、重量负偏差要求　　　　表 4.1-3

钢筋牌号	断后伸长率 A(%)	重量偏差(%)		
		直径 6~12mm	直径 14~16mm	直径 22~50mm
HPB300	≥21	±6	±5	—
HRB335、HRBF335	≥16	±6	±5	±4
HRB400、HRBF400	≥15			
RRB400	≥13			
HRB500、HRBF500	≥14			

注：断后伸长率 A 的量测标距为 5 倍钢筋直径。

5．钢筋切断

1）钢筋切断机具主要有手压切断机、手动液压切断机（图 4.1-79）、钢筋切断机等（图 4.1-80）。

2）钢筋切断时，一般先断长料、后断短料，以减少短头接头和损耗。

3）断料应采用适宜长度的度量尺测量料长，避免量料中产生累计误差，并在工作台上标出尺寸刻度，且设置控制断料尺寸的挡板。

4）钢筋的断料切口，不得有马蹄形或起弯等现象。

5）钢筋切断设备使用前，应检查设备的运行状态是否满足使用要求，禁止切断机切断技术性能规定范围以外的钢材，以及超过刀刃硬度的钢筋。

图 4.1-79　手动液压切断机

图 4.1-80　钢筋切断机（限制使用施工设备）

6．钢筋弯曲成型

1）钢筋弯曲成型主要分为手工成型和机械成型两种方法。

（1）常用钢筋机械成型设备有弯曲机、弯箍机等（图 4.1-81）。

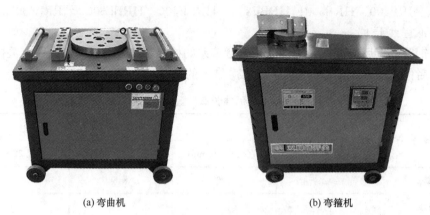

(a) 弯曲机　　　　　　　　(b) 弯箍机

图 4.1-81　钢筋弯曲成型设备

（2）手工弯曲工具：一般在工地自制，可采用手摇扳手弯制细钢筋，卡筋与板头弯制粗钢筋（图 4.1-82）。

图 4.1-82　手工弯曲工具

2）钢筋弯折的弯弧内直径规范要求见表 4.1-4。

钢筋弯折的弯弧内直径规定　　　　　表 4.1-4

钢筋品种/使用部位	钢筋直径(d)	弯弧内直径(D)
400MPa 级带肋钢筋	—	≥$4d$
500MPa 级带肋钢筋	<28mm	>$6d$
	≥28mm	≥$7d$
框架结构的顶层端节点，对梁上部纵向钢筋、柱外侧纵向钢筋的节点角部弯折处	<28mm	>$12d$
	≥28mm	≥$16d$
箍筋弯折处	—	不应小于纵向受力钢筋直径

3）钢筋弯钩的弯弧内直径规范要求：

（1）钢筋末端需做 90°或 135°弯钩时，弯弧内直径 D 不应小于 $4d$（d 为钢筋直径）；弯起钢筋不大于 90°弯折处的弯弧内直径 D 不应小于 $5d$（图 4.1-83）。弯折后平直段长度应按设计要求确定。

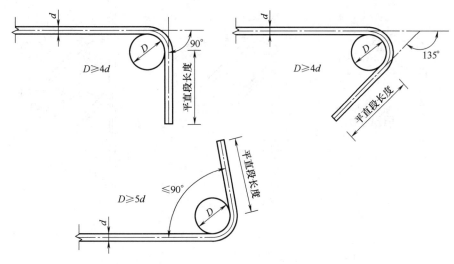

图 4.1-83　钢筋末端 90°、135°及≤90°弯钩示意图

（2）钢筋末端需做 180°弯钩时，弯弧内直径 D 不应小于 $2.5d$。弯折后平直段长度不应小于 $3d$，同时需满足设计要求（图 4.1-84）。

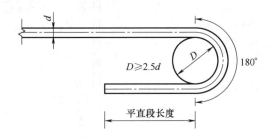

图 4.1-84　钢筋末端 180°弯钩示意图

（3）箍筋弯钩的规范要求：

① 除焊接封闭箍筋外，箍筋的末端应做弯钩。弯钩的形式应符合设计要求。

② 方形箍筋：箍筋末端做不应小于 90°的弯钩，箍筋弯后平直段长度不应小于箍筋直径的 5 倍；对有抗震设防要求或设计有专门要求的结构构件，箍筋弯钩的弯折角度不应小于 135°，弯折后平直段长度不应小于箍筋直径的 10 倍和 75mm 两者之中的较大值（图 4.1-85）。

③ 圆形箍筋：箍筋两末端均应做不小于 135°的弯钩，弯折后平直段长度取箍筋直径的 10 倍和 75mm 中的较大值；搭接长度不应小于其受拉锚固长度，且不小于 300mm，并每隔 1~2m 加一道直径≥12mm 的内环定位筋 [图 4.1-86（a）]。螺旋箍筋加工时，螺旋箍开始与结束的位置应有水平段，长度不小于一圈半 [图 4.1-86（b）]。

（4）拉结筋加工规定：

① 拉筋用作梁、柱复合箍筋中单肢箍筋或梁腰筋拉结筋时，两端弯钩的弯折角度均不应小于 135°，弯折后平直段长度取箍筋直径的 10 倍和 75mm 中的较大值（图 4.1-87）。

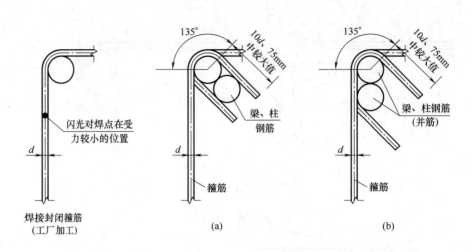

图 4.1-85 方形箍筋弯钩示意图

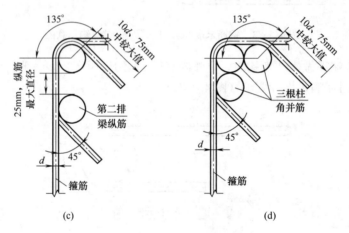

图 4.1-86 圆形箍筋弯钩示意图

② 拉筋用作剪力墙等构件中的拉结筋时，两端弯钩形式可采用两端 135°弯折；或采用一段 135°弯钩，另一端 90°弯钩，弯钩安装完成后宜将 90°弯钩再弯折成 135°。弯钩平直段长度不应小于拉筋直径的 5 倍（图 4.1-88）。

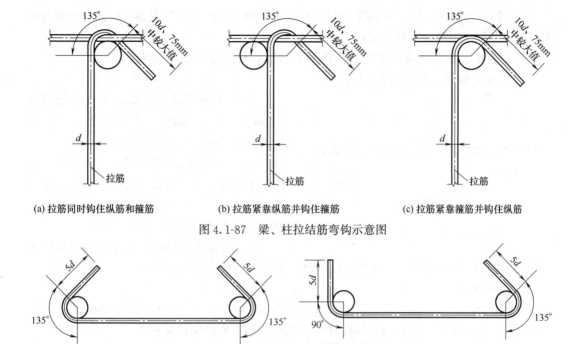

图 4.1-87　梁、柱拉结筋弯钩示意图

图 4.1-88　剪力墙拉结筋弯钩示意图

4）钢筋弯折加工宜在常温状态下进行，且钢筋弯折应一次完成，不得反复弯折。

（三）钢筋连接

常用的钢筋连接方法有：绑扎连接、机械连接和焊接连接三种。

1. 绑扎连接

1) 钢筋接头位置宜设置在受力较小处。当受拉钢筋直径大于 25mm、受压钢筋直径大于 28mm 时，不宜采用绑扎搭接接头。轴心受拉及小偏心受拉杆件的纵向受力钢筋和直接承受动力荷载结构中的纵向受力钢筋均不得采用绑扎搭接接头。

2) 钢筋绑扎搭接接头连接区段的长度为 1.3 倍搭接长度（l_l），凡搭接接头中点位于该连接区段长度内的搭接接头，均应属于在同一连接区段；搭接长度可取相互连接两根钢筋中较小直径计算（图 4.1-89）。

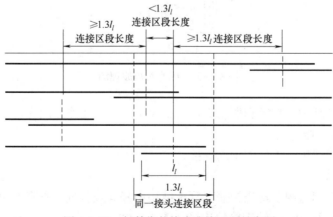

图 4.1-89　钢筋绑扎接头连接区段示意图

（1）同一连接区段内，纵向受压钢筋的接头面积百分比可不受限制；纵向受拉钢筋的接头面积百分比应符合下列规定：

① 对梁类、板类及墙类构件，不宜大于 25%；对基础筏板，不宜超过 50%。

② 对柱类构件，不宜大于 50%。

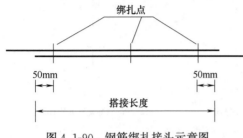

图 4.1-90 钢筋绑扎接头示意图

③ 当工程中确有必要增大接头面积百分率时，对梁类构件，不应大于 50%；对其他构件，可根据实际情况放宽。

（2）钢筋搭接应采用双丝三点绑扎。绑扎点分别位于搭接钢筋两端头 50mm 处及中部。绑扎扣不能代替搭接扣。钢筋绑扎时，绑扎扣应该朝向内侧（图 4.1-90）。

（3）墙体钢筋搭接长度范围内应确保有 3 根主筋通过；接头末端至钢筋弯起点的距离不应小于钢筋直径的 10 倍。

2. 焊接连接

钢筋常用的焊接方法有闪光对焊、电渣压力焊、电弧焊、埋弧压力焊、电阻点焊和气压焊等。直接承受动力荷载的结构构件中，纵向钢筋不宜采用焊接接头。

1）闪光对焊

（1）闪光对焊是将两根钢筋安放成对接形式，利用焊接电流通过两根钢筋接触点产生的电阻热使接触点金属熔化，形成闪光，火花四溅，迅速施加顶锻力完成的一种压焊方法（图 4.1-91）。

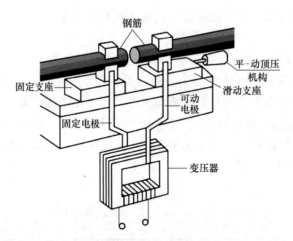

图 4.1-91 闪光对焊原理图

（2）根据钢筋品种、直径和所用焊机功率大小，可选用连续闪光焊、预热闪光焊、闪光-预热-闪光焊等焊接工艺。

（3）闪光对焊适用于工厂内钢筋焊接。

2）电渣压力焊

（1）电渣压力焊适用于现浇钢筋混凝土结构中竖向或斜向（倾斜度不大于10°）直径大于 12mm，且小于 20mm 的钢筋的连接（图 4.1-92）。

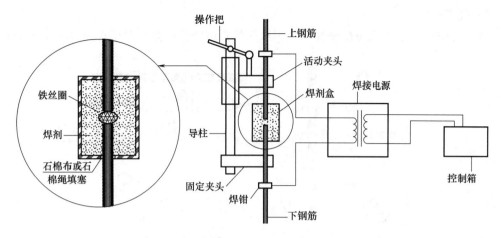

图 4.1-92　电渣压力焊原理图

（2）工艺流程：焊前准备（钢筋端头矫直、除锈、搭设脚手架）→调节电流和通电时间、焊剂烘焙→夹钳夹紧钢筋→安放焊条芯→安装焊剂盒→垫石棉布或石棉绳→焊剂入盒→通电引弧→电弧过程→电渣过程→断电顶压→卸焊夹→接头保温→卸焊剂盒→清除渣壳。

（3）操作要点：

① 上、下钢筋端头 150mm 范围内以及钢筋与电极接触部位的铁锈、杂物等应清除干净，钢筋端部应平直。

② 焊剂应存放在干燥的库房内，使用前需进行 2h 烘焙，烘焙温度为 250~350℃。

③ 焊接夹具的上下钳口应夹紧上、下钢筋，上、下钢筋应同心，且不得晃动。不同直径钢筋的焊接，应在小直径钢筋夹钳内垫以金属片，上、下钢筋的直径差不应大于 5mm。

④ 钢筋端头应在焊剂盒中部，铁丝圈或焊条芯设置在上、下钢筋接头中心，下部钢筋与焊接盒底板之间的缝隙应用石棉布或石棉绳填塞密实，以防止焊剂泄漏破坏渣池。

⑤ 焊前应检查电路、观察电压波动情况，如电源的电压降大于 5%，则不宜进行焊接。

⑥ 接头焊毕，应稍作停歇，方可回收焊剂和卸下焊接夹具。

⑦ 电渣压力焊接头观感质量要求见表 4.1-5。

电渣压力焊接头观感质量要求　　　　　　表 4.1-5

序号	检查项目	合格标准
1	焊包凸出钢筋表面高度	焊包周边高度均匀、饱满
		钢筋直径为 25mm 及以下时,高度不得小于 4mm
		钢筋直径为 28mm 及以上时,高度不得小于 6mm
2	接头处钢筋轴线偏移误差	不得大于 1mm
3	接头处钢筋弯折角度偏差	不得大于 2°
4	钢筋与电极接触处	应无烧伤缺陷

3) 气压焊

(1) 气压焊适用于钢筋在垂直位置、水平位置或倾斜位置的对接焊接（图 4.1-93）。

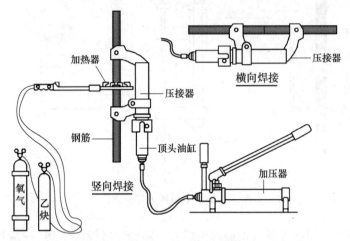

图 4.1-93　气压焊原理图

(2) 气压焊按加热温度和工艺方法的不同，可分为固态气压焊和溶态气压焊两种。固态气压焊增加了两根钢筋之间的结合面积，接头外形整齐；熔态气压焊简化了对钢筋端面的要求，操作简便。

(3) 操作要点：

① 固态气压焊：焊接前钢筋两端应切平、打磨，露出金属光泽，钢筋安装夹牢，预压顶紧后，两根钢筋端面局部间隙不得大于 3mm；气压焊加热开始至钢筋端面密合前，应采用碳化焰集中加热；钢筋端面密合后可采用中性焰宽幅加热，使钢筋端部加热至 1150~1250℃；气压焊顶压时，对钢筋施加的顶压力应为 30~40MPa。

② 熔态气压焊：压接器安装时，两根钢筋端面之间应预留 3~5mm 间隙；气压焊开始时，使用中性焰加热，待钢筋端头至熔化状态，附着物随熔滴流走，端部呈凸状时，即加压挤出熔化金属，并密合牢固。

③ 在加热过程中，当在钢筋端面缝隙完全密合之前发生灭火中断现象时，应将钢筋取下重新打磨、安装，然后点燃火焰进行焊接。当发生在钢筋端面完全密合之后，可继续加热加压。

4) 电弧焊

(1) 电弧焊的主要焊接方法有：帮条焊、搭接焊、熔槽焊、剖口焊、预埋件角焊和塞孔焊等。常用于钢筋补强和预埋件加工。

(2) 帮条焊：钢筋机械连接接头现场取样后，原接头位置的钢筋应用同等规格的钢筋进行焊接补接，可采用帮条电弧焊固定，帮条长度双面焊时≥$5d$、单面焊时≥$10d$（图 4.1-94）。

(3) 预埋件钢筋埋弧螺柱焊：适用于钢筋与钢板丁字形接头的焊接。利用焊剂层下的电弧，将两焊件相邻部位熔化，然后加压顶锻使两焊件焊合（图 4.1-95），具有焊后钢板变形小、抗拉强度高的特点。

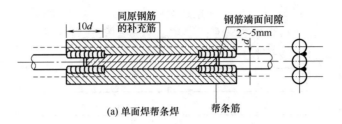

图 4.1-94 取样接头补强焊示意图

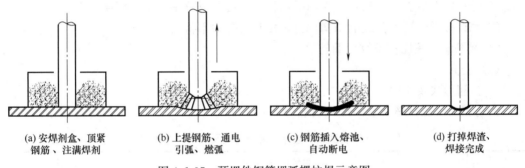

图 4.1-95 预埋件钢筋埋弧螺柱焊示意图

3. 机械连接

钢筋机械连接有钢筋套筒挤压连接、钢筋直螺纹套筒连接（包括钢筋镦粗直螺纹套筒连接、钢筋剥肋滚压直螺纹套筒连接）等方法。目前最常见、采用最多的方式是钢筋剥肋滚压直螺纹套筒连接。

1）机械接头等级及应用部位

（1）根据抗拉强度以及高应力和大变形条件下反复拉压性能的差异，接头分为三个等级：

① Ⅰ级：接头抗拉强度等于被连接钢筋的实际拉断强度或不小于 1.10 倍钢筋抗拉强度标准值，残余变形小并具有高延性及反复拉压性能。

② Ⅱ级：接头抗拉强度不小于被连接钢筋抗拉强度标准值，残余变形较小并具有高延性及反复拉压性。

③ Ⅲ级：接头抗拉强度不小于被连接钢筋屈服强度标准值的 1.25 倍，残余变形较小并具有一定的延性及反复拉压性能。

（2）钢筋机械接头连接区段长度应按 35d（钢筋直径）计算（图 4.1-96）。

① 接头宜设置在结构构件受拉钢筋应力较小部位，当需要在高应力部位设置接头时，

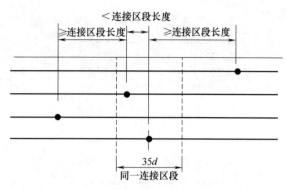

图 4.1-96　钢筋机械接头连接区段示意图

在同一连接区段内Ⅲ级接头的接头百分率不应大于25%，Ⅱ级接头的接头百分率不应大于50%，Ⅰ级接头的接头百分率除下述第②条所列情况外可不受限制。

② 接头宜避开有抗震设防要求的框架的梁端、柱端箍筋加密区；当无法避开时，应采用Ⅱ级或Ⅰ级接头，且接头百分率不应大于50%。

③ 受拉钢筋应力较小部位或纵向受压钢筋，接头百分率可不受限制。

④ 对直接承受动力荷载的结构构件，接头百分率不得大于50%。

2）钢筋剥肋滚压直螺纹套筒连接

（1）套筒

① 套筒形式及应用

钢筋剥肋滚压直螺纹套筒形式及应用见表4.1-6。

钢筋剥肋滚压直螺纹套筒形式及应用一览表　　表 4.1-6

序号	套筒形式		应用
1	标准型(B)		正常情况下钢筋连接
2	正反丝扣型(F)		用于两端钢筋均不能转动的场合
3	异径型(Y)		用于不同直径的钢筋连接

续表

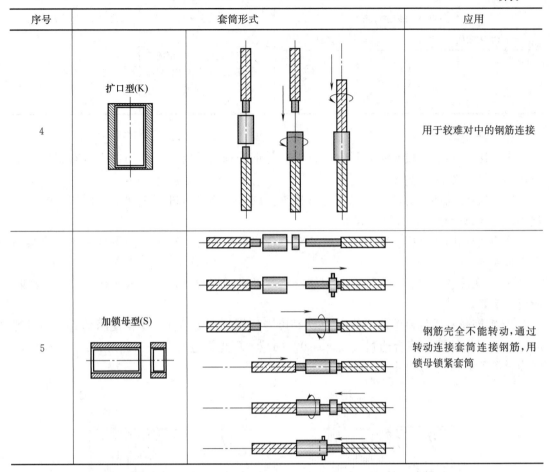

序号	套筒形式		应用
4	扩口型(K)		用于较难对中的钢筋连接
5	加锁母型(S)		钢筋完全不能转动,通过转动连接套筒连接钢筋,用锁母锁紧套筒

② 套筒进场验收

a. 套筒供应商应提供的验收资料：套筒产品合格证和产品质量证明书；工程所用接头的有效型式检验报告；套筒产品设计、结构加工安装要求的相关技术文件。

b. 套筒的外观、尺寸检验：按同厂家、同形式、同规格的套筒每 500 个为一个检验批，每批按 10% 随机抽检（不足 500 个也按一个检验批计算）。抽检合格率应不小于 95%，否则应加倍抽检，如仍未达到 95% 的合格率，则该批套筒应做退场处理。

c. 套筒质量检验项目、方法和要求见表 4.1-7。

套筒质量检验一览表 表 4.1-7

序号	检验项目	检查方法	检验要求
1	外观质量	目测	无裂纹或其他肉眼可见的缺陷
2	尺寸	游标卡尺或专用量具	长度及外径尺寸在允许偏差范围内
3	螺纹尺寸	通端螺纹塞规	应与套筒工作内螺纹旋合通过
		止端螺纹塞规	允许从套筒两端部分旋合,旋合量不超过 $3p$ (p 为螺距)

d. 圆柱形直螺纹套筒的尺寸允许偏差见表 4.1-8。

圆柱形直螺纹套筒的尺寸允许偏差　　　　表 4.1-8

外径(D)允许偏差(mm)		螺纹公差	长度(L)允许偏差(mm)
加工表面	非加工表面	应符合现行国家标准《普通螺纹 公差》GB/T 197—2018 中 6H 的规定	±1.0
±0.50	20＜D≤30,±0.50 30＜D≤50,±0.60 D＞50,±0.80		

(2) 钢筋丝头加工

① 钢筋下料后,端头必须平直,且端面与钢筋轴线垂直,顶端切口不得有斜口、扁头、马蹄形、弯曲等现象。

② 钢筋丝头加工前,应对机器进行检查、调试,调试后进行预加工,预加工的钢筋丝头检测全部合格后,方可正式加工。

③ 钢筋剥肋滚丝应一次成型,严禁对不合格丝头进行二次加工,不合格丝头严禁用于工程实体。

④ 每次滚丝完成后,应再次对钢筋丝头端部进行平整处理,无内凹弧面,并需清除遗留的毛刺。

⑤ 钢筋丝头质量检验:应使用 6f 级精度专用螺纹环规检验,不得使用套筒。环通规应与丝头工作外螺纹旋合通过[图 4.1-97 (a)],环止规应与丝头工作外螺纹部分旋合,但旋合量不应超过 $3p$ [图 4.1-97 (b)]。

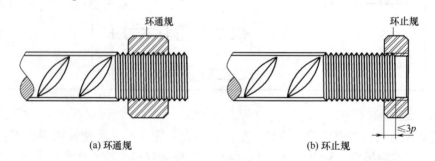

图 4.1-97　直螺纹检查

⑥ 现场操作人员对加工完成的丝头进行检查,各规格的自检数量不应少于 10%,检验合格率不应小于 95%。

⑦ 钢筋丝头加工、检验完毕后,钢筋丝头处应套上塑料保护帽进行成品保护。

(3) 连接

① 接头连接时,应先检查钢筋规格和套筒规格、接头形式与套筒的形式是否一致,且钢筋和套筒的丝扣干净、完好无损。

② 钢筋丝头保护帽应在连接前拧入套筒时逐一取下,不得过早、集中取下多个保护套。

③ 钢筋接头连接时,丝头应在套筒中央位置相互顶紧,标准型、正反丝型、异径型接头连接后的单侧外露螺纹不应超过 $2p$;其他类型的接头,套筒两侧应附加锁紧螺母等紧固措施紧固。如拧紧过程中发现旋合困难时,不得强行旋入,应立即退下螺纹,检查无

误后再进行连接。接头连接后应用扭力扳手校核拧紧扭矩,最小拧紧扭矩要求见表 4.1-9,异径接头最小拧紧扭矩按小直径钢筋判定。

接头连接时最小拧紧扭矩值 表 4.1-9

钢筋直径(mm)	≤16	18~20	22~25	28~32	36~40	50
拧紧扭矩(N·m)	100	200	260	320	360	460

④ 接头应逐个拧紧并做上标记,严禁漏拧,不合格的应立即纠正,并认真做好现场记录。

(4) 连接接头现场抽检

① 接头以同使用部位、同钢筋生产厂家、同强度等级、同规格、同类型和同形式的 500 个为一个检验批,不足 500 个也应作为一个检验批。

② 极限抗拉强度试验:对接头的每一检验批,应在工程结构中随机截取 3 个接头试件做极限抗拉强度试验,按设计要求的接头等级进行评定。当仅有 1 个试件的极限抗拉强度不符合要求,应再抽取 6 个试件进行复检。当有 2 个试件不符合要求,或复检中仍有 1 个试件不符合要求,则该检验批应评为不合格。

③ 扭矩校核:每个检验批抽取其中 10% 接头进行扭矩校核,拧紧扭矩值不合格数超过被校核接头数的 5% 时,应重新拧紧全部接头,直到合格为止。

④ 套筒挤压接头应按验收批抽取 10% 接头。

⑤ 现场截取抽样试件后,原接头位置的钢筋可采用同等规格的钢筋进行绑扎搭接连接、焊接或机械连接等方法补接。

(四) 钢筋安装

1. 钢筋绑扎扣

1) 绑扎钢丝材料

钢筋绑扎使用的钢丝规格是 20~22 号镀锌钢丝或绑扎钢筋专用的火烧铁丝。

2) 绑扎钢丝长度

一般以用钢丝钩拧 2~3 圈后,钢丝出头长度大约 20mm 为宜。绑扎钢丝下料长度可参考表 4.1-10。

绑扎钢丝下料长度参考表(单位:mm) 表 4.1-10

钢筋直径(mm)	6~8	10~12	14~16	18~20	22	25	28	32
6~8	150	170	190	220	250	270	290	320
10~12		190	220	250	270	290	310	340
14~16			250	270	290	310	330	360
18~20				290	310	330	350	380
22					330	350	370	400

3) 绑扎扣形式及应用

绑扎扣形式、绑扎方法及适用范围见表 4.1-11。

绑扎扣形式、绑扎方法及适用范围 表 4.1-11

绑扎扣名称	绑扎扣形式及绑扎方法	适用范围
顺扣	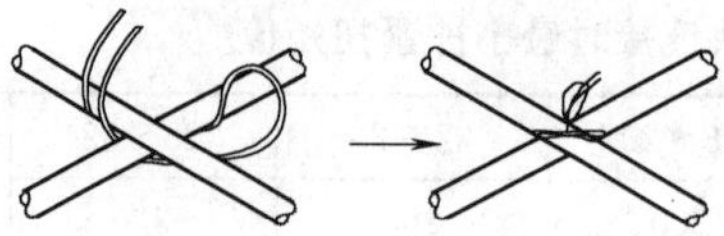	钢筋网(架)等各个部位绑扎
十字花扣	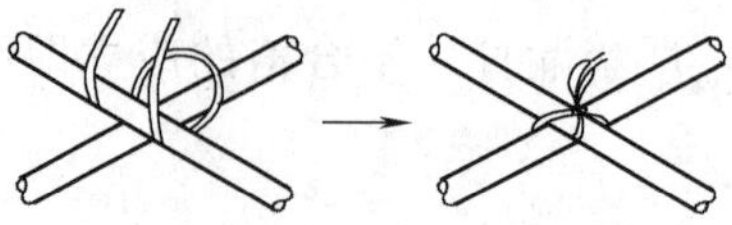	平板钢筋网和箍筋绑扎
缠扣	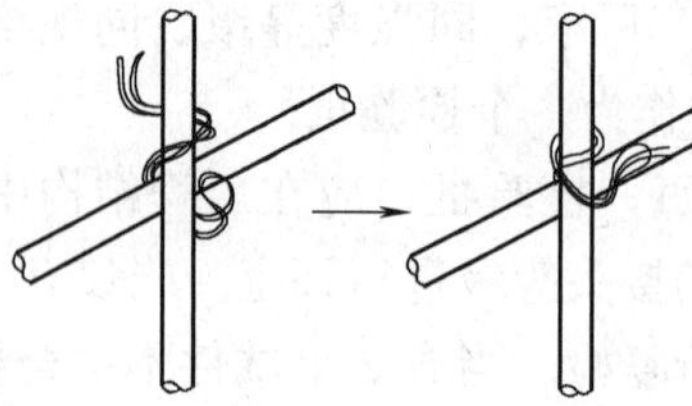	墙钢筋和柱箍筋的绑扎
反十字花扣	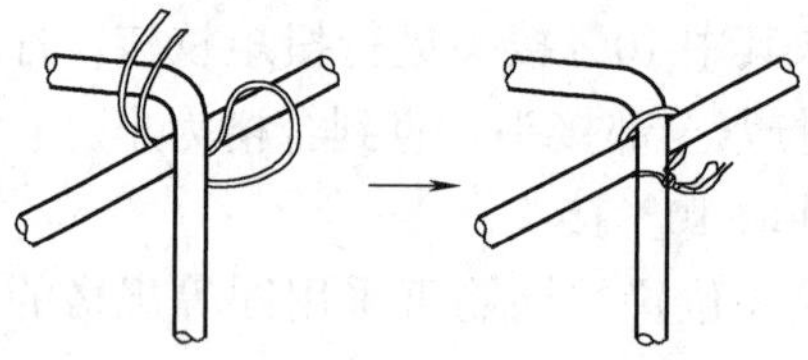	梁骨架的箍筋与主筋的绑扎
兜扣加缠	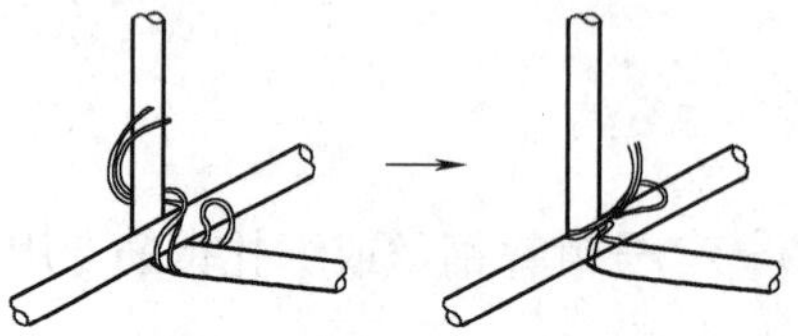	梁骨架的箍筋与主筋的绑扎
套扣	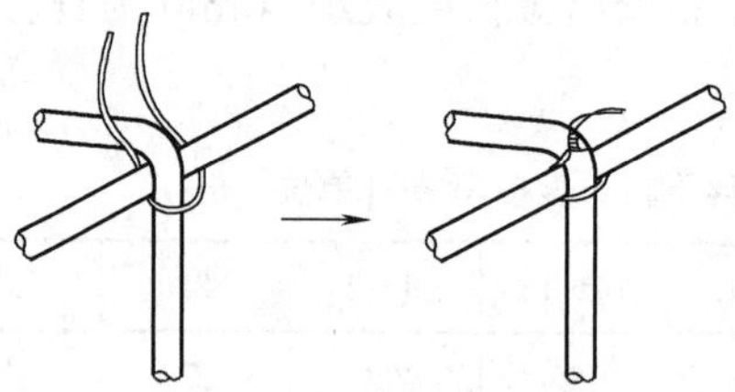	梁的架立钢筋和箍筋的绑口处

2. 剪力墙钢筋绑扎

1) 施工流程

墙体放线→剔除墙体根部混凝土浮浆→校正、调整预留钢筋→竖向钢筋接长→安放横竖双向梯子筋→绑扎横竖双向墙钢筋→设置拉结筋、预埋件及垫块→墙筋隐蔽验收。

2) 施工要点

(1) 墙体放线应包括墙体轴线及墙体边线、门窗洞口位置线，并在墙体转角及预留洞口四角用红油漆三角进行标识（图 4.1-98）。

第四章　主体结构工程施工

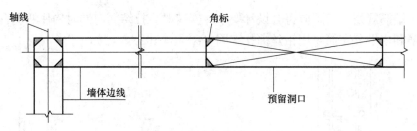

图 4.1-98　墙体放线示意图

（2）剔除墙体根部混凝土浮浆前，应先用切割机沿墙体边线切割后再进行浮浆剔凿，切槽深度不大于 10mm；同时，调直预留钢筋，并清除预留筋上的浮浆。

（3）墙体竖向钢筋接长长度要求：

① 一般竖向钢筋加工长度＝层高＋搭接长度，且需满足接头连接区段长度及接头百分率要求（图 4.1-99）。

② 当钢筋直径不大于 12mm 时，每段钢筋长度不宜超过 4m；当钢筋直径大于等于 12mm 时，每段钢筋长度不宜超过 6m。

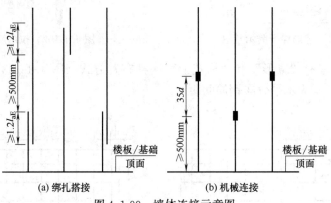

图 4.1-99　墙体连接示意图

（4）墙体竖向钢筋间距可采用水平梯子筋进行控制（图 4.1-100），根据设计墙体高度设置 2～3 道为宜；竖向钢筋起步筋距另一侧墙体外边 50mm。图中，a 为竖向钢筋间距；b＝墙体厚度－2×钢筋保护层厚度－2×水平钢筋直径。

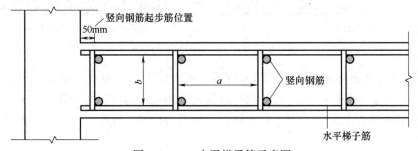

图 4.1-100　水平梯子筋示意图

（5）墙体水平钢筋间距可采用竖向梯子筋进行控制（图 4.1-101），竖向梯子筋间距为 800～1200mm；水平钢筋起步筋距下层楼板表面 50mm。图中，a 为水平钢筋间距；b＝墙体厚度－2×钢筋保护层厚度。

(6) 拉结筋规格、间距应符合设计要求。安装时，拉结筋应同时钩住两侧钢筋网片的竖向分布筋和水平分布筋，用铅丝绑扎牢固（图 4.1-102）。

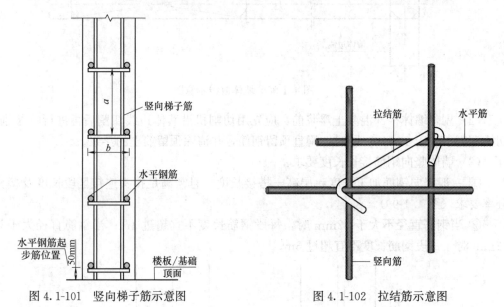

图 4.1-101　竖向梯子筋示意图　　　　图 4.1-102　拉结筋示意图

① 墙体拉结筋有"方形"和"梅花形"两种布置方式（图 4.1-103）。其中，a 为竖向分布钢筋间距，b 为水平分布钢筋间距。

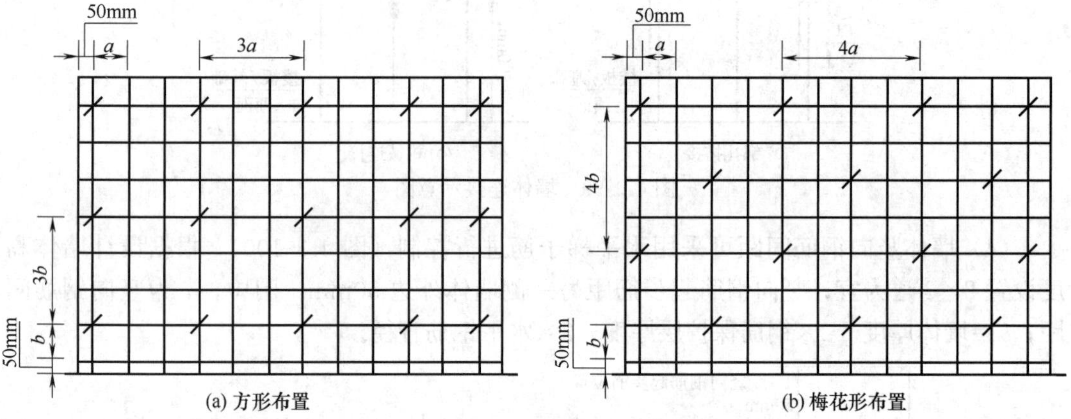

图 4.1-103　拉结筋分布示意图

② 拉结筋的布置要求：层高范围内由下层板面以上第二根水平筋开始设置，至顶层板底向下第一排水平筋处终止；墙身宽度范围内由距边缘构件边第一排竖向分布筋处开始设置；位于边缘构件范围内的水平分布筋也应设置拉结筋，此范围内拉结筋间距不大于墙身拉筋间距。

3. 柱钢筋绑扎

1) 施工流程

柱放线→剔除柱根部混凝土浮浆→校正、调整预留钢筋→搭设操作架→预留插筋上套入柱箍筋→竖向钢筋连接→定位工具筋绑扎→柱钢筋绑扎→保护层垫块绑扎→柱钢筋隐蔽验收。

2）施工要点

（1）柱钢筋连接多采用焊接及机械连接，每层柱第一排钢筋接头位置距楼地面高度不宜小于500mm，或大于柱高的1/6及柱截面长边（或直径）中的较大值。

（2）柱主筋定位措施可采用定位箍筋（图4.1-104）。a、b为矩形柱边长，a_1、b_1为定位箍筋的加工尺寸；定位箍筋与模板接触面应涂刷防锈漆；定位工具筋分布数量根据柱高设置2~3道。

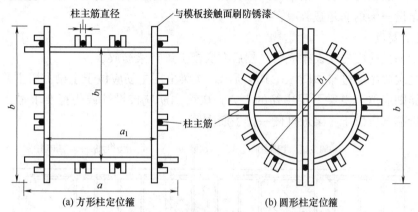

图 4.1-104　框架柱定位箍筋示意图

（b或a＝相应的矩形柱边长或圆形柱直径；b_1（或a_1）＝矩形柱边长（或圆形柱直径）－2×钢筋保护层厚度－2×柱主筋直径）

（3）箍筋的接头（弯钩叠合处）应交错布置在四角纵向钢筋上，如图4.1-105所示

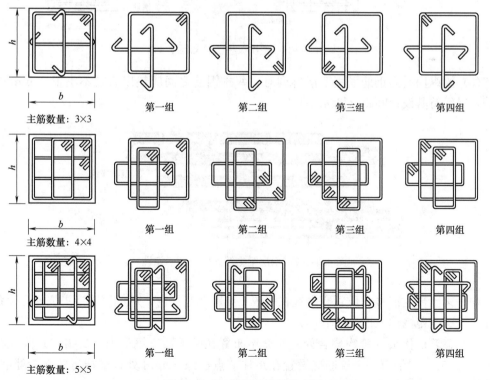

图 4.1-105　框架柱箍筋排布图

（以方形柱为例）。箍筋转角与纵向钢筋交叉点均应扎牢（箍筋平直部分与纵向钢筋交叉点可间隔扎牢），绑扎箍筋时绑扎扣相互间应成八字形。

4. 梁钢筋绑扎

1）施工流程

梁底模支设、放线→放置主、次梁箍筋→穿主梁底层纵筋→穿次梁底层纵筋与箍筋固定→穿主梁上层纵向钢筋→按箍筋间距绑扎→穿次梁上层纵向钢筋→按箍筋间距绑扎→保护层垫块布设→梁钢筋隐蔽验收。

2）施工要点

(1) 梁绑扎前应先支设梁底模，然后在底模上进行梁筋放线。

(2) 主次梁主筋排布如图 4.1-106 所示，次梁上层主筋应位于主梁上层主筋上方；次梁下层主筋则应位于主梁下层主筋的上方；次梁主筋应按设计或规范要求锚入端部主梁内，其弯折端部应位于主梁最外侧一排主筋内侧。

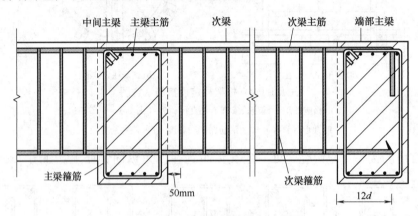

图 4.1-106　主次梁主筋排布示意图

(3) 梁纵向受力钢筋采用双层排列时，两排钢筋之间应垫以直径不小于 25mm 的短钢筋，以保持其设计间距（图 4.1-107）。

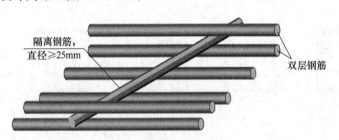

图 4.1-107　双层梁主筋间距控制示意图

(4) 梁上部主筋接头位置宜设置在跨中 1/3 跨度范围内，下部钢筋接头位置宜设置在梁端 1/3 跨度范围内（图 4.1-108）。

(5) 箍筋的接头（弯钩叠合处）应交错布置在两根架立钢筋上，交错方式同柱箍筋（图 4.1-105）。梁端第一个箍筋应设置在距柱节点边缘 50mm 处；梁端与柱交接处箍筋、梁钢筋接头区段应加密，其间距与加密区长度应符合设计要求。

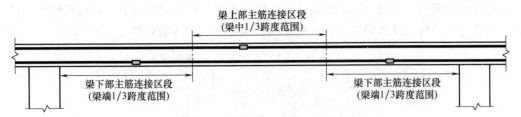

图 4.1-108 梁主筋搭接范围示意图

5. 板钢筋绑扎

1）施工流程

支模→模板清理、放线→板钢筋布筋、绑扎→负弯矩钢筋布筋、绑扎→保护层垫块设置→隐蔽验收。

2）施工要点

（1）在清理好的模板上，用粉笔或墨线划好钢筋间距。

（2）按划好的间距，先摆放受力主筋、后放分布筋。双向受力板，短方向钢筋在下，长方向钢筋在上；板、次梁与主梁交叉处，板的钢筋在上，次梁的钢筋居中，主梁的钢筋在下；当有圈梁或垫梁时，主梁的钢筋在上。

（3）双层钢筋之间、负弯矩筋与分布筋之间、悬挑板受力钢筋与分布筋之间，须加钢筋马凳铁进行支撑，以确保上下层钢筋的设计间距（图 4.1-109）。图中，h = 板厚度 − 上、下层钢筋直径 − 2×保护层厚度。

（4）板的钢筋网绑扎，四周两行钢筋交叉点应每点扎牢，中间部分交叉点可相隔交错扎牢，但必须保证受力钢筋不产生位移；双向主筋的钢筋网、负弯矩钢筋，则须将全部钢筋相交点扎牢。绑扎时应注意相邻绑扎点的钢丝扣要呈八字形，以免网片歪斜变形。

（5）预埋件、电线管、预留孔等在板筋施工过程中，应及时配合安装。

6. 洞口预留

1）预留洞口边长或直径小于等于 300mm，且单一设置时，洞口处钢筋不截断，应进行弯曲并从洞边绕行贯通通过（图 4.1-110）。

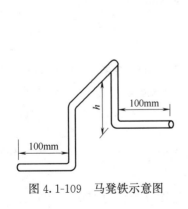

图 4.1-109 马凳铁示意图

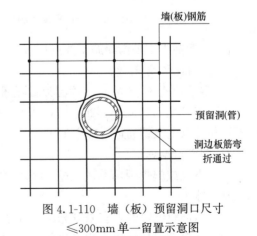

图 4.1-110 墙（板）预留洞口尺寸 ≤300mm 单一留置示意图

2）预留管单根直径小于等于 300mm，但多根连排设置时，如图 4.1-111 所示。切断长向板筋及局部短向板筋，洞边按设计要求每边设置两根洞口附加筋；短向预留管间的板筋不截断，应进行弯曲从洞边绕过；截断的板筋按图示进行端部处理。

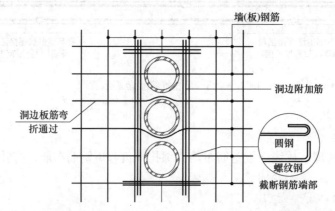

图 4.1-111 墙（板）预留管尺寸≤300mm 多根连排留置示意图

3）楼板预留洞口边长尺寸大于 300mm 时，洞口范围内的钢筋应截断，洞口四边设附加筋补强，补强钢筋伸入支座的锚固长度及方式应满足设计及规范要求，如图 4.1-112 所示。

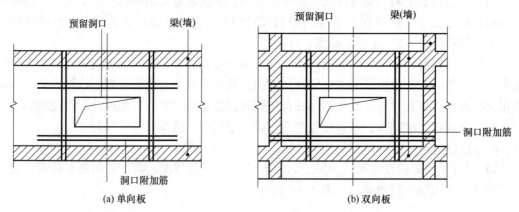

图 4.1-112 楼板预留洞口边长尺寸＞300mm 留置示意图

（五）钢筋工程冬雨期施工要点

1. 冬期施工要点

1）钢筋调直冷拉施工环境温度不宜低于－20℃。预应力钢筋张拉温度不宜低于－15℃。当环境温度低于－20℃时，不宜进行施焊。当环境温度低于－20℃时，不得对 HRB400 及以上级钢筋进行冷弯加工。

2）钢筋负温焊接：

（1）雪天或施焊现场风速超过三级风焊接时，应采取遮蔽措施，焊后未冷却的接头应避免碰到冰雪。

（2）钢筋负温电弧焊宜采取分层控温施焊，层间温度宜控制为 150～350℃。

（3）钢筋负温帮条接头或搭接接头的焊缝厚度不应小于钢筋直径的 30%，焊缝宽度不应小于钢筋直径的 70%。焊接时，帮条与主筋之间应采用四点定位焊固定，搭接焊时应采用两点固定；定位焊缝与帮条或搭接端部的距离不应小于20mm。

（4）电渣压力焊焊剂使用前经250~300℃烘焙2h以上；施焊前应进行现场负温条件下的焊接工艺试验，合格后方可正式作业；焊接完毕，应停歇20s以上卸下夹具回收焊剂，回收的焊剂内不得混入冰雪，接头渣壳待冷却后清理。

2．雨期施工要点

1）雨天施焊应采取遮蔽措施，焊工必须穿戴防护衣具以保证人身安全，焊机应放置平稳，并设置有效接地保护。焊接后未冷却的接头应避免遇雨急速降温。

2）雨后应及时排除底板后浇带内的积水，避免钢筋锈蚀，楼层后浇带钢筋上应覆盖硬质材料封盖保护（图4.1-113）。

（六）钢筋安装质量验收

1）主控项目：受力钢筋的品种、级别、规格和数量必须符合设计要求。

检查数量：全数检查。

检验方法：观察、尺量检查。

图4.1-113 后浇带保护盖板示意图

2）一般项目：钢筋安装位置的允许偏差和检验方法应符合表4.1-12的规定。

检查数量：同一检验批内，对梁、柱和独立基础，应抽检构件数量的10%，且不少于3件；对墙、板应按有代表性的自然间抽检10%，且不少于3间；对大空间结构，墙可按相邻轴线间高度5m左右划分检查面，板可按纵、横轴线划分检查面，抽查10%，且不少于3面。

钢筋安装位置的允许偏差和检验方法　　　　表4.1-12

项目			允许偏差(mm)	检验方法
绑扎钢筋网	长、宽		±10	钢尺检查
	网眼尺寸		±20	钢尺量连续三档,取最大值
绑扎钢筋骨架	长		±10	钢尺检查
	宽、高		±5	钢尺检查
受力钢筋	间距		±10	钢尺量两端、中间各一点,取最大值
	排距		±5	
	保护层厚度	基础	±10	钢尺检查
		柱、梁	±5	钢尺检查
		板、墙、壳	±3	钢尺检查
绑扎箍筋、横向钢筋间距			±20	钢尺量连续三档,取最大值
钢筋弯起点位置			20	钢尺检查
预埋件	标高		±10	水准仪或钢尺
	水平位置(中心线偏移)		±5	钢尺检查

注：1.检查预埋件中心位置时，应沿纵、横两个方向量测，并取其中的较大值。
2.表中梁类、板类构件上部纵向受力钢筋保护层厚度的合格点率应达到90%及以上，且不得有超过表中数值1.5倍的尺寸偏差。

三、混凝土工程

(一) 混凝土配合比

1. 混凝土原料

1) 水泥选用

水泥品种选用见表 4.1-13。

水泥品种选用规定　　　　　　　　　　　表 4.1-13

序号	混凝土类型	水泥品种选用
1	泵送混凝土	硅酸盐水泥、普通硅酸盐水泥、矿渣硅酸盐水泥和粉煤灰硅酸盐水泥
2	大体积混凝土	中、低热硅酸盐水泥或低热矿渣硅酸盐水泥
3	高强混凝土 抗冻混凝土	硅酸盐水泥或普通硅酸盐水泥
4	抗渗混凝土	普通硅酸盐水泥

2) 石子

(1) 碎石：由天然岩石或卵石经破碎、筛分而成，公称粒径大于 5.0mm 的岩石颗粒。

(2) 卵石：由自然条件作用形成的，公称粒径大于 5.0mm 的岩石颗粒。

(3) 石子粒径选用见表 4.1-14。

石子粒径选用要求　　　　　　　　　　　表 4.1-14

序号	混凝土类型/应用部位	石子粒经选用
1	普通混凝土	最大粒径不得超过构件截面最小尺寸的 1/4，且不得超过钢筋最小净间距的 3/4
2	泵送混凝土	碎石最大粒径不宜大于泵管内径的 1/3，卵石的最大粒径不应大于泵管内径的 2/5
3	实心混凝土板	最大粒径不宜超过板厚的 1/3，且不得超过 40mm

3) 砂

(1) 按加工方法不同，分为天然砂、人工砂和混合砂，为公称粒径小于 5.0mm 的岩石颗粒。

(2) 按细度模数不同，分为粗砂、中砂、细砂和特细砂，配制泵送混凝土石，宜选用中砂。

4) 掺和料

(1) 作用：降低温升、改善工作性、增进后期强度、改善混凝土内部结构、提高耐久性，节约资源。

(2) 分类：粉煤灰、粒化高炉矿渣粉、沸石粉及硅灰，其中，常用的掺和料为粉煤灰。

5) 外加剂

外加剂选用见表 4.1-15。

外加剂选用 表 4.1-15

序号	外加剂功能	适用的外加剂品种
1	改善混凝土拌合物的流动性	减水剂、引气剂、泵送剂
2	调节混凝土凝结时间、硬化性能	缓凝剂、早强剂、速凝剂
3	改善混凝土耐久性能	引气剂、防水剂、阻锈剂
4	改善混凝土其他(专项)功能	加气剂、膨胀剂、防冻剂等

6) 拌合水

(1) 符合国家标准的生活饮用水。

(2) 地表水或地下水首次使用前,应按有关标准进行检验后方可使用。

(3) 未经处理的海水严禁用于拌制钢筋混凝土、预应力混凝土及饰面混凝土。

2. 混凝土配合比设计

1) 混凝土配合比设计应经过试验确定,并应在满足混凝土强度、耐久性和工作性要求的前提下,减少水泥和水的用量。试配所用的原材料应与施工实际适用的原材料一致。

(1) 混凝土配制强度及其他力学性能、拌合物性能、长期性能和耐久性能应满足设计及规范要求。

(2) 混凝土的工作性指标应根据结构形式、运输方式和距离、泵送高度、浇筑和振捣方式,以及工程所处环境条件等确定。

2) 混凝土配合比应为重量比。

3) 混凝土配合比应由具有资质的试验室进行计算,并经试配调整后确定。

(二)预拌混凝土搅拌及运输

1. 预拌混凝土搅拌

1) 混凝土搅拌时应对原材料用量准确计量。原材料的计量应按重量计,水和外加剂溶液可按体积计,其允许偏差见表 4.1-16。

混凝土原材料计量允许偏差(%) 表 4.1-16

原材料品种	水泥	细骨料	粗骨料	水	掺和料	外加剂
每盘计量允许偏差	±2	±3	±3	±1	±2	±1
累计计量允许偏差	±1	±2	±2	±1	±1	±1

2) 通过试验确定投料顺序、数量及分段搅拌时间等工艺参数。其中,矿物掺和料宜与水泥同步投料,液体外加剂宜滞后于水和水泥投料,粉状外加剂宜溶解后再投料。

3) 混凝土应搅拌均匀,宜采用强制式搅拌机搅拌。混凝土搅拌的最短时间见表 4.1-17,搅拌强度等级在 C60 及以上时,搅拌时间应适当延长。

混凝土搅拌的最短时间(s) 表 4.1-17

混凝土坍落度 (mm)	搅拌机机型	搅拌机出料量(L)		
		<250	250~500	>500
≤40	强制式	60	90	120
>40,且<100	强制式	60	60	90

续表

混凝土坍落度（mm）	搅拌机机型	搅拌机出料量(L)		
		<250	250～500	>500
≥100	强制式		60	

注：1. 混凝土搅拌时间指从全部材料装入搅拌筒中起，到开始卸料时止的时间段。
 2. 当掺有外加剂与矿物掺和料时，搅拌时间应适当延长。
 3. 采用自落式搅拌机时，搅拌时间宜延长30s。

4）配合比首次使用时，应进行开盘鉴定。由预拌混凝土搅拌站总工程师组织，搅拌站技术、质量负责人和试验室代表等参加。开盘鉴定内容包括：

（1）混凝土原料与配合比设计所采用的原料的一致性。

（2）出机混凝土工作性能与配合比设计要求的一致性。

（3）混凝土强度、凝结时间，及工程设计要求的其他性能。

2. 预拌混凝土运输

1）预拌混凝土运输机械采用混凝土搅拌运输车（图4.1-114）。搅拌运输车使用要点如下：

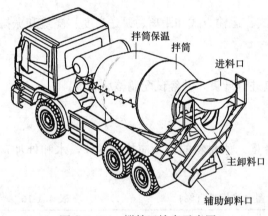

图4.1-114 搅拌运输车示意图

（1）接料前，应用水湿润罐体，排净积水后方可接料。

（2）运输途中或等候卸料期间，应保持罐体正常运转，一般为（3～5）r/m，以防止混凝土沉淀、离析和改变混凝土的施工性能。

（3）卸料前，搅拌运输车罐体宜快速旋转搅拌20s以上后再卸料，可使混凝土拌合物更加均匀。

（4）冬期施工时，搅拌运输车拌筒上应覆盖保温。

2）预拌混凝土的运输应充分考虑运输时间、运输车辆数量及道路状况，要尽量减少混凝土的运输时间和转运次数，确保混凝土在初凝前运至现场并浇筑完毕。

3）施工现场车辆出入口处，应设置交通安全指挥人员维持交通，确保运输车辆行驶、停、转通畅；施工现场内宜设置环形车道，危险区应设置警戒标志，夜间施工时，应配备良好的照明设备。

3. 预拌混凝土进场检验

1）预拌混凝土供应方应提供混凝土配合比通知单、混凝土抗压强度报告、混凝土质量合格证明及混凝土运输单。

2）预拌混凝土进场后，应进行混凝土坍落度检查。坍落度允许偏差应符合表4.1-18的规定。当混凝土设计要求坍落度大于220mm时，可根据需要测定其坍落扩展度，扩展度允许偏差为±30mm。

混凝土坍落度的允许偏差 表 4.1-18

设计值(mm)	≤40	50～90	≥100
允许偏差(mm)	±10	±20	±30

3）坍落度检查操作要点：

（1）检测工具：坍落度筒（图 4.1-115）、捣棒、小铲、钢尺、镘刀和钢平板等。

（2）操作流程：混凝土拌合物倾倒在铁板上→人工翻拌→用水湿润检测工具→放置坍落度筒→装入拌合物→人工振捣拌合物→抹平筒口→清除坍落度周边拌合物→垂直提起坍落度筒→测量坍落度。

（3）混凝土拌合物应先倾倒在铁板上，人工翻拌 1～2min 至拌合物均匀一致。

（4）为减少检测工具对拌合物含水量的影响，检测前用水湿润检测工具。

（5）将坍落度筒放在经水润湿过的平板上，用脚踏紧脚踏板，分三层装入混凝土拌合物，每层装入高度应稍大于筒高的 1/3。

图 4.1-115 坍落度筒

（6）用捣棒在每一层横截面上均匀、垂直（边缘部分除外）插捣 25 次。插捣方向沿螺旋线由边缘至中心；插捣底层时，应插至底部，其他两层插捣时，应插透本层并插入下层约 20～30mm。

（7）装入坍落度筒内的混凝土高度应高出筒口；顶层插捣完毕后，用捣棒将多出混凝土刮除，再用镘刀抹平筒口，并刮净筒底周围的拌合物。

（8）垂直提起坍落度筒，将坍落度筒放在锥体混凝土试样旁，筒顶平放水平尺，再用小钢尺量出水平尺底面至试样顶面最高点的垂直距离，即为混凝土坍落度数值，读数精确到 1mm（图 4.1-116）。

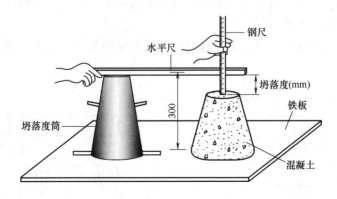

图 4.1-116 坍落度测量示意图

（三）混凝土输送

混凝土输送指将混凝土采用混凝土泵、吊车配合斗容器、布料杆、溜槽、升降设备配备小车等方法，运输至作业面。输送混凝土时，应根据工程所处环境条件，采取保温、隔热、防雨等措施。

1. 泵送混凝土输送

泵送混凝土输送方式是利用混凝土泵的压力推动混凝土，沿泵管一次连续地完成水平和垂直方向混凝土的输送。其主要设备由混凝土泵、泵管及混凝土布料杆等三部分组成。

1) 混凝土泵

(1) 混凝土泵提供了混凝土泵送的动力，驱动方式分为活塞泵和挤压泵，其中，活塞式混凝土泵在我国应用较广。常用混凝土泵有汽车泵、拖泵（固定泵）及车载泵三种类型（图 4.1-117）。其中，汽车泵可独立进行混凝土浇筑施工，而其他两种混凝土泵需配备泵管及混凝土布料杆。

图 4.1-117 输送泵示意图

(2) 混凝土泵选型及配置数量应根据工程轮廓形状、工程量分布、泵送最大水平距离及最大垂直高度、地形和交通条件等因素综合确定。

(3) 混凝土泵设置位置应尽可能靠近浇筑地点，浇筑时由远至近进行；设置场地应平整、坚实，具有通车行走条件；且其作业范围内不得有阻碍物，否则应设置防范高空坠物的设施。

(4) 混凝土泵与泵管的连接方式：

① 混凝土泵与泵管的常用连接方式有三种：直线连接、U形连接和L形连接。

② 三种连接方式均可用于水平泵送；当在向上泵送，特别是高度超过15m或向下泵送时，宜采用U形连接；当受地形条件限制不能用其他方式连接的场合，可采用L形连接，但原则上不能用于向上泵送。

③ 混凝土泵出口处泵管的加固方式，可采用搭设钢管井字架或专用支架用以固定泵管（图 4.1-118）。

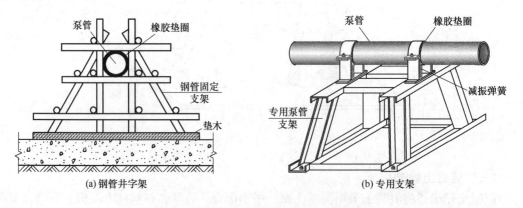

图 4.1-118 输送泵管出口支架示意图

2）泵管

（1）泵管是混凝土泵送的输送通道，在混凝土浇筑量小，且作业面呈狭长状时，可独立完成混凝土的浇筑施工。其主要构件包括：直管、弯管、锥形管、管道连接环（管卡）、软管及截止阀等。

（2）泵管布设的基本要求：

① 管径选择：当混凝土粗骨料最大粒径不大于 25mm 时，可采用内径不小于 125mm 的泵管；当混凝土粗骨料最大粒径不大于 40mm 时，可采用内径不小于 150mm 的泵管。

② 泵管道宜直，转弯宜缓；应按规定要求设置固定支点，尤其是变径、变方向的泵管处应固定牢固。

③ 向上输送混凝土时，地面水平混凝土泵管的直管和弯管总的折算长度不宜小于竖向输送高度的 20%，且不宜小于 15m。

④ 混凝土泵管倾斜或垂直向下输送混凝土，且高差大于 20m 时，应在倾斜或竖向管下端设置直管或弯管，直管或弯管总的折算长度不宜小于高差的 1.5 倍。

（3）泵管固定方式：

泵管固定方式可采用现场搭设的钢管支架或型钢焊接而成的固定支架，其中型钢焊接而成的固定支架稳定性好，节省施工场地，有利于施工现场文明施工，尤其适用于大型工程建设。

① 水平泵管固定

a. 水平泵管在进入建筑物前，固定支架须立于混凝土支座上，如图 4.1-119（a）所示。支座混凝土强度等级不应低于 C25，支座上宜设置预埋螺栓用于固定卡扣固定。

b. 水平泵管进入建筑物后，可用膨胀螺栓直接将泵管支架固定在楼板上，再用螺栓固定泵管卡扣，如图 4.1-119 所示。

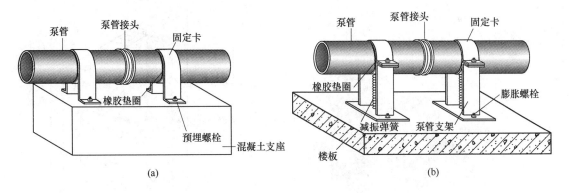

图 4.1-119　水平泵管固定示意图

c. 泵管固定卡宜设置在泵管接头两侧，且泵管弯头处应增加固定点。

d. 泵管与固定卡接触面应设置橡胶垫圈。为减少混凝土泵送时对泵管的振动，可在泵管支架上增设减振弹簧。

② 竖向泵管固定

a. 泵管竖向布设位置应避开管道间、后浇带等特殊部位。穿过楼板时应留置预留洞口，洞口部位结构应按构造或设计要求增设附加钢筋。泵管穿过楼板处，应采用固定木楔将泵管固定牢固。

b. 当竖向泵管布设位置无可附着的结构构件时，宜采用脚手架钢管进行固定，且上下楼层固定支架竖向立杆中线应重合设置，以保证受力的竖向传递，减少对楼板的影响［图 4.1-120（a）］。

c. 当竖向泵管布设位置有剪力墙结构时，可采用型钢焊接固定件进行固定［图 4.1-120（b）］。每根垂直管应有两个或两个以上固定点，弯管部位也可采用型钢固定支架进行固定。

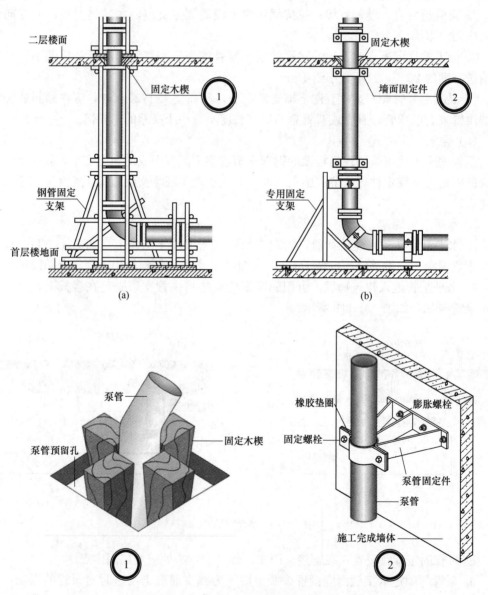

图 4.1-120 竖向泵管固定示意图

d. 减少竖管内混凝土对泵送设备的冲击，竖向泵管每间隔 100m 左右应设置一个缓冲弯管。缓冲弯管由两个弯管拼接而成，如图 4.1-121 所示。

③ 作业面泵管架设
a. 作业面泵管架设位置应选择在结构梁或墙体顶等部位。
b. 泵管支架可采用脚手架钢管搭设或型钢焊接支撑。
c. 泵管下部应铺设橡胶轮胎等柔性材料保护泵管（图4.1-122）。

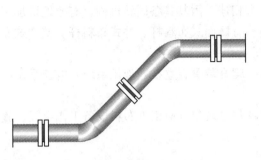

图4.1-121　缓冲弯管示意图

图4.1-122　作业面泵管架设示意图

④ 截止阀设置

垂直泵送高度超过100m时，需在泵的出口部位和垂直管的最前端各安装一套液压截止阀；水平管路的截止阀方便管道清洗废水残渣回收；垂直管路起点处的截止阀可防止混凝土回流。

（4）泵送混凝土要点：

① 采用泵管浇筑混凝土时，宜由远而近浇筑；采用多根输送管同时浇筑时，其浇筑速度宜保持一致。

② 泵送混凝土前，应先用水泥砂浆润管，润滑水泥砂浆应与混凝土浆液成分相同。

③ 混凝土泵送浇筑应连续进行。当混凝土不能及时供应时，应采用间歇泵送方式控制性地放慢现场混凝土的泵送速度，等待后续混凝土的供应，以达到连续浇筑的目的。

（5）泵管冲洗：

① 混凝土浇筑完毕后，向混凝土泵料斗内放入2~3m³同混凝土浆液成分的水泥砂浆，继续泵送（图4.1-123）。

② 砂浆泵送完毕后，关闭混凝土泵出料口截止阀，打开混凝土泵料斗底部的卸料阀门，将料斗内余料放净。

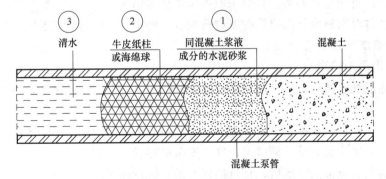

图4.1-123　泵管冲洗流程示意图

③ 关闭卸料阀门，将海绵球或牛皮纸柱塞入泵管，向混凝土泵料斗内注入清水，打开截止阀向泵管内泵送清水。

④ 待泵管末端泵出砂浆后，停止混凝土泵送，并将剩余的砂浆卸入废料斗。

⑤ 待牛皮纸柱或海绵球泵出，泵管末端流出清水后，停止泵送，关闭截止阀。

3) 混凝土布料杆

混凝土布料杆设置在作业面上，与泵管末端相连。因其具备回转机构，有效地增加了作业面上混凝土水平输送的效能。布料杆的类型有楼面式布料杆、井式布料杆、壁挂式布料杆及塔式布料杆等。

（1）布料杆主要由臂架、转台和回转机构、爬升装置、立柱、液压系统及电控系统组成（图4.1-124）。

（2）布料设备选择应与输送泵相匹配；配置数量及位置应根据布料设备工作半径、施工作业面大小及施工要求确定。

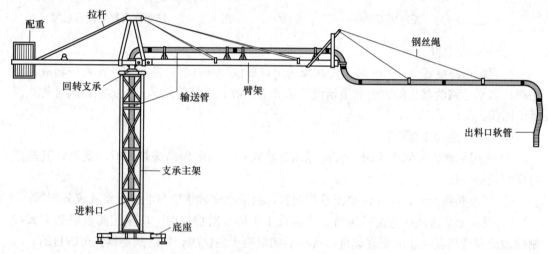

图 4.1-124　布料杆示意图

（3）布料设备布置位置应尽可能地选择在结构设计的预留井道内（如电梯井）；如选择其他位置，则布料设备安装位置处的结构或施工设施应进行验算，必要时应采取加固措施。

（4）布料设备应安装牢固，且应采取抗倾覆稳定措施。

（5）应经常对布料设备的弯管壁厚进行检查，磨损较大的弯管应及时更换。

2. 其他混凝土输送方式

1) 吊斗混凝土输送

（1）吊斗混凝土输送方式是利用塔式起重机吊起装满混凝土的吊斗，将混凝土垂直输送至作业面（图4.1-125）。

（2）吊斗的容量应根据塔式起重机吊运能力确定。正式吊运混凝土前，应先进行试吊，观察混凝土吊斗受力及平衡情况，确认安全可靠后方可正式吊运。

（3）混凝土运至施工现场后，宜直接装入吊斗进行输送。

（4）吊斗吊至作业面浇筑点位置应准确、高度适中、下料速度平缓，输送过程中散落的混凝土严禁混入浇筑混凝土中。

2) 串筒、溜管（槽）混凝土输送

(1) 根据《混凝土结构工程施工质量验收规范》GB 50204—2015 要求，在浇筑柱、墙模板内的混凝土时，为了保证混凝土不产生离析，当粗骨料粒径大于 25mm 时，浇筑倾落高度应不大于 3m；当粗骨料粒径小于等于 25mm 时，浇筑倾落高度不大于 6m。当其他混凝土输送方式不能满足混凝土粒径和倾落高度要求时，应加设串筒、溜管（槽）等辅助装置进行混凝土浇筑（图 4.1-126）。

图 4.1-125　吊斗混凝土输送

(a) 串筒混凝土浇筑　　(b) 溜管混凝土浇筑　　(c) 溜槽混凝土浇筑

图 4.1-126　串筒、溜管、溜槽混凝土浇筑

(2) 操作要点：

① 使用前通过试验论证，确定串筒、溜管（槽）等装置的设置高度、倾斜角度与合适的混凝土坍落度。

② 串筒、溜管（槽）等装置安装应平顺，每节之间应连接牢固，且有防脱落保护措施。

③ 开始浇筑时，应先用与混凝土浆液成分相同的水泥砂浆润滑装置内壁。卸料及浇筑过程中，严禁向装置内加水。

④ 当混凝土浇筑过程中出现装置堵塞时或浇筑完成后，应及时冲洗装置，并注意防止冲洗水进入混凝土中。

（四）混凝土浇筑

1. 施工准备

1) 技术准备：隐蔽工程验收、操作技术交底、填报浇筑申请单、监理单位签认。

2) 现场准备：

（1）浇筑混凝土前，施工缝凿毛处理完毕，清除模板内或垫层上的杂物，表面干燥的地基、垫层、模板上应洒水湿润。

（2）现场环境温度高于35℃时，宜对金属模板进行洒水降温，洒水后模板内不得留有积水。

（3）为保证混凝土连续浇筑施工，按表4.1-19及表4.1-20的规定，计划配备足够的混凝土运输车辆。

运输到输送入模的延续时间（min） 表4.1-19

条件	气温	
	≤25℃	>25℃
不掺外加剂	90	60
掺外加剂	150	120

输送、输送入模及其间歇总的时间限值（min） 表4.1-20

条件	气温	
	≤25℃	>25℃
不掺外加剂	180	150
掺外加剂	240	210

① 当掺早强型减水剂、早强剂的混凝土，以及有特殊要求的混凝土，应根据设计及施工要求，通过试验确定允许时间。

② 当必须间歇时，其间歇时间宜尽量缩短，并应在前层混凝土初凝之前，将次层混凝土浇筑完毕；否则，应留置施工缝。

2. 混凝土浇筑顺序

1）先浇筑竖向结构构件，后浇筑水平结构构件。

2）浇筑区域结构平面有高差时，宜先浇筑低区部分，再浇筑高区部分。

3）梁和板宜同时浇筑混凝土，有主次梁的楼盖宜顺着次梁方向浇筑，单向板宜沿着板的长边方向浇筑；拱和高度大于1m时的梁等结构，可单独浇筑混凝土。

4）在浇筑与柱和墙连成整体的梁和板时，应在柱和墙浇筑完毕后停歇1~1.5h，再继续浇筑梁板混凝土。

3. 混凝土浇筑要点

1）混凝土拌合物入模温度不应低于5℃，且不应高于35℃。

2）混凝土运输、输送、浇筑过程中严禁加水，且散落的混凝土严禁直接用于结构浇筑。

3）柱、墙体混凝土浇筑：

（1）在浇筑竖向结构混凝土前，应先在底部填以不大于30mm厚与混凝土内砂浆成分相同的水泥砂浆，以防止竖向结构底部烂根现象。

（2）混凝土浇筑应分层进行，且上层混凝土应在下层混凝土初凝之前浇筑完毕（表4.1-21）。

混凝土分层振捣的最大厚度　　　　表 4.1-21

振捣方法	混凝土分层振捣最大厚度
振动棒	振动棒作用部分长度的 1.25 倍
平板振捣器	200mm
附着振捣器	根据设置方式，通过试验确定

（3）墙体混凝土浇筑分层高度不宜大于 500mm，浇筑时可采用测杆控制分层厚度（图 4.1-127）。

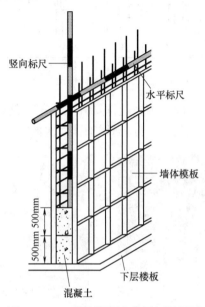

图 4.1-127　墙体混凝土分层标尺设置

（4）柱混凝土浇筑分层高度不宜大于 400mm，浇筑时可根据分层混凝土用量控制浇筑速度。

（5）柱、墙混凝土设计强度比梁、板混凝土设计强度高两个等级及以上时，应在交界区域采取分隔措施；分隔位置应在低强度等级的构件中，且距高强度等级构件边缘不应小于 500mm（图 4.1-128）。相差 1 个等级时，经设计单位同意可一同浇筑梁板等级混凝土。

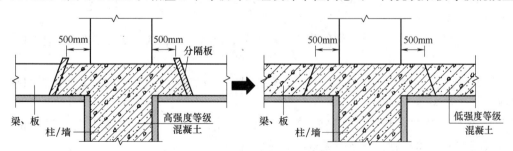

图 4.1-128　高低强度等级混凝土浇筑

（6）浇筑门窗洞口处墙体时，应从门窗洞口两侧均匀下料；振动棒距离洞口模板 200mm 处插入，且洞口两侧应同时振捣（图 4.1-129）。

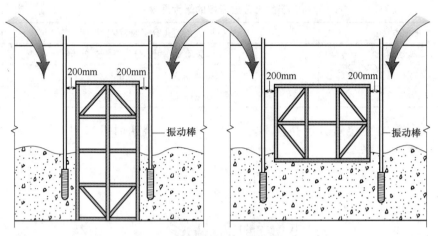

图 4.1-129 门窗洞口混凝土浇筑

4）楼板混凝土浇筑时，应随打随振随抹，并在混凝土终凝前进行第二次抹面；对于梁板结合部以及易产生裂缝的部位，可适当增加抹面次数（图 4.1-130）。

图 4.1-130 楼板混凝土抹面

5）清水混凝土结构浇筑要求：

（1）根据结构特点进行构件（如墙、梁、板、柱、楼梯等）、楼层分区，对于结构构件较大的大型工程，应根据视觉特点将大型构件分为不同的分区；同一构件分区应采用同批混凝土，连续浇筑。

（2）同层或同区内混凝土构件所用材料牌号、品种、规格应一致，并保证结构外观色泽符合要求。

（3）竖向构件浇筑时，分层浇筑覆盖的间歇时间应尽可能缩短，以杜绝层间接缝痕迹。

6）混凝土浇筑过程中，应经常观察模板、支架、钢筋、预埋件和预留孔洞的情况；当发现有变形、移位时，应及时采取措施进行处理。

（五）施工缝留置

施工缝基本上可分为两类，一类是设计要求的结构后浇带，另一种是因施工段划分而留置的施工缝；其中施工段施工缝宜留设在结构受剪力较小且便于施工的位置，对于受力复杂的结构构件或有防水抗渗要求的结构构件,施工缝留设位置应经设计单位确认。

1. 水平施工缝留置

柱、墙体水平施工缝宜留置在距楼板结构下表面0～50mm处;当楼板下有梁托时,水平施工缝可留设在梁托结构下表面0～20mm处(图4.1-131)。

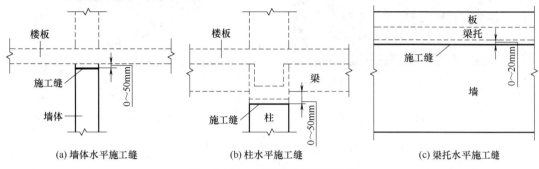

图4.1-131 水平施工缝留置位置

2. 竖向施工缝留置

1) 有主次梁的楼板施工缝应留设在次梁跨度中间1/3范围内(图4.1-132);单向板施工缝应留设在与跨度方向平行的任何位置。

2) 墙的施工缝宜设置在门洞口过梁跨中1/3范围内,也可留设在纵、横墙交接处(图4.1-133)。

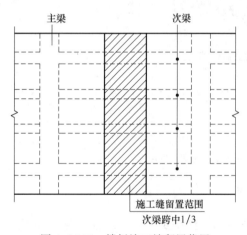

图4.1-132 楼板施工缝留置位置

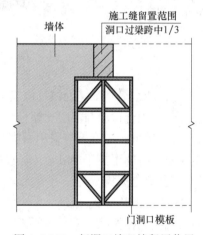

图4.1-133 门洞口施工缝留置位置

3. 楼梯施工缝留置

1) 剪力墙结构楼梯施工缝宜留置在休息平台上,位置如图4.1-134(a)所示。

2) 框架结构楼梯施工缝宜留置在楼梯梯段板上,位置如图4.1-134(b)所示。

4. 施工缝处理

1) 基本要求(图4.1-135):

(1) 当施工缝处混凝土的强度大于等于1.2MPa时,方可进行处理,并继续施工。

(2) 施工缝接触面应凿毛,清除浮浆、松动石子、软弱混凝土层等,并洒水湿润(不得有积水)。

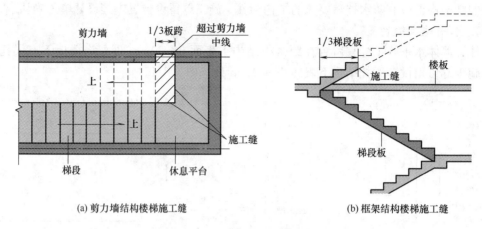

图 4.1-134　楼梯施工缝留置位置

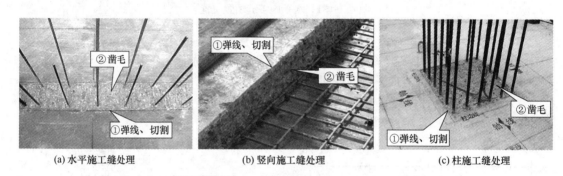

图 4.1-135　施工缝处理

2）柱、墙水平施工缝处继续浇筑混凝土时，应先浇筑厚度不应大于 30mm 的水泥砂浆，水泥砂浆配合比应与混凝土浆液成分相同。

3）后浇带填充混凝土应采用微膨胀混凝土，且混凝土强度等级比原结构强度提高一级，湿润养护时间不少于 14d（有防水抗渗要求时不得少于 28d）。

（六）混凝土振捣

1. 混凝土振捣方式

插入式振动棒振捣、平板振动器振捣、附着振动器振捣及人工辅助振捣等。对于模板的边角以及钢筋、埋件密集区域应采取适当延长振捣时间、加密振捣点等技术措施，必要时可采用微型振捣棒或人工辅助振捣。

2. 振动棒振捣要点

1）振动棒常用于竖向结构构件的混凝土振捣，振动棒应垂直于混凝土表面，快插慢拔均匀振捣。

2）分层浇筑振捣时，振动棒的前端插入前一层混凝土深度不应小于 50mm；当混凝土表面无明显塌陷、有水泥浆出现、不再冒气泡时，则表明该部位混凝土振捣完成。

3）振捣点分布分为方格形排列振捣和三角形排列振捣两种方式（图 4.1-136）。

（1）采用方格形排列振捣方式时，振捣间距应满足 1.4 倍振动棒的作用半径（R）

要求。

（2）采用三角形排列振捣方式时，振捣间距应满足 1.7 倍振动棒的作用半径（R）要求。

（3）两种振捣点分布方式，振动棒与模板的距离均不应大于振动棒作用半径的 0.5 倍。

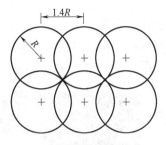
(a) 方格形排列振捣方式

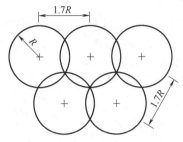
(b) 三角形排列振捣方式

图 4.1-136　振捣点分布方式

3. 平板振动器振捣要点

平板振动器常用水平构件混凝土振捣，平板振动器振捣时应覆盖振捣平面边角；平板振动器移动间距，应以覆盖已振实部分混凝土边缘为准；振捣倾斜表面时，应由低处向高处进行振捣（图 4.1-137）。

（七）混凝土养护

混凝土浇筑保湿养护可采用洒水、覆盖、喷涂养护剂等方式。养护方式应根据现场条件、环境温度湿度、构件特点、技术要求、施工操作等因素确定。

1. 洒水养护

当日最低温度不低于 5℃时，在混凝土裸露表面覆盖麻袋或草帘后，采用直接洒水或蓄水等方式进行养护。冬期施工期间不应采用洒水养护（图 4.1-138）。

图 4.1-137　平板振动器振捣

平铺麻布遮阳、保湿

立挂麻布网遮阳、保湿

图 4.1-138　洒水养护

2. 覆盖养护

1）养护方法：在混凝土裸露表面覆盖塑料薄膜、塑料薄膜加麻袋、塑料薄膜加草帘（图4.1-139）。

2）养护原理：通过混凝土的自然温升在塑料薄膜内产生凝结水，从而达到湿润养护的目的。

3）操作要点：

（1）及时覆盖，尽量减少混凝土裸露时间，防止水分蒸发。

（2）塑料薄膜应紧贴混凝土表面，每层覆盖物均应严密，相互搭接不小于100mm。

（3）覆盖层数的确定应综合考虑环境因素以及混凝土温差控制要求。

图4.1-139 覆盖养护

3. 喷涂养护剂养护

在上述两种养护方式实施困难的部位，可采用喷涂养护剂方式；养护剂的保湿效果，可通过试验检验的方法测定；喷涂方法应严格按照产品使用说明书要求进行（图4.1-140）。

图4.1-140 喷涂养护剂养护

4. 混凝土的养护时间要求

混凝土的养护时间见表4.1-22。

混凝土养护时间一览表 表 4.1-22

序号	混凝土品种/构件部位	养护时间
1	硅酸盐水泥、普通硅酸盐水泥或矿渣硅酸盐水泥配制的混凝土	不应少于 7d
2	有缓凝型外加剂、矿物掺和料配制的混凝土	不应少于 14d
3	抗渗混凝土、强度等级 C60 及以上的混凝土	不应少于 14d
4	后浇带混凝土	不应少于 14d

(八) 混凝土工程冬期及高温天气施工

1. 冬期施工要点

1) 混凝土拌合物的出机温度不宜低于 10℃，入模温度不应低于 5℃；对预拌混凝土或须远距离输送的混凝土，混凝土拌合物的出机温度可根据运输和输送距离经热工计算确定，但不宜低于 15℃。大体积混凝土的入模温度可根据实际情况适当降低。

2) 混凝土浇筑后，对裸露表面应采取防风、保湿、保温措施，对边、棱角及易受冻部位应加强保温。在混凝土养护和越冬期间，不得直接对负温混凝土表面浇水养护（图 4.1-141）。

(a) 蓄热法养护　　　　　　　(b) 蒸汽法养护　　　　　　　(c) 电压热法养护

图 4.1-141　冬期混凝土养护

3) 混凝土养护期间的温度测量（图 4.1-142）应符合下列规定：

(1) 采用蓄热法或综合蓄热法时，在达到受冻临界强度之前应每隔 4～6h 测量一次。

(2) 采用负温养护法时，在达到受冻临界强度之前应每隔 2h 测量一次。

图 4.1-142　混凝土保温养护测温

(3) 采用加热法时，升温和降温阶段应每隔 1h 测量一次，恒温阶段每隔 2h 测量一次。

(4) 混凝土在达到受冻临界强度后，可停止测温。

4) 拆模时混凝土表面与环境温差大于 20℃时，混凝土表面应及时覆盖，缓慢冷却。

5) 冬期施工混凝土强度试件的留置应增设与结构同条件养护试件，养护试件不应少于 2 组。同条件养护试件应在解冻后进行试验。

2. 高温天气混凝土施工要点

1) 当日平均气温达到 30℃及以上时，应按高温施工要求采取措施。

2) 预拌混凝土宜在近似现场运输条件、时间和预计混凝土浇筑作业最高气温的天气条件下，通过混凝土试拌合与试运输的工况试验后，调整并确定适合高温天气条件下施工的混凝土配合比。

3) 混凝土拌合物出机温度不宜大于 30℃，必要时，可采取掺加干冰等附加控温措施。混凝土浇筑入模温度不应高于 35℃。

4) 预拌混凝土宜采用白色涂装的混凝土搅拌运输车；现场混凝土泵管应进行遮阳覆盖。

5) 混凝土浇筑宜在早间或晚间气温相对较低的时段进行，必要时应对作业面模板及钢筋洒水降温，注意浇筑时模板内不得有积水。

（九）混凝土质量检验

1. 试件模具选择

1) 普通混凝土试件模具为立方体 [图 4.1-143（a）]，标准试件模具尺寸为 150mm×150mm×150mm；非标准试件模具尺寸有 100mm×100mm×100mm 和 200mm×200mm×200mm；每组试件应为 3 块。

2) 抗渗混凝土试件模具为圆台形 [图 4.1-143（b）]，标准试件上口直径为 175mm，下口直径为 185mm，高为 150mm。

(a) 立方体模具　　　　(b) 圆柱体模具

图 4.1-143　混凝土试件模具

3) 模具大小的选用应遵循"粗骨料最大粒径应小于试件直径的 1/4"的原则。

4) 试件模具应定期核查，核查周期不宜超过 3 个月。

2. 试件取样及数量

试件取样，应在混凝土的浇筑地点随机抽取，并在建设单位或监理单位的监督下进行见证。

1）结构混凝土强度试件取样数量：

（1）每一楼层、同一配合比的混凝土，取样不得少于一次。

（2）当一次连续浇筑超过 $1000m^3$ 时，同一配合比混凝土每 $200m^3$ 取样不得少于一次。

（3）每次取样应至少有一组标准养护试件，同条件养护试件留置组数根据现场实际需要确定。

2）结构抗渗混凝土试件取样数量：同一工程、同一配合比混凝土，取样不应少于一次；留置组数可根据实际需要确定。

3. 试件制作

1）模具组装质量应符合《混凝土物理力学性能试验方法标准》GB/T 50081—2019 的相关要求。

2）使用前，应将模具擦拭干净，在其内壁上均匀地薄涂一层隔离剂，且隔离剂不应有明显沉积。

3）用振动台振实制作试件：将混凝土拌合物一次性装入试模，装料时应用抹刀沿试模内壁插捣，并使混凝土拌合物高出试模上口；试模应附着或固定在振动台上，振动时应防止试模在振动台上自由跳动，振动应持续到表面出浆且无明显大气泡溢出为止，不得过振［图 4.1-144（a）］。

4）用人工插捣制作试件：混凝土拌合物应分两层装入模内（圆柱体模具应分三层装入），每层装料厚度应大致相等；插捣应按螺旋方向从边缘向中心均匀进行；插捣后用橡皮锤轻敲试模四周，直至插捣棒留下的空洞消失为止［图 4.1-144（b）］。

5）试件成型后刮除试模上口多余的混凝土，待混凝土临近初凝时，用抹刀沿着试模口抹平，试件表面与试模边缘的高度差不应超过 0.5mm。

(a) 振动台振实　　　　　　　　(b) 人工插捣

图 4.1-144　混凝土试件制作

4. 试件标识

1）混凝土试件应有唯一性标识，并按照取样时间顺序连续编号，不得空号、重号。

2）试件标识至少应包括试件编号、强度等级、制取日期信息；标识应字迹清楚、附着牢固。

5. 试件标准养护

1）试件成型抹面后应立即用塑料薄膜覆盖或采用其他方式保湿。

2）试件成型后应在温度为（20±5）℃、相对湿度大于50%的室内静置1~2d，静置期间试件应避免受到振动和冲击，静置后编号标记、拆模。

3）试件拆模后应立即放入温度为（20±2）℃，相对湿度95%以上的标准养护室中养护。标准养护室内的试件应放在支架上，彼此间距为10~20mm，试件表面应保持潮湿，但不得用水直接冲淋试件（图4.1-145）。

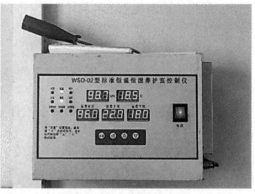

(a) 标准养护室　　　　　　(b) 温湿度自动控制仪

图 4.1-145　混凝土试件标准养护

4）标准养护期间每天至少测量2次温湿度，并进行记录。

6. 同条件试件养护

1）同条件养护试件所对应的结构构件或结构部位，应由监理（建设）、施工等各方共同选定。

图 4.1-146　同条件试件保护笼

2）同一强度等级的同条件养护试件，其留置的数量应根据混凝土工程量和重要性确定，不宜少于10组，且不应少于3组。

3）同条件养护试件拆模后，应放置在邻近相应结构构件或结构部位的适当位置，放在加锁的钢筋笼内加以保护以防止丢失，并采用相同的养护方法进行养护（图4.1-146）。

4）冬期施工、人工加热养护的结构构件，其同条件养护试件的等效养护龄期可按结构构件的实际养护条件，由监理（建设）、施工等各方根据规定共同确定。

7. 试件抗压强度试验结果计算及确定

1）混凝土立方体试件抗压强度试验结果计算

$$f_{cc} = \frac{F}{A} \tag{4.1-1}$$

式中：f_{cc}——混凝土立方体试件抗压强度（MPa），计算结果应精确至0.1MPa。

F——试件破坏荷载（N）。

A——试件承压面积（mm²）。

2）圆柱体试件抗压强度试验结果计算

(1) 试件直径计算：

$$d=\frac{d_1+d_2}{2} \tag{4.1-2}$$

式中：d——试件计算直径（mm），计算结果应精确至 0.1mm。

d_1、d_2——试件两个垂直方向的直径（mm）。

(2) 抗压强度计算：

$$f_{cc}=\frac{4F}{\pi d^2} \tag{4.1-3}$$

式中：f_{cc}——混凝土抗压强度（MPa），计算结果应精确至 0.1MPa。

F——试件破坏荷载（N）。

d——试件计算直径（mm）。

3）试件抗压强度值的确定

(1) 取 3 个试件测值的算术平均值作为该组试件的强度值，应精确至 0.1MPa。

(2) 当 3 个测值中的最大值或最小值中有一个与中间值的差值超过中间值的 15% 时，则应把最大及最小值剔除，取中间值作为该组试件的抗压强度值。

(3) 当最大值和最小值与中间值的差值均超过中间值的 15% 时，该组试件的试验结果无效。

4）用非标准试件测得的强度值均应乘以尺寸换算系数

(1) 对边长为 100mm 的立方体试件及直径为 100mm 的圆柱体试件，折算系数可取 0.95。

(2) 对边长为 200mm 的立方体试件及直径为 200mm 的圆柱体试件，折算系数可取 1.05。

8. 混凝土结构质量检验标准

现浇结构位置和尺寸允许偏差及检验方法见表 4.1-23。

现浇结构位置和尺寸允许偏差及检验方法　　　　表 4.1-23

项目			允许偏差(mm)	检验方法
轴线位置	整体基础		15	经纬仪及尺量
	独立基础		10	经纬仪及尺量
	柱、墙、梁		8	尺量
垂直度	层高	≤6m	10	经纬仪或吊线、尺量
		>6m	12	经纬仪或吊线、尺量
	全高(H)≤300m		$H/30000+20$	经纬仪、尺量
	全高(H)>300m		$H/100000$ 且≤80	经纬仪、尺量
标高	层高		±10	水准仪或拉线、尺量
	全高		±30	水准仪或拉线、尺量

续表

项目		允许偏差(mm)	检验方法
截面尺寸	基础	+15,-10	尺量
	柱、梁、板、墙	+10,-5	尺量
	楼梯相邻踏步高差	6	尺量
电梯井	中心位置	10	尺量
	长、宽尺寸	+25,0	两尺
表面平整度		8	2m靠尺和塞尺量测
预埋件中心位置	预埋板	10	尺量
	预埋螺栓	5	尺量
	预埋管	5	尺量
	其他	10	尺量
预留洞、孔中心线位置		15	尺量

注：1. 检查柱轴线、中心线位置时，沿纵、横两个方向测量，并取其偏差的较大值；
2. H 为全高，单位为 mm。

混凝土结构外观缺陷分类见表 4.1-24。

混凝土结构外观缺陷分类 表 4.1-24

名称	现象	严重缺陷	一般缺陷
露筋	构件内部钢筋未被混凝土包裹而外露	纵向受力钢筋有露筋	其他钢筋有少量露筋
蜂窝	混凝土表面缺少水泥砂浆，表面形成石子外露	构件主要受力部位有蜂窝	其他部位有少量蜂窝
孔洞	混凝土中孔穴深度和长度均超过保护层厚度	构件主要受力部位有孔洞	其他部位有少量孔洞
夹渣	混凝土中夹有杂物且深度超过保护层厚度	构件主要受力部位有夹渣	其他部位有少量夹渣
疏松	混凝土中局部不密实	构件主要受力部位有疏松	其他部位有少量疏松
裂缝	缝隙从混凝土表面延伸至混凝土内部	构件主要受力部位有影响结构性能或使用功能的裂缝	其他部位有少量不影响结构性能或使用功能的裂缝
连接部位缺陷	构件连接处混凝土有缺陷及连接钢筋、连接件松动	连接部位有影响结构传力性能的缺陷	连接部位有基本不影响结构传力性能的缺陷
外形缺陷	缺棱掉角、棱角不直、翘曲不平、飞边凸肋等	清水混凝土构件有影响使用功能或装饰效果的外形缺陷	其他混凝土构件有不影响使用功能的外观缺陷
外表缺陷	构件表面麻面、掉皮、起砂、沾污等	具有重要装饰效果的清水混凝土构件有外表缺陷	其他混凝土构件有不影响使用功能的外表缺陷

四、预应力工程

(一) 预应力材料及设备

1. 预应力筋

1) 预应力筋可分为：钢丝、钢绞线、精轧螺纹钢筋、非金属预应力筋、无粘结预应力钢绞线等（表 4.1-25）。

预应力筋的分类及适用范围 表 4.1-25

分类名称	产品图示	生产工艺及适用范围
钢丝		(1)用优质碳钢盘条经过表面准备、拉丝及稳定化处理而成。 (2)根据深加工要求不同和表面形状不同可分为：冷拉钢丝、消除应力钢丝(WNR、WLR)、刻痕钢丝及螺旋肋钢丝。 (3)冷拉钢丝、刻痕钢丝、螺旋肋钢丝可用于先张法预应力混凝土构件；消除应力钢丝适用于建筑、桥梁、市政、水利等大型工程
钢绞线		(1)由多根冷拉钢丝在绞线机上呈螺旋形绞合，并经连续的稳定化处理而成。 (2)按捻制结构不同可分为：1×2钢绞线、1×3钢绞线和1×7钢绞线等。 (3)1×2钢绞线和1×3钢绞线仅用于先张法预应力混凝土构件；1×7钢绞线用途广泛，既适用于先张法又适用于后张法预应力混凝土结构
精轧螺纹钢筋		(1)用热轧方法在整根钢筋表面上轧出带有不连续的外螺纹、不带纵肋的直条钢筋。 (2)具有连接可靠、锚固简单、施工方便、无需焊接等优点
非金属预应力筋		(1)常见的非金属预应力筋有碳纤维预应力筋、玻璃纤维预应力筋和碳纳米管预应力筋等。 (2)非金属预应力筋具有轻质、高强、防腐蚀等优势，适用于建筑、桥梁、隧道和水利工程等建设领域
无粘结预应力钢绞线		(1)采用钢绞线、油脂和塑料护套三种材料，用挤塑成型工艺加工而成。 (2)具有耐腐蚀性能好，可直接铺设在混凝土构件中无需预留孔道，施工简便、操作空间小、张拉设备轻便等特点，适用于后张法预应力施工

2)预应力筋对腐蚀作用较为敏感，易受到湿气或腐蚀介质的侵蚀发生锈蚀，从而降低质量，严重时会造成钢材张拉脆断。因此，预应力筋在运输与存放过程中均应采取必要的保护措施。

(1)预应力筋出厂前时，宜加防潮纸、麻布等材料包装；运输过程中也应用帆布等材料进行覆盖保护。

(2)预应力筋应整盘包装吊装及搬运。搬运过程中严禁摔砸踩踏，吊装时应采用吊装带及尼龙绳勾吊预应力筋，严禁采用钢丝绳或其他坚硬吊具直接勾吊。

(3)预应力筋应分类、分规格装运、堆放。

① 室外存放时，底层预应力筋下必须垫枕木，并用防水布覆盖。

② 存放预应力筋的仓库，应干燥、防潮、通风良好、无腐蚀气体和介质；其中，无粘结预应力筋严禁放置在受热影响的场所，环氧涂层预应力筋不得存放在阳光直射的场所，缓粘结预应力筋的存放时间和温度应符合相关标准的规定。

③ 如储存时间过长，宜用乳化防锈剂喷涂预应力筋表面进行保护处理。

3) 预应力筋下料长度计算应综合考虑其曲线长度、锚固端保护层厚度、张拉伸长值、混凝土压缩变形等因素，并考虑不同的张拉方法和锚固形式的预留张拉长度。下料时，应采用砂轮锯或切断机切断，不得采用电弧切割。

2. 预应力锚固体系

1) 预应力锚固体系由锚具、夹具、连接器及锚下支撑系统等组成（图 4.1-147）。

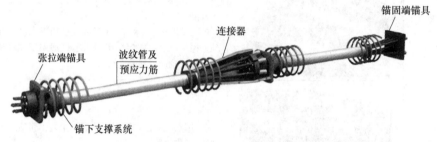

图 4.1-147　预应力筋锚固体系示意图

2) 预应力锚具、夹具按锚固方式分为夹片式（单孔与多孔夹片锚具）、支撑式（墩头锚具、螺母锚具等）、组合式（钢质锥形锚具等）和握裹式（挤压锚具、压花锚具等）四类。

3. 张拉设备及配套机具

1) 预应力施工常用设备和配套机具包括：液压张拉设备及配套油泵、施工组装、穿束和灌浆机具及其他机具等。

2) 液压张拉设备由液压千斤顶、电动油泵和张拉油管等组成。其中，液压千斤顶分为拉杆式、穿心式、锥锚式和台座式等类型（表 4.1-26）。

各类液压千斤顶功能及用途　　　　　　　　　　　　表 4.1-26

分类名称	产品图示	功能及用途
拉杆式		拉杆式液压千斤顶由主油缸、主缸活塞、回油缸、回油活塞、连接器、传力架、活塞拉杆等组成。主要用于张拉力大的螺纹钢筋等张拉
穿心式		穿心式液压千斤顶为利用双液压缸张拉预应力筋和顶压锚具的双作用千斤顶。既可用于需要顶压的夹片锚的整体张拉，配上撑脚与拉杆后，还可张拉墩头锚和冷铸锚。广泛用于先张、后张法的预应力筋施工

续表

分类名称	产品图示	功能及用途
锥锚式		锥锚式液压千斤顶为具有张拉、顶锚和退楔功能的三作用千斤顶,专用于张拉及顶压锚固带钢质锥形(弗氏)锚的钢丝束
台座式		台座式液压千斤顶即普通液压千斤顶。在制作先张法预应力混凝土构件时,千斤顶和台座、横梁等配合,可张拉粗钢筋、成组钢丝或钢绞线;在制作后张法预应力混凝土构件时,千斤顶和张拉架配合,可张拉粗钢筋

3)张拉设备的选用应根据预应力筋的种类及其张拉锚固工艺情况确定。预应力筋的张拉力不宜大于设备额定张力的90%,预应力筋的一次张拉伸长值不应超过设备的最大张拉行程。当一次张拉不足时,可采取分级重复张拉的方法。

(二)预应力混凝土先张法施工

1. 施工流程

预应力混凝土先张法施工流程如图4.1-148所示。

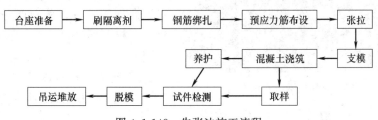

图4.1-148 先张法施工流程

2. 台座准备

1)作用:先张法构件生产中的主要承力设备,承受预应力筋的全部张拉力。

2)墩式台座:由台墩、台面与横梁三部分组成(图4.1-149)。为现浇钢筋混凝土结构,应具有足够的强度、刚度和稳定性。台座设计应进行抗倾覆验算与抗滑移验算。

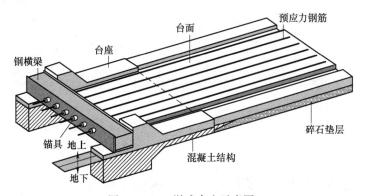

图4.1-149 墩式台座示意图

3）槽式台座：由端柱、传力柱、柱垫、上下横梁、砖墙和台面等组成。既可承受张拉力，又可做蒸汽养护槽。适用于张拉吨位较大的吊车梁、屋架、箱梁等大型预应力混凝土构件（图4.1-150）。

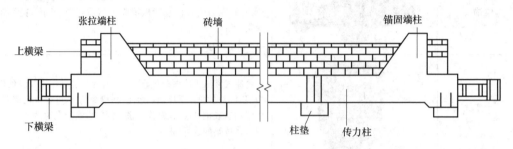

图4.1-150 槽式台座示意图

图4.1-151 拼装式钢台座示意图

4）拼装式钢台座：由格构式钢压柱、箱形钢横梁、横向连系工字钢、张拉端横梁导轨、放张系统等组成。适用于施工现场临时生产用预制构件。（图4.1-151）

5）墩式台座及槽式台座达到设计强度后方可使用。所有类型台座使用前，应先根据加工构件的设计要求进行尺寸校核，合格后均匀涂刷一层隔离剂方可使用。

3. 预应力筋布设

1）预应力筋布设时不应沾染隔离剂，以免影响预应力筋与混凝土的粘结力（图4.1-152）。

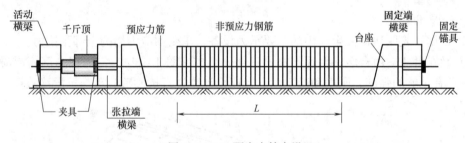

图4.1-152 预应力筋布设

2）预应力筋夹具应具有良好的锚固性能和重复使用性能，并有安全保障。按用途分为张拉端夹具和锚固端夹具。

3）预应力筋与工具式夹片之间为螺杆连接时，可采用套筒式连接器（图4.1-153）。

4. 预应力筋张拉

1）张拉方法

张拉方法可分为单根张拉、整体张拉，使用时根据构件情况而定。其中，单根张拉顺序要求如下：

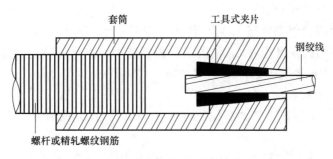

图 4.1-153 套筒式连接器

(1) 预制空心板梁的张拉顺序可先从中间向两侧逐步对称张拉。

(2) 预制梁的张拉顺序即可从中间向两侧逐步对称张拉，也可反方向对称张拉；当预制梁有上下两层预应力筋时，则还需满足由下而上对称张拉的要求（图 4.1-154）。

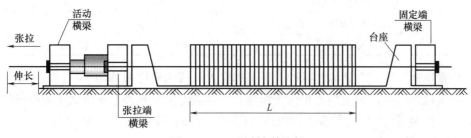

图 4.1-154 预应力筋张拉

2) 预应力钢丝张拉

(1) 单根钢丝张拉：台座法多进行单根张拉，由于张拉力较小，一般可采用 10～20kN 电动螺杆张拉机或电动卷扬机单根张拉，弹簧测力计测力，优质锥销式夹具锚固。

(2) 整体钢丝张拉：台模法多进行整体张拉，可采用台座式千斤顶设置在台墩与钢横梁之间进行整体张拉，用优质夹片式夹具锚固。要求钢丝的长度相等，事先调整初应力。

(3) 张拉时，宜采用一次张拉程序：$0 \rightarrow (1.03 \sim 1.05)\sigma_{con}$ 锚固。其中，1.03～1.05 是考虑弹簧测力计的误差、温度影响台座横梁或定位板刚度不足、台座长度不符合设计取值、工人操作影响等设定的参数。

3) 预应力钢绞线张拉

(1) 单根钢绞线张拉：可采用前卡式千斤顶张拉，单孔夹片工具锚固定。

(2) 整体钢绞线张拉：一般在三横梁式台座上进行，台座式千斤顶与活动横梁组装在一起，利用工具式螺杆与连接器将钢绞线挂在活动横梁上张拉，先用小型千斤顶在固定端逐根调整钢绞线初应力。张拉时，台座式千斤顶推动活动横梁带动钢绞线整体张拉。

4) 粗钢筋的张拉

(1) 由于在长线台座上预应力筋的张拉伸长值较大，一般千斤顶行程多不能满足，故张拉较小直径钢筋可用卷扬机。

(2) 张拉机具的张拉力应不小于预应力筋张拉力的 1.5 倍；张拉行程应不小于预应力筋伸长值的 1.1～1.3 倍。

(3) 为了减少松弛引起的预应力损失值，预应力钢筋张拉宜采用超张拉法。具体操作通常有两种方式：

① 直接将张拉应力值提升至 1.03 倍的张拉控制应力，即 $0 \to 1.03\sigma_{con}$（锚固）。

② 先将张拉应力值提升至 1.05 倍的张拉控制应力，然后保持这一状态 2min，之后再退回到 1.0 倍的张拉控制应力，即 $0 \to 1.05\sigma_{con}$（锚固）$\to$ 持荷 2min $\to \sigma_{con}$。

5）预应力张拉值校核

(1) 预应力张拉值校核遵守"双控"的原则，即以张拉力控制为主，以实际伸长量进行校核。

(2) 预应力筋的张拉控制应力为 σ_{con}，不宜超过表 4.1-27 的数值。表中，f_{ptk} 为预应力筋极限强度标准值，f_{pyk} 为预应力筋屈服强度标准值。

张拉控制应力　　　　表 4.1-27

项次	预应力筋种类	张拉控制应力
1	消除应力钢丝、钢绞线	$0.4f_{ptk} < \sigma_{con} \leqslant 0.75f_{ptk}$
2	中强度预应力钢丝	$0.4f_{ptk} < \sigma_{con} \leqslant 0.70f_{ptk}$
3	预应力螺纹钢筋	$0.5f_{pyk} < \sigma_{con} \leqslant 0.85f_{pyk}$

(3) 张拉时，预应力筋的实际伸长值与理论伸长值的允许偏差为 ±6%。

(4) 张拉锚固后，采用测力仪检查所建立的预应力值，其偏差不得大于或小于设计规定相应阶段应力值的 5%。预应力钢丝内力检测一般在张拉锚固后 1h 内进行。

6）施工注意事项

(1) 张拉时，张拉机具与预应力筋应在一条直线上。

(2) 预应力筋张拉并锚固后，应保证测力表读数始终保持设计所需的张拉力。

(3) 预应力筋张拉完毕后，对设计位置的偏差不得大于 5mm，也不得大于构件截面最短边长的 4%。

(4) 在张拉过程中发现断丝或滑脱钢丝时，应予以更换。

(5) 台座两端及台座长度方向每间隔 4~5m 应放防护架，两端严禁站人，也不准进入台座。

5. 混凝土浇筑与养护

1）预应力筋张拉完成后，应尽快进行模板拼装和混凝土浇筑等工作。混凝土浇筑时，振动器不得碰撞预应力筋。混凝土未达到强度前，也不允许碰撞或踩动预应力筋（图 4.1-155）。

2）为防止混凝土出现较大徐变和收缩，混凝土水灰比不应大于 0.5，骨料级配要良好，振捣要密实。

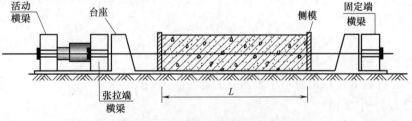

图 4.1-155　构件侧模支设及混凝土浇筑

3) 非钢模台座生产时，混凝土宜采取二次升温养护方式。开始温度不大于 20℃，混凝土强度达 10MPa 后按正常速度升温。

6. 预应力筋放张

1) 预应力筋放张时，混凝土强度应符合设计要求；当设计无要求时，不应低于设计的混凝土立方体抗压强度标准值的 75%；采用消除应力钢丝或钢绞线作为预应力筋的先张法构件，尚不应低于 30MPa。

2) 放张顺序应符合下列规定（图 4.1-156）：

（1）宜采取缓慢放张工艺进行逐根或整体放张。

（2）对轴心受压构件，所有预应力筋宜同时放张。

（3）对受弯或偏心受压的构件，应先同时放张预压应力较小区域的预应力筋，再同时放张预压应力较大区域的预应力筋。

（4）放张后，预应力筋的切断顺序，宜从张拉端开始依次切向另一端。

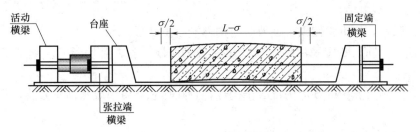

图 4.1-156 预应力筋放张

3) 预应力筋的放张有三种常用的方法：千斤顶放张、砂箱放张、楔块放张。

（1）千斤顶放张：用千斤顶的力拉动钢筋端部，然后把螺母部分放松即可完成操作。应用于单根预应力筋放张最佳。

（2）砂箱放张（图 4.1-157）：设备由钢制套箱及活塞（套箱内径比活塞外径大 2mm）等组成，内装石英砂或铁砂。当张拉钢筋时，箱内砂被压实，承担着横梁的反力。放松钢筋时，将出砂口打开，使砂缓慢流出，从而达到缓慢放张的目的。适用于构件的预应力筋数量比较多，并且需要进行同时放张的情况。其优点是能控制放张速度、工作可靠、施工方便。

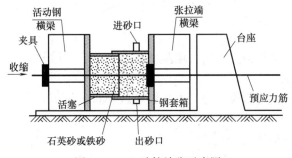

图 4.1-157 砂箱放张示意图

（3）楔块放张（图 4.1-158）：通过旋转螺母，使之向上进行运动，从而带动楔块向上移动以达到放张的目的。

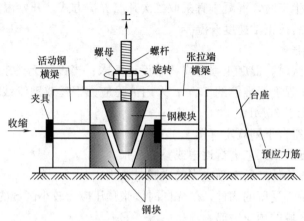

图 4.1-158 楔块放张示意图

4）施工注意事项：

（1）放张前，应拆除侧模，使放张时构件能自由变形。

（2）预应力筋切断应采用砂轮锯或切断机等切断设备，且切断时应测定钢丝的回缩状况。

（3）采用湿热养护的预应力混凝土构件，宜在热态环境中放张预应力筋，不应降温后再放松。

（三）预应力混凝土后张法有粘结施工

1. 施工流程

预应力混凝土后张法有粘结施工如图 4.1-159 所示。

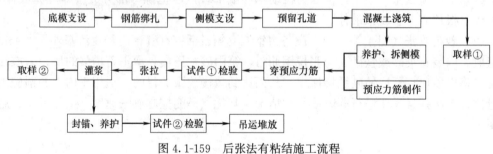

图 4.1-159 后张法有粘结施工流程

2. 构件模板

1）构件预制场地应平整、坚实、地基承载力不小于 3.0kPa，且应铺红机砖或浇筑混凝土，并应有排水措施。

2）构件模板可采用砖胎模、竹（木）胶合板模板或钢模，台模表面应光滑、棱角方正、顺直、不漏浆，2000mm 长度内表面平整度不应大于 2mm。

3）预制构件采用平卧叠合生产时，最多不超过四层或叠合总高度不超过 1000mm。各层之间可采用废机油和滑石粉拌制的塑性脱模隔离剂或其他材料，但不宜选用塑料薄膜、油毡等。脱模隔离剂不得污染钢筋、预埋件、波纹管等。

4）现浇预应力混凝土梁、板底模应按设计要求起拱，一般起拱高度控制在全跨长度的 0.5‰～1‰。

5）侧模板可在混凝土强度达到30％时拆除，承重底模必须在混凝土强度达到100％，且张拉、灌浆后，灌浆料达到15kPa后方可拆除。

3. 波纹管孔道预留

1）除竖向预应力构件宜采用钢管预留孔道外，均可采用波纹管成孔。常用波纹管有圆形金属波纹管、扁形金属波纹管、塑料波纹管等（图4.1-160）。

(a) 圆形金属波纹管　　　　(b) 扁形金属波纹管　　　　(c) 塑料波纹管

图4.1-160　波纹管

2）波纹管可直接埋入构件混凝土内，成孔后不必抽出，可适用于各类形状的孔道；波纹管要求在1kN径向力作用下不变形。

（1）梁类构件宜选用圆形金属波纹管。

（2）板类构件宜选用扁形金属波纹管。

（3）施工周期较长的构件宜选用镀锌金属波纹管。

（4）曲率半径小、密封性功能好，以及抗疲劳要求高的孔道宜选用塑料波纹管。

3）波纹管使用前应进行灌水试验，检查有无渗漏，以防止水泥浆流入管内堵塞孔道；安装就位过程中避免反复弯曲，以防管壁开裂。

4）波纹管安装时，应按设计的预应力曲线坐标设置钢筋支架，波纹管安装与支架筋绑扎牢固，成孔后管道应平顺；钢筋支架不得与主筋焊接固定，应增设附加筋。

（1）支撑架是用钢筋焊接而成的井字形结构。当孔道为单层多根或多层设置时，应满足孔道竖向净距不小于孔道外径、水平方向净距不小于孔道外径的1.5倍，且不应小于粗骨料最大粒径的1.25倍（图4.1-161）。

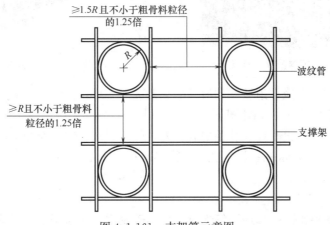

图4.1-161　支架筋示意图

(2) 支架筋要求在最高点、最低点和反弯点处必须设置，其余位置可按下述间距布设：

① 圆形金属波纹管的支架间距宜为 1.0～1.5m。
② 扁形金属波纹管和塑料波纹管支架间距宜为 0.8～1.0m。
③ 在板中，扁形波纹管的支架间距不应大于 2m。

5) 波纹管连接：

(1) 金属波纹管接长可采用大一规格的同波型波纹管作为接头管，接头管长度可取其内径的 3 倍，且不宜小于 300mm，两端旋入长度宜相等，且接头管两端应采用防水胶带密封（图 4.1-162）。

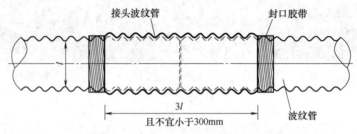

图 4.1-162 金属波纹管连接

(2) 塑料波纹管连接可采用塑料焊接机热熔焊或采用专用连接管（图 4.1-163）。

6) 预留孔道上应设置灌浆孔、排气孔、泌水孔。

(1) 灌浆孔：灌浆孔直径不宜小于 20mm，可设置在孔道端部的锚垫板上。对于竖向构件灌浆孔，应设置在孔道下端。对于超高的竖向孔道，宜分段设置灌浆孔（图 4.1-164）。

图 4.1-163 塑料波纹管连接

图 4.1-164 灌浆孔位置

(2) 排气孔：当曲线孔道波峰和波谷的高差大于 300mm 时，应在孔道波峰设置排气孔，排气孔间距不宜大于 30m [图 4.1-165 (a)]。

(3) 泌水孔：一般设于曲线孔道的波谷处，外接管从构件侧面伸出，再沿构件向上高出构件顶面不宜小于 300mm；排气孔可兼作泌水孔 [图 4.1-165 (b)]。

4. 预应力筋安装

1) 预应力筋加工

加工场地应平整干净；预应力筋切割应采用砂轮锯或无齿锯下料，不得用加热、焊接

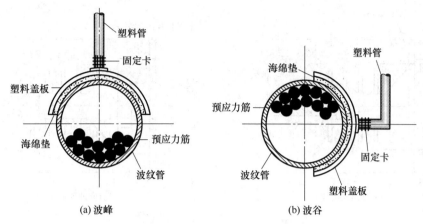

图 4.1-165 排气孔、泌水孔留置

或电弧切割等方法；预应力筋组装时，不得有弯折、锈蚀、污染、裂纹、机械损伤、油污等。

2）锚具

(1) 固定端锚具：有挤压锚具和压花锚具两种。挤压锚具[图 4.1-166（a）]应用比较广泛，既能埋入混凝土结构内，也可安装在结构之外，对有、无粘结预应力钢绞线均适用；压花锚具[图 4.1-166（b）]适用于固定端空间较大且有足够粘结长度的有粘结钢绞线。

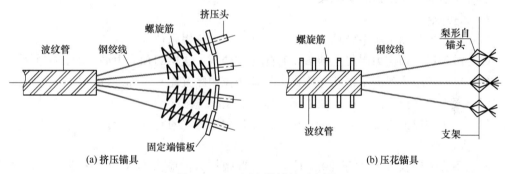

图 4.1-166 固定端锚具示意图

(2) 张拉端锚具：有凸出式和凹入式两种形式。凸出式锚具[图 4.1-167（a）]位于梁板端面和柱表面，张拉后用细石混凝土封裹；凹入式锚具[图 4.1-167（b）]位于梁板（柱）凹槽内，张拉后用细石混凝土填平。

(3) 锚具应采用同厂家、同批次配套产品，不同厂家的锚具配件不得混装使用。张拉端锚具应具有良好的自锚性能、松锚性能和重复使用性能。

3）预应力筋穿束

(1) 根据结构特点、施工条件和工期要求等情况，可采用先穿束法或后穿束法穿入孔道。

① 先穿束法：在浇筑混凝土前穿束，省力，但穿束占用工期，预应力筋保护不当易生锈。

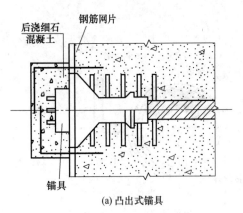 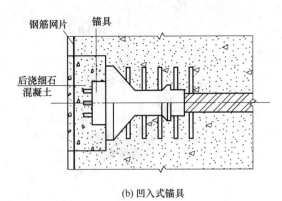

(a) 凸出式锚具　　　　　　　　(b) 凹入式锚具

图 4.1-167　张拉端锚具示意图

② 后穿束法：在浇筑混凝土后进行，不占用工期，穿筋后即进行张拉，但较费力。

(2) 穿束操作可采用人工穿束或机械穿束，穿束时可逐根穿束或集束穿入。

① 对于长度在 50m 以内的二跨曲线束，还是多采用人工穿束。

② 对于超长束、特重束、多波曲线束应采用卷扬机穿束。

5. 预应力筋张拉

1) 张拉条件

同条件混凝土养护试件强度不低于混凝土设计强度等级的 75%，或符合设计及锚具技术手册要求的混凝土强度最低值。

2) 张拉顺序

(1) 对于预制屋架等平卧重叠构件，应从上而下逐榀张拉。

(2) 对于现浇预应力混凝土楼盖，宜先张拉楼板、次梁的预应力筋，后张拉主梁。

(3) 单向预应力混凝土框架梁构件中，其张拉顺序宜左右对称进行，并使相邻梁张拉力差值不大于总张拉力的 50%，张拉设备移动线路较短。

(4) 对于预应力混凝土井式梁结构，其张拉顺序宜双向对称进行。

3) 张拉要点

(1) 预应力筋长度不大于 20m 时，可一端张拉；预应力筋大于 20m 时，宜两端张拉；预应力筋为直线时，一端张拉长度可延长至 35m。

(2) 当两端同时张拉一根预应力筋时，宜先在一端张拉、锚固，再在另一端张拉，补足张拉力后锚固。

(3) 为解决混凝土弹性压缩损失问题，可采用同一张拉值，逐根复拉补足张拉力。

(4) 对于重要预应力混凝土构件，可分阶段建立预应力，即全部预应力先张拉 50% 之后，再第二次拉至 100%。

4) 张拉力控制

(1) 一般张拉：$0 \rightarrow \sigma_{con} \rightarrow$ 测量伸长值 $\rightarrow (1.03 \sim 1.05)\sigma_{con} \rightarrow$ 测量伸长值 $\rightarrow$ 持荷 2min $\rightarrow$ 锚固。

(2) 超张拉：$0 \rightarrow \sigma_{con} \rightarrow$ 测量伸长值 $\rightarrow 1.03\sigma_{con} \rightarrow$ 锚固。最大张拉应力不应大于钢绞线抗拉强度标准值的 80%（若采用超张拉 $1.03\sigma_{con}$ 程序，张拉控制应力应为：$\sigma_{con} \leqslant$

$0.77f_{ptk}$）。

5）张拉质量要求

（1）伸长值校核：实际伸长值与计算伸长值的偏差不应大于±6%。否则，应暂停张拉，在采取措施调整后，方可继续张拉。

（2）后张法预应力构件，断裂或滑脱的数量严禁超过同一截面预应力筋总根数的3%，且每束钢丝不得超过一根（对于多跨双向连续板，其同一截面应按每跨计算）。

（3）预应力筋张拉锚固后实际建立的预应力值与设计规定检验值的相对允许误差为±5%。同一检验批内抽查预应力筋总数的3%，且不少于5束。

6. 孔道灌浆

1）灌浆用水泥应采用普通硅酸盐水泥和水拌制。

（1）水泥浆的水灰比不宜小于0.42，且不应大于0.45。

（2）水泥浆中宜掺入高性能外加剂，掺加高效能外加剂后水泥浆的水灰比可降为0.35～0.38。

（3）灌浆料28d抗压强度不应低于30MPa。

2）灌浆准备：

（1）全面检查灌浆孔、排气孔及泌水管道是否畅通，并进行清孔。

（2）锚具夹片间隙及其他可能漏浆的部位，宜采用高强度等级水泥浆或结构胶等封堵，待封堵材料达到一定强度后方可灌浆。

3）灌浆要点：

（1）有粘结预应力筋张拉完毕并检查合格后，宜48h内完成灌浆作业。

（2）灌浆应连续进行，直至排气孔排出的浆体稠度与注浆孔处相同，且无气泡后，再顺浆体流动方向依次封闭排气孔。

（3）全部出浆口封闭后，宜继续加压0.5～0.7MPa，并应稳压1～2min后封闭灌浆孔。

（4）当水泥浆泌水较大时，宜进行二次灌浆和对泌水孔进行压力补浆。

（5）分段张拉构件后，应随即进行灌浆作业，不得在各段全部张拉完毕后一次连续灌浆。

（6）竖向孔道灌浆宜自下而上进行，并应设置阀门，阻止水泥浆回流。为确保其灌浆密实性，除掺和微膨胀减水剂外，应采用重力补浆。

（7）灌浆过程及灌浆后48h内，结构混凝土的温度不得低于5℃，否则应采取保温措施。当环境温度高于35℃时，灌浆宜在夜间进行。

7. 封锚

1）预应力筋锚固后的外露部分宜采用机械方法切割，切割后外露长度不宜小于其直径的1.5倍，且不宜小于30mm。

2）锚具封闭前应将周围混凝土冲洗干净，清除凹形锚具中填塞物，再对混凝土结合面进行凿毛处理。

3）按照设计要求进行封锚部位的钢筋加工与绑扎。

4）封锚混凝土宜采用不低于构件原混凝土强度等级的细石混凝土，或微膨胀混凝土及低收缩砂浆等。

(四）预应力混凝土后张法无粘结施工

1. 施工流程

预应力混凝土后张法无粘结施工如图 4.1-168 所示。

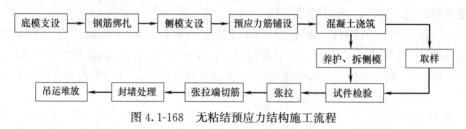

图 4.1-168　无粘结预应力结构施工流程

2. 锚具安装

1) 张拉端锚具安装

（1）张拉端锚具分为圆套筒式锚具、垫板连体式夹片锚具、全封闭垫板连体式夹片锚具三类。使用时根据无粘结预应力钢绞线的品种、张拉力值及工程应用的环境类别选定。

① 圆套筒式锚具适用于一类环境的锚固系统。

② 垫板连体式夹片锚具适用于二 a、二 b 类环境的锚固系统。

③ 全封闭垫板连体式锚具适用于三 a、三 b 类环境的锚固系统。

（2）安装可采用凸出式或凹入式两种方式，其中凹入式安装较为常用。

（3）张拉端凹入式安装方法：

① 锚具组装完成后用电焊固定在附加钢筋上，无粘结预应力筋应与承压板面保持垂直。

② 先用塑料穴模或泡沫塑料、木块等形成凹槽，再根据无粘结预应力筋的设计位置在张拉端封头模板上钻孔，将预留无粘结预应力筋穿出，再将端模固定牢固。

③ 端模外预留无粘结预应力筋长度不小于 300mm（满足张拉长度）；无粘结预应力曲线筋或折线筋末端的切线应与承压板相垂直，曲线段的起始点至张拉锚固点应有不小于 300mm 的直线段。

④ 各部位连接之间不应有缝隙。

⑤ 圆套筒式锚具安装节点如图 4.1-169 所示。

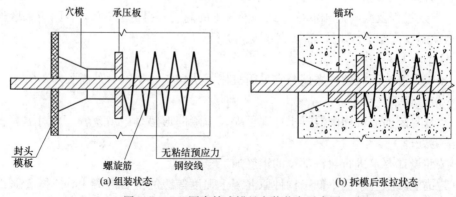

图 4.1-169　圆套筒式锚具安装节点示意图

⑥ 垫板连体式夹片锚具安装节点如图 4.1-170 所示。

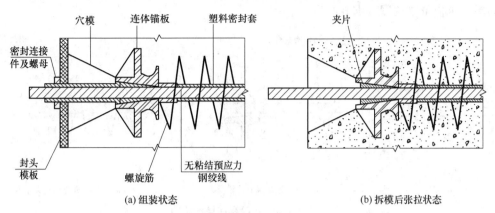

图 4.1-170　垫板连体式夹片锚具安装节点示意图

⑦ 全封闭垫板连体式夹片锚具安装节点如图 4.1-171 所示。

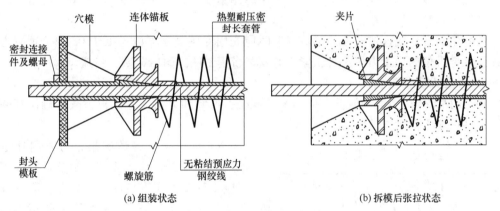

图 4.1-171　全封闭垫板连体式夹片锚具安装节点示意图

⑧ 出板面张拉端锚具安装节点如图 4.1-172 所示。

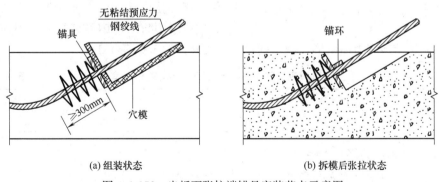

图 4.1-172　出板面张拉端锚具安装节点示意图

2）固定端锚具安装

（1）固定端锚具有：挤压锚具、垫板连体式夹片锚具、全封闭垫板连体式夹片锚具三类（图 4.1-173）。

（2）锚固端应放置在支座内，无粘结预应力筋沿受力筋方向顺直放置，螺栓筋应紧贴锚固端承压板位置放置并绑扎牢固。

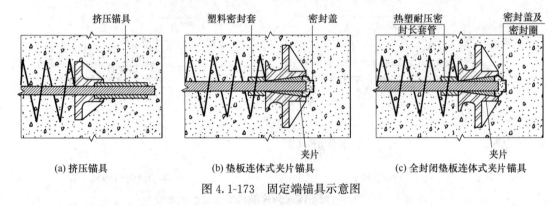

图 4.1-173 固定端锚具示意图

（3）挤压锚具安装时应用专用设备将锚具挤压组装在钢绞线端部。

（4）垫板连体式夹片锚具安装时应先用专用紧楔器以不低于 0.75 倍预应力钢绞线强度标准值的顶紧力将夹片预紧，并安装密封盖。

（5）全封闭垫板连体式夹片锚具安装时应先用专用紧楔器以不低于 0.75 倍预应力钢绞线强度标准值的顶紧力将夹片预紧，并安装带密封圈的耐压金属密封盖。

3. 预应力筋铺设要点

1) 无粘结预应力筋铺放前，应检查其规格、尺寸和数量，并逐根检查并确认其端部组装配件可靠无误后方可使用。

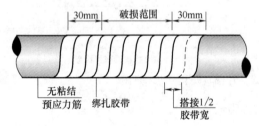

图 4.1-174 无粘结预应力筋破损处理

2) 如护套有轻微破损，可采用外包防水聚乙烯胶带进行修补，每圈胶带搭接宽度不应小于胶带宽度的 1/2，缠绕层数不应少于 2 层，缠绕长度应超过破损长度 30mm（图 4.1-174）。

3) 无粘结预应力筋可采用与非预应力筋直接绑扎或与支架绑扎固定，支架的固定方式可采用与结构钢筋绑扎或与附加钢筋焊接固定。无粘结预应力筋束形控制点的设计位置允许偏差见表 4.1-28。

无粘结预应力筋束形控制点的设计位置允许偏差　　表 4.1-28

截面高度(mm)	$h \leqslant 300$	$300 < h \leqslant 1500$	$h > 1500$
允许偏差(mm)	±5	±10	±15

4) 无粘结预应力筋宜保持顺直。

（1）铺放双向配置的无粘结预应力筋时，宜避免两个方向的无粘结预应力筋相互穿插铺放，先进行标高较低的无粘结预应力筋的铺放，再铺放标高较高的无粘结预应力筋。

（2）当采用集束配置多根无粘结预应力筋时，各根预应力筋应保持平行走向，防止相互扭绞。

（3）板中采用多根无粘结预应力筋平行带状布束时，每束不宜超过 5 根，保证同束中各根无粘结预应力筋具有相同的矢高；带状束的锚固端应平顺地张开。

5) 敷设的各种管道不应将无粘结预应力筋的垂直位置抬高或压低。

4. 预应力筋张拉

1) 张拉条件：

(1) 混凝土同条件试块的强度检测结果不应低于设计混凝土强度等级值的75%。

(2) 拆除张拉构件的侧模及张拉端端模，清除穴模中的填塞物。

2) 张拉设备安装时，应保证张拉力的作用线与无粘结预应力钢绞线中心线重合。

3) 当无粘结预应力筋长度不大于40m时，可采用一端张拉；当无粘结预应力筋长度超过40m时，宜采用两端张拉；当无粘结预应力筋长度超过60m时，宜采取分段张拉和锚固。

4) 应力控制方法张拉要点：

(1) 张拉过程：$0 \rightarrow \sigma_{con} \rightarrow (1.03 \sim 1.05)\sigma_{con} \rightarrow$ 持荷2min $\rightarrow$ 锚固。

(2) 应力增长速度不宜大于500MPa/min，张拉过程中应校核无粘结预应力筋的伸长值。

(3) 实际伸长值宜在初应力约为张拉控制应力的10%时开始量测、记录。

(4) 实际伸长值与计算伸长值的偏差不应大于±6%。否则，应暂停张拉，在采取措施调整后，方可继续张拉。

5) 超张拉法张拉要点：

(1) 张拉过程：$0 \rightarrow 1.03\sigma_{con} \rightarrow$ 锚固。

(2) 最大张拉应力不应大于钢绞线抗拉强度标准值的80%。

6) 张拉质量控制要求：

(1) 无粘结预应力钢绞线张拉过程中应避免出现钢绞线滑脱或断丝的现象。

(2) 发生滑脱时，滑脱的钢绞线数量不应超过构件同一截面钢绞线总根数的3%。

(3) 发生断丝时，断丝数量不应超过构件同一截面钢绞线总根数的3%，且每根钢绞线断丝不得超过一丝。

(4) 对于多跨双向连续板，其同一截面应按每跨计算。

5. 防腐、封锚

1) 无粘结预应力筋张拉锚固后外露长度应保留不小于30mm，多余部分用砂轮切割机切除。

2) 将锚具及锚垫板表面清理干净，涂刷防锈漆或环氧涂料。

3) 在锚具端头及预留预应力筋上，涂上防腐油脂，然后罩上封端盖帽。

4) 用微膨胀细石混凝土或无收缩砂浆封闭张拉端。

5) 圆套筒式锚具封闭节点如图4.1-175（a）所示，封闭时应采用塑料保护套对锚具进行防腐蚀保护。

6) 垫板连体式夹片锚具封闭节点如图4.1-175（b）所示，封闭时应采用塑料密封套、塑料盖对锚具进行防腐蚀保护。

7) 全封闭垫板连体式夹片锚具封闭节点如图4.1-175（c）所示，封闭时应采用耐压密封盖、密封圈、热塑耐压密封长套管对锚具进行防腐蚀保护。

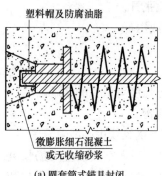
(a) 圆套筒式锚具封闭

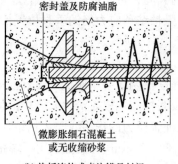
(b) 垫板连体式夹片锚具封闭

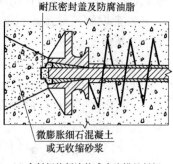
(c) 全封闭垫板连体式夹片锚具封闭

图 4.1-175　张拉端锚具封闭节点示意图

第二节　砌体结构工程施工

一、技术要求

(一) 砌筑砂浆

1. 砂浆分类

砌体结构工程施工中，砂浆可分为预拌砂浆、现场拌制砂浆及专用砂浆等。

1) 预拌砂浆有湿拌砂浆和干拌砂浆之分。湿拌砂浆在运输、储存及使用过程中不应加水，当出现少量泌水时，应拌合均匀后使用；干拌砂浆在运输和储存过程中，不得淋水、受潮、包装破损、靠近火源或高温。

2) 现场拌制砂浆应根据现场的实际情况进行计算和试配来确定砂浆配合比，并同时满足稠度、保水率和抗压强度的要求。

3) 对非烧结类块材宜采用配套的专用砂浆，使用时应按照厂家产品说明书进行操作。

2. 砌筑砂浆的稠度（流动性）

砌筑砂浆的稠度（流动性）宜按表 4.2-1 选用。

砌筑砂浆的稠度（流动性）　　表 4.2-1

序号	砌体种类	砂浆稠度(mm)
1	烧结普通砖砌体	70～90
2	混凝土实心砖、混凝土多孔砖砌体,普通混凝土小型空心砌块砌体,蒸压灰砂砖砌体、蒸压粉煤灰砖砌体	50～70
3	烧结多孔砖、空心砖砌体,轻骨料小型空心砌块砌体,蒸压加气混凝土砌块砌体	60～80
4	石砌体	30～50

3. 砂浆质量检测

1) 砌筑砂浆应现场取样进行质量检测。验收批为同一类型、强度等级的砂浆试块不应少于 3 组。

2) 砂浆试块的制作规定：

(1) 制作试块的稠度应与实际使用的稠度一致。

(2) 湿拌砂浆应在卸料过程中的中间部位随机取样。

(3) 现场搅拌砂浆，制作每组试块时应在同一搅拌盘内取样。

(二) 砌筑方法

1. "三一"砌砖法

1) 操作过程：一块砖、一铲灰、一揉压（简称"三一"），然后随手用大铲尖将挤出墙面的灰浆刮掉。

2) 优点：灰缝容易饱满，粘结性好，墙面清洁。

3) 适用于实心砖墙或抗震设防烈度 8 度以上地震设防区的砌砖工程。

2. 挤浆法

1) 操作过程：铺设砂浆→在砖侧面抹"带头灰"→放砖、挤浆→刮掉挤出的灰浆。

2) 操作要点：

(1) 每次铺设灰浆的长度不应大于 750mm；当气温高于 30℃时，一次铺灰长度不应大于 500mm。

(2) 砖挤浆到位应以上平挂线、下齐边、横平竖直为标准。

3) 优点：一次铺灰可连续挤砌二到三排顺砖，砌筑效率高；且在挤压力的作用下，保证了灰缝饱满。

4) 适用于实心砖墙和空心砖墙的砌筑。

3. 刮浆法

1) 操作方法：先采用"三一"法砌筑端头砖，然后在与下一块的接触面一侧刮一层砂浆，再进行下一块砖的砌筑。

2) 主要用于多孔砖和空心砖墙砌筑。针对性地解决了砖间竖缝较高、竖缝砂浆难以挤满的施工难点。

4. 满口灰法

1) 操作方法：先将适量的稠度和粘结力较大的砂浆，抹在砖的粘接面上，随后将砖砌筑就位。

2) 主要用于空斗墙的砌筑施工。

二、砖砌体工程

(一) 砌体材料

1) 砌体工程常用砖有烧结普通砖、烧结多孔砖、混凝土多孔砖、混凝土实心砖、蒸压灰砂砖、蒸压粉煤灰砖等（图 4.2-1）。

(a) 实心砖
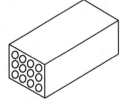
(b) 多孔砖
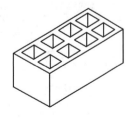
(c) 空心砖

图 4.2-1 砖类型示意图

(1) 混凝土砖、蒸压砖的生产龄期应达到 28d 后，方可用于砌体施工。

(2) 用于清水墙、柱表面的砖，应边角整齐、色泽均匀。

(3) 在有冻胀环境和条件的地区，不应采用多孔砖进行地面以下或防潮层以下的砌体砌筑。

(4) 不同品种的砖不得在同一楼层混砌。

2) 砌筑用砖强度分为 MU30、MU25、MU20、MU15、MU10 五个等级，使用时按设计要求选用。

3) 砌筑用砖使用前应提前 1~2d 适度湿润，严禁采用干砖或处于吸水饱和状态的砖砌筑，块体湿润程度规定如下：

(1) 烧结类块体的相对含水量应为 60%~70%，其他非烧结类块体的相对含水量应为 40%~50%。

(2) 混凝土多孔砖及混凝土实心砖不宜浇水湿润，但天气干燥炎热时，可在砌筑前浇水湿润。

（二）砌筑形式

砖墙砌筑形式有全顺、两平一侧、全丁、一顺一丁、梅花丁或三顺一丁等。通常采用一顺一丁、梅花丁、三顺一丁方式（图 4.2-2）。

1) 全顺砌法：各皮砖均顺砌，竖向灰缝相互错开 1/2 砖长，仅用于半砖（原 115mm）墙砌筑。

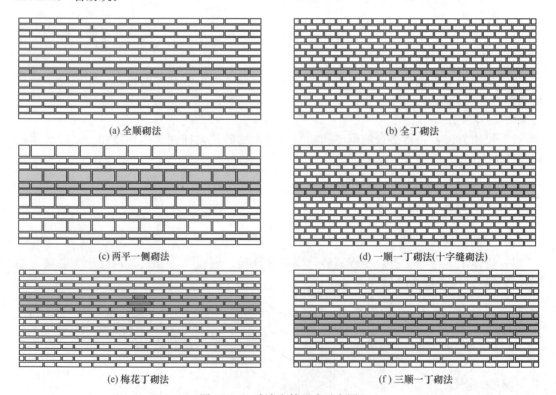

(a) 全顺砌法　　　　　　　　　　(b) 全丁砌法

(c) 两平一侧砌法　　　　　　　　(d) 一顺一丁砌法(十字缝砌法)

(e) 梅花丁砌法　　　　　　　　　(f) 三顺一丁砌法

图 4.2-2　砖墙砌筑型式示意图

2) 全丁砌法：各皮砖均丁砌，竖向灰缝相互错开 1/4 砖长，适用于一砖厚

(240mm)墙砌筑。

3）二平一侧砌法：两皮砖平砌、一皮砖侧砌的顺砖相隔砌筑。

（1）当墙厚为180mm时，平砌层均为顺砌，竖向灰缝相互错开1/2砖长。

（2）当墙厚为300mm时，平砌层为一顺一丁砌法。顺砌层与侧砌层间竖向灰缝相互错开1/2砖长，丁砖层与侧砌层间竖向灰缝相互错开1/4砖长。

4）一顺一丁砌法：一皮砖全顺砌、一皮砖全丁砌，间隔砌筑而成。竖向灰缝相互错开1/4砖长。

5）梅花丁砌法：每皮砖中顺砖与丁砖间隔相砌，上皮丁砖位于下皮顺砖中，竖向灰缝错开1/4砖长。

6）三顺一丁砌法：三皮砖全顺砌、一皮砖全丁砌，间隔组砌而成，顺砖与丁砖间竖缝错开1/4砖长，顺砖间竖缝错开1/2砖长。

（三）砖砌体施工要点

1. 基本要求

1）放线定位：砌筑前在操作面上弹出墙体控制线、构造柱及门窗洞口位置线。

2）在墙体转角处或交接处，设置皮数杆控制砖体砌筑标高，皮数杆的间距不宜大于15m；在墙体两侧挂垂直线和水平线，控制砌砖的水平及垂直度。

3）砖墙水平灰缝厚度和竖向灰缝宽度宜为8～12mm。

4）正常施工条件下，砖砌体每日砌筑高度宜控制在1.5m或一步脚手架高度内。

5）240mm厚承重墙的每层墙的最上一皮砖，楼板、梁、柱及屋架的支承处，砖砌体的台阶水平面上及挑出层等，均应整砖丁砌。

6）砌体的垂直度、表面平整度、灰缝厚度及砂浆饱满度，均应随时检查并在砂浆终凝前进行校正。砌筑完基础或每一楼层后，应校核砌体的轴线和标高。

2. 基础砌体施工

1）砖基础形式分为等高式放脚和不等高式放脚两种（图4.2-3）。

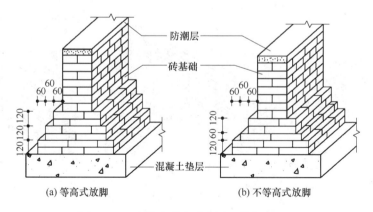

图 4.2-3 砖基础形式示意图（单位：mm）

2）当砖基础基底标高不同时，应从低处砌起，并应由高处向低处搭接。当设计无要求时，搭接长度L不应小于基础底的高差H，搭接长度范围内下层基础应扩大砌筑（图4.2-4）。

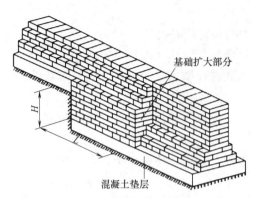

图 4.2-4 基础标高不同时搭砌示意图

3）基础防潮层：

（1）防潮层位置

① 当室内地面垫层为不透水层（如混凝土）时，通常在-0.06m 标高处设置，并且至少高于室外地坪 150mm，以防雨水溅湿墙身。

② 当室内地面垫层为透水层（如碎石、炉渣等）时，通常设置在+0.06m 标高处。

③ 当两相邻房间之间室内地面有高差时，应在墙身内设置高低两道水平防潮层，并在靠土壤一侧设置垂直防潮层，将两道水平防潮层连接起来。

（2）防潮层做法

① 防水砂浆防潮层：采用 1∶2.5 的水泥砂浆加入水泥重量的 3%～5%的防水剂，厚度可为 20～25mm。

② 油毡防潮层：先用 20mm 厚的水泥砂浆找平，再铺一毡二油（搭接长度≥70mm）。抗震设防地区建筑物，不应采用卷材作基础墙的水平防潮层。

③ 细石混凝土防潮层：在 60mm 厚的细石混凝土中配 3ϕ6～3ϕ8 钢筋形成防潮带，或结合地圈梁的设置形成防潮层，适用于整体刚度要求较高的建筑中。

④ 垂直防潮层：在两道水平防潮层之间的垂直墙面上，先用水泥砂浆抹灰，再涂冷底子油一道，刷热沥青两道或采用防水砂浆抹灰进行防潮处理。

3. 无构造柱砖砌墙体转角、交接处施工

1）砖砌墙体的转角处和交接处应同时砌筑。砖墙砌体在 L 形转角、丁字形及十字形墙交接部位的排砖方式，以 240mm 墙厚为例，如图 4.2-5 所示，并应在转角及交接处按间距 500mm 设置拉结筋。

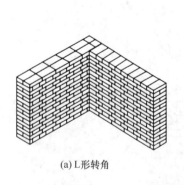
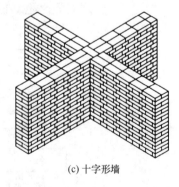

(a) L 形转角　　　　(b) 丁字形墙　　　　(c) 十字形墙

图 4.2-5 砖砌体转角排砖示意图

2）当砖砌墙体转角及交接处不能同时砌筑时，应按规范要求留置接槎。

在抗震设防烈度 8 度及以上地区，砌筑临时间断处应砌成斜槎，其中普通砖砌体的斜槎水平投影长度不应小于高度的 2/3，多孔砖砌体的斜槎长高比不应小于 1/2。斜槎高度不得超过一步脚手架高度（图 4.2-6）。

3）在非抗震设防及在抗震设防烈度为 6 度、7 度的地区，砖砌体的转角处和交接处及砌筑临时间断处,当不能留斜槎时,除转角处外,可留凸形直槎,留直槎处应加设拉结钢筋(图4.2-7)。

(1)每120mm墙厚应设置1Φ6拉结钢筋;当墙厚为120mm时,应设置2Φ6拉结钢筋。

(2)间距沿墙高不应超过500mm,且竖向间距偏差不应超过100mm。

(3)埋入长度从留槎处算起每边均不应小于500mm;对抗震设防烈度6度、7度的地区,不应小于1m。

(4)末端应设90°弯钩。

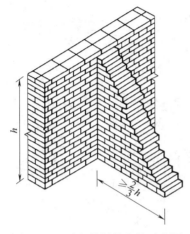

图4.2-6 砖砌体斜槎砌筑示意图

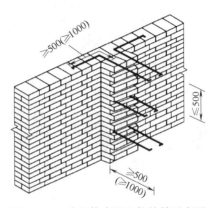

图4.2-7 砖砌体直槎和拉结筋示意图

4. 有构造柱砖砌墙体转角、交接处施工

1)砌体构造柱施工流程:绑扎构造柱钢筋→砖墙砌筑→留置马牙槎→构造柱支模→浇筑混凝土。

2)构造柱在砖砌墙体中的位置有五种情况,即一字形墙、丁字形墙、十字形墙、L形转角及端墙处(图4.2-8)。

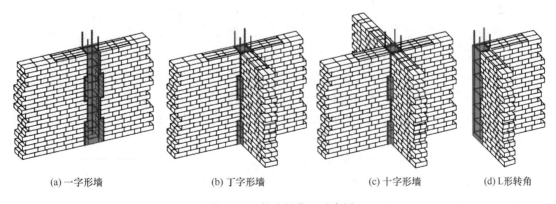

(a)一字形墙　　　(b)丁字形墙　　　(c)十字形墙　　　(d)L形转角

图4.2-8 构造柱位置示意图

5. 与构造柱相邻部位的砖砌墙体应留置马牙槎

1)马牙槎应先退后进,每个马牙槎沿高度方向的尺寸不宜超过300mm,凹凸尺寸宜为 60mm。

2）砖墙砌筑时，砌体与构造柱间应沿墙高每 500mm 设拉结钢筋，钢筋数量及伸入墙内长度应满足设计要求（图 4.2-9）。

6．施工洞口留置

1）墙上留置临时施工洞口净宽度不应大于 1m，且侧边距交接处墙面不应小于 500mm；临时施工洞口顶部宜设置过梁，洞口两侧留置马牙槎，并预埋水平拉结筋（图 4.2-10）。

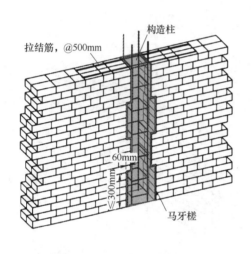

图 4.2-9 构造柱处砌体节点

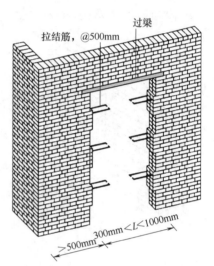

图 4.2-10 施工洞口留置节点

2）对于抗震设防烈度为 9 度及以上地震区建筑物的临时施工洞口位置，应会同设计单位确定。

3）墙梁构件的墙体部分不宜留置临时施工洞口；当需留置时，应会同设计单位确定。

4）施工洞口补砌时，砌筑砖及砂浆强度不应低于砌体材料强度，且砌筑砖使用前应浇水湿润。

7．施工脚手架眼设置

1）施工脚手架眼不得设置在下列墙体或部位：

（1）120mm 厚墙、清水墙、料石墙、独立柱和附墙柱。

（2）门窗洞口两侧石砌体 300mm，其他砌体 200mm 范围内；转角处石砌体 600mm，其他砌体 450mm 范围内；过梁上部与过梁成 60°角的三角形范围内及过梁净跨度 1/2 的高度范围内 [图 4.2-11（a）]。

（3）宽度小于 1m 的窗间墙 [图 4.2-11（b）]。

（4）梁或梁垫下及其左右 500mm 范围内（图 4.2-12）。

（5）设计不允许设置脚手眼的部位。

2）脚手架眼封堵前，应先清理脚手架眼上的杂物，从室内以适当大小的砖，以刮浆法将砖敲入孔眼，再用微膨胀砂浆灌缝加以密封处理。完成后将表面搓平，并用喷水机在表面喷水养护一周。

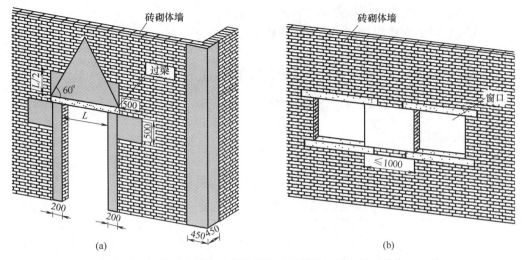

图 4.2-11 门窗洞口部位不宜设置脚手架眼位置示意图（单位：mm）

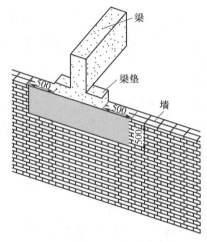

图 4.2-12 梁部位不宜设置脚手架眼位置示意图（单位：mm）

8. 砖柱砌筑施工

1) 砖柱砌筑应保证砖柱外表面上下皮垂直灰缝相互错开 1/4 砖长，砖柱内部尽量减少通缝，可采用配砖错开缝，每皮砖的排布可采用顺时针旋转方式，交错砌筑（图 4.2-13）。

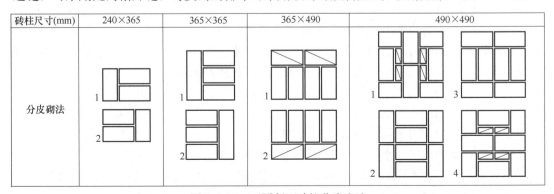

图 4.2-13 不同断面砖柱分皮砌法

2）异形柱、垛用砖，应根据排砖方案事先加工。
3）带壁柱墙的壁柱应与墙身同时咬槎砌筑。
4）砖柱不得采用包心砌法。
5）砖柱中不得留脚手眼，砖柱每日砌筑高度不得超过 1.8m。

三、混凝土小型空心砌块砌体工程

（一）材料要求

1. 砌块

1）混凝土小型空心砌块分为普通混凝土砌块和轻集料混凝土砌块（表 4.2-2）。

混凝土小型空心砌块规格、强度一览表　　表 4.2-2

砌块类型	规格尺寸(mm)			强度等级
	长度 L	宽度 B	高度 H	
普通混凝土砌块	390	90、120、140、190	90、140、190	MU5、MU7.5、MU10、MU15、MU20
轻集料混凝土砌块	390、600	90、120、150、190、200、250	140、190、300	MU3.5、MU5、MU7.5、MU10、MU15

2）砌块生产龄期不足 28d、破裂、不规整、浸水和表面被污染的砌块，不得用于承重墙砌筑施工。

3）砌块使用时含水率要求：

（1）普通混凝土小砌块，宜为自然含水率，当天气干燥炎热时，可提前浇水湿润。

（2）轻集料混凝土小砌块，宜提前浇水湿润，块体相对含水率宜为 40%～50%。雨天及小砌块表面有浮水时，不得施工。

2. 砂浆

1）底层室内地面以下或防潮层以下的砌体，应采用水泥砂浆砌筑，小砌块的孔洞应采用强度等级不低于 Cb20 或 C20 的混凝土灌实。

2）防潮层以上的小砌块砌体，宜采用专用砂浆砌筑，砂浆强度等级可分为 Mb20、Mb15、Mb10、Mb7.5、Mb5。

3）砌筑砂浆应随拌随用，并应在 3h 内使用完毕；当施工期间温度超过 30℃时，应在 2h 内使用完毕。砂浆出现泌水现象时，应在砌筑前再次拌合。

（二）砌筑施工要点

1）基本要求：

（1）小砌块应将生产时的底面朝上反砌于墙上。

（2）砌筑小砌块时，宜使用专用铺灰器铺放砂浆，且应随铺随砌。当未采用专用铺灰器时，砌筑时的一次铺灰长度不宜大于 2 块主规格块体的长度。

（3）小砌块砌体的水平灰缝厚度和竖向灰缝宽度宜为 8～12mm。

（4）小砌块墙内不得混砌黏土砖或其他墙体材料。当需局部嵌砌时，应采用强度等级不低于 C20 的适宜尺寸的配套预制混凝土砌块。

（5）需移动砌体中的小砌块或砌筑完成的砌体被撞动时，应重新铺砌。

（6）正常施工条件下，小砌块砌体每日砌筑高度宜控制在 1.4m 或一步脚手架高度内。

2）小砌块砌体应对孔错缝搭砌。

(1) 对孔砌筑：砌块砌筑时，每层砌块应顺砌，当墙、柱内设置芯柱时，应采用对孔砌筑，即上下层砌块应孔对孔、肋对肋，上下两皮小砌块搭砌长度应为 195mm（图 4.2-14）。

(2) 错孔砌筑：当墙体设构造柱或使用多排孔小砌块及插填聚苯板或其他绝热保温材料的小砌块砌筑墙体时，可采用错孔砌筑，但应错缝搭砌，搭砌长度不应小于 90mm；搭接长度不满足要求时，应在水平灰缝中设置 Φ4 的钢筋网片，钢筋网片两端均应该超过该位置竖缝不小于 400mm（图 4.2-15）。

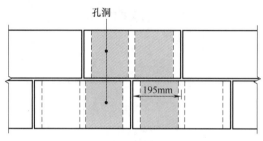

图 4.2-14 对孔砌筑示意图

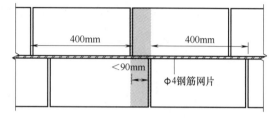

图 4.2-15 错孔砌筑示意图

3）墙体转角处和纵、横墙交接处应同时砌筑，如需临时间断砌筑时，应留置接槎（图 4.2-16）。

(1) 临时间断处应砌成斜槎，斜槎水平投影长度不应小于斜槎高度。

(2) 临时施工洞口处应预留阴阳槎。在补砌洞口时，应在直槎上下搭砌的小砌块孔洞内用强度等级不低于 Cb20 或 C20 的混凝土灌实，混凝土应随砌随灌。

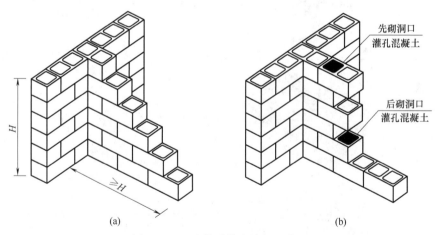

图 4.2-16 砌筑墙体留接槎示意图

4）砌筑小砌块墙体勾缝：

(1) 一般墙面，应及时用原浆勾缝，勾缝宜为凹缝，凹缝深度宜为 2mm。

(2) 对装饰夹心复合墙体的墙面，应采用勾缝砂浆进行加浆勾缝，勾缝宜为凹圆缝或 V 形缝，凹圆缝深度宜为 4~5mm。

5）砌筑时脚手架孔眼留置，可采用小规格砌块砌成孔洞，墙体完工后再采用强度等级不低于 Cb20 或 C20 的混凝土填实（图 4.2-17）。

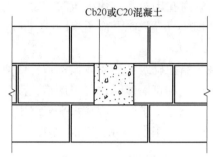

(a) 脚手架孔眼留置　　　　　　　　(b) 脚手架孔眼封堵

图 4.2-17　脚手架孔眼留置、封堵示意图

四、填充墙砌体工程

(一) 填充墙材料

1. 填充墙用砖

1) 常用填充墙用砖见表 4.2-3。

常用填充墙用砖表　　　　　　　　表 4.2-3

名称	图示	使用强度等级	主要规格(mm)
烧结空心砖		强度等级不宜低于 MU7.5	长:390、290、240、190 宽:240、190、140、90 高:120 及 90
轻骨料混凝土小型空心砌块		强度等级不应低于 MU2.5	长:390、290、240、190 宽:240、190、140、90 高:190、90
蒸压加气混凝土砌块		内墙砖强度等级不应低于 A2.5;外墙及潮湿环境用砖强度不应低于 A3.5	长:600、400、300、200 宽:250、200、150、100 高:200、300
陶粒泡沫混凝土砌块		强度等级分为 A3.5、A5.0 两种	长:180、190、200、240 宽:180、190、200、240 高:390

续表

名称	图示	使用强度等级	主要规格(mm)
非承重混凝土复合自保温砌块		强度等级 MU5	390×240×190

2)烧结空心砖、吸水率较大的轻骨料混凝土小型空心砌块应提前1～2d浇水湿润;蒸压加气混凝土砌块应在砌筑当天对砌块砌筑面浇水湿润。其中,烧结空心砖的相对含水率宜控制在60%～70%,其他类型砌筑用砖相对含水率宜为40%～50%。

3)蒸压加气混凝土砌块切锯应采用专用工具,不得用斧子或瓦刀任意砍劈,洞口两侧应采用规格整齐的砌块砌筑。

2. 砌筑砂浆

1)烧结空心砖、吸水率较大的轻骨料混凝土小型空心砌块可采用普通砂浆砌筑。

2)蒸压加气混凝土砌块采用专用砂浆或普通砂浆砌筑。

3)砌筑砂浆强度等级不应低于M5,室内地坪以下及潮湿环境应采用水泥砂浆或专用砂浆,强度等级不应低于M10。

(二)填充墙砌筑施工

1. 施工流程

放线→植筋、构造柱钢筋绑扎→砂浆拌制→墙体砌筑→勾缝→构造柱混凝土施工→验收。

2. 施工要点

1)砌筑前,根据施工图纸放出墙体位置控制线、门窗洞口及构造柱位置。

2)拉结筋植筋:

(1)立皮数杆,根据皮数杆弹出拉结筋定位线,拉结筋间距不应大于500mm。

(2)拉结筋植入主体结构内长度不小于15d(d为拉结筋直径),如图4.2-18所示。拉结筋伸出主体结构面长度见表4.2-4。

拉结筋伸出主体结构面长度一览表　　表 4.2-4

适用条件	拉结筋伸出结构面长度(L)
非抗震区	不小于600mm
抗震设计6、7度	不小于墙长的1/5,且不应小于700mm
抗震设计8度	不小于1000mm

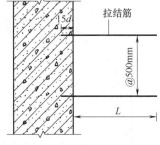

图 4.2-18 拉结筋示意图

(3)填充墙与主体结构间的拉结筋一般采用化学植筋方式。植筋完成后,应对拉结筋植筋质量进行实体检测。

3)砌筑排砖原则:

(1)砌块搭接长度不宜小于砌块长度的1/3,且不应小于150mm。当不能满足时,应设置钢筋加强。

（2）与结构交接部位不够半砖处，可采用普通砖或配砖补砌，半砖以上的非整砖宜采用无齿锯加工制作。其中，蒸压加气混凝土砌块、轻骨料混凝土小型空心砌块等不应与其他墙体材料混砌。

（3）填充墙水平灰缝厚度和竖向灰缝宽度宜为8~12mm。

4）采用轻骨料混凝土小型空心砌块、蒸压加气混凝土砌块砌筑墙体时，墙底部应先砌三皮普通砖；若遇到卫生间、厨房等潮湿部位，则应采用混凝土浇筑150mm高的坎台（图4.2-19）。

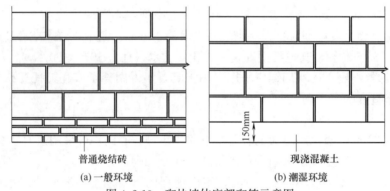

图4.2-19　砌块墙体底部砌筑示意图

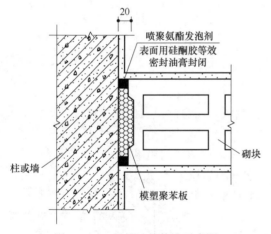

图4.2-20　柔性连接构造示意图

5）填充墙与竖向结构连接处应采用柔性连接构造。利用模塑聚苯板预留20mm空隙，喷聚氨酯发泡剂后表面用硅酮胶等效密封油膏封闭（图4.2-20）。

6）填充墙顶部与主体结构连接（图4.2-21）：

（1）与顶部承重主体结构之间应预留80~200mm空隙，此空隙应在填充墙砌筑完成14d后进行补砌。

（2）补砌方法：墙中用三角砖砌筑，其他部分用斜砖砌筑，斜度为45°~60°。末端用混凝土三角砖填平。

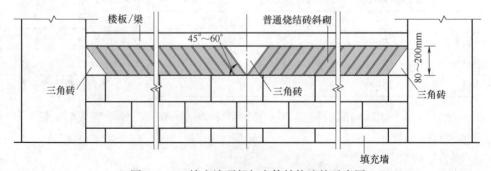

图4.2-21　填充墙顶部与主体结构连接示意图

7) 构造柱施工（图 4.2-22）：

（1）构造柱与砌体连接处砌成马牙槎，马牙槎先退后进，退槎宽度为 60mm，且马牙槎高度不应大于 300mm。

（2）墙体砌筑时，在构造柱两端设置两根水平拉结筋，伸入墙体长度不小于 1000mm。

（3）墙体砌筑完毕后，在构造柱马牙槽墙体两侧粘贴海绵条。

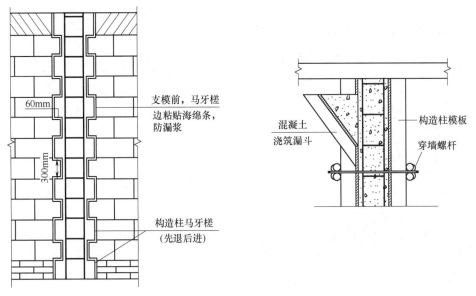

图 4.2-22 构造柱施工示意图

（4）支设构造柱模板，用对拉螺栓加固，并在一侧模板顶部留出漏斗状浇筑口。

（5）混凝土达到设计强度要求后，方可拆除模板，模板拆除后，将漏斗处多浇筑的混凝土剔凿清除。

8）填充墙管线埋设：

（1）墙体上管线槽应在砌筑前进行策划，尽量在砌筑时预留。预留及收口方式可参见构造柱做法。

（2）当砌筑完成后埋设管线槽（盒）的做法（图 4.2-23）：

(a) 管线(盒)开槽　　　　　　　　(b) 管线(盒)封堵

图 4.2-23 管线（盒）开槽、封堵

① 采用无齿锯沿管线槽（盒）线切割整齐，严禁直接剔凿。
② 管线（盒）安装固定后，采用C20以上的细石混凝土填塞密实。
③ 表面抹灰时，需增加一层10mm×10mm钢丝网防裂。

五、砌体工程质量验收标准

1. 砖砌体质量验收标准

1）砖砌体尺寸、位置的允许偏差及检查方法见表4.2-5。

砖砌体尺寸、位置的允许偏差及检查方法　　　　　　表4.2-5

项次	项目		允许偏差(mm)	检查方法	抽检数量
1	轴向位移		10	经纬仪和尺或用其他测量仪器检查	承重墙、柱全数检查
2	基础、墙、柱顶面标高		±15	水准仪和尺检查	不应少于5处
3	墙面垂直度	每层	5	2m托线板检查	不应少于5处
		≤10m全高	10	经纬仪和尺或用其他测量仪器检查	外墙全部阳角
		>10m全高	20		
4	表面平整度	清水墙、柱	5	2m靠尺和楔形塞尺检查	不应少于5处
		混水墙、柱	8		
5	水平灰缝平直度	清水墙	7	拉5m线和尺检查	不应少于5处
		混水墙	10		
6	门窗洞口高、宽（后塞口）		±10	用尺检查	不应少于5处
7	外墙上下窗口偏移		20	以底层窗口为准,用经纬仪或吊线检查	不应少于5处
8	清水墙游丁走缝		20	以每层第一皮砖为准,用吊线和尺检查	不应少于5处

2）砂浆饱满度及检验方法：

（1）砖砌体的灰缝应横平竖直、厚薄均匀，灰缝宽度宜为10mm，且不小于8mm，也不大于12mm。

（2）抽检数量：每检验批抽查不应少于5处。

（3）检验方法：水平灰缝厚度用尺量10皮砖砌体高度折算；竖向灰缝宽度用尺量2m砌体长度折算。

2. 填充墙砌体质量验收标准

1）填充墙砌体尺寸、位置的允许偏差及检查方法见表4.2-6。

填充墙砌体尺寸、位置的允许偏差及检查方法　　　　　表4.2-6

项次	项目		允许偏差(mm)	检查方法	抽检数量
1	轴线位置		10	用尺检查	不应少于5处
2	垂直度（每层）	≤3m	5	用2m托线板或吊线、尺检查	不应少于5处
		>3m	10		
		混水墙	10		

续表

项次	项目	允许偏差(mm)	检查方法	抽检数量
3	表面平整度	8	用2m靠尺和楔形尺检查	不应少于5处
4	门窗洞口高、宽(后塞口)	±5	用尺检查	
5	外墙上、下窗口偏移	20	用经纬仪或吊线检查	

2)填充墙砌体的砂浆饱满度及检验方法见表4.2-7。

填充墙砌体的砂浆饱满度及检验方法 表4.2-7

砌体分类	灰缝	饱满度及要求	检验方法	抽检数量
空心砖砌体	水平	≥80%	采用百格网检查块体底面或侧面砂浆的粘结痕迹面积	不应少于5处
	垂直	填满砂浆,不得有透明缝、瞎缝、假缝		
蒸压加气混凝土砌块、轻骨料混凝土小型空心砌块砌体	水平	≥80%		
	垂直	≥80%		

六、砌筑结构工程冬雨期及高温天气施工要点

(一)冬期施工要点

1. 外加剂法

1)外加剂一般采用氯盐外加剂。氯盐应以氯化钠为主,当气温低于-15℃时,可与氯化钙复合使用。掺量见表4.2-8(氯盐以无水盐计,掺量为占拌合水质量百分比)。

氯盐外加剂掺量 表4.2-8

氯盐及砌体材料种类		日最低气温(℃)			
		≥-10	-15~-11	-20~-16	-25~-21
单掺氯化钠(%)	砖、砌块	3	5	7	—
	石材	4	7	10	—
复掺(%)	氯化钠	砖、砌块	—	—	5	7
	氯化钙		—	—	2	3

2)以下建筑物不得采用掺氯盐的砂浆砌筑砌体:

(1)对装饰工程有特殊要求的建筑物。

(2)使用环境湿度大于80%的建筑物。

(3)配筋、钢埋件无可靠防腐蚀处理措施的砌体。

(4)接近高压电线的建筑物(如变电所、发电站等)。

(5)经常处于地下水位变化范围内,以及在地下未设防水层的结构。

3)砌筑砂浆制备:

(1)水泥:应采用普通硅酸盐水泥,不得使用无水泥拌制的砂浆。

(2)现场用砂:不得含有直径大于10mm的冻结块或冰块。

(3)石灰膏、电石渣膏等材料:现场存放应有保温措施,冻结时应融化后方可使用。

(4)砂浆所有拌合料使用前应加热预热;水温不宜超过80℃,砂加热温度不宜超过

40℃，且水泥不得与80℃以上热水直接接触；砂浆稠度宜较常温适当增大。

4) 砌筑施工要点：

(1) 砌筑作业面上的冰雪应清除干净，不得使用遭水浸和受冻后表面结冰、污染的砖或砌块。

图4.2-24 暖棚法砌体施工示意图

(2) 砌筑施工时，砂浆温度不应低于5℃。当设计无要求，且最低气温等于或低于－10℃时，应停止施工。

(3) 砌块与砂浆的温度差值宜控制在20℃以内，且不应超过30℃。

(4) 每日砌筑高度不宜超过1.2m，每日砌筑完应覆盖保温材料防冻。

2. 暖棚法

1) 暖棚法适用于地下工程、基础工程以及工期紧迫的砌体结构（图4.2-24）。

2) 暖棚法施工时，暖棚内的最低温度不应低于5℃。

3) 砌体养护时间应根据暖棚内的温度确定，并应符合表4.2-9的规定。当同条件养护砂浆试块强度达到设计强度等级值30%后，可拆除暖棚或停止加热。

暖棚法施工时的砌体养护时间　　　　表4.2-9

暖棚内温度(℃)	5	10	15	20
养护时间(d)	≥6	≥5	≥4	≥3

(二) 雨期及高温天气施工要点

1) 雨天不宜进行室外墙体砌筑作业，室内墙体砌筑时，应按规范要求严格控制砌筑用砖的含水率，淋雨过湿的砖不得使用，小砌块表面有浮水时，不得使用。

2) 现场拌制的砂浆应随拌随用，当施工期间最高气温超过30℃时，应在2h内使用完毕；预拌砂浆及蒸压加气混凝土砌块专用砂浆的使用时间应按照厂方提供的说明书确定；砌筑砂浆使用中，不得随意加水。

3) 采用铺浆法砌筑砌体，施工期间气温超过30℃时，铺浆长度不得超过500mm。

第三节 钢结构工程施工

一、钢结构构件的连接

钢结构构件的主要连接方法可分为焊接连接和紧固件连接两大类，其中紧固件连接包括普通螺栓连接、高强度螺栓连接及铆钉连接三种形式。

(一) 焊接连接

1. 焊接从业人员要求

焊接从业人员岗位资格要求见表4.3-1。

焊接从业人员岗位资格要求 表 4.3-1

岗位类别	从业资格
焊接技术人员	具有相应的资格证书,且有一年以上焊接生产或施工实践经验;大型重要的钢结构工程,焊接技术负责人应取得中级及以上技术职称并有五年以上焊接生产或施工实践经验
焊接质量检验人员	接受过焊接专业的技术培训,并经岗位培训取得相应的质量检验资格证书
焊缝无损检测人员	取得国家专业考核机构颁发的等级证书,并应按证书合格项目及权限从事焊缝无损检测工作
焊工	经考试合格并取得资格证书,应在认可的范围内焊接作业,严禁无证上岗

2. 焊接工艺评定

1)钢结构制作及安装前进行焊接工艺评定试验,验证所拟定的焊接工艺的正确性。

2)焊接工艺评定试件制作时,应采用与正式钢结构的焊接接头形式、钢材类型、规格、焊接方法、焊接位置、焊接环境、焊材类型等相同条件,并做好标识(图 4.3-1)。

3)焊接工艺评定报告,要考虑尽可能少的试验项目,满足生产及以后生产发展所需要的工艺评定覆盖范围。

3. 焊接作业条件

1)作业区环境温度不应低于-10℃。否则应进行相应焊接环境下的工艺评定试验。

当焊接作业环境温度低于0℃但不低于-10℃时,应将焊接接头和焊接表面各方向大于或等于钢板厚度的2倍且不小于100mm范围内的母材,加热到规定的最低预热温度且不低于20℃后再施焊(图 4.3-2)。

图 4.3-1 焊接工艺评定试件样式

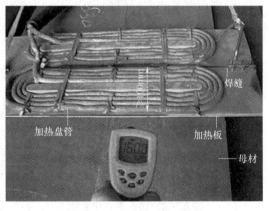

图 4.3-2 母材加热示意图

2)焊接作业区的相对湿度不应大于90%。

3)作业区风速要求:

(1)当采用手工电弧焊和自保护药芯焊丝电弧焊时,焊接作业区最大风速不应超过8m/s。

(2)当采用气体保护电弧焊时,焊接作业区最大风速不应超过2m/s。

(3)当高处钢结构焊接受风力影响时,需搭设焊接防风棚,防风棚高度应能遮挡焊缝位置且不受风力影响,并在顶面或背风一侧留有透气空间(图 4.3-3)。

4)在高温狭小空间内焊接时,应提供新风及抽排烟雾的系统,并为在密闭空间内工作的工人提供供气式呼吸器。在合理、切实可行的范围内，不要把气瓶放进密闭空间；假若有此需要，则应把放进密闭空间的气瓶数量尽可能减至最低，并在使用时密切监察气瓶，以防漏气，且于停工时搬离该地（图4.3-4）。

图4.3-3 母材加热示意图

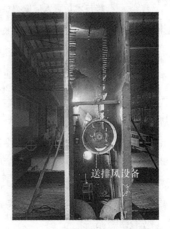

图4.3-4 高温狭小空间内焊接

5）搭设操作平台。操作平台由角底板、直底板、调节滑板、翻板、护栏以及加固斜撑组成。操作平台在堆场拼装后整体吊装就位，经项目经理部组织验收合格后方可投入使用（图4.3-5）。

6）焊接前，应采用钢丝刷、砂轮等工具清除待焊处表面的氧化皮、铁锈、油污等杂物，清理范围外边距焊缝坡口边缘不应少于30mm（图4.3-6）。

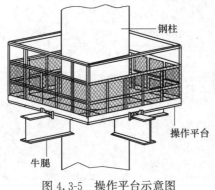

图4.3-5 操作平台示意图

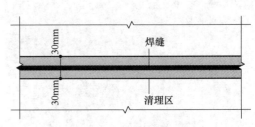

图4.3-6 焊接处清理

4. 焊接施工

1）焊接接头

焊接接头包括对接接头、T形接头、十字接头、角接接头、搭接接头。

2）定位焊缝

（1）定位焊缝与正式焊缝应具有相同的焊接工艺和焊接质量要求，且焊接时预热温度宜高于正式施焊预热温度20~50℃。

（2）定位焊缝长度为40~60mm，厚度不应小于3mm，不宜超过设计焊缝厚度的2/3，间距为300~600mm且两端50mm处不得点焊（图4.3-7）。较短构件定位焊不得少于2处。

3) 引弧板/引出板设置

焊接接头的端部应设置焊缝引弧板、引出板。焊条电弧焊和气体保护电弧焊焊缝引出长度应大于 25mm，埋弧焊缝引出长度应大于 80mm。焊接完成并完全冷却后，可采用火焰切割、碳弧气刨或机械等方法除去引弧板、引出板，并应修磨平整，严禁用锤击落（图 4.3-8）。

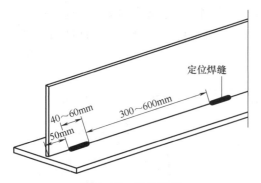

图 4.3-7 定位焊缝

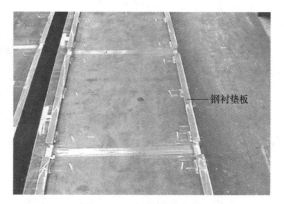

图 4.3-8 引弧板/引出板设置

4) 焊接衬垫加设

钢衬垫板应与接头母材密贴连接，其间隙不应大于 1.5mm，并应与焊缝充分熔合。手工电弧焊和气体保护电弧焊时，钢衬垫板厚度不应小于 4mm；埋弧焊接时，钢衬垫板厚度不应小于 6mm；电弧焊时，钢衬垫板厚度不应小于 25mm（图 4.3-9）。

5) 预热和道间温度控制

（1）预热和道间温度控制宜采用电加热、火焰加热和红外线加热等加热方法

图 4.3-9 焊接衬垫加设

（图 4.3-10），并应采用专用的测温仪器测量。预热的加热区域应在焊接坡口两侧，宽度应为焊件施焊处板厚的 1.5 倍以上，且不应小于 100mm。

(a) 电加热

(b) 火焰加热

图 4.3-10 钢构件加热方式

（2）温度测量点，当为非封闭空间构件时，宜在焊件受热面的背面离焊接坡口两侧不小于75mm处；当为封闭空间构件时，宜在焊件受热面的正面离焊接坡口两侧不小于100mm处。

6）焊接变形的控制

（1）采用的焊接工艺和焊接顺序应使构件的变形和收缩最小。

① 对接接头、T形接头和十字接头，在构件放置条件允许或易于翻转的情况下，宜双面对称焊接；有对称截面的构件，宜对称于构件中性轴焊接；有对称连接杆件的节点，宜对称于节点轴线并同时对称焊接［图4.3-11（a）］。

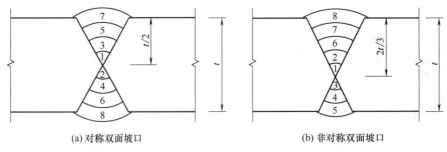

(a) 对称双面坡口　　　　(b) 非对称双面坡口

图 4.3-11　对称、非对称双面坡口焊接顺序示意图

② 非对称双面坡口焊缝，宜先焊深坡口侧部分焊缝，然后焊满浅坡口侧，最后完成深坡口侧焊缝。特厚板宜增加轮流对称焊接的循环次数［图4.3-11（b）］。

③ 长焊缝宜采用分段退焊法、跳焊法或多人对称焊接法。将焊件接缝分成若干段，按预定次序和方向分段间隔施焊，完成整条焊缝，每道焊缝起弧点都应在前道焊缝起弧点前面开始焊，要根据每根焊条焊的长度来估算起弧点，后一道焊缝收弧处要压住前道焊缝起弧点（图4.3-12）。

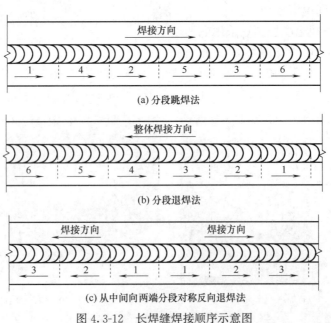

图 4.3-12　长焊缝焊接顺序示意图

（2）构件焊接时，宜采用预留焊接收缩余量或预置反变形方法控制收缩和变形，收缩余量和反变形值宜通过计算或试验确定（图4.3-13）。

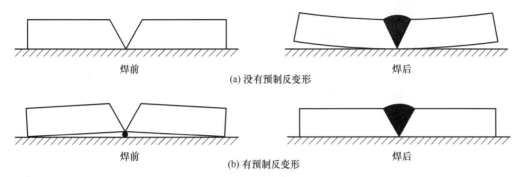

图4.3-13 采取预制反变形措施前后示意图

（3）构件装配焊接时，应先焊收缩量较大的接头、后焊收缩量较小的接头。接头应在约束较小的状态下焊接，可在钢板焊缝两侧焊接约束板，待焊接完成并在焊缝冷却变形完成后将约束板割除。焊接约束板根据现场焊接形式与临时连接位置灵活布置，以间距0.8~1.0m设置一道约束板为宜（图4.3-14）。

7）焊后消除应力处理

（1）电加热器局部退火

① 适用于设计文件对焊后消除应力有要求时。

② 操作方法：在构件焊缝每个侧面的加热板（带），其宽度应至少为钢板厚度的3倍，且不应小于200mm；加热板（带）以外的构件两侧宜用保温材料适当覆盖。然后将工件加热到规定温度，保温一定时间后让工件逐渐缓慢冷却（图4.3-15）。

图4.3-14 约束板设置示意图

图4.3-15 电加热器消除应力

（2）振动法或机械法消除应力

① 适用于仅为稳定结构尺寸时。

② 机械法操作方法：用锤击法消除中间焊层应力时，应使用圆头手锤或小型振动工具进行，不应对根部焊缝、盖面焊缝或焊缝坡口边缘的母材进行锤击。

5.焊接质量检验

焊接质量检验包括：焊前检验、焊中检验和焊后检验。

1) 焊前检验

(1) 按设计文件和相关标准的要求对工程中所用钢材、焊接材料的规格、型号（牌号）、材质、外观及质量证明文件进行确认。

(2) 焊工合格证及认可范围确认。

(3) 焊接工艺技术文件及操作规程审查。

(4) 坡口形式、尺寸及表面质量检查。

(5) 组对后构件的形状、位置、错边量、角变形、间隙等检查。

(6) 焊接环境、焊接设备等条件确认。

(7) 定位焊缝的尺寸及质量认可。

(8) 焊接材料的烘干、保存及领用情况检查。

(9) 引弧板、引出板和衬垫板的装配质量检查。

2) 焊中检验

(1) 实际采用的焊接电流、焊接电压、焊接速度、预热温度、层间温度及后热温度和时间等焊接工艺参数与焊接工艺文件的符合性检查。

(2) 多层多道焊焊道缺欠的处理情况确认。

(3) 采用双面焊清根的焊缝，应在清根后进行外观检查及规定的无损检测。

(4) 多层多道焊中焊层、焊道的布置及焊接顺序等检查。

3) 焊后检验

(1) 焊缝的外观质量与外形尺寸检查。

(2) 焊缝的无损检测。

(3) 焊接工艺规程记录及检验报告审查。

（二）紧固连接件

1. 紧固连接件种类

常用的紧固连接件有：普通螺栓、扭剪型高强度螺栓、高强度大六角头螺栓、钢网架螺栓球节点用高强度螺栓及拉铆钉、自攻钉、射钉等（图4.3-16）。

(a) 扭剪型高强度螺栓　　(b) 高强度大六角头螺栓　　(c) 钢网架螺栓球节点用高强度螺栓

图4.3-16　高强度螺栓示意图

2. 连接件加工及摩擦面处理

1) 构件连接板螺栓孔加工要求：

(1) 主要构件连接和直接承受动力荷载重复作用且需要进行疲劳计算的构件，其连接高强度螺栓孔应采用钻孔成型。次要构件连接且板厚小于或等于12mm时可采用冲孔成型，孔边应无飞边、毛刺。

(2) 高强度螺栓连接构件的栓孔孔距允许偏差见表4.3-2。

高强度螺栓连接构件的栓孔孔距允许偏差（mm） 表 4.3-2

孔距范围	<500	501～1200	1201～3000	>3000
同一组内任意两孔间	±1.0	±1.5	—	—
相邻两组的端孔间	±1.5	±2.0	±2.5	±3.0

注：孔的分组规定：①在节点中连接板与一根杆件相连的所有螺栓孔为一组；②对接接头在拼接板一侧的螺栓孔为一组；③在两相邻节点或接头间的螺栓孔为一组，但不包括上述①、②两款所规定的孔；④受弯构件翼缘上的孔，每米长度范围内的螺栓孔为一组。

（3）螺栓孔孔距超过允许偏差时，可采用与母材相匹配的焊条补焊，经无损检测合格后重新制孔，每组孔中经补焊重新钻孔的数量不得超过该组螺栓数量的20%（图4.3-17）。

2）高强度螺栓摩擦面、接触面间隙高差处理见表4.3-3。

高强度螺栓摩擦面、接触面间隙高差处理 表 4.3-3

项目	示意图	处理方法
1		当间隙Δ<1.0mm时不予处理
2	磨斜面	Δ=1.0～3.0mm时将厚板一侧磨平成1:10缓坡，使间隙小于1.0mm
3	垫块	Δ>3.0mm时加垫板，厚度不应小于3.0mm，最多不超过3层，垫板材质和摩擦面处理方法应与构件相同

3）高强度螺栓连接摩擦面处理规定：

（1）连接摩擦面应保持干燥、清洁，不应有飞边、毛刺、焊接飞溅物、焊疤、氧化铁皮、污垢等（图4.3-18）。

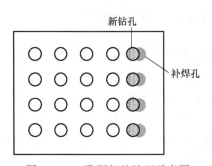

图 4.3-17 孔距超差处理示意图

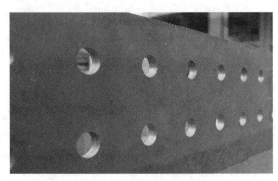

图 4.3-18 连接摩擦面处理完成效果

（2）经处理后的摩擦面应采取保护措施，不得在摩擦面上做标记。

（3）摩擦面生锈处理方法：安装前应以细钢丝刷垂直于构件受力方向除去摩擦面上的浮锈（图4.3-19）。

3. 普通螺栓施工

1) 螺栓长度计算如图 4.3-20 所示。

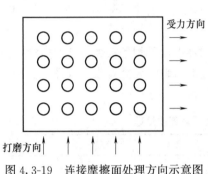

图 4.3-19 连接摩擦面处理方向示意图

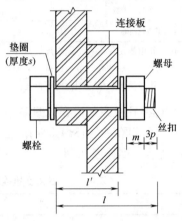

图 4.3-20 螺栓长度计算图示

根据螺栓直径、连接厚度、材料和垫圈的种类等计算长度，一般紧固后外露 2～3 扣，然后根据要求配好备用。螺栓长度计算式如下（计算结果按照"2 舍 3 入，7 舍 8 入"取 5mm 的整数倍的长度）：

$$l = l' + \Delta l \tag{4.3-1}$$

$$\Delta l = m + ns + 3p \tag{4.3-2}$$

式中：l——螺栓的长度。

l'——连接板层总厚度。

m——高强度螺母公称厚度。

n——垫圈个数。

s——高强度垫圈公称厚度。

p——螺纹的螺距。

Δl——附加长度，即紧固长度加长值。

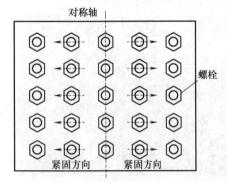

图 4.3-21 普通螺栓紧固方向示意图

2) 普通螺栓可采用普通扳手紧固。螺栓紧固应使被连接件接触面、螺栓头和螺母与构件表面密贴。

3) 普通螺栓紧固操作应从中间开始，对称向两边进行，大型接头宜采用复拧（图 4.3-21）。

4) 永久性普通螺栓连接螺栓紧固连接要点：

(1) 螺栓头和螺母侧应分别放置平垫圈，螺栓头侧放置的垫圈不应多于 2 个，螺母侧放置的垫圈不应多于 1 个（图 4.3-20）。

(2) 承受动力荷载或重要部位的螺栓连接，设计有防松动要求时，应采取有防松动装置的螺母或弹簧垫圈，弹簧垫圈应放置在螺母侧。

(3) 对工字钢、槽钢等有斜面的螺栓连接，宜采用斜垫圈。

(4) 同一个连接接头螺栓数量不应少于 2 个。

(5) 螺栓紧固后外露丝扣不应少于2扣，紧固质量可采用锤敲检验。

5) 普通螺栓紧固检验如图4.3-22所示。

(1) 检验方法：锤击法检查，即用0.3kg小锤锤敲，要求螺栓头（螺母）不偏移、不颤动、不松动，锤声比较干脆。

(2) 检验数量：按连接节点数抽查10%，且不应少于3个。

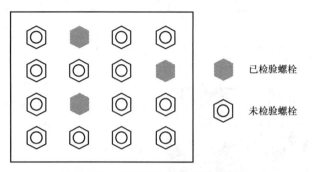

图4.3-22 普通螺栓紧固检验示意图

4. 高强度螺栓施工

1) 高强度螺栓连接副组成

(1) 高强度大六角头螺栓连接副组成：一个螺栓、一个螺母和两个垫圈。

(2) 扭剪型高强度螺栓连接副组成：一个螺栓、一个螺母和一个垫圈。

2) 高强度螺栓长度

以螺栓连接副终拧后外露2~3扣为标准计算，计算公式同普通螺栓。其中，垫圈个数（n），扭剪型高强度螺栓为1，高强度大六角头螺栓为2。

3) 螺栓孔对位

先使用安装螺栓和冲钉对孔，确保螺栓孔对齐。在每个节点上穿入的安装螺栓和冲钉数量根据安装过程所承受的荷载计算确定。不得用高强度螺栓兼作安装螺栓。

4) 高强度螺栓安装

(1) 高强度螺栓应能自由穿入螺栓孔，不得强行穿入。

(2) 螺栓不能自由穿入时，可采用铰刀或锉刀修整螺栓孔，不得采用气割扩孔，扩孔数量应征得设计单位同意，修整后或扩孔后的孔径不应超过螺栓直径的1.2倍。

5) 高强度螺栓连接副施拧

(1) 施拧应分为初拧和终拧，大型节点应在初拧和终拧间增加复拧。初拧扭矩可取施工终拧扭矩的50%，复拧扭矩应等于初拧扭矩。高强度螺栓连接副的初拧、复拧、终拧，宜在24h内完成。

(2) 高强度大六角头螺栓连接副施拧可采用扭矩法或转角法。

① 采用扭矩法施拧前，应对扭矩扳手进行校正，其扭矩相对误差不得大于±5%；校正用的扭矩扳手，其扭矩相对

图4.3-23 扭矩扳手施拧

误差不得大于±3%（图 4.3-23）。

② 采用转角法施工时，初拧（复拧）后连接副的终拧转角度要求见表 4.3-4。当螺栓长度 l 超过螺栓公称直径 d 的 12 倍时，螺母的终拧角度应由试验确定。

初拧（复拧）后连接副的终拧转角度　　　　表 4.3-4

螺栓长度 l	螺母转角	连接状态
$l \leqslant 4d$	1/3 圈（120°）	连接形式为一层芯板加两层盖板
$4d < l \leqslant 8d$ 或 200mm 及以下	1/2 圈（180°）	
$8d < l \leqslant 12d$ 或 200mm 以上	2/3 圈（240°）	

图 4.3-24　专用电动扳手施拧

(3) 扭剪型高强度螺栓连接副应采用专用电动扳手施拧。终拧应以拧掉螺栓尾部梅花头为准，少数不能用专用扳手进行终拧的螺栓，可采用扭矩扳手进行终拧（图 4.3-24）。

(4) 施拧顺序：从构件中间开始，以对称方式向两边进行施拧（图 4.3-25）。

(5) 初拧或复拧后应对螺母涂画颜色标记。

6) 高强度螺栓连接紧固质量检查

(1) 扭矩法紧固质量检查如图 4.3-26 所示。

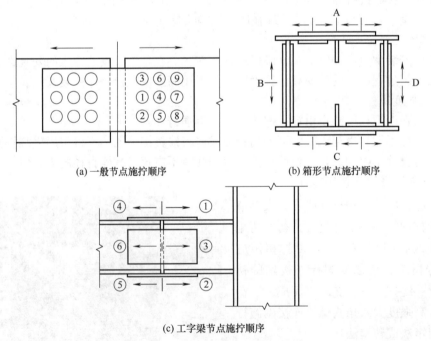

图 4.3-25　施拧顺序示意图

① 在螺尾端头和螺母相对位置划线，将螺母退回 60°左右用扭矩扳手测定拧回至原来位置时的扭矩值。该扭矩值与施工扭矩值的偏差在 10% 以内为合格。

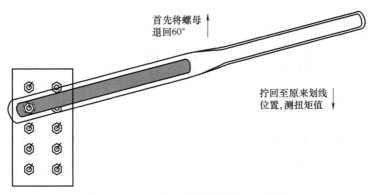

图 4.3-26　扭转法紧固质量检查示意图

② 终拧扭矩应按节点数 10% 抽查，且不应少于 10 个节点；对每个被抽查节点应按螺栓数 10% 抽查，且不应少于 2 个螺栓。

③ 发现有不符合规定时，应再扩大 1 倍检查；仍有不合格者时，则整个节点的高强度螺栓应重新施拧。

④ 扭矩检查宜在螺栓终拧 1h 以后、24h 之前完成。

（2）转角法紧固质量检查，如图 4.3-27 所示。

① 在螺尾端头和螺母相对位置划线，然后全部卸松螺母，再按规定的初拧扭矩和终拧角度重新拧紧螺栓，测量终止线与原终止线画线间的角度，应符合表 4.3-4 的要求，误差在 ±30° 者应为合格。

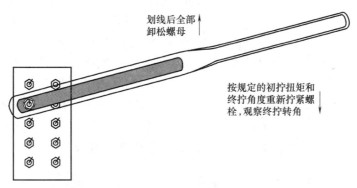

图 4.3-27　转角法紧固质量检查示意图

② 终拧扭矩应按节点数 10% 抽查，且不应少于 10 个节点；对每个被抽查节点应按螺栓数 10% 抽查，且不应少于 2 个螺栓。

③ 发现有不符合规定时，应再扩大 1 倍检查；仍有不合格者时，则整个节点的高强度螺栓应重新施拧。

④ 扭矩检查宜在螺栓终拧 1h 以后、24h 之前完成。

（3）螺栓球节点网架总拼完成后，高强度螺栓与球节点应紧固连接，螺栓拧入螺栓球内的螺纹长度不应小于螺栓直径的 1.1 倍，连接处不应出现有间隙、松动等未拧紧情况。

5. 薄钢板连接施工

1) 连接方法：可采用钢拉铆钉、自攻螺钉、射钉等进行连接，连接应紧固密贴，外观应排列整齐。

2) 钢拉铆钉和自攻螺钉的钉头部分应靠在较薄的板件一侧,其规格尺寸应与被连接钢板相匹配,其间距、边距等应符合设计文件的要求。

3) 射钉施工时,穿透深度不应小于10.0mm。

二、钢结构构件加工

(一) 钢结构深化设计

钢结构构件加工前,应先进行施工详图设计、审查图纸、提料、备料、工艺试验和工艺规程的编制、技术交底等工作。施工详图和节点设计文件应经原设计单位确认。

1. 结构分段设计

1) 分段设计原则

(1) 应综合考虑材料采购、加工制作、运输、施工吊装、连接工艺等各种因素。

(2) 分段后的重量不应超过现场和制造厂起重设备的起重能力。

(3) 分段后的尺寸不应超过构件运输条件限制和制作条件限制(如需要镀锌的构件应适用镀锌设备允许最大尺寸)。

2) 钢柱分段设计

(1) 常规钢柱分段:根据现场起重设备的起重能力沿钢柱纵向长度分段,且应避开节点区域。分段位置宜设置在高于梁顶面以上1.3m左右或柱净高的一半(取二者较小值)(图4.3-28)。

(2) 超厚板钢柱分段:主要考虑吊重和现场对接位置,现场焊接需搭设临时操作平台(图4.3-29)。

(3) 多腔体日字及目字钢柱分段:水平方向尽可能不分段,水平方向超宽时可考虑在竖向增加分段;同时要考虑内部壁板的焊接,合理设置上人孔(图4.3-30)。

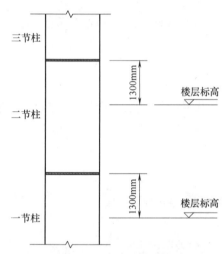

图4.3-28 钢柱分段位置示意图

图4.3-29 超厚板钢柱分段现场吊装

图4.3-30 多腔体目字钢柱现场组装

（4）多腔体多宫格钢柱分段：竖向分段原则与常规钢柱一致，水平分段主要考虑尽量所拆分的部件均为稍小的常规的 H 形、T 形、箱形截面（图 4.3-31）。

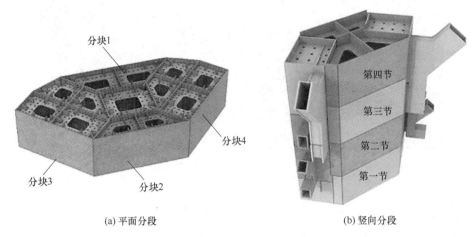

图 4.3-31　多腔体多宫格钢柱分段示意图

3）钢梁分段设计

钢梁分段宜在截面内力较小处，一般在跨度的 1/3 处（图 4.3-32）。

4）斜撑分段设计

斜撑宜通长分一段处理，预留牛腿连接，焊缝坡口宜开设在斜撑杆件上，坡口向上开，避免仰焊；斜撑吊耳设置应考虑重心位置，现场倾斜起吊，方便安装（图 4.3-33）。

图 4.3-32　钢梁分段示意图

图 4.3-33　斜撑分段示意图

5）屋盖桁架分段设计

（1）屋盖钢桁架结构分段的断开点宜设置在结构受力较小的位置，上下弦杆分段点宜互相错开（图 4.3-34）。

（2）每片钢桁架分段上应有足够多的捆绑吊索位置。捆绑吊索位置应设在刚度大、便于调节索具的节点附近。

（3）分段的划分也要考虑钢桁架分段间的相互影响。

（4）对于超高层钢桁架分段可采用整榀分段和高空散拼分段两种方式。

图 4.3-34 屋盖桁架分段示意图

2. 节点设计

1) 柱脚节点设计

柱脚节点按受力情况分为铰接连接柱脚和刚性连接柱脚，按埋设方式分为外露式、埋入式和插入式。

(1) 外露式柱脚

① 适用于抗震设防烈度为 6、7 度且柱高度不超过 50m 的轻型钢结构房屋和重工业厂房中（图 4.3-35）。

② 柱脚底板及加劲肋尺寸由计算和构造要求确定。铰接连接柱脚底板厚度不宜小于 20mm，且不小于柱壁厚；刚性连接柱脚底板厚度不宜小于 30mm，且不小于柱壁厚；柱脚加劲肋厚度不宜小于 12mm；锚栓埋入基础的深度不宜小于 25d（锚栓直径）。

(2) 埋入式柱脚

① 适用于抗震设防地区的多层和高层钢框架柱脚施工（图 4.3-36）。

② 埋设深度：H 型钢柱埋入深度不应小于钢柱截面高度的 2 倍；箱形钢柱埋入深度不应小于钢柱截面高度的 2.5 倍；圆管钢柱埋入深度不应小于钢柱截面高度的 3 倍。

③ 埋入式柱脚型钢底板厚度不应小于柱脚型钢翼缘厚度，且不宜小于 25mm。锚栓直径 d 不宜小于 16mm，锚固长度不宜小于 25d。柱顶板应开灌浆孔，柱底板应开透气孔，方便柱内混凝土浇筑。

图 4.3-35 外露式柱脚示意图

图 4.3-36 埋入式柱脚示意图

(3) 插入式柱脚

① 适用于单层钢结构工业厂房柱脚施工（图 4.3-37）。

② 实腹 H 型钢柱或矩形管柱，其最小插入深度为 1.5 倍截面高度（长边尺寸）或 1.5 倍圆管柱的外径。钢管柱应设柱底板，底板设排气孔或浇筑孔。

③ 钢柱脚插入时，应采用打入木楔等临时措施，进行临时固定和垂直度调整。

2）主次梁连接节点设计

(1) 铰接节点

主次梁铰接节点优缺点见表 4.3-5。

图 4.3-37 插入式柱脚示意图

主次梁铰接节点优缺点 表 4.3-5

序号	主次梁铰接节点	示意图	优点	缺点
1	次梁腹板与主梁加劲板直接单面连接		可使主梁的偏心距离减小，从而降低主梁的附加扭矩	施工安装难度较大
2	采用双连接板进行主梁加劲板与次梁腹板的连接		构件加工及现场安装简单方便	(1)工程造价较高； (2)增加了连接板重量
3	增加主梁加劲板长度，与次梁腹板直接单面连接		构件加工及现场安装简单方便	(1)次梁会使主梁受扭； (2)外伸部分易碰撞变形

(2) 刚接节点

主次梁刚接节点优缺点见表 4.3-6。

主次梁刚接节点优缺点 表 4.3-6

序号	主次梁刚接节点	示意图	优点	缺点
1	主次梁翼缘直接剖口焊接相连		制作简单，安装方便	(1)现场焊接工作量大； (2)焊缝强度等级高

续表

序号	主次梁刚接节点	示意图	优点	缺点
2	在翼缘板上下均加盖板		避免了翼缘板的剖口焊接，极大地减少了现场焊接工程量	盖板的厚度高于梁顶标高的，会影响结构的使用要求

3）梁与柱连接节点设计

(1) 梁与柱刚性连接节点

① 梁与柱刚性连接节点通常采用翼缘焊接、腹板螺栓连接的栓焊连接节点形式或翼缘、腹板全焊接的连接节点形式（图 4.3-38）。

② 梁翼缘与柱翼缘间采用全熔透焊缝。

③ 梁腹板（连接板）与柱的连接焊缝：当板厚小于 16mm 时，采用双面角焊缝；当板厚不小于 16mm 时，采用 K 形坡口焊缝。

④ 当有抗震设防时，按有关规范，设计节点承载力应大于杆件承载力。

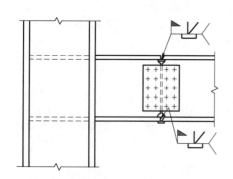

图 4.3-38　梁与柱刚性连接示意图

图 4.3-39　梁与柱牛腿连接节点示意图

(2) 梁与柱牛腿连接节点

① 在柱内对应梁翼缘处，增设加劲板（图 4.3-39）。当柱两侧梁底高差小于 150mm 时，需要按照 1∶3 做变截面节点。

② 该做法具有钢梁安装时方便钢梁定位和临时固定、现场焊接时操作空间比较大等优点，但与梁和柱直接连接相比，工厂加工构件相对复杂，运输时构件不方便摆放。

4）钢筋与钢结构连接节点

(1) 搭筋板连接

在混凝土梁上下主筋对应钢柱的位置设置搭筋板，将钢筋焊在该搭筋板上。该连接方式能较好地应对钢筋偏差的影响，有效连接率高，宜于工程变更。缺点是由于钢板的外伸，迫使箍筋使用开口箍形式，箍筋绑扎时间延长，钢筋现场焊接量大（图 4.3-40）。

（2）钢筋穿孔连接

在混凝土梁上下主筋对应钢柱的位置开孔，使钢筋贯穿钢柱截面。这种连接方式主筋不用断开，制作时组拼零件较少，有利于结构安全。缺点是钢构件开孔较多，对钢柱定位精度和现场钢筋的绑扎精度要求较高，受施工误差的影响经常出现现场扩孔修改的现象，对钢构件承载力会造成一定的不利影响，需设计单位确认后使用（图4.3-41）。

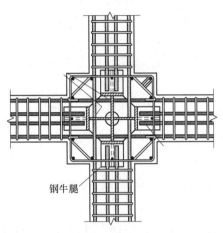

图 4.3-40 搭筋板连接示意图

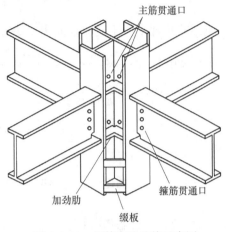

图 4.3-41 钢筋穿孔连接示意图

（3）钢筋套筒连接

在混凝土梁上下主筋对应钢柱的位置设置钢筋接驳器用于钢筋与钢柱连接。这种连接方式安全可靠、方便快速且便于检测，不占用柱纵筋及箍筋位置，能够很好地解决混凝土梁采用双排钢筋或三排钢筋时钢筋与钢柱的连接问题；缺点是费用较高且易受钢筋施工偏差的影响，有效连接率较低，容易变形，内丝扣易受焊接飞溅物粘连影响，导致现场钢筋无法拧入钢筋接驳器（图4.3-42）。

5）钢梁腹板开孔补强节点

（1）开孔位置宜设置在沿梁长方向的弯矩较小处，孔端距、间距等须符合要求（图4.3-43）。

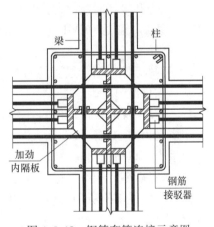

图 4.3-42 钢筋套筒连接示意图

(a) 圆孔补强

(b) 方形孔补强

图 4.3-43 钢梁腹板开孔补强示意图

(2) 补强板厚度不小于 20mm 时，宜采用部分熔透焊缝。

(3) 圆孔套管补强应结合运输条件考虑套管长度，套管长度宜采用负公差制作。

(4) 方形孔补强应根据孔长与梁高的相对关系，决定上部和下部竖向加劲肋的设置与否。

(二) 钢结构构件生产

1. 工艺流程

钢结构构件生产工艺流程如图 4.3-44 所示。

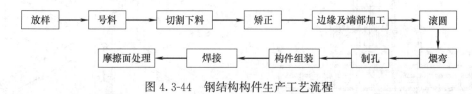

图 4.3-44　钢结构构件生产工艺流程

2. 放样

1) 根据施工详图以 1:1 大样放出节点，核对各部分的尺寸，制作样板和样杆作为加工的依据。

2) 样板、样杆制作材料有铝板、薄白铁板、纸板、木板、塑料板等，可按精度要求选用。

3) 放样和号料时应预留余量，一般包括制作和安装时的焊接收缩余量，构件的弹性压缩量，切割、刨边和铣平等加工余量，及厚钢板展开时的余量等。

3. 号料

1) 号料工作包括：检查核对材料；在材料上画出切割、铣、刨、制孔等加工位置；打冲孔、零件编号等。

2) 主要零件应根据构件的受力特点和加工状况，按工艺规定的方向进行号料。一般构件主要受力方向与钢板轧制方向一致，弯曲加工方向（如弯折线、卷制轴线）与钢板轧制方向垂直，以防止出现裂纹。

3) 号料后零件和部件标识内容应包括：工程号、零部件编号、加工符号、孔的位置等，同时应将零部件所用材料的相关信息，如钢种、厚度、炉批号等移植到下料配套表和余料上，以备检查和后用。

4) 采用数控加工设备加工时，可省略放样和号料工序。

4. 切割下料

1) 钢材切割方法

钢材切割可采用气割、机械切割、等离子切割等方法，选用的切割方法应满足工艺文件的要求。切割后的飞边、毛刺应清理干净（表 4.3-7）。

钢材切割方法　　表 4.3-7

类别	选用设备	适用范围
气割	自动或半自动切割机、多头切割机、数控切割机、仿形切割机、多维切割机	适用于中厚钢板
	手工切割	小零件板及修正下料，或机械操作不便时

续表

类别	选用设备	适用范围
机械切割	剪板机、型钢冲剪机	适用板厚＜12mm的零件钢板、压型钢板、冷弯型钢
	砂轮锯	适用于切割厚度＜4mm的薄壁型钢及小型钢管
	锯床	适用于切割各种型钢及梁柱等构件
等离子切割	等离子切割机	适用于较薄钢板（厚度可至20～30mm）、钢条及不锈钢

2）剪板机切割工艺

（1）正式剪切前，应先用废料试剪，用量具检验，若有偏差应予以调整直至合格，方可批量剪切（图4.3-45）。

（2）窄条零件剪切后易产生扭曲，剪切后需矫平矫直，切口应平整，断口处不得有裂纹。

3）火焰切割工艺

（1）零件切割应根据割件厚度确定合理的割嘴型号（图4.3-46）。

（2）切割后零件尺寸偏差应满足规范要求，切割面应无裂纹、夹渣、分层和大于1mm的缺棱。检查合格后对零件进行编号标识。

（3）标识内容包括：工程名称、构件编号、零件编号、规格、材质。

图4.3-45 剪板机切割

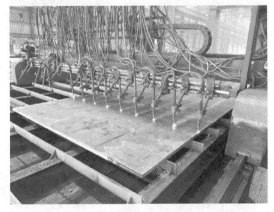

图4.3-46 火焰切割

4）数控切割工艺

（1）严格按照材料领用单领料，及时检查钢板材质、规格是否符合要求，并移植钢板炉批号至相应零件上。

（2）首件必须进行检验，检查偏差是否在允许范围之内，按照排版图进行零件编号标识。

（3）切割完成后，应及时清除飞溅、氧化铁、氧化皮，打磨干净后交予下一工序（图4.3-47）。

5）机器人坡口切割工艺

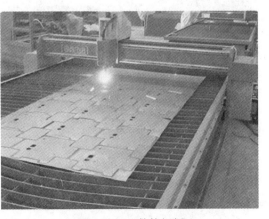

图4.3-47 数控切割

（1）严格按照材料领用单领料，及时检查钢板材质、规格是否符合要求，根据工艺文件进行坡口编程。

（2）首件必须进行检验，检查偏差是否在允许范围之内。

（3）切割完成后，应及时清除飞溅、氧化铁、氧化皮，打磨干净后交予下一工序（图4.3-48）。

5. 矫正

1）矫正可采用机械矫正、加热矫正、加热与机械联合矫正等方法。

2）矫直机矫正如图4.3-49所示。

图4.3-48　机器人坡口切割

图4.3-49　矫直机矫正

（1）通过矫直辊对材料进行挤压，使其改变直线度，从而达到矫直的目的。

（2）适用于金属棒材、管材、线材等材料在加工过程中产生的变形、弯曲等缺陷的矫正。

（3）若变形较大，应分多次进行矫正，以避免因一次矫正量过大，产生明显压痕或沟槽。

图4.3-50　火焰矫正

3）火焰矫正如图4.3-50所示。

（1）通过对变形的凸面处适当位置进行火焰加热升温，利用冷却时产生的内部强大的冷缩应力，促使材料的内部纤维受拉产生塑性收缩，从而矫正变形。

（2）火焰矫正经常采用的三种加热方式有线状加热法、点状加热法和三角形加热法。

① 线状加热法：适用于厚板、变形量大、刚性大的结构。如矫正H型钢柱、梁、撑角变形。

② 点状加热法：适用于薄板的波浪形变形矫正。在金属表面集中一个点加热，圆点直径约为10~20mm，点距为50~150mm，常加热完一个点后，立即用软锤敲击加热点，薄板敲打时背面应加垫铁，并加水冷却。

③ 三角形加热法（楔形加热）：加热区成三角形，三角形底边收缩量大于顶端收缩

量,适用于刚度大、变形大的构件,如矫正柱、梁、撑的上拱与下挠及弯曲。

(3) 火焰矫正时加热温度不宜过高,以避免引起金属变脆、影响冲击韧性。碳素结构钢和低合金结构钢在加热矫正时,加热温度应为700～800℃,最高温度严禁超过900℃,最低温度不得低于600℃。对于16Mn等钢材,在高温矫正时不可用水冷却。

(4) 矫正后的钢材表面,不应有明显的凹痕或损伤,划痕深度不得大于0.5mm,且不应超过钢材厚度允许负偏差的1/2。

6. 边缘及端部加工

1) 边缘加工

(1) 边缘加工可采用气割和机械加工方法,对边缘有特殊要求时宜采用精密切割。

(2) 气割或机械剪切的零件,需要进行边缘加工时,其刨削量不应小于2.0mm。

(3) 边缘加工的允许偏差应符合表4.3-8的规定。

边缘加工的允许偏差 表4.3-8

项目	允许偏差	项目	允许偏差
零件宽度、长度	±1.0mm	加工面垂直度	$0.025t$,且不应大于0.5mm
加工边直线度	$l/3000$,且不应大于2.0mm	加工面表面粗糙度	$Ra \leq 50\mu m$
相邻两边夹角	±6′		

注:l为构件边缘长度,t为构件钢板厚度。

2) 焊缝坡口加工

(1) 焊缝坡口可采用气割、铲削、刨边机加工等方法。

(2) 坡口面应无裂纹、夹渣、分层等缺陷,坡口处应做好部分熔透与全熔透之间的平滑过渡。

(3) 对于有较高要求的坡口或其他边缘加工,可采用铣边机进行加工。

(4) 焊缝坡口加工允许偏差应符合表4.3-9的规定。

焊缝坡口加工允许偏差 表4.3-9

项目	允许偏差
坡口角度	±5°
钝边	±1.0mm

7. 滚圆

1) 滚圆工艺是将钢材加工成圆形、弧形或锥形构件(图4.3-51)。常选用对称三辊滚圆机、不对称三轴滚圆机和四轴滚圆机等机械进行加工。

2) 三辊滚圆机:根据三点决定一圆的原理,对材料进行连续弯曲。其具有两个传动辊(固定)和一个调节辊(可调)。调节辊可前进或后退,便于卸出工件。

3) 不对称三轴滚圆机:有两个下轴辊可以分别进行垂直方向的调整,特别适用于需要消除卷制工件上的直线段。

4) 四轴滚圆机:相较于三辊滚圆机,提供了更好的精度控制,尤其是在加工开始和结束时,可以一次完成加工,无需像三辊滚圆机那样进行预弯边。

5) 锥度滚圆机:适合处理多种厚度和宽度的材料,非常适合生产圆筒形或锥形件。

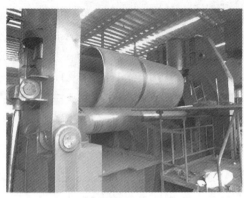

(a) 圆形构件加工　　　　　　　　(b) 锥形构件加工

图 4.3-51　滚圆工艺

8. 煨弯

1) 煨弯工序是将直管、型钢、金属板材等钢构件，通过一定的工艺方法弯曲成所需的角度，以满足工程中管道连接的需求。根据不同规格材料可选用型钢滚圆机、弯管机、折弯压力机等机械进行加工（图 4.3-52）。

2) 型钢滚圆机：根据三点成圆的原理，利用工件相对位置变化和旋转运动使工件产生连续的塑性变形。具有结构简单、性能可靠、造价低廉等特点。

3) 弯管机：通过将管道放入弯管机辅助工具中，在力的作用下，通过曲柄、液压系统或电动系统的驱动，实现管道的弯曲。它具有功能多、结构合理、操作简单等优点，适用于各种金属管道的弯曲。

4) 折弯压力机：由机架、工作台、滑块、液压系统、电气系统等组成。工作台用于支撑和固定待加工的金属板材，通常由上模和下模组成。滑块通过液压系统控制，用于施加压力，并推动上模和下模进行弯曲操作。适用于对金属板材进行弯曲和折弯操作，可以加工各种形状的金属构件。

(a) 型钢煨弯　　　　　　(b) 管材煨弯　　　　　　(c) 板材煨弯

图 4.3-52　煨弯工艺

9. 制孔

1) 制孔通常有钻孔和冲孔两种方法，如图 4.3-53（a）、(b) 所示。

(1) 钢结构制孔优先采用钻孔，适用于任何厚度的钢结构构件，钻孔的优点是螺栓孔孔壁损伤较小，质量较好。

(2) 冲孔一般用于冲制非圆孔及薄板孔，冲孔的板厚应小于等于 12mm，冲孔的孔径必须大于板厚。

2) 钻孔、冲孔为一次制孔。成孔后，应采用铣孔、铰孔、镗孔和锪孔等方法进行孔的二次加工。

3) 直径在80mm以上的圆孔及长圆孔或异形孔一般可采用先行钻孔然后再采用气割制孔的方法 [图4.3-53 (c)]。

4) 机械或气割制孔后，应清除孔周边的毛刺、切屑等杂物；孔壁应圆滑，无裂纹和大于1.0mm的缺棱。

(a) 钻孔　　　　　　　　(b) 冲孔　　　　　　　　(c) 气割制孔

图 4.3-53　制孔工艺

10. 构件组装

1) 构件组装方法有地样法、仿形复制装配法、胎模装配法和专用设备装配法等；组装时可采用立装、卧装等方式。

(1) 地样法适用于批量较小的构件。

(2) 仿形复制装配法适用于横断面对称的构件。

2) 构件组装宜在组装平台、组装支承架或专用设备上进行，组装平台及组装支承架应有足够的强度和刚度，并应便于构件的装卸、定位。

3) H型钢组立（翼腹板对接）：焊接H型钢的翼缘板拼接缝和腹板拼接缝的间距不宜小于200mm。翼缘板拼接长度不应小于2倍的板宽且不小于600mm；腹板的拼接宽度不应小于300mm，长度不应小于600mm（图4.3-54）。

4) 箱形内隔板组立：内隔板装配按照工艺要求点焊牢固，电渣焊衬板应高于腹板0.5～1.0mm，与腹板顶紧。内隔板装配后，同一隔板的电弧焊衬板高差不得大于0.5mm，相邻隔板间的衬板高差不大于1.0mm。当隔板较密集时，应从中间向两侧逐步退装退焊（图4.3-55）。

图 4.3-54　H型钢组立

5) 箱型面板组立：翼板与腹板之间的装配间隙除工艺文件特殊要求外，一般角焊缝的装配间隙Δ≤0.75mm，熔透和部分熔透焊缝的装配间隙Δ≤2mm，电渣焊隔板与面板的装配间隙不大于0.5mm。上翼板组立前必须先对U形体的焊缝、内隔板位置与高差进行隐蔽检查，清理焊道内铁锈、毛刺、油污、杂物等（图4.3-56）。

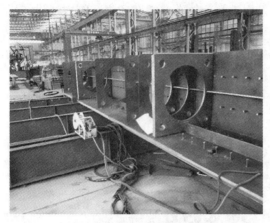
图 4.3-55　箱形内隔板组立

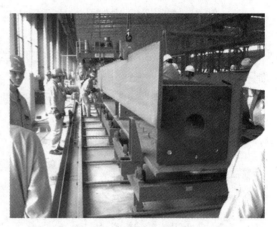
图 4.3-56　箱形面板组立

6）十字形构件组立：十字形构件应采用专用组立胎架进行组立，组立胎架必须有足够的刚度、强度。组立前先按 H 型钢高度计算出 T 型钢腹板在 H 型钢腹板上的组装中心线，再按此中心线返出 T 型钢腹板边缘线，并按此边缘线组立 T 型钢。为保证 T 型钢与 H 型钢完全贴合，局部间隙过大部位应采用门式调节装置通过千斤顶进行调节（图 4.3-57）。

7）牛腿部件组焊：牛腿板材不宜接长，腹板下料宽度允许偏差为 0～+2mm。垂直端面 H 形牛腿组立可以以任意一端作为组立基准端，制孔划线基准应与组立端基准保持一致。组焊后进行矫正，成品长度及宽度允许偏差为 ±2mm，连接处垂直度允许偏差为 1.5°（图 4.3-58）。

图 4.3-57　十字形构件组立

图 4.3-58　牛腿部件组焊

三、钢结构预拼装

为了检验钢结构构件制作的整体性和准确性，保证现场安装定位，在出厂前进行工厂内预拼装，或在施工现场进行预拼装。预拼装分为构件单体预拼装（如多节柱、分段梁或桁架、分段管结构等）、构件平面整体预拼装及构件立体预拼装。钢结构预拼装除采用实体预拼装外，还可采用计算机辅助模拟预拼装方法，模拟构件或单元的外形尺寸应与实物几何尺寸相同。

（一）实体预拼装要点

1）预拼装场地应平整、坚实，预拼装支垫可选用钢平台、支承凳、型钢等形式。重型构件预拼装所用的临时支承结构应进行结构安全验算。

2）根据结构特点及构件分段或分块加工情况，采用固定胎架或可移动式胎架，依次进行单块或单段预拼装；分区交接处构件需同时参与相邻两轮预拼装，依次循环直至完成所有构件预拼装（图4.3-59）。

图4.3-59 实体预拼装

3）构件应在自由状态下进行预拼装。预拼装过程中可以用卡具、夹具、点焊、拉紧装置等临时固定，调整各部位尺寸后，在连接部位每组孔用不多于1/3且不少于两个普通螺栓固定，再拆除临时固定，按验收要求进行各部位尺寸的检查。

4）整个预拼装过程中，必须采用全站仪对各构件的控制点进行测量和复测。

5）采用螺栓连接的节点连接件，必要时可在预拼装定位后进行钻孔。

6）为了方便现场安装，预拼装检查合格后，应在构件上标注中心线、控制基准线等标记，必要时可设置定位器（如卡具、角钢或钢板定位器等）。

（二）计算机辅助模拟预拼装

采用三维激光扫描仪及配套分析软件，通过三维扫描成像技术，快速生成空间复杂结构的三维点云模型，建立预拼装坐标系，将所有构件的点云模型依次导入并统一到同一坐标系，并与整体结构的理论三维设计模型进行对比分析，达到实体整体预拼装同等效果，实现快速高效检验（图4.3-60）。

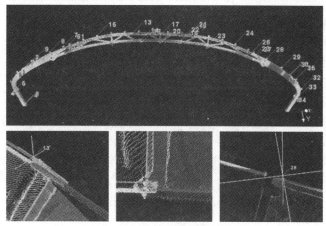

图4.3-60 3D扫描模拟预拼装检验示意图

四、钢结构安装

（一）安装准备

1. 堆放场地准备

1）钢结构安装现场应设置专门的构件堆放场地。

2）堆放场地基本条件：满足运输车辆通行要求；场地平整；有电源、水源，排水通畅；堆放场地的面积满足工程进度需要，若现场不能满足要求时可设置中转场地，并应采取防止构件变形及表面污染的保护措施。

2. 材料准备

1）钢构件进场应按构件明细表核对进场的构件，查验产品合格证；工厂预拼装过的构件在现场组装时，应根据预拼装记录核对构件上标注中心线、控制基准线等标记。

2）构件堆放时，应根据结构特点，按照吊装顺序合理摆放，并设置临时支承防止构件倾覆。

3）构件吊装前，应清除表面上的油污、冰雪、泥沙和灰尘等杂物，并对构件在运输及存放过程中的损坏涂层进行补漆。

3. 施工现场准备

1）钢结构安装前应对建筑物的定位轴线、基础轴线和标高、地脚螺栓位置等进行检查，并办理交接验收。

（1）基础混凝土强度应达到设计要求。

（2）基础周围回填夯实完毕。

（3）基础的轴线标志和标高基准点应准确、齐全。

2）基础支承面、地脚螺栓的允许偏差应符合表 4.3-10 的规定。

基础支承面、地脚螺栓的允许偏差　　　　表 4.3-10

项目		允许偏差
支承面	标高	±3.0mm
	水平度	1/1000
地脚螺栓（锚栓）	螺栓中心偏移	5.0mm
	螺栓露出长度	0～+30.0mm
	螺纹长度	0～+30.0mm
预留孔中心偏移		10.0mm

（二）起重设备及吊具选择

1）起重设备应根据起重设备性能、结构特点、现场环境、作业效率等因素综合确定，宜采用塔式起重机、履带起重机、汽车起重机等定型产品。

2）当选用卷扬机、液压油缸千斤顶、吊装扒杆、龙门起重机等非定型产品作为起重设备时，应编制专项方案，并经评审后再组织实施。

3）起重机选用的基本参数主要有：吊装载荷、额定起重量、最大幅度、最大起升高度等。

4）钢结构吊装不宜采用抬吊。当必须采用抬吊方式时，每台起重设备所分配的吊装重量不得超过其额定起重量的 80%，并应编制专项作业指导书。

5）用于吊装的钢丝绳、吊装带、卸扣、吊钩等吊具应经检查合格，并应在其额定许用荷载范围内使用。

6）钢结构吊装宜在构件上设置专门的吊装耳板或吊装孔。当吊装完成后需去除耳板时，可采用气割或碳弧气刨方式在离母材 3～5mm 位置切除，严禁采用锤击方式去除。

（三）构件安装

1. 钢柱安装

1）钢柱吊装方式

（1）垂直吊装：在钢柱顶部对称设置吊点，沿柱长方向进行垂直吊装。吊装前需将爬梯及临时连接板绑扎于钢柱上,以便于下道工序的操作人员进行施工作业。为防止钢柱起吊时在地面拖拉而造成钢柱损伤,钢柱底部应垫好枕木(图4.3-61)。

(2)倾斜吊装:在柱身外侧设置吊耳,用倒链将钢柱调整至安装姿态后起吊。起吊前,钢柱底部垫枕木;回转时,应在柱身横向设置拉结措施,以防止柱身摆动,并预留起升高度。吊装过程中,采用三维坐标测量法进行测校,校正合格后宜采用刚性支撑固定(图4.3-62)。

图4.3-61 钢柱垂直吊装

图4.3-62 钢柱倾斜吊装

2)钢柱吊装垂直度控制

(1)首节柱安装时,利用柱底螺母和垫片的方式调节标高,精度可达±1mm,如图4.3-63所示。

(2)首节钢柱安装后应及时进行垂直度、标高和轴线位置校正,钢柱的垂直度可采用经纬仪或线锤测量;校正合格后钢柱应可靠固定,并应进行柱底二次灌浆,灌浆前应清除柱底板与基础面间杂物(图4.3-64)。

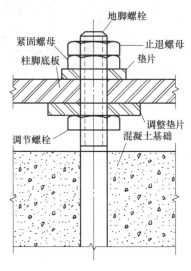
图4.3-63 柱脚底板标高精度调整

图4.3-64 柱底二次灌浆

（3）首节以上的钢柱定位轴线应从地面控制轴线直接引上，不得从下层柱的轴线引上；钢柱校正垂直度时，应确定钢梁接头焊接的收缩量，并应预留焊缝收缩变形值。

2. 钢梁安装

1）钢梁宜采用两点起吊；当单根钢梁长度大于21m，采用两点吊装不能满足构件强度和变形要求时，宜设置3~4个吊装点吊装或采用平衡梁吊装，吊点位置应通过计算确定。

2）钢梁可采用一机一吊或一机串吊的方式吊装，就位后应立即临时固定连接。其中一机串吊是指多根钢梁在地面分别绑扎，起吊后分别就位的作业方式，可以加快吊装作业的效率（图4.3-65）。

3）钢梁面的标高及两端高差可采用水准仪与标尺进行测量，校正完成后应进行永久性连接。

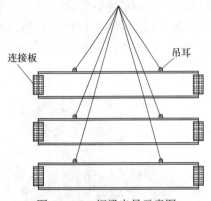

图4.3-65 钢梁串吊示意图

3. 桁架（屋架）安装

1）桁架（屋架）吊装分为两种形式：散件单根吊装和组拼成片状吊装（图4.3-66）。

2）深化设计阶段模拟桁架分段和吊装，合理布置吊点位置，确定吊点数量。

3）吊装绑钩时，应采用缆绳或刚性支撑增加侧向临时约束。在底部绑缚的钢丝绳上设置倒链，调整桁架吊装姿态，再行起钩。

(a) 散件单根吊装

(b) 组拼成片状吊装

图4.3-66 桁架（屋架）吊装

4. 钢板剪力墙安装

1）钢板剪力墙上部设置吊装耳板，横向焊缝与竖向焊缝处一边布置临时连接板，另一边布置靠向板，辅助剪力墙临时定位（图4.3-67）。

2）钢板剪力墙底部垫枕木，防止构件损坏。

3）吊装完成后采用安装螺栓进行初步固定，待固定完毕后起重机松钩。

（四）单层钢结构安装

1. 吊装顺序

1）单跨结构宜从跨端一侧向另一侧、中间向两端或两端向中间的顺序进行吊装。

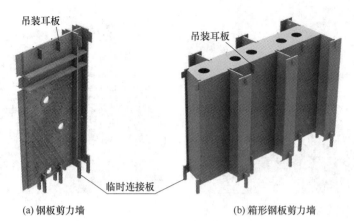

(a) 钢板剪力墙　　　　　(b) 箱形钢板剪力墙

图 4.3-67　钢板剪力墙吊装配件设置示意图

2）多跨结构，宜先吊主跨、后吊副跨；当有多台起重设备共同作业时，可多跨同时吊装。

2. 构件安装要点

1）钢柱安装

（1）在钢柱柱脚基础表面弹线，放出纵、横轴线位置和基准标高，并复核相邻柱间尺寸。

（2）吊装前，钢柱上提前备好钢爬梯、防坠器、缆风绳等安装措施，并做好钢柱表面污物清理。

（3）吊装就位后采用"缆风绳＋倒链"进行临时固定，紧固地脚螺栓螺母后方可脱钩。钢柱垂直度校正用经纬仪或全站仪检验，当有偏差时采用"缆风绳＋倒链"进行调整（图 4.3-68）。

图 4.3-68　单层钢构钢柱吊装

2）钢梁安装

（1）钢梁应分区进行安装，安装顺序遵循先主梁后次梁、先下后上的原则（图 4.3-69）。

（2）吊装前钢梁顶面拉通安全绳做好安全防护措施。

（3）吊装时采用两点或四点对称绑扎起吊，就位后采用安装螺栓临时连接固定。

（4）高强度螺栓安装顺序遵循从中间到两边的原则，螺栓紧固必须分为初拧、终拧两次进行。

（5）钢梁上下翼缘焊接前，需将焊道周围 50mm 范围内的污物清除干净。

3）门式刚架钢结构安装

（1）应按分区分阶段进行安装。

（2）钢柱安装就位后，相应区域的钢梁、支撑等主要构件应当尽快安装就位，使整体形成稳定框架（图 4.3-70）。

（3）钢梁、支撑等主要构件安装进度不可落后于钢柱安装进度过多。

（4）钢架安装、校正时，应考虑外界环境（风力、温差等）的影响。

图 4.3-69　单层钢构钢梁吊装　　　　　图 4.3-70　门式钢架安装成型

（五）多层及高层钢结构安装

1. 流水作业段划分及构件吊装顺序

多层及高层钢结构安装宜采用划分多个流水作业段进行安装，竖向流水段宜以每节框架为单位，平面流水段可根据结构特点进行划分。

1）流水作业段划分原则

（1）流水作业段内的最重构件应在起重设备的起重能力范围内。

（2）起重设备的爬升高度应满足下节流水作业段内构件的起吊高度。

（3）构件的加工数量及进场时间应满足流水作业段的施工要求。

（4）流水作业段的划分应与混凝土结构施工相适应。

2）流水作业段内的构件吊装顺序

（1）按照先柱后梁、由下而上的顺序施工，且单柱不得长时间处于悬臂状态。

（2）钢楼板及压型金属板安装应与构件吊装进度同步。

（3）特殊流水作业段内的吊装顺序应按安装工艺确定，并应符合设计文件的要求。

2. 安装要点

1）多腔体钢柱安装

（1）合理设置吊装吊耳及翻身吊耳（图 4.3-71）。

（2）当腔体空间满足进人焊接条件时，应设置抽风机通风；每个节点焊接应安排双人操作，一人焊接，一人巡视，每隔固定时间更换焊工；焊接操作时，应采取跳腔焊接，防止腔体内温度过高，对构件及焊工造成不良影响。

（3）当腔体空间不满足进人焊接条件时，则应设置手孔或人孔进行焊接。

2）巨型斜柱安装

钢柱吊装就位后，使用安装螺栓固定，通过倒链、缆风绳、千斤顶等调节措施，使用全站仪进行坐标定位，完成钢柱校正并焊接。巨型斜柱就位后，需及时与其相连的钢梁连接，或选用双夹板自平衡技术、搭设临时支撑，以保证斜柱稳定（图 4.3-72）。

3）伸臂桁架安装

伸臂桁架分为两部分，一部分埋置于核心筒内，另一部分连接核心筒与外框结构。核心筒内伸臂桁架，须注意与土建的配合与协调，预留模板体系的操作空间（图 4.3-73）。

图 4.3-71 多腔体钢柱安装

图 4.3-72 巨型斜柱安装

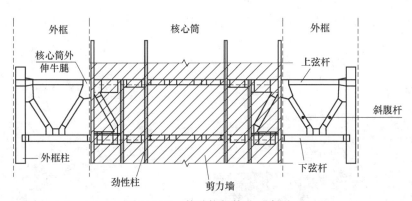
图 4.3-73 伸臂桁架构造示意图

4) 钢板剪力墙安装

钢板墙吊装就位后,使用连接板进行临时固定。钢板墙焊接时先焊接水平对接缝,焊接完成并冷却后,再对竖向对接立缝进行焊接。立缝采用分段、对称的焊接方法,以减小变形(图 4.3-74)。

5) 多层及高层钢结构安装校正

多层及高层钢结构安装校正应依据基准柱进行,基准柱的设置要求:

(1) 基准柱应能够控制建筑物的平面尺寸并便于其他柱的校正,宜选择角柱为基准柱。

图 4.3-74 钢板剪力墙安装

(2) 钢柱校正宜采用合适的测量仪器和校正工具。

(3) 基准柱应校正完毕后,再对其他柱进行校正。

6) 楼层标高控制

多层及高层钢结构安装时,楼层标高可采用相对标高或设计标高进行控制,且同一层柱顶标高的差值均应控制在 5mm 以内。

（六）大跨度空间钢结构安装

大跨度空间钢结构安装应根据结构特点、运输方式、起重设备性能、安装场地条件等因素，合理划分空间结构吊装单元，同时应分析环境温度变化对结构的影响。

安装方法主要有高空散装法、分条分块吊装法、滑移法、单元或整体提升（顶升）法、整体吊装法、折叠展开式整体提升法、高空悬拼安装法等。

1. 高空散装法

高空散装法为直接在预定位置进行构件拼装的方法（图 4.3-75）。

1）适用于结构复杂、地面组装困难的情况。

2）优点：安装过程中便于调整，能够确保结构的精度。

3）缺点：高空作业风险高，且需要大量的人力和时间，成本较高。

2. 分块或分条安装法

分块或分条安装法是将钢结构分成若干块或条进行吊装的方法（图 4.3-76）。

图 4.3-75　高空散装法　　　　　　　　图 4.3-76　分块或分条安装法

1）适用于分割后结构的刚度和受力状况改变较小的空间网格结构。

2）优点：可以预先在地面进行部分组装，有效地减少高空作业量，保证安装精度，提高安装效率。

3）缺点：对分块或分条的划分和连接设计要求高，对起重设备的性能要求较高。

3. 滑移安装法

1）适用于平面上尺寸统一、呈长条形、柱网较规则或曲率一致且高度不太大的结构。

2）特点：滑移施工成本低，能够低成本高效率完成施工。

胎架滑移构造如图 4.3-77 所示。

4. 单元或整体提升（顶升）法

单元或整体提升（顶升）法适用于各种大跨度，形状复杂、柱网不规则的钢结构，提升面积、重量、高度不受限，特别适宜于在狭小空间或室内进行大吨位钢构件的提升。其中，整体提升法适用于各种空间网格结构，整体顶升法用于支点较少的空间网格结构安装（图 4.3-78）。

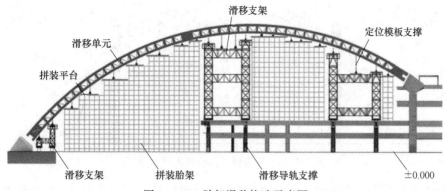

图 4.3-77　胎架滑移构造示意图

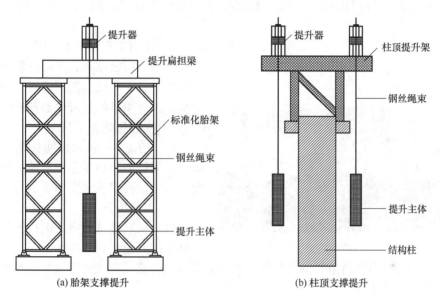

(a) 胎架支撑提升　　　　(b) 柱顶支撑提升

图 4.3-78　提升节点示意图

5. 整体吊装法

整体吊装法是将网架或钢桁架在地面总拼后，采用单根或多根拔杆、一台或多台起重机进行吊装就位的施工方法（图 4.3-79）。

1) 适用于中小型空间网格结构，吊装时可在高空平移或旋转就位。

2) 特点：施工速度快、拼装质量有保证、节约成本、人员施工方便、作业安全。

6. 折叠展开式整体提升法

折叠展开式整体提升法是一种用于大跨度空间钢结构施工的先进技术，其特点和应用如下（图 4.3-80）：

1) 技术要点：将网壳结构局部抽掉少量杆件，将结构分成若干区域，并设置一定数

图 4.3-79　整体吊装

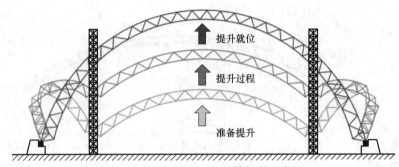

图4.3-80 折叠展开式整体提升示意图

量的可动铰节点，使结构变成一个机构。在靠近地面拼装，然后采用液压提升设备，通过计算机同步控制，将结构提升到设计高度，再补充缺省杆件，使机构变成稳定的结构状态。

2）适用于单层柱面网壳、多层柱面网壳、单层折板网壳、多层折板网壳、球面网壳等易于形成直线型铰线的空间网格结构，具有明显的经济效益和社会效益。

7. 高空悬拼安装法

1）适用于大悬挑空间钢结构及施工场地空间较为狭小或存在其他限制条件情况下的钢结构安装（图4.3-81）。

2）工艺特点：

（1）采取散拼的方式进行安装，确保了施工的安全性和可控性。

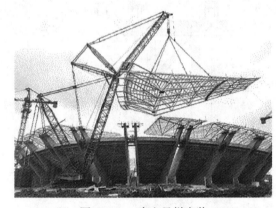

图4.3-81 高空悬拼安装

（2）通过起重设备将散拼的钢桁架线性滑移至预定位置，实现无需立杆支撑的高空悬挑施工，提高了施工效率。

（3）采用散拼技术，可在较短时间内完成大型钢桁架的组装和安装，节约了人力和时间成本。

（4）钢桁架连接方式采用螺栓连接，能够根据实际情况进行组合和调整，灵活适应不同施工场地条件的需要。

五、压型金属板安装

1）压型钢板分为开口型压型钢板和闭口型压型钢板（图4.3-82）。

(a) 闭口型　　　　　　　　(b) 开口型

图4.3-82 压型钢板示意图

2) 压型金属板应采用专用吊具装卸和转运,严禁直接采用钢丝绳绑扎吊装。

3) 安装压型钢板前,应绘制各楼层压型金属板铺设的排版图,并在钢梁标出压型钢板铺放的位置线。

4) 铺放压型钢板时,相邻两排压型钢板端头的波形槽口应对准。先从钢梁已弹出的已铺线开始,沿铺设方向单块就位铺设,到控制线后适当调整板缝。为确保收边板的稳定性,在安装收边板时应设置拉条。

5) 压型金属板每个开口卡槽处应扣紧,并在其上方安装压条,以确保其紧密连接,不脱落。端部的压型钢板应将其端口进行封堵,以确保在浇筑混凝土时不会发生漏浆(图 4.3-83)。

图 4.3-83　压型钢板压条安装

6) 压型金属板与主体结构(钢梁)的锚固支承长度应符合设计要求,且不应小于 50mm;端部锚固可采用点焊、栓钉焊或射钉连接,设置位置应符合设计要求。

7) 压型金属板需预留设备孔洞时,应在混凝土浇筑前使用等离子切割或空心钻开孔,不得采用火焰切割。

8) 设计文件要求在施工阶段设置临时支承时,应在混凝土浇筑前设置临时支承,待浇筑的混凝土强度达到规定强度后方可拆除。混凝土浇筑时应避免在压型金属板上集中堆载。

六、钢结构涂装

(一)涂装条件

1) 钢结构防腐涂装施工宜在构件组装和预拼装工程检验批的施工质量验收合格后进行。

2) 钢结构防火涂料涂装施工应在钢结构安装工程和防腐涂装工程检验批施工质量验收合格后进行。

3) 当设计规定不进行防腐涂装时,防火涂料涂装施工应在安装验收合格后进行。

4) 构件表面的涂装系统应相互兼容。

5) 涂装施工时,应采取相应的环境保护和劳动保护措施。

(二)表面处理

构件表面除锈采用机械除锈和手工除锈方法进行处理(表 4.3-11)。

除锈等级和除锈方法　　　表 4.3-11

除锈等级	除锈方法		处理手段和清洁度要求	
Sa1	喷射或抛射	喷(抛)棱角砂、铁丸、断丝和混合磨料	轻度除锈	仅除去疏松轧制氧化皮、铁锈和附着物
Sa2			彻底除锈	轧制氧化皮、铁锈和附着物几乎全部被除去,至少有 2/3 面积无任何可见残留物

续表

除锈等级	除锈方法		处理手段和清洁度要求
Sa2 1/2	喷射或抛射	喷(抛)棱角砂、铁丸、断丝和混合磨料	非常彻底除锈	轧制氧化皮、铁锈和附着物残留在钢材表面的痕迹已是点状或条状的轻微污痕，至少有95％面积无任何可见残留物
Sa3			除锈到出白	表面上轧制氧化皮、铁锈和附着物全部除去,具有均匀多点光泽
St2	手工和动力工具	使用铲刀、钢丝刷、机械钢丝刷、砂轮等		无可见油脂污垢,无附着不牢的氧化皮、铁锈和油漆涂层等附着物
St3				无可见油脂污垢,无附着不牢的氧化皮、铁锈和油漆涂层等附着物。除锈比St2更为彻底,底材显露部分的表面应具有金属光泽

（三）涂装作业条件

1) 环境温度宜为 5～38℃，相对湿度不应大于 85％。
2) 钢材表面温度应高于露点温度 3℃，且钢材表面温度不应超过 40℃。
3) 遇雨、雾、雪、强风天气时应停止露天涂装，应避免在强烈阳光照射下施工。
4) 涂装后 4h 内应采取保护措施，避免淋雨和沙尘侵袭。
5) 风力超过 5 级时，室外不宜进行喷涂作业。

（四）涂装施工要点

1. 油漆防腐涂装

1) 主要施工工艺：
（1）高压无气喷涂法涂装效果好、效率高，适用于大面积涂装及施工条件允许下的涂装。
（2）对于狭长、小面积以及复杂形状构件可采用涂刷法、手工滚涂法、空气喷涂法。
2) 涂料调制应搅拌均匀，应随拌随用，不得随意添加稀释剂。
3) 表面除锈处理与涂装的间隔时间宜在4h之内，在车间内作业或湿度较低的晴天不应超过12h。
4) 工地焊接部位的焊缝两侧宜留出暂不涂装的区域（表 4.3-12）。

焊缝暂不涂装的区域　　　　表 4.3-12

图示	钢板厚度 t(mm)	暂不涂装的区域宽度 b(mm)
	$t<50$	50
	$50 \leqslant t \leqslant 90$	70
	$t>90$	100

5) 构件油漆缺陷补涂前应先进行表面处理，然后按原涂装规定进行补涂。

2. 金属热喷涂

1) 金属热喷涂方法可采用气喷涂法、电喷涂法和等离子喷涂法。
（1）气喷涂法适用于热喷锌涂层。
（2）电喷涂法适用于热喷涂铝涂层。

(3) 等离子喷涂法适用于喷涂耐腐蚀合金涂层。

2) 钢结构表面处理与热喷涂施工的间隔时间，晴天或湿度不大的气候条件下应在 12h 以内，雨天、潮湿、有盐雾的气候条件下不应超过 2h。

3) 喷枪与表面宜成直角，喷枪的移动速度应均匀，各喷涂层之间的喷枪方向应相互垂直、交叉覆盖。

4) 一次喷涂厚度宜为 25～80μm，同一层内各喷涂带间应有 1/3 的重叠宽度。

5) 金属热喷涂层的封闭剂或首道封闭油漆施工宜采用涂刷方式。

3. 热浸镀锌防腐

1) 构件热浸镀锌作业时应采取减少热变形的措施：

(1) 构件最大尺寸宜一次放入镀锌池。

(2) 封闭截面构件在两端开孔。

(3) 在构件角部应设置工艺孔，半径大于 40mm。

(4) 构件的板厚应大于 3.2mm。

2) 热浸镀锌造成构件的弯曲或扭曲变形，应采取延压、滚轧或千斤顶等机械方式进行矫正。矫正时，宜采取垫木方等措施，不得采用加热矫正。

4. 防火涂装

1) 防火涂料施工可采用喷涂、抹涂或滚涂等方法。

2) 防火涂料涂装施工应分层进行，应在上层涂层干燥或固化后，再进行下道涂层施工。

3) 非膨胀型防火涂料施工时，宜在涂层内设置与构件相连的钢丝网或采取其他相应的措施。

4) 膨胀型防火涂料面层应在底层涂装干燥后开始涂装，且面层涂装应颜色均匀、一致，接槎应平整。

（五）涂装质量检查

1. 厚度检查

1) 采用厚度测量仪、测针和钢尺检查（图 4.3-84）。

2) 按同类构件 10% 抽查，且均不小于 3 件。

3) 当采用厚涂型防火涂料涂装时，80% 及以上涂层面积应满足国家现行标准

图 4.3-84 涂层厚度检查

有关耐火极限的要求，且最薄处厚度不应低于设计要求的 85%，膨胀型（超薄型、薄涂型）防火涂层的厚度允许偏差应为 −5%。

2. 外观检查

1) 涂装前，钢材表面不应有焊渣、焊疤、灰尘、油污、水和毛刺等。

2) 涂装后，构件表面不应误涂、漏涂，涂层不应出现脱皮和返锈等现象；涂层应均匀，无明显皱皮、流坠、针眼和气泡等。

3. 常见通病及防治措施

常见通病及防治措施见表 4.3-13。

常见通病及防治措施 表 4.3-13

通病	图例	防治措施
针眼气泡		(1)确保被涂物表面无污染,及时清理表面油污等。 (2)涂装用设备、输漆管等不能带有导致产生缩孔的物质,尤其是有机硅化合物
流挂		(1)稀释油漆时尽量按混合配合比进行,使施工黏度在工艺范围内。 (2)下道油漆应在上道油漆干燥后进行涂装。 (3)喷枪压力和口径应满足工艺要求
皱皮		(1)注意油漆配合比,合理调漆。 (2)防止在强风处涂装。 (3)加入固化剂调漆后应尽快用完。 (4)充分熟悉喷枪使用方法
螺栓孔摩擦面未保护		(1)加强工艺技术交底,正确有效地对螺栓孔及摩擦面进行保护。 (2)对已喷涂螺栓孔及摩擦面部位可使用清洗剂清洗
防火涂层开裂		(1)应按工艺文件要求严格控制每道涂层的涂装间隔时间。 (2)夏天高温下避免暴晒,注意保养。 (3)出现裂纹后,用工具将裂纹与周边区域涂层铲除后再分层进行补修涂装

七、钢结构工程冬雨期及高温天气施工要点

(一)冬期施工要点

1)冬期施工宜采用 Q355 钢、Q390 钢、Q420 钢,并应进行负温冲击韧性试验,合格后方可使用。

2)钢结构在负温下放样时,切割、铣刨的尺寸,应考虑负温对钢材收缩的影响。

3)普通碳素结构钢工作地点温度低于 -20℃、低合金钢工作地点温度低于 -15℃时不得剪切、冲孔,普通碳素结构钢工作地点温度低于 -16℃、低合金结构钢工作地点温度低于 -12℃时不得进行冷矫正和冷弯曲。当工作地点温度低于 -30℃时,不宜进行现场火

焰切割作业。

4）焊接作业区环境温度低于0℃时，应将构件焊接区各方向大于或等于2倍钢板厚度且不小于100mm范围内的母材，加热到20℃以上时方可施焊，且在焊接过程中均不得低于20℃。

5）当焊接场地环境温度低于－15℃时，应适当提高焊机的电流强度。每降低3℃，焊接电流应提高2%。

6）栓钉施焊环境温度低于0℃时，打弯试验的数量应增加1%。

（二）雨期施工要点

1）雨期由于空气比较潮湿，焊条储存时应注意防潮并进行烘烤，同一焊条重复烘烤次数不宜超过两次。

2）焊接作业区的相对湿度不大于90%；如焊缝部位比较潮湿，必须用干布擦净并在焊接前用氧炔焰烤干，保持接缝干燥，没有残留水分。

3）雨天构件不能进行涂刷工作，涂装后4h内不得雨淋；风力超过5级时，室外不宜进行喷涂作业。

4）吊装时，构件上如有积水，安装前应清除干净，但不得损伤涂层，高强度螺栓接头安装时，构件摩擦面应干净，不能有水珠，更不能受雨淋和接触泥土及油污等脏物。

5）如遇上大风天气，应立即对柱、主梁、支撑等大构件进行校正，位置校正正确后，立即进行永久固定，以防止发生单侧失稳。当天安装的构件，应形成空间稳定体系。

（三）高温天气施工要点

1）钢构件预拼装宜按照钢结构安装状态进行定位，并应考虑预拼装与安装时的温差变形。

2）钢结构安装校正时应考虑温度、日照等因素对结构变形的影响。施工单位和监理单位宜在大致相同的天气条件和时间段进行测量验收。

3）大跨度空间钢结构施工应考虑环境温度变化对结构的影响。

4）涂装环境温度和相对湿度应符合涂料产品说明书的要求，产品说明书无要求时，环境温度不宜高于38℃，相对湿度不应大于85%。

第四节　装配式混凝土结构工程施工

一、施工准备

1. 设计准备

1）在装配式建筑方案设计阶段，应协调建设、设计、制作、施工各方之间的关系，并应加强建筑、结构、设备、装修等专业之间的配合。

2）装配式建筑设计应遵循少规格、多组合的原则。

3）预制构件深化设计的深度应满足建筑、结构和机电设备等各专业以及构件制作、运输、安装等各环节的综合要求。

2. 建筑信息模型技术管理平台建设

利用BIM技术实现装配式混凝土结构的设计、生产、运输、装配、运维的信息交互和共享，实现装配式建筑全过程一体化协同工作（图 4.4-1）。

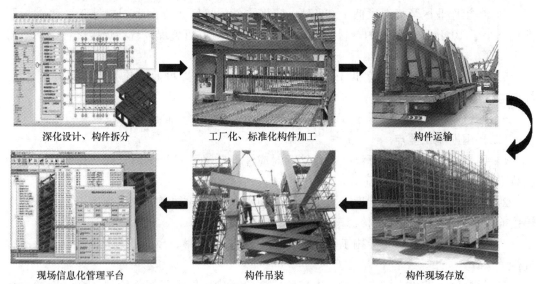

图 4.4-1 建筑信息模型技术管理平台工作流程

1) 根据设计图纸进行构件设计和拆分设计，采用 BIM 软件建模，进行防碰撞检查和工艺模拟。

2) 借助 BIM 信息平台，结合 RFID 无线射频物联网技术，实时掌控构件在设计、生产、运输、施工过程信息，实现全过程信息共享协同工作。

3) 通过移动终端关联 BIM 信息平台指导构件现场安装，进行现场施工进度管理、施工方案管理、平面布置三维模拟及可视化管理。

4) 集成建造过程信息，为后期运维提供数据基础。

二、预制构件生产、吊运与存放

（一）构件加工

1) 生产单位应具备保证产品质量要求的生产工艺设施、试验检测条件，建立完善的质量管理体系和制度，并宜建立质量可追溯的信息化管理系统（图 4.4-2）。

(a) 钢筋下料　　　　　　(b) 钢筋绑扎　　　　　　(c) 混凝土浇筑

图 4.4-2 构件加工自动化生产线

2) 预制构件生产应建立首件验收制度。对加工模具、钢筋加工等各个环节的加工工艺、质量进行首检确认，形成加工工艺流程作业指导书，再进行批量加工。

3) 预制构件生产过程质量控制可驻厂监理，对构建厂生产构建过程中的隐蔽工程进行验收,包括钢筋绑扎质量、钢筋预留长度、预埋件安装位置等;隐蔽验收合格后,由驻厂监理下达混凝土浇筑指令。

4)预制构件出厂检验:

(1)对构件的尺寸、预留钢筋长度、预埋件位置、混凝土构件外观及强度进行检查、验收。

(2)清除构件表面浮浆和疏通预留孔洞(图4.4-3)。

(3)预制构件和部品经检查合格后,设置构件标识,并出具质量证明文件。

(a)叠合面浮浆清理　　　　(b)孔洞清理　　　　(c)构件标识

图4.4-3　构件出厂准备

(二)构件吊运

1. 吊装要求

1)根据预制构件的形状、尺寸、重量和作业半径等要求选择吊具和起重设备。

2)吊点数量、位置应经计算确定,应采取保证起重设备的主钩位置、吊具及构件重心在竖直方向上重合的措施。

3)吊索水平夹角不宜小于60°,不应小于45°。

4)起吊应采用慢起、稳升、缓放的操作方式,严禁吊装构件长时间悬停在空中。

5)吊装大型构件、薄壁构件和形状复杂的构件时,应使用分配梁或分配桁架类吊具,并应采取避免构件变形和损伤的临时加固措施(图4.4-4)。

(a)多吊点吊装　　　　(b)平衡梁辅助吊装　　　　(c)桁架辅助吊装

图4.4-4　吊装方法示意图

2. 运输要求

1)根据构件特点采用不同的运输方式,托架、靠放架、插放架应进行专门设计,并进行强度、稳定性和高度验算(图4.4-5)。

(1)外墙板宜采用立式运输,外饰面层应朝外,梁、板、楼梯、阳台宜采用水平运输。

图 4.4-5　构件运输示意图

（2）采用靠放架立式运输时，构件与地面倾斜角宜大于 80°，构件应对称靠放，每侧不大于 2 层。

（3）采用插放架直立运输时，应采取防止构件倾斜的措施，构件之间应设置隔离垫块。

（4）水平运输时，预制梁、柱构件叠放不宜超过 3 层，板类构件叠放不宜超过 6 层。

2）运输中做好安全与成品保护措施。

3）对于超高、超宽、形状特殊的大型预制构件的运输和存放应制定专门的质量安全保证措施。

（三）构件现场存放

1）存放场地应平整坚实，并有排水措施；存放库区应实行分区管理和信息化台账管理。

2）应按构件品种、规格、检验状态及施工顺序分类存放；合理设置支点位置，且宜与起吊点位置一致。

3）预制构件多层叠放时，每层构件间的垫块应上下对齐；预制楼板、叠合板、阳台板和空调板等构件宜平放，叠放层数不宜超过 6 层（图 4.4-6）。

(a) 叠合板存放　　　　　　(b) 外墙板存放　　　　　　(c) 梁构件存放

图 4.4-6　构件存放示意图

4) 预制柱、梁等细长构件应平放,且用两条垫木支撑。

5) 预制内外墙板、挂板宜采用专用支架直立存放,构件薄弱部位和门窗洞口应采取防止变形开裂的临时加固措施。

三、预制构件安装

(一) 预制柱安装

1) 施工流程:预制框架柱进场、验收→按图放线→安装吊具→预制框架柱吊装→预留钢筋就位→水平调整、竖向校正→斜支撑固定→接头连接。

2) 测量定位:预制柱安装控制线有三条,分别是设计轴线、预制柱设计边线及200mm安装控制线。预制柱安装前由专业测量人员测设到作业面上,并做好标识(图4.4-7)。

3) 预留钢筋校正:使用钢筋定位控制套板,对板面预留钢筋的位置、垂直度、钢筋预留长度等进行检查,并对不符合要求的钢筋进行校正(图4.4-8)。

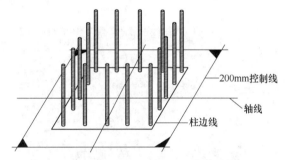

图4.4-7 预制柱安装控制线示意图

4) 垫片找平:预制柱下部四角根据实测数值放置相应高度的垫片进行标高找平,垫片安装应注意避免堵塞注浆孔及灌浆连通腔(图4.4-9)。

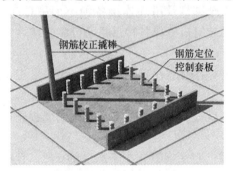

图4.4-8 预留钢筋校正

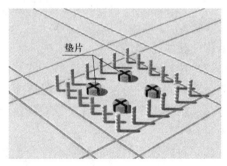

图4.4-9 垫片找平

5) 预制柱起吊:预制柱型号、尺寸检查无误后,由专人负责挂钩试吊,起吊到距地面300mm左右时,确定起吊装置安全后,继续起吊作业。

6) 预制柱就位:预制柱吊运至施工楼层距楼面1000mm时略作停顿,安装人员按照楼地面预制柱定位线扶稳预制柱后,再缓慢下移;通过小镜子检查预制柱下口套筒与连接钢筋位置是否对准,检查合格后缓慢落钩就位;在预制柱相邻两面各采用长短两根斜向支撑对预制柱进行临时固定(图4.4-10)。

7) 预制柱校正:采用经纬仪、铅锤、靠尺检查预制柱的垂直度及平面位置。通过长支撑的调整,配合撬棒来调整柱的垂直度;通过短支撑杆调节预制柱的平面位置。校正合格后,紧固斜向支撑,摘掉吊索。

(二) 预制剪力墙板安装

1) 施工流程:预制剪力墙进场、验收→按图放线→安装吊具→预制剪力墙吊装→预

(a) 对准柱定位线　　　　　　(b) 套筒与钢筋对正　　　　　　(c) 预制柱临时固定

图 4.4-10　预制柱就位

图 4.4-11　预制剪力墙板放线

留钢筋插入就位→水平调整、竖向校正→斜支撑固定→接头连接。

2) 放线：预制剪力墙板吊装前，在作业平面上放出墙体设计边线及 200mm 水平方向及垂直方向控制线（图 4.4-11）。

3) 起吊、就位（图 4.4-12）：

（1）吊装顺序：与现浇部分连接的墙板宜先行吊装，其构件宜按照外墙先行吊装的原则进行吊装。

（2）采用钢扁担通过钢丝绳、葫芦、安全绑带及吊环连接各种小型吊具起吊。吊装时应确保各种吊具已可靠连接，并且保证构件能水平起吊。

（3）构件起吊时应进行试吊，试吊正常后，开始吊装。吊装时，配备 2 个吊装工，一名在运输车附近，另一名在操作层指挥。

（4）构件吊至楼层后由安装工调整构件方位后就位，采用斜向支撑对预制墙板进行临时固定。

（5）每块墙板的临时支撑不宜少于 2 道，支撑点距底部不宜小于高度的 2/3，且不应小于高度的 1/2，斜支撑与水平面夹角宜控制在 45°～60°。

(a) 墙板起吊　　　　　　(b) 墙板就位　　　　　　(c) 墙板临时固定

图 4.4-12　预制剪力墙板起吊、就位

4) 预制墙板校正：

（1）根据楼层面上 200mm 平面控制线，用撬棍拨动墙板，对构件平面位置进行精调。

(2) 在操作面架设激光扫平仪,测设出 1m 标高控制线,再与构件上的 1m 控制线对照校核,调整斜支撑使两线重合,对构件的垂直度进行校正。

(3) 预制墙板水平位置、标高及垂直度校正误差均应控制在 ±3mm 以内。

(4) 预制墙板校正无误后,紧固斜向支撑,摘掉吊索。

(三) 预制梁、叠合楼板安装

1. 施工流程

1) 预制梁(水平构件)安装施工流程:预制构件进场、验收→放线→构件支撑体系搭设→构件起吊→安放、就位→构件校正→接头连接。

2) 叠合楼板安装施工流程:放线→安装独立钢支撑→安装铝合金梁→叠合楼板吊装就位→叠合板调整→水电管线铺设→上铁钢筋绑扎→现浇层混凝土浇筑→现浇层混凝土养护。

2. 测量定位

根据构件结构平面布置图及支撑平面布置图,放出构件定位轴线、定位控制边线、支撑体系位置线。

3. 构件支撑体系搭设

1) 构件支撑体系采用可调式独立钢支撑体系,支撑高度不宜大于 4m;当支撑高度大于 4m 时,宜采用满堂支撑脚手架体系;也可在梁、板构件下部安装免支撑体系(图 4.4-13)。

(a) 独立支撑　　　　　　(b) 满堂脚手架支撑　　　　　　(c) 免支撑体系

图 4.4-13　构件支撑体系示意图

2) 支撑系统搭设施工前应编制专项施工方案,通过支撑体系所承受的构件荷载进行计算,确定支撑立杆间距及横杆步距,经审核批准后实施。

3) 支撑顶部设置铝合金工字梁或木枋龙骨,并通过调节可调支撑头进行垂直标高及平整度调整,使水平构件安装标高符合设计要求。

4. 预制梁吊装

1) 在预制梁两端弹好定位控制轴线(或中心),校核并调直预制梁两端预留钢筋,按照先主梁后次梁的原则组织吊装作业。

2) 挂好吊具后缓慢提升预制梁至距地面 500mm 处,检查吊具安全牢固后,继续吊运至作业面。

3) 预制梁吊运至作业面上方 500mm 时暂停,由操作人员扶稳构件,拉动牵引绳使构件上控制线与柱头定位轴线对正后,再让构件缓慢落下就位。

4) 根据标高及定位控制边线对预制梁位置进行调整,确认安装位置满足设计要求后摘钩。当构件就位偏差过大时，应重新吊起构件再就位，直到通过检验为止。

5）预制梁安装位置校核完成后，进行梁端预留钢筋与柱头预留筋的连接作业（图4.4-14）。

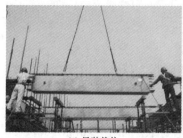  

(a) 吊装就位　　　　　　　(b) 位置、标高校正　　　　　　(c) 钢筋套筒连接

图 4.4-14　预制梁吊装示意图

图 4.4-15　自平衡量吊具示意图

5. 叠合板吊装

1）叠合板可采用自平衡梁架起吊，可避免因局部受力不均造成叠合板出现裂纹或断裂的现象（图 4.4-15）。

2）叠合板吊装至楼面 500mm 时，停止降落，操作人员稳住叠合板，参照墙（梁）顶垂直控制线和下层板面上的控制线，牵引叠合板缓慢降落至支撑上方，调整叠合板位置，根据板底标高控制线检查标高。待构件稳定后，方可摘钩。

3）叠合板锚筋应插入梁（柱、墙）架立筋下方，锚固筋长度不小于 $5d$。

4）待全部叠合板吊装完成后，进行楼板模板支设、钢筋绑扎、管线敷设及顶板混凝土的浇筑、养护。

四、预制构件连接

1. 预制构件钢筋连接方法

可采用钢筋套筒灌浆连接、钢筋浆锚搭接连接、焊接或螺栓连接、钢筋机械连接等连接方式。

2. 预制构件之间的连接方法

1）灌浆施工连接

（1）灌浆施工分为连通腔灌浆法和坐浆法施工。其中连通腔灌浆法适用于套筒连接的预制构件安装，而坐浆法则更多用于预制构件与基础之间的连接。

（2）竖向构件采用连通腔灌浆施工时，应合理划分连通灌浆区域；每个区域除预留灌浆孔、出浆孔与排气孔外，应形成密闭空腔，不应漏浆；连通灌浆区域内任意两个灌浆套筒间距离不宜超过 1.5m，连通腔内预制构件底部与下方已完成结构上表面的最小间隙不得小于 10mm。

(3) 钢筋水平连接时，灌浆套筒应各自独立灌浆，并应采用封口装置使灌浆套筒端部密闭。

2) 后浇混凝土连接

用于预制叠合梁与预制柱之间、预制剪力墙之间、叠合板与叠合预制梁及下层预制剪力墙的连接。

3. 灌浆套筒连接

1) 主要材料及设备

（1）灌浆料及封浆料分为常温型和低温型。当灌浆施工期间连续 3d 平均气温大于 5℃时，可使用常温型套筒灌浆料及封浆料，否则，需换用低温型套筒灌浆料及封浆料。

（2）灌浆套筒分为半灌浆套筒和全灌浆套筒（图 4.4-16）。

① 半灌浆套筒：一端采用套筒灌浆连接，另一端采用机械连接方式连接钢筋的灌浆套筒。

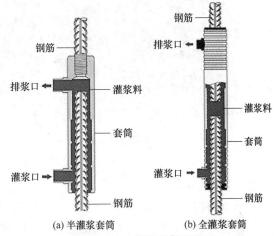

图 4.4-16 灌浆套筒构造图

② 全灌浆套筒：两端均采用套筒灌浆连接的灌浆套筒。

（3）灌浆设备常用的有灌浆泵、微型电动高压灌浆机及手动灌浆枪等，可根据灌浆部位、设计要求及施工条件进行选用（图 4.4-17）。

(a) 灌浆泵

(b) 微型电动高压灌浆机

(c) 手动灌浆枪

图 4.4-17 灌浆设备

2) 施工流程

作业面清理→接缝分仓、封堵→灌浆料制备→注浆孔灌浆→出浆孔封堵→养护。

3) 施工要点

（1）分仓

① 当灌浆长度大于 2m 时应设置分仓。

② 分仓隔墙宽度应不小于 20mm，且距离连接钢筋外缘不小于 40mm。

③ 分仓后在构件相对应位置做出分仓标记，记录分仓时间，便于指导灌浆。

（2）接缝封堵

① 专用封缝料封堵：先填入软管或 PVC 管作为内衬，然后填抹 15～20mm 深的封缝浆料，浆料成型后抽出内衬；封堵完成 45min 后可开始进行灌浆作业 [图 4.4-18（a）]。

② 密封带封堵：常用于有保温材料一侧的预制墙体板接缝处封堵。密封带应具有一定强度，压扁后厚度不小于 20mm，且具有憎水性。密封带粘贴前，应对其粘贴面进行找平处理［图 4.4-18（b）］。

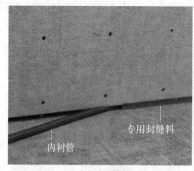

(a) 专用封缝料封堵　　　　(b) 密封带封堵

图 4.4-18　接缝封堵

（3）灌浆料制备

① 灌浆料拌合物温度不应低于 5℃，且不宜高于 30℃。

② 浆料拌合时，应先将水倒入搅拌桶，再放入浆料；用专用搅拌机搅拌 4～5min 至彻底均匀，静置约 2～3min，当浆内气泡自然排出后方可使用。

③ 浆料使用前，应进行流动度试验，并预留同条件养护试块进行抗压强度检测。套筒灌浆料的技术性能见表 4.4-1。

套筒灌浆料的技术性能　　　　表 4.4-1

检验项目		性能指标
流动度(mm)	初始	≥300
	30min	≥260
抗压强度(MPa)	1d	≥35
	3d	≥60
	28d	≥85
竖向膨胀率(%)	3h	≥0.02
	24h 与 3h 差值	0.02～0.5
氯离子含量(%)		≤0.3
泌水率(%)		0

④ 灌浆料宜在加水后 30min 内用完；散落的灌浆料拌合物不得二次使用；剩余的拌合物也不得再次添加灌浆料、水后混合使用。

（4）灌浆

① 灌浆应采用一点灌浆方式，从下方的灌浆孔接入，由下而上进行压力灌浆。

a. 灌浆施工过程中应合理控制灌浆速度，宜先快后慢。

b. 同一仓只能在一个灌浆孔灌浆，不能选择两个及以上的孔灌浆。

c. 同一仓应连续灌浆，不得中途停顿。

② 当灌浆料拌合物从构件出浆孔平稳流出后，应按浆料排出先后依次用专用橡胶塞

封堵出浆孔，封堵时灌浆泵（枪）应一直保持灌浆压力，直至所有出浆孔出浆并封堵牢固 30s 后再停止灌浆（图 4.4-19）。

③ 当一点灌浆遇到问题而需要改变灌浆点时，各灌浆套筒已封堵的下部灌浆孔、上部出浆孔宜重新打开，待灌浆料拌合物再次平稳流出后进行封堵。

④ 在灌浆完成、浆料凝结前，应巡视检查已灌浆的接头，如有漏浆应及时处理。

⑤ 灌浆料凝固后，取下灌排浆孔封堵胶塞，孔内凝固的灌浆料上表面应高于排浆孔下缘 5mm 以上。

图 4.4-19 灌浆施工

第五节 钢-混凝土组合结构工程施工

一、钢-混凝土组合结构类型

1) 钢-混凝土组合结构体系包括：框架结构、剪力墙结构、框架-剪力墙结构、筒体结构、板柱-剪力墙结构等。

2) 钢-混凝土组合结构构件类型，见表 4.5-1。

钢-混凝土组合结构构件类型一览表　　　　表 4.5-1

序号	构件类型	
1	钢管混凝土柱	矩形钢管混凝土框架柱和转换柱 圆形钢管混凝土框架柱和转换柱
2	型钢混凝土柱	型钢混凝土框架柱和转换柱
3	型钢混凝土梁	型钢混凝土框架梁和转换梁 钢-混凝土组合梁
4	钢-混凝土组合剪力墙	型钢混凝土剪力墙 钢板混凝土剪力墙 带钢斜撑混凝土剪力墙
5	钢-混凝土组合板	组合楼板

二、施工深化设计

1. 施工深化设计主要内容

1) 配筋密集部位节点的设计放样与细化；型钢梁与型钢柱、型钢柱与梁钢筋、钢梁与梁钢筋、带钢斜撑或型钢混凝土斜撑与梁柱的连接方法、构造要求。

2) 混凝土与钢骨的粘结连接构造、机电预留孔洞布置、预埋件布置等。

3) 混凝土浇筑时需要的灌浆孔、流淌孔、排气孔和排水孔等。

4) 构件加工过程中加劲板的设计。

5）根据安装工艺要求设置的连接板、吊耳等的设计。
6）钢-混凝土组合桁架等大跨度构件的预起拱。
7）混凝土浇筑过程中可能引起的型钢和钢板的变形验算及加强措施分析。

2. 深化设计要点

1）组合结构及构件的安全等级不应低于二级。
2）应优先选用构造简单、施工方便、符合工业化建造需求的结构、构件与节点形式。在建造、使用、拆除过程中应保障工程安全和人身健康，做到节约能源资源及保护环境。
3）钢-混凝土组合构件设计时，应分别按照混凝土浇筑前、浇筑后的组合作用未形成前的工况，对钢构件进行强度、刚度和稳定性验算。
4）钢构件或结构单元吊装时，宜进行强度、稳定性和变形验算，动力系数宜取1.2。当有可靠经验时，动力系数可根据实际受力情况和安全要求适当增减。
5）钢-混凝土组合结构施工中重要的复杂节点，施工前宜按1∶1的比例进行模拟施工，根据模拟情况进行节点的优化设计，并应进行工艺评定。

三、施工组织

1）现场平面布置要求：根据钢结构工程施工与混凝土工程施工的交叉作业、堆场布置、作业环境等因素综合确定现场平面布置。总平面要分不同阶段布置，以达到合理有效利用现场条件、文明施工、提高工效的效果，确保工程进度和施工安全。
2）钢-混凝土组合结构施工具有交叉作业多、垂直运输作业多、高空作业多、多工种配合作业多等特点，因此安全管理的复杂性与难度较大，为保证安全生产需要编制专项安全方案，主要专项安全方案有：
（1）钢-混凝土组合结构工程施工中垂直运输、安装施工应编制专项方案。
（2）钢-混凝土组合结构工程施工应编制交叉和高空作业安全专项方案。

四、钢-混凝土组合结构施工

（一）施工工艺流程

1. 钢-混凝土组合结构柱施工工艺流程

1）钢管柱：钢管柱加工制作→钢管柱安装→管芯混凝土浇筑→混凝土养护。
2）普通截面型钢混凝土柱：钢柱加工制作→钢柱安装→柱钢筋绑扎→柱模板支设→柱混凝土浇筑→混凝土养护。
3）箱形或圆形截面型钢混凝土柱：钢柱加工制作→钢柱安装→内灌混凝土浇筑→柱外侧钢筋绑扎→柱模板支设→柱混凝土浇筑→混凝土养护。

2. 钢-混凝土组合结构梁施工工艺流程

型钢梁加工制作→型钢梁安装→钢筋绑扎→模板支设→混凝土浇筑→混凝土养护。

3. 钢-混凝土组合结构剪力墙施工工艺流程

1）单钢板混凝土剪力墙：钢结构加工制作→型钢柱、梁安装→墙体钢筋绑扎→墙体模板支设→墙体混凝土浇筑→混凝土养护。
2）双钢板混凝土剪力墙：钢结构加工制作→型钢柱安装→墙体钢筋网绑扎→双钢板

安装→墙体混凝土浇筑→混凝土养护。

4. 钢-混凝土组合板施工工艺流程

压型钢板或钢筋桁架板加工制作→压型钢板或钢筋桁架板安装→栓钉焊接→钢筋绑扎→混凝土浇筑→混凝土养护。

(二) 钢-混凝土组合结构混凝土钢筋施工

1. 柱钢筋与型钢梁连接

1) 采用钢筋绕开法连接时，钢筋应按不小于1∶6角度折弯绕过型钢。

2) 采用连接件法时，型钢梁上侧柱钢筋用套筒连接，下端柱钢筋用连接板连接，并应在型钢梁内上下钢筋连接的对应位置设置加劲肋（图4.5-1）。

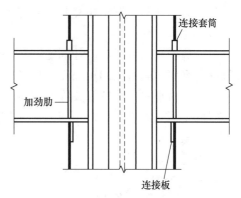

图 4.5-1 柱筋与型钢梁套筒连接

3) 当竖向钢筋较密时，部分可代换成架立钢筋，伸至梁内型钢后断开，两侧钢筋相应加大，代换钢筋应满足设计要求。

4) 柱内竖向钢筋的净距不宜小于50mm，且不宜大于200mm；竖向钢筋与型钢的最小净距不应小于30mm。净距不宜小于50mm，且不宜大于250mm。

2. 梁钢筋与型钢柱连接

1) 套筒连接

(1) 连接套筒接头应在构件制作期间完成焊接，焊缝连接强度不应低于对应钢筋的抗拉强度。

(2) 当在型钢上焊接多个钢筋连接套筒时，套筒间净距不应小于30mm，且不应小于套筒外直径。

(3) 钢筋连接套筒与型钢的焊接应采用贴角焊缝，并在对应于钢筋接头位置的型钢内设置加劲肋［图4.5-2 (a)］；当钢筋与钢板成一定角度时，可加工成一定角度的连接板辅助连接［图4.5-2 (b)］。

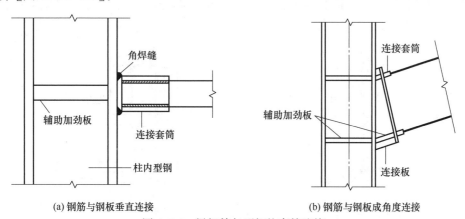

(a) 钢筋与钢板垂直连接　　　　(b) 钢筋与钢板成角度连接

图 4.5-2 梁钢筋与型钢柱套筒连接

2) 连接板焊接连接

(1) 连接接头抗拉强度应等于被连接钢筋的实际拉断强度或不小于1.10倍钢筋抗拉

强度标准值，残余变形小，并应具有高延性及反复拉压性能。同一区段内焊接于钢构件上的钢筋面积率不宜超过 30%。

（2）焊接宜采用双面焊。当不能进行双面焊时，方可采用单面焊。双面焊时，钢筋与钢板的搭接长度不应小于 $5d$（d 为钢筋直径），单面焊时，搭接长度不应小于 $10d$。

（3）梁主筋与型钢柱相交时，应有不小于 50% 的主筋通长设置（图 4.5-3）。

3）梁箍筋绑扎

（1）箍筋套入主梁后绑扎固定，其弯钩锚固长度不能满足要求时，应进行焊接；梁顶多排纵向钢筋之间可采用短钢筋支垫来控制排距（图 4.5-4）。

（2）当对箍筋在型钢梁翼缘处截面尺寸和两侧主纵筋进行定位调整时，箍筋弯钩应满足 135°的要求，在特殊情况下应做成 90°弯钩并焊接 $10d$。

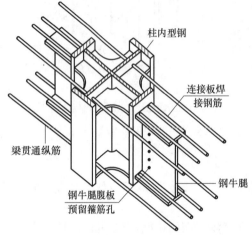

图 4.5-3 梁钢筋与型钢柱连接板连接

图 4.5-4 梁箍筋绑扎示意图

3. 梁钢筋与钢板剪力墙套筒连接

1）当满足梁筋锚固长度时，梁的纵向钢筋可直接顶到钢板然后弯锚。

2）当梁的纵向钢筋锚固长度不足时，可采用连接件连接，并在连接件的对应位置应设置加劲肋（图 4.5-5）。

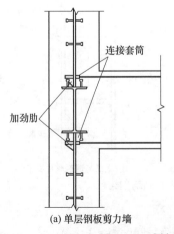

(a) 单层钢板剪力墙

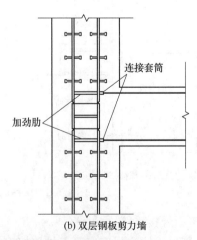

(b) 双层钢板剪力墙

图 4.5-5 梁钢筋与钢板剪力墙套筒连接

4. 墙体钢筋与型钢梁连接

1) 采用钢筋绕开法时，宜按不小于 1∶6 角度折弯绕过型钢（图 4.5-6）。

2) 采用连接板连接（图 4.5-7）：型钢梁上侧柱钢筋用套筒连接，下端柱钢筋用连接板连接，并应在型钢梁内上下钢筋连接的对应位置设置加劲肋。

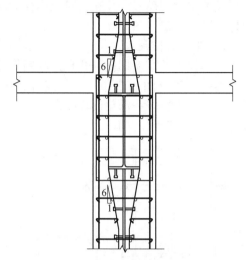

图 4.5-6　墙体钢筋绕开法施工

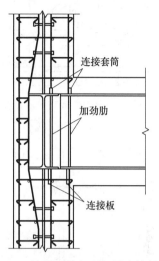

图 4.5-7　墙体钢筋与型钢梁连接板连接

3) 采用穿孔法连接：在型钢翼缘或腹板上设置钢筋孔，将墙筋直接穿过型钢；钢筋孔的直径宜为 $d+4\mathrm{mm}$（d 为钢筋公称直径），必要时应采取相应的加强措施；预留钢筋孔应在深化设计阶段完成，并应由构件加工厂进行机械制孔，严禁用火焰切割制孔。

5. 钢筋桁架板安装

1) 钢筋桁架板的同一方向的两块压型钢板或钢筋桁架板连接处，应设置上下弦连接钢筋；上部钢筋按计算确定，下部钢筋按构造配置（图 4.5-8）。

图 4.5-8　钢筋桁架板安装示意图

2) 钢筋桁架板的下弦钢筋伸入梁内的锚固长度不应小于钢筋直径的 5 倍，且不应小于 50mm。

（三）钢-混凝土组合结构混凝土模板施工

1. 型钢混凝土柱模板支设

1) 宜设置对拉螺栓，螺杆可在型钢腹板开孔穿过或焊接连接套筒。

2) 当采用焊接对拉螺栓固定模板时，宜采用 T 形对拉螺杆，焊接长度不宜小于 $10d$，焊缝高度不宜小于 $d/2$。

3) 当无法设置对拉螺杆时，可采用刚度较大的整体式套框固定，模板支撑体系应进行强度、刚度、变形等验算。

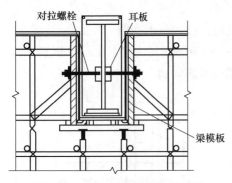

2. 型钢梁模板支设

梁支撑系统进行荷载计算时应计入型钢结构重量；在型钢梁腹板上设置耳板，将对拉螺栓焊接在耳板上，同一位置腹板两侧的对拉螺栓应在同一水平线上；梁侧模板开孔穿过对拉螺栓后用垫板及螺母进行固定（图4.5-9）。

3. 钢板剪力墙模板支撑

用于墙体模板的穿墙螺杆可开孔穿越钢板或焊接钢筋连接套筒（图4.5-10）。开孔和钢筋连接套筒的尺寸、位置应在深化设计阶段确定，并在钢板剪力墙加工时同时制作。

图4.5-9 型钢梁模板支设示意图

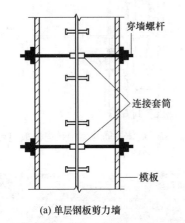

图4.5-10 穿墙螺杆与钢板剪力墙连接示意图

（四）钢-混凝土组合结构混凝土施工

1. 灌浆孔、排气孔、流淌孔、排水孔设置

1）埋入式柱脚顶面的加劲肋应设置混凝土灌浆孔和排气孔，灌浆孔孔径不宜小于150mm，排气孔孔径不宜小于20mm（图4.5-11）。

2）型钢柱的水平加劲板上留置150mm灌浆孔；在型钢柱、钢梁上下翼缘、斜撑与柱交接处的加劲板等位置，应设置排气孔，排气孔孔径不宜小于10mm（图4.5-12）。

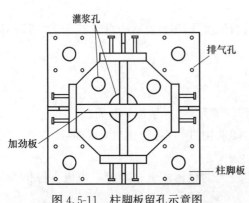

图4.5-11 柱脚板留孔示意图

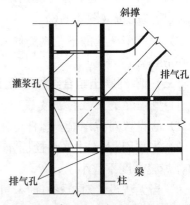

图4.5-12 柱脚板留孔示意图

3) 钢板剪力墙上灌浆孔、流淌孔、排气孔和排水孔设置如图 4.5-13 所示。

（1）型钢混凝土剪力墙和带钢斜撑混凝土剪力墙，内置型钢的水平隔板上应开设混凝土灌浆孔和排气孔。

（2）单层钢板混凝土剪力墙，当两侧混凝土不同步浇筑时，在内置钢板上开设流淌孔。

（3）双层钢板混凝土剪力墙，双层钢板之间的水平隔板应开设灌浆孔，并宜在双层钢板的侧面适当位置开设排气孔和排水孔。

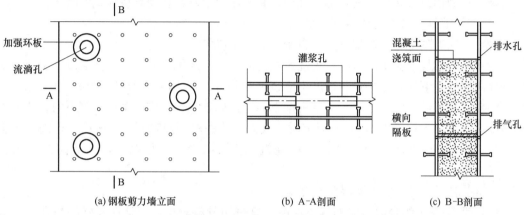

图 4.5-13　钢板剪力墙上灌浆孔、流淌孔、排气孔和排水孔设置

4）型钢构件上的灌浆孔、流淌孔、排气孔、排水孔等，均应由制作厂进行机械制孔，严禁用火焰切割制孔。

2. 钢-混凝土组合结构混凝土浇筑施工

1）钢管柱混凝土浇筑

（1）同一施工段钢管内混凝土应连续浇筑。

（2）管内混凝土振捣可采用常规浇捣法、泵送顶升浇筑法或自密实免振捣法施工。

（3）泵送顶升法钢管混凝土浇筑如图 4.5-14 所示。

① 在钢管柱顶部钢板中间设置排气孔，直径大于 80mm（在车间制作完成）。

② 在钢管柱下部接口连接管上，设置截止阀，以防止混凝土倒流。

③ 在管道连接的端头部位用专用高压卡具连接。

④ 浇筑顶升之前，注浆管上的孔洞用胶皮覆盖，并用管卡子卡紧，以防止漏浆。

图 4.5-14　泵送顶升法钢管混凝土浇筑

⑤ 泵送混凝土，除满足设计强度要求，同时应具有良好的可泵性，混凝土坍落度宜大于 22cm。

（4）管内混凝土浇筑后，应对管壁上的浇灌孔进行等强封补，表面应平整，并应进行防腐处理。

（5）钢管混凝土柱密实度检验可采用敲击钢管或超声波的方法；对有疑问的部位可采取钻取芯样混凝土进行检测。

（6）钢管混凝土养护宜采用管口封水养护。

2）大跨度型钢混凝土组合梁混凝土浇筑

（1）大跨度型钢混凝土组合梁应分层连续浇筑混凝土，分层投料高度控制在500mm以内；对钢筋密集部位，宜采用小直径振捣器浇筑混凝土或选用自密实混凝土进行浇筑。

（2）在型钢组合转换梁的上部立柱处，宜采用分层赶浆和间歇法浇筑混凝土。

3）型钢混凝土转换桁架混凝土浇筑

（1）型钢混凝土转换桁架宜采用自密实混凝土浇筑法。

（2）采用常规混凝土浇筑时，先浇筑柱混凝土，后浇筑梁混凝土；柱混凝土浇筑应从型钢柱四周均匀下料，分层投料高度不应超过500mm，采用振捣器对称振捣。

（3）浇筑型钢梁混凝土时，工字钢梁下翼缘板以下混凝土应从钢梁一侧下料；待混凝土高度超过钢梁下翼缘板100mm以上时，改为从梁的两侧同时下料、振捣，待浇至距上翼缘板100mm时再从梁跨中开始下料浇筑，从梁的中部开始振捣，逐渐向两端延伸浇筑。

4）钢-混凝土组合剪力墙混凝土浇筑

（1）钢-混凝土组合剪力墙的墙体混凝土宜采用骨料较小、流动性较好的高性能混凝土，且应分层浇筑。

（2）钢-混凝土组合剪力墙宜从钢板剪力墙两侧向内部同时浇筑；当无法同步浇筑时，浇筑前应进行混凝土侧压力对钢板墙的变形计算和分析，必要时应采取相应的加强措施，以防止混凝土浇筑过程中钢板剪力墙发生偏移。

5）钢-混凝土组合板混凝土浇筑

（1）混凝土浇筑前，应验算压型钢板的强度和挠度是否能满足施工需要，当不满足要求时，应增设临时支撑，并在临时支撑底部、顶部处设置宽度不小于100mm的水平带状支撑。

（2）混凝土浇筑时，布料应均匀，不得过于集中。

第五章
屋面与防水工程施工

第一节 屋面工程构造和施工

一、屋面防水等级和设防要求

1. 屋面防水等级：

屋面防水工程应根据建筑物的类别、重要程度、使用功能要求确定防水等级，并应按相应等级进行防水设防（表5.1-1）；对防水有特殊要求的建筑屋面，应进行专项防水设计。

屋面工程防水等级和设防要求　　　　　　　　　　　表5.1-1

防水等级	建筑类别	设防要求
Ⅰ级	重要建筑和高层建筑	三道防水设防
Ⅱ级	一般建筑	两道防水设防

2. 屋面防水工程设计使用年限不应低于20年。

3. 平屋面排水坡度宜为2%～5%。平屋面防水设防要求宜符合表5.1-2的规定。

平屋面防水设防要求　　　　　　　　　　　表5.1-2

防水等级	防水做法	防水层	
		防水卷材	防水涂料
一级	不应少于3道	卷材防水层不应少于1道	
二级	不应少于2道	卷材防水层不应少于1道	
三级	不应少于1道	任选	

4. 坡屋面防水层宜根据使用年限分为一级和二级，并应符合表5.1-3的规定。

坡屋面防水等级　　　　　　　　　　　表5.1-3

项目	坡屋面防水等级		项目	坡屋面防水等级	
	一级	二级		一级	二级
块瓦	适用	适用	平面沥青瓦（平瓦）	—	适用
波形瓦	—	适用	叠合沥青瓦（叠瓦）	适用	适用

二、屋面防水材料

1. 屋面常用卷材防水材料见表5.1-4。

屋面常用卷材防水材料一览表　　　　　　　表 5.1-4

类型	防水材料名称	产品执行标准
聚合物改性沥青防水卷材	弹性体 SBS 改性沥青防水卷材	《弹性体改性沥青防水卷材》GB 18242—2008
	塑性体 APP 改性沥青防水卷材	《塑性体改性沥青防水卷材》GB 18243—2008
	自粘聚合物改性沥青防水卷材	《自粘聚合物改性沥青防水卷材》GB 23441—2009
合成高分子防水卷材	聚氯乙烯(PVC)防水卷材	《聚氯乙烯(PVC)防水卷材》GB 12952—2011
	热塑性聚烯烃(TPO)防水卷材	《热塑性聚烯烃(TPO)防水卷材》GB 27789—2011
种植屋面用耐根穿刺防水卷材		《种植屋面用耐根穿刺防水卷材》GB/T 35468—2017

2. 涂膜防水材料在屋面防水工程中一般不单独使用，而是作为屋面多道防水设防中的一道，与卷材防水材料结合使用。常用类型有聚氨酯防水涂料、聚合物水泥防水涂料、聚合物乳液水泥防水涂料、非固化橡胶沥青防水涂料及水乳型沥青防水涂料等。

3. 屋面防水材料选择的基本原则：

1) 适用性：根据建筑物的具体类型、结构特点和使用环境，遵守国家和地区的相关法规、标准和规范，选择适合的防水材料。

2) 耐久性：选择具有良好耐久性和耐老化性能的防水材料，以确保防水层能够长时间有效地阻止水分渗透。如长期处于潮湿环境的屋面，应选用耐腐蚀、耐霉变、耐穿刺、耐长期水浸等性能的防水材料。

3) 耐候性：选择能够抵抗紫外线、温度变化和风雨侵蚀的防水材料。如外露使用的防水层，应选用耐紫外线、耐老化、耐候性好的防水材料。

4) 抗裂性和柔韧性：选择具有良好抗裂性和柔韧性的防水材料，以适应基层的变形和开裂。如薄壳、装配式结构、钢结构及大跨度建筑屋面，应选用耐候性好、适应变形能力强的防水材料。

5) 相容性：确保防水材料与基层和其他建筑材料具有良好的相容性，以避免材料间的不良反应。例如，屋面接缝密封防水，应选用与基材粘结力强和耐候性好、适应位移能力强的密封材料；倒置式屋面应选用适应变形能力强、接缝密封保证率高的防水材料。

6) 维护和修复：考虑防水材料的可维护性和修复性，选择便于后期维护和修复的材料。

三、屋面防水基本要求

1. 屋面防水构造要求

屋面防水基本构造层次（自下而上）宜为结构层、找坡层、找平层、保温层、找平层、防水层、隔离层、保护层。实际工程中，屋面防水构造可根据建筑物的性质、使用功能、气候条件等因素进行组合。

1) 正置式屋面防水构造如图 5.1-1 所示。

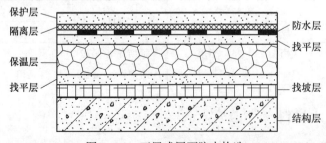

图 5.1-1　正置式屋面防水构造

2）倒置式屋面防水构造如图 5.1-2 所示。

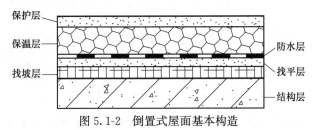

图 5.1-2　倒置式屋面基本构造

3）架空屋面防水构造如图 5.1-3 所示。

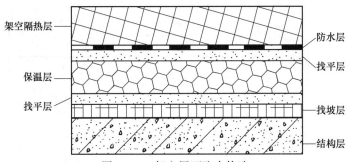

图 5.1-3　架空屋面防水构造

4）种植屋面防水构造如图 5.1-4 所示。

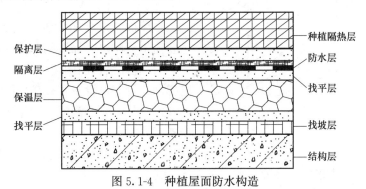

图 5.1-4　种植屋面防水构造

5）蓄水屋面防水构造如图 5.1-5 所示。

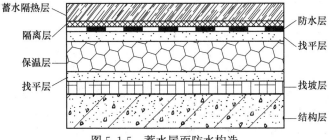

图 5.1-5　蓄水屋面防水构造

2. 屋面防水找坡要求

1）采用结构层找坡时，混凝土结构层表面坡度不应小于 3％（图 5.1-6）。

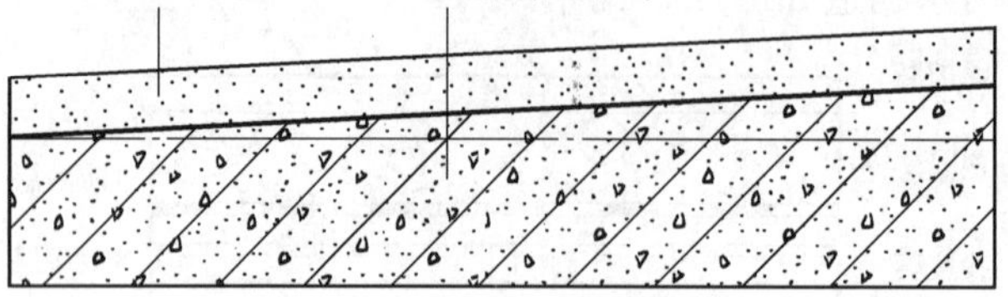

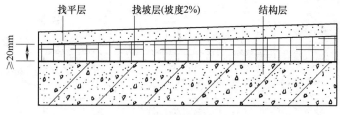

图 5.1-6　结构层找坡构造示意图

2）采用材料找坡时，找坡层坡度宜为 2%，找坡层最薄处厚度不宜小于 20mm（图 5.1-7）。

图 5.1-7　材料找坡构造示意图

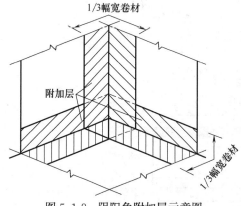

图 5.1-8　阴阳角附加层示意图

3）檐沟、天沟等构件防水找坡，宜设置找坡层，坡度不应小于 1%，沟底水落差不得超过 200mm。

3. 防水附加层

在屋面防水薄弱位置应设置防水附加层。主要需增设防水附加层的部位如下：

1）屋面结构阴阳角部位，如天沟、檐沟、电梯间、管井、设备基础等（图 5.1-8）。

2）出屋面的管道、雨水管口、排气孔等设备管线根部。

3）屋面变形缝、结构沉降缝、结构高低跨连接等部位，并应采用满足变形要求的封闭构造做法。

4）当防水附加层采用涂膜防水材料时，宜采用无纺布或化纤无纺布作为胎体增强材料。

四、屋面卷材防水层施工

（一）施工基本要求

1. 基层处理

1）基层清理

（1）防水基层应坚实、干净、平整，无空隙、起砂和裂缝等质量缺陷。

（2）结构层与突出屋面结构的交接处，以及结构层的转角处，找平层均应做成圆弧形，且应整齐平顺。其中高聚物改性沥青防水卷材找平层圆弧半径应大于等于 50mm，合成高分子防水卷材圆弧半径应大于等于 20mm（图 5.1-9）。

（3）防水基层应干燥，其干燥程度应满足防水卷材产品技术要求。

（4）干燥程度的简易检测方法，将 $1m^2$ 卷材平坦地铺在找平层上，静置 3~4h 后掀

图 5.1-9 防水基层处理效果

开检查，找平层与卷材上未见水印即可涂刷基层处理剂，铺贴卷材。

2）基层处理剂施工

(1) 基层处理剂应与卷材相容，且基层处理剂配合比应准确，搅拌均匀。

(2) 基层处理剂可选用喷涂或涂刷法施工，施工时应先进行细部涂刷，再进行大面积施工（图 5.1-10）。

(3) 基层处理剂喷、涂应均匀一致，不得漏涂，干燥后应及时进行卷材施工。

2. 防水卷材铺贴方向

1）大面积防水施工时，宜从屋面最低标高处开始，向高标高方向铺贴。

2）檐沟、天沟卷材施工时，宜顺檐沟、天沟方向铺贴，搭接缝应顺流水方向（图 5.1-11）。

3）卷材宜平行屋脊铺贴，上下层卷材不得互相垂直铺贴。

图 5.1-10 基层处理剂施工

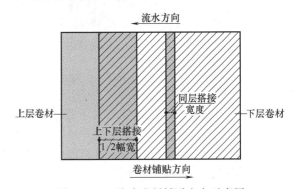

图 5.1-11 防水卷材铺贴方向示意图

3. 防水卷材搭接

1）防水卷材搭接宽度应根据卷材铺贴工艺确定，详见表 5.1-5。

防水卷材搭接宽度　　　　　　　　　　　表 5.1-5

卷材类别	施工工艺	搭接宽度(mm)
合成高分子防水卷材	胶粘剂、粘接料搭接	≥100
	胶粘带、自粘胶搭接	≥60
	单缝焊	≥60,有效焊接宽度不小于 25
	双缝焊	≥80,有效焊接宽度 10×2+空腔宽
高聚物改性沥青防水卷材	热熔法、胶粘搭接	≥100
	自粘搭接	≥80

2) 同一层相邻两幅卷材短边搭接缝错开 1000mm 以上；双层铺贴时，上、下层的长边接缝应错开 1/2～1/3 幅宽（图 5.1-12）。

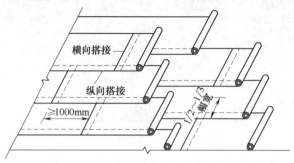

图 5.1-12 防水卷材搭接示意图

图 5.1-13 卷材冷粘法铺贴施工

3) 天沟与屋面的交接处，应采用叉接法搭接，搭接缝应错开，搭接缝宜留在屋面与天沟侧面。

4) 立面或大坡面铺贴卷材时，应采用满粘法，并宜减少卷材短边搭接。

（二）卷材冷粘法铺贴施工

1. 施工工艺流程

基层处理→涂刷基层处理剂→铺贴附加层→铺贴卷材→卷材接缝粘结、密封→蓄水试验→验收。卷材冷粘法铺贴施工如图 5.1-13 所示。

2. 施工要点

1) 胶粘剂涂刷应均匀、不露底、无堆积；当空铺、点粘或条粘时，应按规定位置及面积涂刷胶粘剂。

2) 根据胶粘剂的性能与施工环境、气温条件等，控制胶粘剂涂刷与卷材铺贴的间隔时间。

3) 铺贴卷材时，应排除卷材下面的空气，辊压粘贴牢固。

4) 铺贴的卷材应平整顺直、搭接尺寸准确，不得扭曲皱褶。

5) 搭接部位接缝如图 5.1-14 所示。

（1）专用胶粘结：合成高分子卷材铺好压粘后，将搭接部位粘合面清理干净，再采用与卷材配套的接缝专用胶粘剂，在搭接缝粘合面上满涂胶粘剂，排除接缝间的空气，辊压粘贴牢固。

（2）胶粘带粘结：合成高分子卷材铺好压粘后，将搭接部位粘合面清理干净，涂刷与卷材及胶粘带材性相容的基层胶粘剂，撕去胶粘带隔离纸与粘合接缝部位卷材粘结，并辊压牢固；低温施工时，宜采用热风机对接缝部位进行辅助加热。

（3）搭接缝口应用材性相容的密封材料封严。

（三）卷材热粘法铺贴施工

1. 施工工艺流程

基层处理→涂刷基层处理剂→铺贴卷材附加层→热熔铺贴卷材→热熔封边→蓄水试

图 5.1-14 卷材接缝、收口

验→验收。卷材热粘法铺贴施工如图 5.1-15 所示。

2. 施工要点

1) 喷灯的喷嘴距卷材面的距离应适中。幅宽内加热应均匀，以卷材表面熔融至光亮黑色为宜，不得过分加热；厚度小于 3mm 的高聚物改性沥青防水卷材，不得采用热熔法施工（图 5.1-16）。

图 5.1-15 卷材热粘法铺贴施工

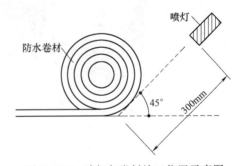

图 5.1-16 喷灯与卷材施工位置示意图

2) 卷材表面沥青热熔后应立即滚铺卷材，滚铺时应排除卷材下面的空气，展平并粘贴牢固。卷材铺贴应平整顺直，搭接尺寸应准确，不得扭曲。

3) 搭接缝部位宜溢出热熔的改性沥青胶结料宽度宜为 5~8mm，并宜均匀顺直；当接缝处的卷材上有矿物粒或片料时，应用火焰烘烤、清除干净后再进行热熔和接缝处理。

（四）卷材机械固定法铺贴施工

1. 施工工艺流程

基层处理→阴阳角粘贴附加层→卷材铺设、固定→搭接缝焊接→细部构造处理→蓄水试验→验收。

2. 施工要点

1）基层清理完毕后，应按平行屋脊方向铺设、展开防水卷材，且卷材搭接宽度应符合规范要求。静置一段时间，以释放卷材应力（图5.1-17）。

2）在沿卷材50mm处，用专用固定件将防水卷材固定在基层上，固定件间距应根据抗风揭试验和使用环境与条件确定，且不宜大于600mm（图5.1-18）。

图5.1-17 展开防水卷材释放应力　　　　图5.1-18 专用固定件固定防水卷材

3）接缝部位可使用自动热风焊机进行焊接处理，焊接宽度40mm，有效焊接宽度不小于25mm；焊接完毕后，需用检验钩进行检查验收。不得出现漏焊、跳焊及焊焦等现象，发现问题应进行补强处理（图5.1-19）。

图5.1-19 接缝焊接

4）卷材防水层周边800mm范围内应满粘，卷材收头应采用金属压条钉压固定和进行密封处理。

五、屋面涂膜防水层施工

1. 施工工艺流程

基层处理→特殊部位附加增强处理→分层涂布→密封收头→蓄水试验→验收。

2. 施工要点

1）基层处理

（1）应将基层表面的凸起物、砂浆块等铲除，并将尘土杂物清扫干净。

（2）对凹凸不平处，应采用水泥砂浆找平。

（3）对阴阳角、管根部位、地漏和排水口等部位应进行清理，阴阳角转角处应做成圆弧或钝角。

2）多组份防水材料配制

（1）按生产厂家指定的比例分别称取适量的液料和固体粉料，将粉料慢慢倒入液料中并充分搅拌至无气泡为止（图 5.1-20）。

（2）搅拌时不得加水或混入上次搅拌的残液及其他杂质。

（3）配制好的涂料应在厂家规定的时间内用完。

图 5.1-20　防水涂料配制

3）特殊部位附加增强处理

（1）特殊部位主要包括：檐沟、天沟、水落口、泛水、伸出屋面管道根部等。

（2）增强处理方法：在特殊部位加铺胎体增强材料，然后涂刷涂膜防水材料。

4）涂膜施工顺序

（1）"先高后低"——遇高低跨屋面时，宜先涂布高跨屋面，后涂布低跨屋面。

（2）"先远后近"——相同高度屋面时，宜先涂布距上料点远的部位，后涂布近处。

（3）"先点后面"——在同一屋面上，宜先涂布排水较集中的水落口、天沟、檐沟、檐口等节点部位，再进行大面积涂布（图 5.1-21）。

(a) 细部处理　　　　　　　　　(b) 大面积施工

图 5.1-21　涂膜施工顺序示意图

5）涂刷施工

（1）涂膜防水施工时应分层多遍涂布。待前一遍涂布的涂料干燥成膜后，再涂布下一遍涂料。

（2）前后两遍涂料的涂布方向应相互垂直，涂膜总厚度应符合设计要求。

（3）涂刷涂膜防水层时，应先涂刷垂直面、后涂刷水平面，先涂刷阴阳角、后涂刷大面。

图 5.1-22 胎体增强材料施工

6）胎体增强材料施工

（1）胎体增强材料宜采用聚酯无纺布或化纤无纺布，长边搭接宽度不应小于 50mm，短边搭接宽度不应小于 70mm。上下层胎体增强材料的长边搭接缝应错开，不应小于幅宽的 1/3，且不应相互垂直铺设。

（2）涂膜间夹铺胎体增强材料时，宜边涂布边铺胎体。胎体宜浸透涂料，不得有胎体外露现象；胎体最上面的涂膜厚度不应小于 1.0mm（图 5.1-22）。

7）涂膜防水层的收头

涂膜防水层的收头，应用防水涂料多遍涂刷或用密封材料密封。

六、隔离层施工

1. 材料要求

隔离层材料设计未明确时，可采用干铺塑料膜、土工布、卷材或铺抹低强度等级砂浆，隔离层材料的适用范围和技术要求应符合表 5.1-6 的规定。

隔离层材料的适用范围和技术要求　　　　表 5.1-6

隔离层材料	适用范围	技术要求
塑料膜	块体材料、水泥砂浆保护层	0.4mm 聚乙烯膜或 3.0mm 厚发泡聚乙烯膜
土工布	块体材料、水泥砂浆保护层	200g/m³ 聚酯无纺布
卷材	块体材料、水泥砂浆保护层	石油沥青卷材一层
低强度等级砂浆	细石混凝土保护层	10mm 厚黏土砂浆,石灰膏:砂:黏土=1:2.4:3.6
		10mm 厚石灰砂浆,石灰膏:砂=1:4
		5mm 厚掺有纤维的石灰砂浆

2. 施工要点

1）隔离层施工前应检查防水层封边、收头固定及平面、立面的粘结情况。

2）阴阳角和管道穿过楼板面的根部宜铺涂附加防水隔离层，且隔离层应满铺，不得有空隙。

3）隔离层细部构造铺设完成后开始大面积铺设，铺设应符合下列规定：

（1）采用塑料布、土工布、卷材铺设时表面应平整，其搭接宽度不应小于 50mm。

（2）采用低强度等级砂浆铺设时，应先湿润基层，表面应抹平、压实并养护；铺抹厚度应符合设计要求，不得透底或空缺。

(3) 低强度等级砂浆的施工环境温度宜为 5~35℃，干铺塑料膜、土工布、卷材可不受温度影响。

七、保护层施工

1. 材料要求

保护层材料设计未明确时，可采用水泥砂浆、块体材料、细石混凝土等，保护层材料的适用范围和技术要求应符合表 5.1-7 的规定。

保护层材料的适用范围和技术要求　　表 5.1-7

保护层材料	适用范围	技术要求
水泥砂浆	不上人屋面	20mm 厚 1∶2.5 或 M15 水泥砂浆
块体材料	上人屋面	地砖或 30mm 厚 C20 细石混凝土预制块
细石混凝土	上人屋面	40mm 厚 C20 细石混凝土或 50mm 厚 C20 细石混凝土内配 $\phi4@100$ 双向钢筋网片

2. 施工要点

1) 隔离层铺设完毕后，可进行保护层施工。

2) 保护层分格要求（图 5.1-23）：

（1）用块体材料保护层时，宜设置分格缝，分格缝纵、横间距不应大于 10m，分格缝宽度宜为 20mm。

（2）用水泥砂浆作保护层时，表面应抹平压光，并应设表面分格缝，分格面积宜为 1m²。

（3）用细石混凝土做保护层时，混凝土应振捣密实，表面应抹平压光，分格缝纵、横间距不应大于 6m。分格缝的宽度宜为 10~20mm。

（4）块体材料、水泥砂浆或细石混凝土保护层与女儿墙和山墙之间，应预留宽度为 30mm 的缝隙，缝内宜填塞聚苯乙烯泡沫塑料，并应用密封材料嵌填密实。

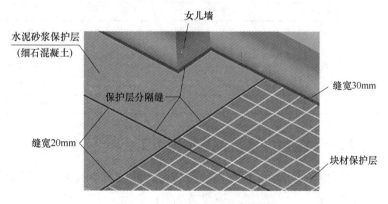

图 5.1-23　保护层分格缝示意图

3) 块体材料保护层施工：

（1）施工工艺流程：

基层处理→弹分格线→抄平、冲筋→贴分格条→铺装块材→细部处理→养护→分格缝处理→验收。

（2）块体材料保护层施工前，应根据分格缝间距要求及屋面建筑平面布置图，进行排砖设计，以求排砖整齐、美观。

（3）施工时，按纵、横间距 2.0～3.0m 铺两至三行砖作为标筋，控制屋面排水坡度及块材铺设位置。

（4）按照铺好的标筋控制坡度，双向拉线铺贴块材保护层。在砂结合层上铺贴块体时，砂结合层应平整，块体间缝隙不应小于 10mm。缝内填砂，用干混填缝砂浆（DTG）或 1∶2 水泥砂浆勾缝。

（5）铺贴完成 24h 后进行洒水养护，养护时间不少于 7d。养护完成后，清理分格缝，用密封材料嵌填。

4）水泥砂浆、细石混凝土保护层施工

（1）施工工艺流程：

基层处理→弹分格线→抄平、做灰饼、冲筋→贴分格条→水泥砂浆、细石混凝土摊铺并抹平压光→细部处理→养护→分格缝处理→验收。

（2）先弹分格线，然后根据屋面设计坡度抄平、做灰饼（50mm×50mm）标筋，灰饼纵、横间距为 1.5～2.0m。

（3）砂浆（细石混凝土）铺设应按由远而近、由高到低的顺序进行；每分格内的砂浆（细石混凝土）宜一次连续浇筑，用刮杠按灰饼高度刮平。

（4）砂浆（细石混凝土）保护层终凝前用铁抹子压光，并取出分格条。

（5）保护层完成后进行洒水养护，养护时间不得少于 7d。养护完成后，清理分格缝，用密封材料嵌填。

3. 质量检验

保护层的允许偏差和检验方法见表 5.1-8。

保护层的允许偏差和检验方法　　　　　表 5.1-8

项目	允许偏差(mm)			检验方法
	块体材料	水泥砂浆	细石混凝土	
表面平整度	4.0	4.0	5.0	2m 靠尺和塞尺检查
缝格平直	3.0	3.0	3.0	拉线和尺量检查
接缝高低差	1.5	—	—	直尺和塞尺检查
板块间隙宽度	2.0	—	—	尺量检查
保护层厚度	设计厚度的 10%，且不得大于 5mm			钢针插入和尺量检查

八、檐口、檐沟、天沟、水落口等细部施工

1）卷材防水屋面檐口 800mm 范围内的卷材应满粘，卷材收头应采用金属压条钉压，并应用密封材料封严。檐口下端应做鹰嘴和滴水槽，如图 5.1-24 所示。

2）檐沟和天沟的防水层下应增设附加层，附加层伸入屋面的宽度不应小于 250mm；女儿墙泛水处的防水层下应增设附加层，附加层在平面和立面的宽度均不应小于 250mm，如图 5.1-25 所示。

3）水落口杯应牢固地固定在承重结构上，防水层下应增设涂膜附加层，如图 5.1-26 和图 5.1-27 所示。

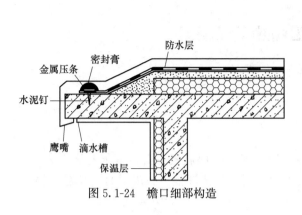

图 5.1-24　檐口细部构造

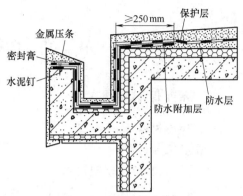

图 5.1-25　檐沟细部构造

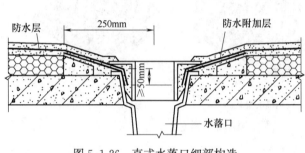

图 5.1-26　直式水落口细部构造

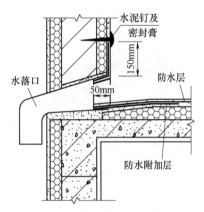

图 5.1-27　横式水落口细部构造

4）虹吸式排水的水落口防水构造应进行专项设计。

5）设施基座直接放置在防水层上时，设施基座下部应增设附加层，必要时应在其上浇筑细石混凝土，其厚度不应小于 50mm，如图 5.1-28 所示。

6）管道泛水处的防水层下应增设附加层，附加层在平面和立面的宽度均不应小于 250mm，如图 5.1-29 所示。

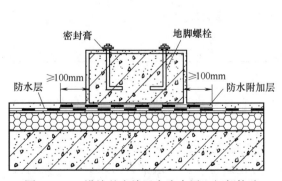

图 5.1-28　设施基座放置在防水层上细部构造

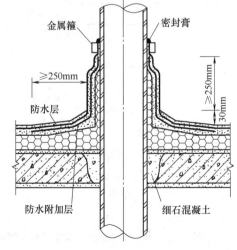

图 5.1-29　出屋面管道防水细部构造

第二节 保温隔热工程施工

一、屋面保温隔热工程

(一) 保温材料

1. 常用保温材料

常用保温材料有：挤塑聚苯乙烯泡沫板、硬泡聚氨酯保温板、石墨聚苯乙烯泡沫板、热固型聚苯乙烯复合保温板、岩棉保温板、保温浆料、泡沫混凝土、蒸压加气混凝土砌块等（图 5.2-1）。

(a) 挤塑聚苯乙烯泡沫板　　(b) 硬泡聚氨酯保温板　　(c) 石墨聚苯乙烯泡沫板

图 5.2-1　屋面常用保温材料

2. 保温材料进场复验

1) 根据现行国家标准《建筑节能与可再生能源利用通用规范》GB 55015—2021 及《建筑节能工程施工质量验收标准》GB 50411—2019 有关规定，保温材料应进场复验，且检验报告作为工程竣工验收及建筑节能验收的重要依据。

2) 屋面保温隔热材料进场复验项目及要求见表 5.2-1。

屋面保温隔热材料进场复验项目及要求　　表 5.2-1

序号	复验项目	备注
1	导热系数或热阻	导热系数或热阻、密度、燃烧性能必须在同一复验报告中
2	密度	
3	压缩强度或抗压强度	
4	吸水率	
5	燃烧性能(不燃材料除外)	

(二) 屋面保温层设置要求

1) 保温层应根据屋面所需传热系数或热阻，选择轻质、高效保温材料。各类保温层适用的保温材料，见表 5.2-2。

2) 保温层应选用难燃型或不燃型保温材料，保温材料的压缩强度不应小于 100kPa。

3) 当屋面同时使用两种保温材料复合时，应错缝铺装；分层铺设时，应注意保温板的排列，错缝铺粘，各层之间应有粘结。

保温层及其保温材料一览表 表 5.2-2

保温层类型	保温材料
板状材料保温层	热固型聚苯乙烯复合保温板、挤塑聚苯乙烯泡沫板、石墨聚苯乙烯泡沫板、硬质聚氨酯泡沫板、加气混凝土砌块、泡沫玻璃制品、泡沫混凝土砌块、保温砂浆板等
纤维材料保温层	岩棉、玻璃棉制品
整体材料保温层	喷涂硬泡聚氨酯、现浇泡沫混凝土、憎水珍珠岩保温浆料

4）女儿墙等突出屋面的结构体，其保温层应与屋面、墙体保温层相接。女儿墙、风道出风口等部位宜设置金属盖板，金属盖板与结构连接部位应采取隔热断桥密封保温措施。

5）屋面与外墙交界处，屋顶开口部位四周的保温层，应采用宽度不小于 500mm 的 A 级保温材料设置水平防火隔离带。

（三）隔气层、隔汽层、隔热层设置要求

1. 隔气层

1）作用：阻止空气流通，减少空气渗透，从而减少热量通过空气流动散失。

2）应用范围：通常用于建筑外墙、屋顶和地面，以提高建筑的气密性，减少冷热空气的交换。

3）设置位置：在结构层与保温层之间。

4）材料选用：各种密封材料、防水透气膜、密封胶等。

2. 隔汽层

1）作用：防止水蒸气渗透，减少湿气对建筑结构和保温材料的影响，避免结露和霉菌生长。

2）应用范围：用于潮湿环境或需要防止水汽渗透的区域，严寒及寒冷地区屋面。

3）设置位置：在结构层与保温层之间。当沿周边墙面向上连续铺设时，应高出保温层上表面不得小于 150mm（图 5.2-2）。

4）材料选用：防水涂料、防水卷材等。

3. 隔热层

1）作用：减少热量传递，保持室内温度稳定，减少能源消耗。

2）应用范围：屋顶、墙体、地面和天花板，以减少热量的流入和流出。

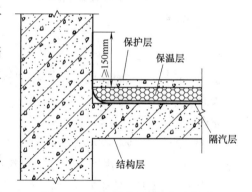

图 5.2-2 屋面隔汽层做法示意图

3）设置位置：当采用保温层作为隔热层时，正置式屋面隔热层在防水层之下，倒置式屋面隔热层在防水层之上。

4）材料选用：各种保温材料。

5）常见构造做法：通风隔热、蓄水隔热、种植隔热和反射降温隔热等方法。

（1）通风隔热构造做法：通过架空通风隔热层或吊顶棚内的空间实现空气对流。

（2）蓄水隔热构造做法：利用屋顶所蓄积的水层隔热。

(3) 种植隔热构造做法：在屋顶覆盖种植土，借助植物吸收阳光和遮挡阳光达到降温隔热目的。

(4) 反射降温隔热构造做法：通过屋顶表面材料的颜色和粗糙程度反射太阳辐射热量。

(四) 保温层施工

1. 施工环境要求

1) 干铺的保温材料可在负温度下施工。

2) 用水泥砂浆粘贴的块状保温材料不宜低于5℃。

3) 喷涂硬泡聚氨酯宜为15～35℃，空气相对湿度宜小于85%，风速不宜大于三级。

4) 现浇泡沫混凝土宜为5～35℃，雨天、雪天、五级风以上的天气停止施工。

2. 各类保温材料施工要点

1) 块状材料保温层施工

(1) 按设计坡度及流水方向确定铺设方向后弹线；倒置式屋面保温施工时，还需设置标高控制点，以控制保温层的施工坡度。

(2) 块状保温材料的铺贴方法分为干铺法、粘贴法和机械固定法三种（图5.2-3）。

(a) 干铺法施工　　　　　(b) 粘贴法施工　　　　　(c) 机械固定法施工

图 5.2-3　块状保温材料施工

① 干铺法：直接将保温板铺设在结构层或隔气层等基层上；板状保温材料应紧靠在基层表面上，铺平、垫稳、缝对齐；铺设时应分段、分块进行作业，每段或每块铺设完成后应立即施工找平层。

② 粘贴法：用胶粘剂将保温板粘贴在基层上，保温材料应贴严、粘牢；胶粘剂应与保温材料相容，不得采用溶剂型粘结材料；在胶粘剂固化前不得上人踩踏。

③ 机械固定法：使用专用螺钉和垫片，将板状保温材料定点钉固在结构上；固定件应固定在结构层上，固定件的间距应符合设计要求。

(3) 块状保温材料分层铺设时，上、下两层板的接缝应相互错开，相邻保温板边缘厚度应一致并挤严，板间缝隙应采用同类材料嵌填密实。

2) 喷涂硬泡聚氨酯保温层施工

(1) 喷涂施工前，应先对女儿墙、设备基础、出屋面管线等非保温的部位进行遮挡防护，再将保温基层表面的废浆、油污、杂物清理干净。

(2) 喷涂硬泡聚氨酯保温层应采用专用的喷涂设备进行喷涂施工，喷嘴与施工基面的距离由试验确定（图 5.2-4）。

(3) 喷涂作业应分多遍喷涂，每遍喷涂厚度不宜大于 15mm，每遍喷涂的间隔为 10～20min，分多遍喷涂最终达到设计厚度。喷涂泡沫不得出现空鼓、开裂、厚度不足等现象，否则需重新喷涂。

(4) 喷涂施工应连续进行，即当日的施工作业面应连续喷涂至完成面。喷涂完成后 20min 内严禁上人行走。

(5) 保温层施工应同时喷涂 1 组 3 块截面尺寸为 500mm×500mm、厚度不小于 50mm 的试块，用于材料性能的检测。

图 5.2-4 喷涂硬泡聚氨酯保温层施工

3) 现浇泡沫混凝土保温层施工

(1) 将水泥、水、发泡剂按比例混合制浆后，进行浇筑施工。

(2) 浇筑施工时，浇筑出口离基层的高度不宜超过 1m；采用泵送时，应采取低压泵送。

(3) 泡沫混凝土应分层浇筑，一次浇筑厚度不宜超过 200mm。浇筑施工时，应随时观察检查浆体流动性、发泡稳定性，待保温层达到控制厚度，并自动流平后，再用刮板刮平（图 5.2-5）。

(4) 泡沫混凝土养护过程中，不得进行振动，不得在面层上行走或作业；保湿养护时间不得少于 7d。

(a) 浇筑　　　　　　　　　(b) 发泡、自流平　　　　　　　　(c) 人工刮平

图 5.2-5 现浇泡沫混凝土保温层施工

3. 倒置式屋面保温层施工

1) 倒置式屋面基本构造自下而上宜由结构层、找坡层、找平层、防水层、保温层及保护层组成，如图 5.1-2 所示。

2) 倒置式屋面保温层的厚度应根据现行国家标准《民用建筑热工设计规范》GB 50176—2016 进行计算；其设计厚度应按照计算厚度增加 25% 取值，且最小厚度不得小于 25mm。

3) 低女儿墙和山墙的保温层应铺到压顶下；高女儿墙和山墙内侧的保温层应铺到顶

部；保温层应覆盖变形缝挡墙的两侧；屋面设施基座与结构层相连时，保温层应包裹基座的上部。

4）保温层板材施工，坡度不大于3%的不上人屋面可采用干铺法，上人屋面宜采用粘结法；坡度大于3%的屋面应采用粘结法，并应采用固定防滑措施。

4. 种植屋面保温层施工

1）种植屋面绝热材料可采用喷涂硬泡聚氨酯、硬泡聚氨酯板、挤塑聚苯乙烯泡沫塑料保温板、硬质聚异氰脲酸酯泡沫保温板、酚醛硬泡保温板等轻质绝热材料，不得采用散状绝热材料。

2）种植坡屋面保温层及绝热层可采用粘结法和机械固定法施工。

3）当屋面坡度大于20%时，应采取防滑措施，如图5.2-6所示。

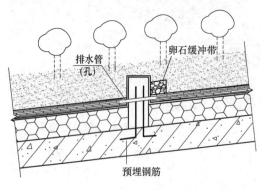

图5.2-6 种植坡屋面防滑挡墙

二、墙体保温隔热工程

（一）墙体保温节能系统

1. 外墙外保温工程

外墙外保温系统的基本构造是由保温层、防护层和固定材料构成。在正常使用和正常维护的条件下，外保温工程的使用年限不应少于25年。

1）粘贴保温板薄抹灰外保温系统：由粘结层、保温层、抹面层和饰面层构成（图5.2-7）。

（1）粘结层材料为胶粘剂。

（2）保温层材料可为EPS板、XPS板和PUR板或PIR板。

（3）抹面层材料为抹面胶浆，抹面胶浆中满铺玻纤网。

（4）饰面层为涂料或饰面砂浆。

2）胶粉聚苯颗粒保温浆料外保温系统：由界面层、保温层、抹面层和饰面层构成（图5.2-8）。

（1）界面层材料为界面砂浆。

（2）保温层材料为胶粉聚苯颗粒保温浆料。

（3）抹面层材料应为抹面胶浆，抹面胶浆中满铺玻纤网。

（4）饰面层为涂料或饰面砂浆。

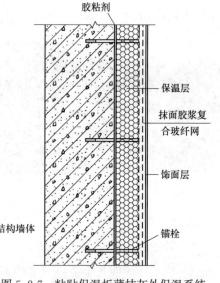

图5.2-7 粘贴保温板薄抹灰外保温系统

3）EPS板现浇混凝土外保温系统如图5.2-9所示。

（1）EPS板现浇混凝土外保温系统以现浇混凝土外墙作为基层墙体，EPS板为保温层，EPS板内表面（与现浇混凝土接触的表面）开有凹槽，内外表面均应满涂界面砂浆。

（2）施工时应将EPS板置于外模板内侧，并安装辅助固定件。

（3）EPS 板表面应做抹面胶浆抹面层，抹面层中满铺玻纤网；饰面层可为涂料或饰面砂浆。

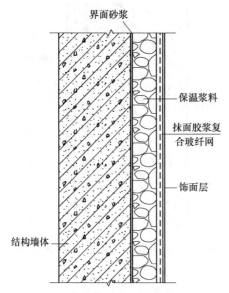

图 5.2-8　胶粉聚苯颗粒保温浆料外保温系统

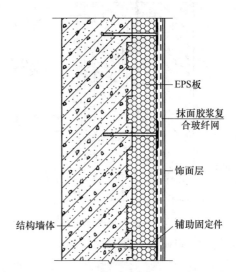

图 5.2-9　EPS 板现浇混凝土外保温系统

4）EPS 钢丝网架板现浇混凝土外保温系统如图 5.2-10 所示。

（1）EPS 钢丝网架板现浇混凝土外保温系统以现浇混凝土外墙作为基层墙体，EPS 钢丝网架板为保温层，钢丝网架板中的 EPS 板外侧开有凹槽。

（2）施工时应将钢丝网架板置于外墙外模板内侧，并在 EPS 板上安装辅助固定件。

（3）钢丝网架板表面应涂抹掺外加剂的水泥砂浆抹面层，外表面可做饰面层。

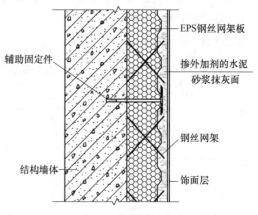

图 5.2-10　EPS 钢丝网架板现浇混凝土外保温系统

5）胶粉聚苯颗粒浆料贴砌 EPS 板外保温系统如图 5.2-11 所示。

（1）胶粉聚苯颗粒浆料贴砌 EPS 板外保温系统由界面砂浆层、胶粉聚苯颗粒贴砌浆料层、EPS 板保温层、抹面层和饰面层构成。

（2）抹面层中应满铺玻纤网，饰面层可为涂料或饰面砂浆。

6）现场喷涂硬泡聚氨酯外保温系统如图 5.2-12 所示。

（1）现场喷涂硬泡聚氨酯外保温系统由界面层、现场喷涂硬泡聚氨酯保温层、界面砂浆层、找平层、抹面层和饰面层组成。

（2）抹面层中应满铺玻纤网，饰面层可为涂料或饰面砂浆。

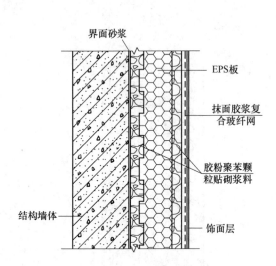

图 5.2-11　胶粉聚苯颗粒浆料贴砌 EPS 板外保温系统

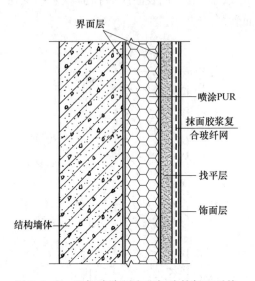

图 5.2-12　现场喷涂硬泡聚氨酯外保温系统

2. 外墙内保温工程

外墙内保温系统主要由保温层和防护层组成，是用于外墙内表面起保温作用的系统。

1）复合板内保温系统

复合板内保温系统基本构造见表 5.2-3。

复合板内保温系统基本构造　　　　表 5.2-3

基层墙体 ①	系统基本构造				构造示意图
	粘接层 ②	复合板 ③		饰面层 ④	
		保温层	面板		
混凝土墙体、砌体墙体	胶粘剂或粘结石膏+锚栓	EPS 板、XPS 板、PU 板、纸蜂窝填充憎水型膨胀珍珠岩保温板	纸面石膏板、无石棉纤维水泥平板、无石棉硅酸钙板	腻子层+涂料或墙纸（布）或面砖	①②③④

2）有机保温板内保温系统

有机保温板内保温系统基本构造见表 5.2-4。

3）无机保温板内保温系统

无机保温板内保温系统基本构造见表 5.2-5。

有机保温板内保温系统基本构造　　　　　表 5.2-4

基层墙体①	系统基本构造				构造示意图
	粘接层②	保温层③	罩面层④	饰面层⑤	
混凝土墙体、砌体墙体	胶粘剂或粘结石膏	EPS板、XPS板、PU板	做法一：6mm 抹面胶浆复合涂塑中碱玻璃纤维网布。做法二：粉刷 8~10mm 厚石膏，横向压入 A 型中碱玻璃纤维网布；涂刷 2mm 厚专用胶粘剂，压入 B 型中碱玻璃纤维网布	腻子层＋涂料或墙纸(布)或面砖	

无机保温板内保温系统基本构造　　　　　表 5.2-5

基层墙体①	系统基本构造				构造示意图
	粘接层②	保温层③	罩面层④	饰面层⑤	
混凝土墙体、砌体墙体	胶粘剂	无机保温板	抹面胶浆＋耐碱玻璃纤维网布	腻子层＋涂料或墙纸(布)或面砖	

4) 保温砂浆外墙内保温系统

保温砂浆外墙内保温系统基本构造见表 5.2-6。

保温砂浆外墙内保温系统基本构造　　　　　表 5.2-6

基层墙体①	系统基本构造				构造示意图
	粘接层②	保温层③	罩面层④	饰面层⑤	
混凝土墙体、砌体墙体	界面剂	保温砂浆	抹面胶浆＋耐碱玻璃纤维网布	腻子层＋涂料或墙纸(布)或面砖	

5) 喷涂硬泡聚氨酯内保温系统

喷涂硬泡聚氨酯内保温系统基本构造见表 5.2-7。

喷涂硬泡聚氨酯内保温系统基本构造　　　　表 5.2-7

基层墙体①	系统基本构造						构造示意图
	界面层②	保温层③	界面层④	找平层⑤	防护层		
					抹面层⑥	饰面层⑦	
混凝土墙体、砌体墙体	水泥砂浆聚氨酯防潮底漆	喷涂硬泡聚氨酯	专用界面砂浆或专用界面剂	保温砂浆或聚合物水泥砂浆	抹面胶浆复合涂塑中碱玻璃纤维网布	腻子层+涂料或墙纸(布)或面砖	

6) 自保温混凝土复合砌块墙体

(1) 自保温砌块的复合型式分为三种类型：

Ⅰ型：在骨料中复合轻质骨料制成的自保温砌块。

Ⅱ型：在孔洞中填插保温材料制成的自保温砌块。

Ⅲ型：在骨料中复合轻质骨料且在孔洞中填插保温材料制成的自保温砌块。

(2) 自保温砌块强度等级可采用 MU3.5、MU5.0 或 MU7.5。

(3) 自保温砌块砌体宜采用专用砂浆砌筑。

(4) 自保温砌块不宜用于潮湿环境。

图 5.2-13　保温材料运输保护措施

(二) 墙体保温工程施工要点

1. 保温材料运输保护措施

保温材料在运输、储存和施工过程中应采取防潮、防水等保护措施，如图 5.2-13 所示。

2. 施工工艺流程

基层处理→粘贴胶浆制备→保温板安装→固定件安装→抹面胶浆施工→饰面施工。

3. 基层处理

1) 清理混凝土墙面上的残留浮灰、脱模剂油污等杂物（图 5.2-14），剔除凸起、空鼓和疏松部位，并封堵施工孔洞（图 5.2-15）。

2) 按规范要求对墙面平整度、垂直度偏差进行调整处理，保证墙面顺直、阴阳角方正。

3) 当基层墙面需要进行界面处理时，宜使用水泥基界面砂浆。

4. 保温板安装

1) 保温板材与基层的连接方式、拉伸粘结强度和粘结面积比应符合设计要求，可参考表 5.2-8。

图 5.2-14 浮浆清理

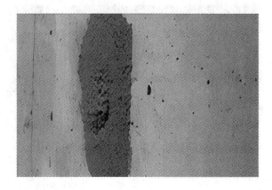

图 5.2-15 孔洞封堵

粘贴保温板薄抹灰外保温系统拉伸粘结强度和粘结面积比参考要求　　表 5.2-8

序号	保温材料	连接方式	拉伸粘结强度	粘结面积比
1	EPS	粘贴为主、锚固为辅	≥0.1MPa	≥40%
2	XPS、PUR、PIR	粘贴为主、锚固为辅		≥50%
3	岩棉条	粘贴为主、锚固为辅		≥70%
4	岩棉板	锚固为主、粘贴为辅	—	≥50%

2）保温板材安装施工前，应进行拉伸粘结强度的现场拉拔试验及粘结面积的剥离检验，以确定安装施工工艺标准（图 5.2-16）。

3）保温板的粘贴方式一般分为条粘法和点框法，施工时可根据设计及产品安装要求选用。

（1）条粘法［图 5.2-17（a）］：用齿抹子在粘结面上将胶粘剂梳理成条形柱状，布料高度应控制在有效粘结厚度的 2 倍，布料面积应控制在有效粘结面积的 50%。

图 5.2-16 现场拉拔试验

（2）点框法［图 5.2-17（b）］：在保温板的四周涂抹胶粘剂，中间涂抹梅花点，在板边砂浆中留出宽度不小于 25mm 的透气孔。胶粘剂的布料高度应控制在有效粘结厚度的 2 倍及以上，布料面积应控制在有效粘结面积的 60% 及以上。

4）外墙外保温体系在保温板粘贴完成 24h 后，需用锚栓固定。

（1）锚检数量需计算确定。24~60m 每平方米不少于 4 个，60m 以上每平方米不少于 6 个。每段隔离带上的锚栓数量至少有 2 个。锚栓的数量应符合设计和施工方案的要求。

（2）保温板边角相接处应安装锚栓，隔离带上的锚栓距端部不大于 100mm，锚栓间距不大于 600mm（图 5.2-18）。

(a) 条粘法

(b) 点框法

图 5.2-17 保温板粘贴方式示意图

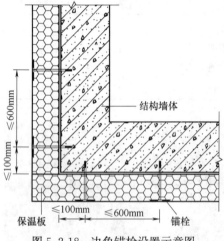

图 5.2-18 边角锚栓设置示意图

5）防火隔离带施工：

（1）防火隔离带的保温材料，其燃烧性能应为 A 级（宜用岩棉带）。防火棉的密度不应小于 $100kg/m^3$。

（2）防火隔离带应与基层墙体可靠连接，不产生渗透、裂缝和空鼓；应能承受自重、风荷载和气候的反复作用而不产生破坏。

（3）单层板外保温系统中防火隔离带的宽度应不小于 300mm，双层板保温系统中防火隔离带重叠部分应不小于 300mm（图 5.2-19）。

（4）防火隔离带的安装与其他外墙保温材料应同步施工，隔离带接缝位置与上、下部位保温板材接缝应错开。错开距离不小于 200mm，阴阳角应互锁施工，避免纵向通缝，每段隔离带长度不小于 400mm。

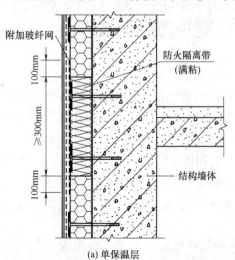

(a) 单保温层　　(b) 双保温层

图 5.2-19 防火隔离带示意图

6) 抹面胶浆施工：

(1) 保温板层经检查验收合格后，按保温体系构造需要，采用专用界面砂浆或界面剂进行界面层施工。

(2) 均匀抹一层厚度为 2～3mm 左右的底层抹面胶浆。

(3) 在底层抹面胶浆凝结前，将玻纤网放置于抹面胶浆上，用抹子从中央向四周展平。玻纤网遇搭接时，搭接宽度不应小于 100mm。

(4) 紧接着用抹面胶浆罩面，抹面胶浆厚度为 1～2mm，以仅覆盖玻纤网、微见玻纤网轮廓为宜。

(5) 抹面胶浆总厚度控制在 3～5mm。其中，门窗洞口上部及两侧 200mm 范围内，砂浆厚度不应小于 5mm。

抹面胶浆施工如图 5.2-20 所示。

(a) 抹底灰　　　　　　　　　(b) 铺玻纤布　　　　　　　　　(c) 抹面灰

图 5.2-20　抹面胶浆施工

7) 细部节点施工要点：

(1) 外门窗保温收口

① 外门窗框或附框与洞口之间的间隙应采用聚氨酯发泡胶填充饱满。发泡胶凝固后，将框边外多余发泡胶裁切至与墙面平齐，并打磨平整。

② 保温板粘贴前，应按排版图将门窗洞口四角处的保温板裁切为刀把形备用。

③ 保温板粘贴时，保温板边缘应与洞口四边紧密贴合；保温板拼缝位置与洞口四边间隔距离不应小于 200mm；在朝向洞口内侧的保温板下预埋玻纤网，预留玻纤网的宽度不小于 200mm。

④ 洞口保温板收口时应认真仔细。应沿弹线切掉多余的保温板，并打磨平整后，再翻包好预留的玻纤网，进行抹面胶浆施工。为增强洞口四角抹面胶浆的抗裂性能，需在洞口内侧四角及洞口外墙面四角设置增强玻纤网。洞口内四角增强玻纤网尺寸为 400mm×保温板厚度；洞口外四角增强玻纤网尺寸为 200mm×300mm，沿 45°方向加铺。

外门窗保温收口施工如图 5.2-21 所示。

(2) 伸缩缝保温施工节点

保温层伸缩缝施工时，伸缩缝内应先垫适当厚度保温板，后填塞发泡聚乙烯软棒或条（直径或宽度为缝宽的 1.3 倍），分两次勾填建筑密封膏，勾填厚度为缝宽的 50%～70%（图 5.2-22）。

(3) 沉降缝保温施工节点

沉降缝采用专用伸缩配件进行封闭，其中，平面沉降缝采用 E 型伸缩缝配件，转角沉降缝采用 V 型伸缩缝配件封闭（图 5.2-23）。

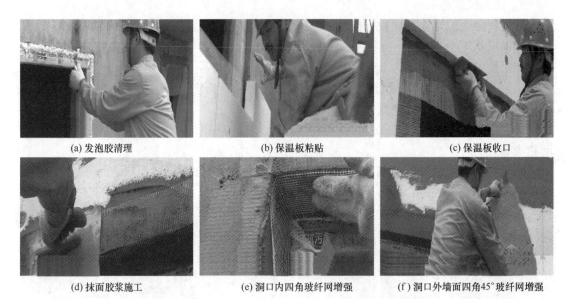

图 5.2-21 外门窗保温收口施工

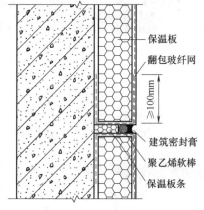

图 5.2-22 伸缩缝保温施工节点

(4) 穿墙管保温施工节点

① 普通穿墙管 [图 5.2-24（a）]：穿墙与外保温外侧接触部位应先设置预压止水带，再向外依次设置硅胶板环、塑料圆环进行封闭。穿墙管线应按 3% 向外墙外侧方向设置坡度。

② 高温穿墙管 [图 5.2-24（b）]：穿墙管四周应采用燃烧性能应为 A 级（宜用岩棉带）的保温材料；高温穿墙管与普通保温材料的隔离距离应不小于 200mm，隔离保温厚度应与大面墙体保温板等厚；穿墙管与外墙表面接缝应采用建筑密封胶密封。

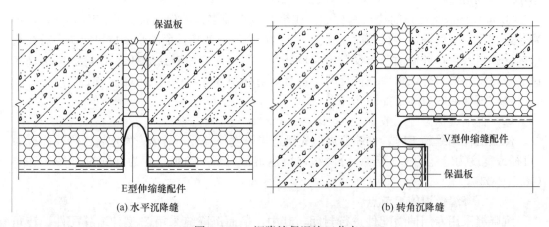

图 5.2-23 沉降缝保温施工节点

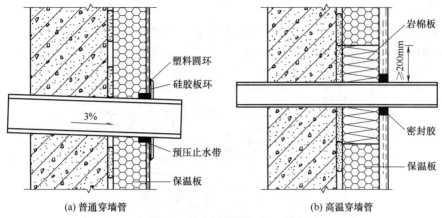

(a) 普通穿墙管　　　　　　　　(b) 高温穿墙管

图 5.2-24　穿墙管保温施工节点

第三节　地下室防水工程施工

一、地下工程防水等级与做法

1. 地下室防水工程的设计应以防为主，防排结合，多道设防，刚柔相济，且地下工程防水设计工作年限不应低于工程结构设计工作年限。

2. 地下室防水等级分为两级，见表 5.3-1。

地下室防水等级标准　　　　　　　　　　　　　　　　　表 5.3-1

防水等级	防水做法	防水混凝土	外设防水层		
			防水卷材	防水涂料	水泥基防水材料
一级	不应少于3道	为1道,应选	不少于2道;防水卷材或防水涂料不应少于1道		
二级	不应少于2道	为1道,应选	不少于1道;任选		
三级	不应少于1道	为1道,应选			

3. 地下室防水设防措施，见表 5.3-2。

地下室防水设防措施　　　　　　　　　　　　　　　　　表 5.3-2

施工缝						变形缝					后浇带					诱导缝			
水泥基渗透结晶型防水材料	混凝土界面处理剂或外涂型水泥基渗透型防水材料	预埋注浆管	遇水膨胀止水条或止水胶	中埋式止水带	外贴式止水带	中埋式中孔型橡胶止水带	外贴式中孔型止水带	可卸式止水带	密封嵌缝材料	外贴防水卷材或外涂防水涂料	补偿收缩混凝土	预埋注浆管	中埋式止水带	遇水膨胀止水条或止水胶	外贴防水卷材或外涂防水涂料	中埋式中孔型橡胶止水带	密封嵌缝材料	外贴式止水带	外贴防水卷材或外涂防水涂料
不应少于2种						应选	不应少于2种				应选	不应少于1种				应选	不应少于1种		

4."三缝一带"基本构造：

1）变形缝：可有效地消解建筑物在温度变化、沉降等外界因素影响下产生的变形，避免建筑物出现损伤，延长使用寿命。包括伸缩缝、沉降缝和防震缝（图5.3-1）。

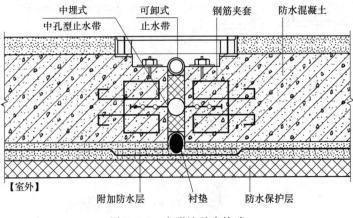

图5.3-1 变形缝基本构造

2）诱导缝：用于引导裂缝的产生，释放混凝土结构纵向内应力，以避免在其他部位开裂。诱导缝的设置要保证整个结构具有足够的强度和刚度。诱导缝处的混凝土可以连续浇筑（图5.3-2）。

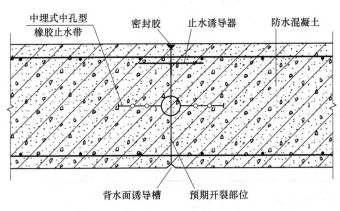

图5.3-2 诱导缝基本构造

3）施工缝：在混凝土浇筑过程中，由于设计或施工需要分段浇筑而形成的接缝。施工缝应设置在结构受力较小且便于施工的部位，如底板、侧墙等部位（图5.3-3）。

4）后浇带：能够解决建筑物的不同部分，如主楼和裙房之间，或者新旧建筑物之间，可能会因为地基沉降不均匀而导致结构问题；控制减少由于混凝土收缩和温度变化引起的裂缝（图5.3-4）。

二、防水混凝土施工

(一) 材料要求

1）防水混凝土抗渗等级规定，见表5.3-3。

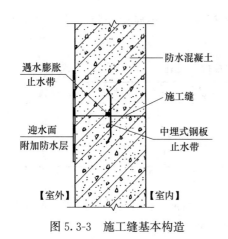

图 5.3-3 施工缝基本构造

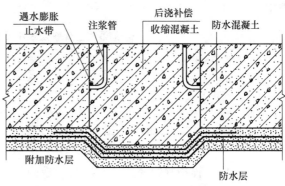

图 5.3-4 后浇带基本构造（橡胶止水带）

防水混凝土抗渗等级规定（明挖法） 表 5.3-3

防水等级	最低设计抗渗等级
一级	P8
二级	P8
三级	P6

2）防水混凝土的环境温度不应大于 80℃。

3）防水混凝土宜采用预拌混凝土，在满足抗渗等级要求的同时，其抗压、抗裂、抗冻和抗侵蚀等耐久性应符合现行国家标准《混凝土结构耐久性设计标准》GB/T 50476—2019 的规定。

4）防水混凝土中各种材料的总碱量不得大于 $3kg/m^3$；氯离子含量应符合现行行业标准《普通混凝土配合比设计规程》JGJ 55—2011 的规定，且不应超过胶凝材料总量的 0.1%。

5）防水混凝土的配合比设计要求：

（1）防水混凝土配合比设计应满足抗渗等级、抗压强度、耐久性、安全性、经济性、工作性等要求。

（2）胶凝材料总量不宜小于 $320kg/m^3$，当强度要求较高或地下水有腐蚀性时，胶凝材料的用量可通过试验调整。

（3）水泥用量不宜小于 $260kg/m^3$。

（4）砂率宜为 35%～40%，泵送时可增至 45%。

（5）灰砂比宜为 1∶1.5～1∶2.5。

（6）水胶比不得大于 0.50，有侵蚀性介质时，水胶比不宜大于 0.45。

（7）掺入引气剂或引气型减水剂时，混凝土含气量应控制在 3%～5%。

（8）防水混凝土采用预拌混凝土时，入泵坍落度宜控制在 120～180mm，预拌混凝土的初凝时间宜为 6～8h。

（二）防水混凝土施工要点

1. 施工条件

1）防水混凝土施工前应做好降水排水工作，不得在有积水的环境中浇筑混凝土。

2）钢筋工程隐蔽工程验收完成，且钢筋混凝土保护层最小厚度应符合表 5.3-4 的规定。

钢筋混凝土保护层最小厚度（单位：mm） 表 5.3-4

部位或环境		底板	顶板	外墙	内墙、板	梁、柱
迎水面		40	25	20	—	—
室内	干燥环境	15	12	15	12	20
	潮湿环境	20	20	20	20	25

注：混凝土强度等级为 C20 及以下时，保护层厚度应增加 5mm。

3）模板工程预验收完成，且应将模板内的杂物清理干净。采用钢模时，应清除钢模内表面的油污，并均匀涂刷脱模剂，梁板模应刷水性脱模剂。

2. 防水混凝土坍落度检测

1）混凝土在浇筑地点的坍落度，每班至少检查两次。实测坍落度与要求坍落度之间的允许偏差应符合表 5.3-5 的规定。

混凝土坍落度允许偏差 表 5.3-5

要求坍落度(mm)	允许偏差(mm)
≤40	±10
50~90	±15
≥100	±20

2）混凝土在浇筑前坍落度每小时损失值不应大于 20mm，坍落度总损失值不应大于 40mm。

3. 防水混凝土浇筑要点

1）防水混凝土应连续、分层浇筑，分层浇筑厚度不得大于 500mm。

2）防水混凝土墙体、厚板宜采用插入式和附着式振捣器，薄板宜采用平板式振捣器。对于掺入加气剂和引气型减水剂的防水混凝土应采用高频振捣器。

3）防水混凝土宜不留或少留施工缝，当需要留置施工缝时，应按下列要求施工。

（1）施工缝留置位置

① 墙体水平施工缝应留在高出底板上表面不小于 300mm 的墙体上。拱（板）墙结合的水平施工缝，宜留在拱（板）墙接缝以下 150~300mm 处。墙体有预留孔洞时，施工缝距孔洞边缘不应小于 300mm（图 5.3-5）。

② 垂直施工缝应避开地下水和裂隙水较多的地段，并宜与变形缝相结合。

（2）中埋式钢板止水带安装

① 中埋式钢板止水带应在钢筋绑扎时进行预埋，居中放置，并用附加钢筋进行焊接固定（图 5.3-6）。

② 中埋式钢板止水带之间采用焊接连接，焊缝应饱满、严密，不得漏焊或焊伤止水板。

（3）遇水膨胀止水条（胶）安装

① 将施工缝表面的浮渣、尘土、杂物等清除干净，露出坚硬基底。

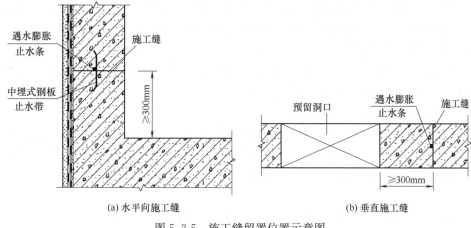

(a) 水平向施工缝　　(b) 垂直施工缝

图 5.3-5　施工缝留置位置示意图

(a) 止水钢板固定

(b) 止水钢板焊接连接

图 5.3-6　中埋式钢板止水带安装

② 将遇水膨胀止水条沿施工缝伸展方向展开，利用其自身的粘结性直接粘贴在施工缝的中间位置。再用高强钢钉按 80~120cm 的间距，将止水条与混凝土钉牢（图 5.3-7）。

③ 止水条需要接头时，将要搭接的两根止水条端头 6cm 范围内分别用刀切成斜面或压扁 1/2，上下重叠搭接，用手压，使其与混凝土表面紧密接触，搭接长度须控制在 50mm 以上，错接部位两根止水条间不得有空隙，并用水泥钉分别将错接部位钉在混凝土上。

图 5.3-7　遇水膨胀止水条（胶）安装

④ 止水条固定完毕后，撕下隔离纸即可浇筑下道混凝土。

(4) 防水混凝土接缝面处理

① 水平施工缝浇筑混凝土前，应将其表面浮浆和杂物清除，然后铺设净浆或涂刷混凝土界面处理剂、水泥基渗透结晶型防水涂料等材料，再铺 30～50mm 厚的 1∶1 水泥砂浆，并应及时浇筑混凝土。

② 垂直施工缝浇筑混凝土前，应将其表面清理干净，再涂刷混凝土界面处理剂或水泥基渗透结晶型防水涂料，并应及时浇筑混凝土。

4) 防水混凝土养护：

(1) 防水混凝土养护方式应根据防水混凝土类别、现场条件、环境温湿度、构件特点、技术要求、施工操作等因素确定。可采取洒水、覆盖、喷涂养护剂等方式。冬期施工宜采用掺化学外加剂法、暖棚法、综合蓄热法等养护方法，不宜采用电热法或蒸汽直接加热法。

(2) 防水混凝土终混后应立即进行养护，养护时间不得不于 14d。

(3) 抗渗混凝土、强度等级 C60 及以上的防水混凝土、后浇带防水混凝土养护时间不应少于 28d。

(4) 炎热季节或刮风天气应随浇筑随覆盖，浇捣后 4～6h 即浇水或蓄水养护，养护时间不应少于 14d。

5) 防水混凝土结构拆模要求：

(1) 防水混凝土应在混凝土强度达到或超过设计强度等级的 75% 时拆模，不宜过早拆除受力模板。

(2) 炎热季节拆模时间以早、晚间为宜，应避开中午或温度最高的时段。

(三) 防水混凝土检验与验收

1) 防水混凝土抗渗性能检测：

(1) 防水混凝土抗渗性能，应采用标准条件下养护混凝土抗渗试件的试验结果评定。

(2) 试件应在浇筑地点制作。连续浇筑混凝土每 500m³ 应留置一组抗渗试件（一组为 6 个抗渗试件），且每项工程不得少于两组。采用预拌混凝土的抗渗试件，留置组数应视结构的规模和要求而定。

(3) 抗渗性能试验应符合现行国家标准《混凝土长期性能和耐久性能试验方法标准》GB/T 50082—2024 的有关规定。

2) 防水混凝土的施工质量检验数量，应按混凝土外露面积每 100m² 抽查 1 处，每处 10m² 且不得少于 3 处，验收项目及检验方法见表 5.3-6。

防水混凝土验收项目及检验方法　　　　表 5.3-6

类型	验收项目	检验方法
主控项目	防水混凝土的原材料、配合比及坍落度必须符合设计要求	检查出厂合格证、质量检验报告、计量措施和现场抽样试验报告
	防水混凝土的抗压强度和抗渗压力必须符合设计要求	检查混凝土抗压、抗渗试验报告
	防水混凝土的变形缝、施工缝、后浇带、穿墙管道、埋设件等设置和构造,均须符合设计要求,严禁有渗漏	观察检查和检查隐蔽工程验收记录

续表

类型	验收项目	检验方法
一般项目	防水混凝土结构表面应坚实、平整,不得有露筋、蜂窝等缺陷;埋设件位置应正确	观察和尺量检查
	防水混凝土结构表面的裂缝宽度不应大于0.2mm,并不得贯通	用刻度放大镜检查
	防水混凝土结构厚度不应小于250mm,其允许偏差为+15mm、-10mm; 迎水面钢筋保护层厚度不应小于50mm,其允许偏差为±10mm	尺量检查和检查隐蔽工程验收记录

三、水泥砂浆防水层施工

1) 水泥砂浆防水层可用于地下工程主体结构的迎水面或背水面,不应用于受持续振动或温度高于80℃的地下工程防水。

2) 拌制防水砂浆的主要材料要求应符合表5.3-7的规定。

防水砂浆的材料要求　　　　表5.3-7

主要材料	材料要求
水泥	品种应使用硅酸盐水泥、普通硅酸盐水泥或特种水泥,不得使用过期或受潮结块水泥
砂	宜采用中砂,粒径3mm以下,含泥量不得大于1%,硫化物和硫酸盐含量不得大于1%
水	水应采用不含有害物质的洁净水
聚合物乳液	外观质量,无颗粒、异物和凝固物
外加剂	技术性能应符合国家或行业标准一等品及以上的质量要求

3) 防水砂浆施工要点:

(1) 地下工程使用聚合物水泥防水砂浆防水层的厚度不应小于6mm,掺外加剂、防水剂的砂浆防水层的厚度不应小于18mm。

(2) 水泥砂浆防水层施工的基层表面应平整、坚实、清洁,基层表面的孔洞、缝隙,应采用与防水层相同的防水砂浆堵塞、抹平(图5.3-8)。

(3) 水泥砂浆防水层不得在雨天、五级及以上大风中施工。冬期施工时,气温不应低于5℃。夏季不宜在30℃以上或烈日照射下施工。

(4) 防水砂浆宜采用多层抹压法施工。

① 抹灰前基层应充分湿润,且无明水。

② 铺抹时应压实、抹平,最后一层表面提浆压光(图5.3-9)。

③ 水泥砂浆防水层抹灰宜连续施工。必须留设施工缝时,应采用阶梯坡形槎,且接槎应距阴阳角处不得小于200mm,如图5.3-10所示。

(5) 养护:

水泥砂浆防水层终凝后,应及时进行养护,养护温度不宜低于5℃,并应保持砂浆表面湿润,可采用覆膜、洒水、覆盖保温被等措施,养护时间不得少于14d。

4) 防水砂浆质量检验:

水泥砂浆防水层施工质量检验数量,应按施工面积每100m²抽查1处,每处10m²且不得少于3处,验收项目及检验方法见表5.3-8。

图 5.3-8 基层处理

图 5.3-9 砂浆抹压施工

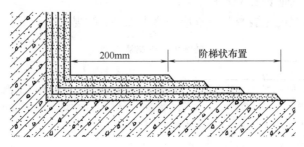

图 5.3-10 施工缝留置

防水砂浆的验收项目及检验方法　　　　　　　表 5.3-8

类型	验收项目	检验方法
主控项目	水泥砂浆防水层的原材料及配合比必须符合设计要求	检查出厂合格证、质量检验报告、计量措施和现场抽样试验报告
	水泥砂浆防水层各层之间必须结合牢固,无空鼓现象	观察和用小锤轻击检查
一般项目	水泥砂浆防水层表面应密实、平整,不得有裂纹、起砂、麻面等缺陷；阴阳角处应做成圆弧形	观察检查
	水泥砂浆防水层施工缝留槎位置应正确,接槎应按层次顺序操作,层层搭接紧密	观察检查和检查隐蔽工程验收记录
	水泥砂浆防水层的平均厚度应符合设计要求,最小厚度不得小于设计值的 85%	观察和尺量检查

四、卷材防水层施工

1. 卷材防水层应铺设

卷材防水层应铺设在混凝土结构的迎水面上。

2. 材料性能要求

1) 地下室防水卷材的材料性能和要求应符合表 5.3-9 的规定。

地下室防水卷材的材料性能和要求　　　　表 5.3-9

性能	要求
耐水性	在水的作用下和被水浸润后期性能基本不变,在压力水作用下具有不透水性
温度稳定性	在高温下不流淌、不起泡、不滑动,低温下不脆裂,即在一定温度变化下具有保持原有性能的能力
机械强度	卷材承受一定荷载、应力或在一定变形的条件下不断裂的性能
柔韧性	在低温条件下保持柔韧性的性能,对保证易于施工、不脆裂十分重要
大气稳定性	在阳光、热、臭氧及其他化学侵蚀介质等因素的长期综合作用下抵抗侵蚀的能力

2) 常见的地下防水卷材材料及性能见表 5.3-10。

常见的地下防水卷材材料及性能　　　　表 5.3-10

材料	性能
SBS 改性沥青防水卷材	具有很好的耐高温性能,可以在－25～＋100℃的温度范围内使用,有较高的弹性、耐疲劳性、伸长率、耐穿刺能力、耐撕裂能力,适用于寒冷地区以及变形和振动较大的工业与民用建筑的防水工程
自粘防水卷材	以 SBS 等合成橡胶、增黏剂及优质道路石油沥青等配制成的自粘橡胶沥青为基料,具有低温柔性、自愈性及粘结性能好的特点,可在常温施工,施工速度快,符合环保要求
高分子丙纶	除了具有合成高分子卷材的全部优点外,其表面的网状结构使其具有独特的使用性能,如水泥粘接
PVC 卷材	一般用压延法生产,填料较少,增塑剂较多,表面平整光洁,有一定的弹性,脚感舒适
防水膜	由聚合物改性沥青制成,具有良好的水压抵抗能力、耐腐蚀性和防水性能
聚丙烯防水卷材	结合了聚丙烯布与防水砂浆的防水方法,适用于地下室的防水工程

3. 施工要点

1) 防水卷材应根据地下工程防水等级、地下水位高低及水压力作用状况、结构构造形式和施工工艺等因素确定。

2) 铺贴卷材严禁在雨天、雪天、五级及以上大风中施工;冷粘法、自粘法施工的环境气温不宜低于 5℃,热熔法、焊接法施工的环境气温不宜低于－10℃。

3) 卷材防水层的基面应坚实、平整、清洁、干燥,阴阳角处应做成圆弧或 45°坡角,其尺寸应根据卷材品种确定,并涂刷基层处理剂。在阴阳角等特殊部位,应铺设卷材附加层,附加层宽度宜不小于 500mm（图 5.3-11）。

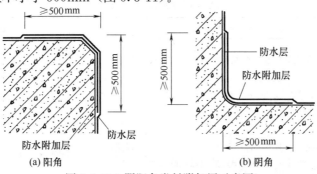

图 5.3-11　阴阳角卷材附加层示意图

4) 底板防水卷材施工：

(1) 结构底板垫层混凝土部位的卷材可采用空铺法或点粘法施工。

(2) 铺贴双层卷材时，上下两层和相邻两幅卷材的接缝应错开 1/3～1/2 幅宽，且两层卷材不得相互垂直铺贴。底板与地下室墙体防水连接节点构造如图 5.3-12 所示。

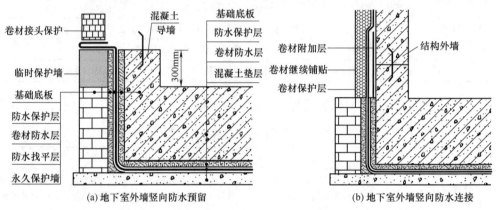

图 5.3-12 底板与地下室墙体防水连接节点构造

① 地下室外墙竖向防水预留：沿底板外轮廓定位线，砌筑砖砌体保护墙，砌筑高度与地下室外墙导墙上表面齐平。保护墙内表面涂抹厚度为 20mm 的 1：3 水泥砂浆找平层。然后将底板防水翻贴到防护墙上，预留出满足与墙体立面防水搭接要求的长度，并用临时措施进行保护。

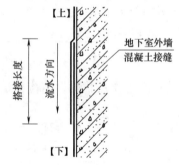

图 5.3-13 地下室外墙防水卷材搭接方向

② 地下室外墙竖向防水卷材接头连接：地下室外墙混凝土施工完毕后，先拆除卷材接头保护层及临时保护墙；然后以混凝土导墙与上部结构外墙接缝为中线，粘贴附加防水层，宽度不小于 500mm；再按卷材搭接长度要求，向上继续铺贴卷材防水。

③ 外墙防水卷材竖向搭接方向如图 5.3-13 所示。

4. 卷材防水层质量检验

卷材防水层的施工质量检验数量，应按铺贴面积每 $100m^2$ 抽查 1 处，每处 $10m^2$，且不得少于 3 处。验收项目及检验方法见表 5.3-11。

卷材防水施工验收项目　　　　表 5.3-11

类型	验收项目	检验方法
主控项目	卷材防水层所用卷材及主要配套材料必须符合设计要求	检查出厂合格证、质量检验报告和现场抽样试验报告
主控项目	卷材防水层及其转角处、变形缝、穿墙管道等细部做法均须符合设计要求	观察检查和检查隐蔽工程验收记录
一般项目	卷材防水层的基层应牢固，基面应洁净、平整，不得有空鼓、松动、起砂和脱皮现象；基层阴阳角处应做成圆弧形	观察检查和检查隐蔽工程验收记录

续表

类型	验收项目	检验方法
一般项目	卷材防水层的搭接缝应粘(焊)结牢固,密封严密,不得有折皱、翘边和起泡等缺陷	观察检查
	侧墙卷材防水层的保护层与防水层应粘结牢固,结合紧密,厚度均匀一致	观察检查
	卷材搭接宽度的允许偏差为—10mm	观察和尺量检查

第四节 室内与外墙防水工程施工

一、室内防水工程施工

1. 室内防水设防要求

1) 室内防水工程应遵循防排结合、刚柔相济、因地制宜、经济合理、安全环保、综合治理的原则。

2) 室内防水工程宜使用聚氨酯防水涂料、聚合物乳液防水涂料、聚合物水泥防水涂料和水乳型沥青防水涂料等水性或反应型防水涂料。防水材料选用时,应根据不同的设防部位,按柔性防水涂料、防水卷材、刚性防水材料的顺序,选用适宜的防水材料,且相邻材料之间应具有相容性。

3) 细部构造设计:

(1) 楼、地面的防水层在门口处应水平延展,且向外延展的长度不应小于500mm,向两侧延展的宽度不应小于200mm(图5.4-1)。

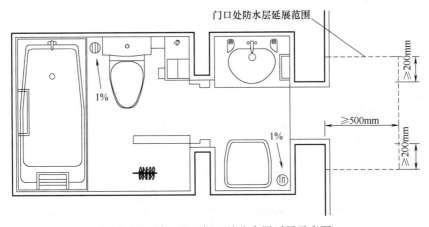

图5.4-1 楼、地面门口处防水层延展示意图

(2) 穿越楼板的普通管道(如暖气立管)应设置防水套管,高度应高出装饰层完成面20mm以上;套管与管道间应采用防水密封材料嵌填压实(图5.4-2)。

(3) 厨卫间地漏、大便器、排水立管等穿越楼板的管道根部应用密封材料嵌填压实(图5.4-3)。

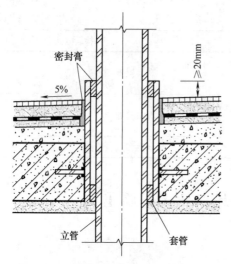

图 5.4-2 管道穿越楼板防水构造示意图

（4）对于同层排水的地漏，其旁通水平支管宜与下降楼板上表面处的泄水管联通，并接至增设的独立泄水立管上（图 5.4-4）。

（5）卫生间、厨房墙体采用轻质隔墙时，应做全防水墙面，其四周根部除门洞外，应做C20细石混凝土坎台，并应至少高出相连房间的楼、地面饰面层200mm；淋浴区墙面防水层翻起高度不应小于2000mm，且不低于淋浴喷淋口高度。盥洗池、盆等用水处墙面防水层翻起高度不应小于1200mm。墙面其他部位泛水翻起高度不应小于250mm（图 5.4-5）。

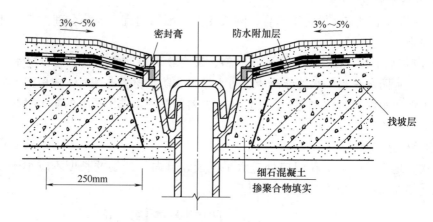

图 5.4-3 地漏防水构造示意图

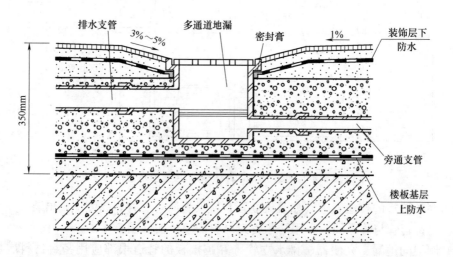

图 5.4-4 多支管地漏防水构造示意图

2. 室内防水施工要点

1) 基层处理

基层表面应坚实平整，无浮浆，无起砂、裂缝现象。基层表面不得有积水，且含水率应满足施工要求；基层的阴、阳角部位宜做成圆弧形；管根、地漏与基层的交接部位，预留宽10mm、深10mm的环形凹槽，槽内嵌填密封材料（图5.4-6）。

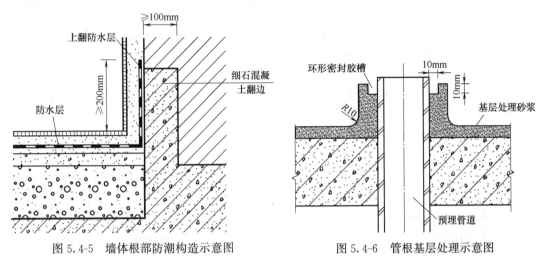

图5.4-5 墙体根部防潮构造示意图　　图5.4-6 管根基层处理示意图

2) 防水涂料施工

(1) 防水涂料施工时，应采用与涂料配套的基层处理剂。基层处理剂涂刷应均匀、不流淌、不堆积。

(2) 大面积施工前，先在阴阳角、管根、地漏、排水口、设备基础根部等部位施作附加层，并夹铺胎体增强材料，胎体增强材料应铺贴平整，不得有折皱、翘边现象。

(3) 防水涂料应薄涂、多遍施工，前后两遍的涂刷方向应相互垂直，涂层厚度应均匀，不得有漏刷或堆积现象。

(4) 涂刷顺序宜先涂刷立面，后涂刷平面；最后一遍施工时，可在涂层表面撒砂，以增强与防水保护层的连接。

3) 防水卷材施工

(1) 防水卷材与基层应满粘施工。卷材铺设表面应平整、顺直，不得有空鼓、起泡、皱折。

(2) 防水卷材搭接缝应采用与基材相容的密封材料封严。

(3) 基层阴阳角、管根、地漏等部位先铺设附加层，附加层材料可采用与防水层同品种的卷材或与卷材相容的涂料。

4) 防水砂浆施工

(1) 施工前应洒水润湿基层，但不得有明水，并宜做界面处理。

(2) 防水砂浆应用机械搅拌均匀，并应随拌随用。

(3) 防水砂浆宜连续施工。当需留施工缝时，应采用坡形接槎，相邻两层接槎应错开100mm以上，距转角不得小于200mm。

(4) 水泥砂浆防水层终凝后，应及时进行保湿养护，养护温度不宜低于5℃。

(5) 聚合物防水砂浆,应按产品的使用要求进行养护。

5) 密封施工

(1) 基层应干净、干燥,可根据需要涂刷基层处理剂。

(2) 密封施工宜在卷材、涂料防水层施工之前、刚性防水层施工之后完成。

(3) 双组份密封材料应配比准确,混合均匀。

(4) 密封材料施工宜采用胶枪挤注施工,也可用腻子刀等嵌填压实。

(5) 密封材料应根据预留凹槽的尺寸、形状和材料的性能采用一次或多次嵌填。

(6) 密封材料嵌填完成后,在硬化前应避免灰尘、破损及污染等。

3. 室内防水质量检验

1) 住宅室内防水施工的各种材料应有产品合格证书和性能检测报告,及进场检验合格报告。

2) 住宅室内防水工程应以每一个自然间或每一个独立水容器作为检验批,逐一进行蓄水试验。

二、外墙防水工程施工

(一) 外墙防水设防要求

在正常使用和合理维护的条件下,有下列情况之一的建筑外墙,宜进行墙面整体防水:

(1) 年降水量大于等于800mm地区的高层建筑外墙。

(2) 年降水量大于等于600mm且基本风压大于等于$0.50kN/m^2$地区的外墙。

(3) 年降水量大于等于400mm且基本风压大于等于$0.40kN/m^2$地区有外保温的外墙。

(4) 年降水量大于等于500mm且基本风压大于等于$0.35kN/m^2$地区有外保温的外墙。

(5) 年降水量大于等于600mm且基本风压大于等于$0.30kN/m^2$地区有外保温的外墙。

(二) 外墙防水设计要求

1. 无外保温外墙的整体防水层构造

无外保温外墙的整体防水层构造   表 5.4-1

饰面类型	防水层构造	构造示意图
涂料饰面	①结构墙体+②找平层+③防水层+④涂料饰面	

续表

饰面类型	防水层构造	构造示意图
块材饰面	①结构墙体＋②找平层＋③防水层＋④涂料饰面＋⑤块材饰面	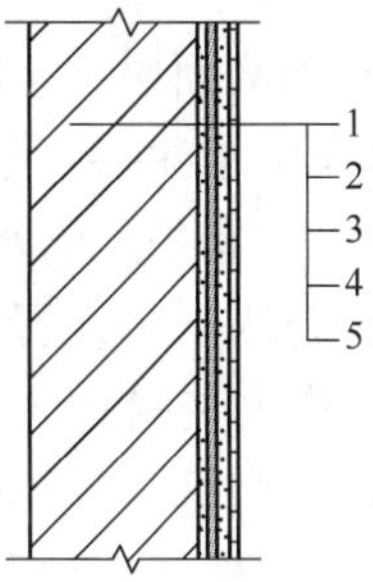
幕墙饰面	①结构墙体＋②找平层＋③防水层＋④面板＋⑤挂件＋⑥竖向龙骨＋⑦连接件＋⑧锚栓	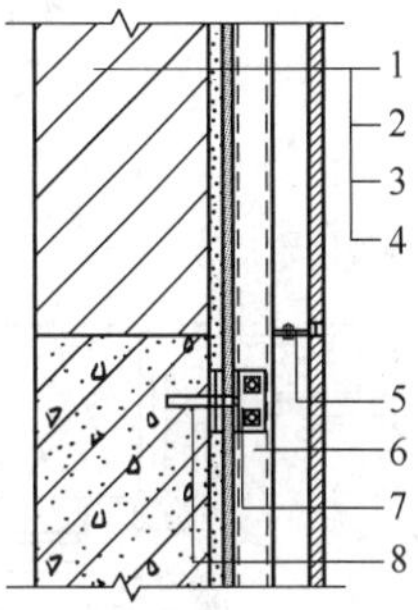

2. 外保温外墙的整体防水层构造

外保温外墙的整体防水层构造　　　表 5.4-2

饰面类型	防水层构造	构造示意图
涂料或块材饰面	①结构墙体＋②找平层＋③防水层＋④保温层＋⑤饰面层＋⑥锚栓	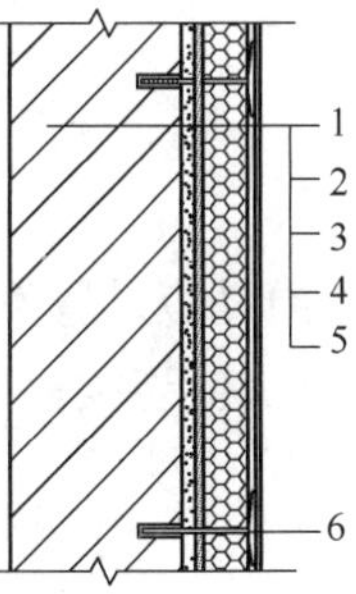
幕墙饰面	①结构墙体＋②找平层＋③保温层＋④防水层＋⑤面板＋⑥挂件＋⑦竖向龙骨＋⑧连接件＋⑨锚栓	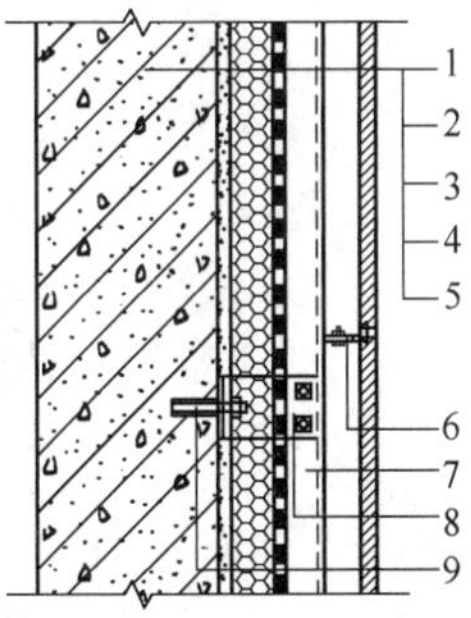

3. 防水层材料选择

1) 当饰面层为涂料或块材饰面时，防水层可采用聚合物水泥防水砂浆或普通防水砂浆。

2) 当饰面层为幕墙饰面时，防水层宜采用聚合物水泥防水砂浆、普通防水砂浆、聚合物水泥防水涂料、聚合物乳液防水涂料或聚氨酯防水涂料；当外墙保温层选用矿物棉保温材料时，宜采用防水透气膜。

3) 防水层应设置在迎水面。

4. 节点密封防水构造

1) 门窗框与墙体间的缝隙宜采用发泡聚氨酯填充；外墙防水层应延伸至门窗框，防水层与门窗框间应预留凹槽，嵌填密封材料；门窗上楣的外口应做滴水线；外窗台应设置不小于5%的外排水坡度（图5.4-7）。

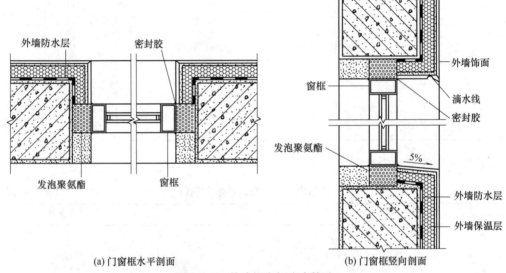

(a) 门窗框水平剖面　　(b) 门窗框竖向剖面

图 5.4-7　外墙门窗框防水构造

2) 雨篷应设置不应小于1%的外排水坡度，外口下沿应做滴水线；雨篷与外墙交接处的防水层应连续；雨篷防水层应沿外口下翻至滴水线（图5.4-8）。

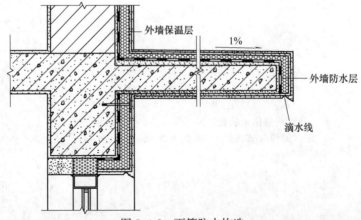

图 5.4-8　雨篷防水构造

3）阳台应向水落口设置不小于1%的排水坡度，水落口周边应留槽嵌填密封材料。阳台外口下沿应做滴水线（图5.4-9）。

4）变形缝部位应增设合成高分子防水卷材附加层，卷材两端应满粘于墙体，满粘的宽度不应小于150mm，并应钉压固定；卷材收头应用密封材料密封（图5.4-10）。

5）女儿墙压顶应向内找坡，坡度不应小于2%；外墙防水层应延伸至压顶内侧的滴水线部位（图5.4-11）。

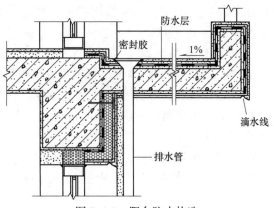

图5.4-9 阳台防水构造

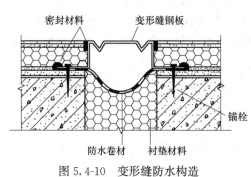

图5.4-10 变形缝防水构造

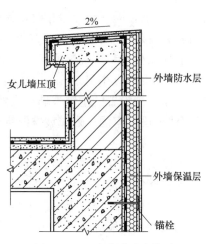

图5.4-11 女儿墙防水构造

（三）外墙防水施工要点

1. 施工条件

1）防水材料进场应抽样复验，合格后方可使用。

2）外墙门框、窗框、伸出外墙管道、设备或预埋件等工序应施工完毕，并验收合格。

3）外墙防水层的基层找平层应平整、坚实、牢固、干净，不得酥松、起砂、起皮。

4）外墙防水工程严禁在雨天、雪天和五级风及其以上时施工；施工的环境气温宜为5～35℃。施工时应采取安全防护措施。

2. 防水砂浆铺抹施工

1）厚度大于10mm时，应分层施工，第二层应待前一层指触不粘时进行，各层应粘结牢固。

2）每层宜连续施工，留槎时，应采用阶梯坡形槎，接槎部位离阴阳角不得小于200mm；上下层接槎应错开300mm以上，接槎应依层次顺序操作、层层搭接紧密。

3）涂抹时应压实、抹平；遇气泡时应挑破，保证铺抹密实；抹平、压实应在初凝前完成。

4）砂浆防水层未达到硬化状态时，不得浇水养护或直接受雨水冲刷，聚合物水泥防水砂浆硬化后应采用干湿交替的养护方法；普通防水砂浆防水层应在终凝后进行保湿养护。养护期间不得受冻。

3. 涂膜防水层施工

1）施工前应对节点部位进行密封或增强处理。

2）涂料的配制和搅拌应满足下列要求：

（1）双组份涂料配制前，应将液体组份搅拌均匀，配料应按照规定要求进行，不得任意改变配合比。

（2）应采用机械搅拌，配制好的涂料应色泽均匀，无粉团、沉淀。

3）基层的干燥程度应根据涂料的品种和性能确定；防水涂料涂布前，宜涂刷基层处理剂。

4）涂膜宜多遍完成，后遍涂布应在前遍涂层干燥成膜后进行；每遍涂布应交替改变涂层的涂布方向，同一涂层涂布时，先后接槎宽度宜为 30～50mm；涂膜防水层的甩槎部位不得污损，接槎宽度不应小于 100mm。

5）胎体增强材料应铺贴平整，不得有褶皱和胎体外露，胎体层充分浸透防水涂料；胎体的搭接宽度不应小于 50mm。胎体的底层和面层涂膜厚度均不应小于 0.5mm。

6）防水层中设置的耐碱玻璃纤维网布或热镀锌电焊网片不得外露。热镀锌电焊网片应与基层墙体固定牢固；耐碱玻璃纤维网布应铺贴平整、无皱褶，两幅间的搭接宽度不应小于 50mm。

7）涂膜防水层完工并经检验合格后，应及时做好饰面层。

4. 防水透气膜施工

1）基层表面应干净、牢固，不得有尖锐凸起物。

2）铺设宜从外墙底部一侧开始，沿建筑立面自下而上横向铺设，并应顺流水方向搭接。

3）防水透气膜横向搭接宽度不得小于 100mm，纵向搭接宽度不得小于 150mm，相邻两幅膜的纵向搭接缝应相互错开，间距不应小于 500mm，搭接缝应采用密封胶粘带覆盖密封。

4）防水透气膜应随铺随固定，固定部位应预先粘贴小块密封胶粘带，用带塑料垫片的塑料锚栓将防水透气膜固定在基层上，固定点每平方米不得少于 3 处。

5）铺设在窗洞或其他洞口处的防水透气膜，应以"I"字形裁开，并应用密封胶粘带固定在洞口内侧；与门、窗框连接处应使用配套密封胶粘带满粘密封，四角用密封材料封严。

6）穿透防水透气膜的连接件周围应用密封胶带封严。

（四）质量检查与验收

1）外墙防水材料应有产品合格证和出厂检验报告，材料的品种、规格、性能等应符合国家现行有关标准和设计要求；进场的防水材料应抽样复验；不合格的材料不得在工程中使用。

2）外墙防水层完工后应进行检验验收。防水层渗漏检查应在雨后或持续淋水 30min 后进行。

3）外墙防水应按照外墙面面积 500～1000m² 为一个检验批，不足 500m² 时也应划分为一个检验批；每个检验批每 100m² 应至少抽查一处，每处不得小于 10m²，且不得少于 3 处；节点构造应全部进行检查。

4) 外墙防水工程完工后，应采取保护措施，不得损坏防水层。

第五节 防水工程冬雨期及高温天气施工

一、冬期施工要点

1. 防水混凝土施工

1) 混凝土入模温度不应低于 5℃。
2) 混凝土养护宜采用蓄热法、综合蓄热法、暖棚法、掺化学外加剂等方法。

2. 水泥砂浆防水层施工

施工气温不应低于 5℃，养护温度不宜低于 5℃，并应保持砂浆表面湿润，养护时间不得少于 14d。

3. 防水卷材及防水涂料施工

1) 工程应依据材料性能确定施工环境气温界限，最低施工环境气温宜符合表 5.5-1 的规定。

防水工程冬期施工环境气温要求　　　　　　　表 5.5-1

防水材料	施工环境气温
现喷硬泡聚氨酯	不低于 15℃
改性沥青防水卷材	热熔性不低于 −10℃
合成高分子防水卷材	冷粘法不低于 5℃；焊接法不低于 −10℃
改性沥青防水涂料	溶剂型不低于 5℃；热熔型不低于 −10℃
合成高分子防水涂料	溶剂型不低于 −5℃
改性石油沥青密封材料	不低于 0℃
合成高分子密封材料	溶剂型不低于 0℃

2) 屋面防水工程冬期施工应选择晴朗天气进行，不得在雨、雪天和五级风及其以上或基层潮湿、结冰、霜冻条件下进行。

3) 隔气层施工的温度不应低于 −5℃。隔气层采用卷材时，可采用花铺法施工，卷材搭接宽度不应小于 80mm；采用防水涂料时，宜选用溶剂型涂料。

二、雨期施工要点

1) 防水工程严禁在雨天施工，五级风及其以上时不得施工防水层。
2) 防水材料进场后应存放在干燥通风处，严防雨水浸入受潮，露天保存时应用防水布覆盖（图 5.5-1）。

三、高温天气施工要点

1) 防水工程不宜在高于防水材料的最高施工环境气温下施工，并应避免在烈日暴晒

图 5.5-1 防水材料进场后存放在干燥通风处

下施工。防水材料施工环境最高气温见表 5.5-2。

防水材料施工环境最高气温 表 5.5-2

防水材料	施工环境最高气温	防水材料	施工环境最高气温
现喷硬泡聚氨酯	30℃	油毡瓦	35℃
溶剂型涂料	35℃	改性石油沥青密封材料	35℃
水乳型涂料	35℃	水泥砂浆防水层	30℃

2）夏季施工时，屋面如有露水潮湿，应待其干燥后方可进行防水施工。

第六章
装饰装修工程施工

第一节 轻质隔墙工程施工

一、轻质隔墙分类

1. 轻质隔墙

包括板材隔墙、骨架隔墙、玻璃隔墙和活动隔墙（图 6.1-1）。

(a) 板材隔墙　　(b) 骨架隔墙　　(c) 玻璃隔墙　　(d) 活动隔墙

图 6.1-1　轻质隔墙示意图

2. 板材隔墙

包括：复合轻质墙板、石膏空心板、增强水泥板和混凝土轻质板等隔墙（图 6.1-2）。

(a) 复合轻质墙板　　(b) 石膏空心板　　(c) 增强水泥板　　(d) 混凝土轻质板

图 6.1-2　板材隔墙示意图

3. 骨架隔墙

包括：以轻钢龙骨、木龙骨等为骨架，以纸面石膏板、人造木板、水泥纤维板等为墙面板的隔墙（图 6.1-3）。

(a) 纸面石膏板

(b) 人造木板

(c) 水泥纤维板

图 6.1-3　骨架隔墙面板示意图

4. 玻璃隔墙

包括：玻璃板墙、玻璃砖隔墙（图 6.1-4）。

(a) 玻璃板墙

(b) 玻璃砖隔墙

图 6.1-4　玻璃隔墙示意图

5. 活动隔墙

包括：推拉式活动隔墙、可拆装活动隔墙（图 6.1-5）。

(a) 推拉式活动隔墙

(b) 可拆装活动隔墙

图 6.1-5　活动隔墙示意图

二、施工准备

1. 材料准备

1) 人造木板的甲醛含量（释放量）应进行复验并合格，人造板及其制品中甲醛释放量试验方法及限量值见表 6.1-1。

人造板及其制品中甲醛释放量试验方法及限量值 表 6.1-1

产品名称	试验方法	限量值	适用范围	限量标志
中密度纤维板、高密度纤维板、刨花板、定向刨花板等	穿孔萃取法	≤9mg/100g	可直接用于室内	E1
		≤30mg/100g	必须经饰面处理后可允许用于室内	E2
胶合板、装饰单板贴面胶合板、细木工板等	干燥器法	≤1.5mg/L	可直接用于室内	E1
		≤5.0mg/L	必须经饰面处理后可允许用于室内	E2
饰面人造板（包括浸渍纸层压木质地板、实木复合地板、竹地板、浸渍胶膜纸饰面人造板等）	气候箱法	≤0.12mg/m³	可直接用于室内	E1
	干燥器法	≤1.5mg/L		

注：E1 为可直接用于室内的人造板；E2 为必须经饰面处理后允许用于室内的人造板。

2) 饰面板表面应平整，边缘应整齐，不得有污垢、裂纹、缺角、翘曲、起皮、色差和图案不完整等缺陷，胶合板不得有脱胶、变色和腐朽。

3) 木龙骨应根据设计及规范要求进行防火处理，与直接接触结构的木龙骨应预先刷防腐漆。

2. 现场施工条件

1) 主体结构验收完成，作业面交接验收完成。

2) 安装各种系统的管、线盒预埋到位，及其他准备工作已到位。

三、施工要点

（一）轻钢龙骨罩面板施工

轻钢龙骨罩面板墙体构造如图 6.1-6 所示。

1) 施工流程：放线→地枕带施工→安装龙骨→安装吊挂埋件→安装管线→安装一侧面板→填充芯材→安装另一侧面板→板缝处理。

2) 放线：应先在楼板上确定墙体中心线，再按设计墙厚从中心线向两侧引出墙底、墙顶和墙侧面的定位线，同时标出门、窗洞口的位置。

3) 在有防潮、防水要求的轻钢龙骨隔墙根部，应按设计要求设置墙垫。墙垫材料可采用混凝土砌块或强度等级不小于 C20 细石混凝土；墙垫强度达到设计要求后，方可进行隔墙安装（图 6.1-7）。

4) 安装龙骨：

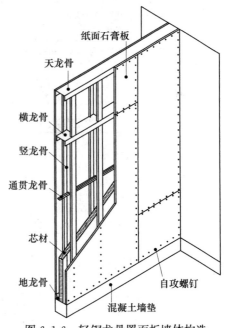

图 6.1-6 轻钢龙骨罩面板墙体构造

（1）天、地龙骨与建筑顶、地连接及竖龙骨与墙、柱连接可采用射钉或膨胀螺栓固定。轻钢龙骨与建筑基体表面接触处，应在龙骨接触面的两边各粘贴一根通长的橡胶密封条，或根据设计要求采用密封胶或防火封堵材料（图 6.1-8）。

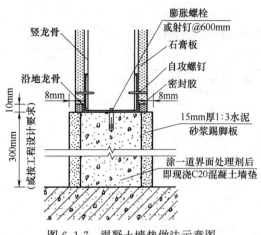
图 6.1-7 混凝土墙垫做法示意图

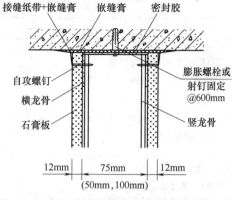
图 6.1-8 轻钢龙骨与建筑基体表面连接示意图

（2）由隔断墙的一端开始排列竖龙骨，有门窗时要从门窗洞口开始分别向两侧排列。

（3）当采用有通贯龙骨的隔墙体系时，通贯横撑龙骨的设置：低于3m的隔断墙安装1道；3~5m高度的隔断墙设置2道，高度大于等于5m的隔断墙安装3道。

（4）安装横撑龙骨，隔墙骨架高度超过3m时，或罩面板的水平方向板端（接缝）未落在沿顶、沿地龙骨上时，应设置横向龙骨。

5）机电管线安装：

（1）隔墙中设置有电源开关插座、配电箱等小型或轻型设备末端时，应预装水平龙骨及加固固定构件（图 6.1-9 和图 6.1-10）。

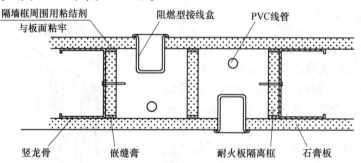
图 6.1-9 接电盒、箱埋设节点

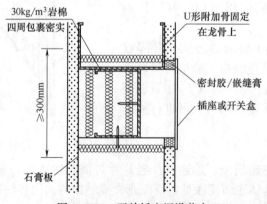
图 6.1-10 开关插座埋设节点

（2）消火栓、挂墙卫生洁具必须由机电安装单位另行安装独立钢支架，消火栓、挂墙卫生洁具等重量大的末端设备严禁直接安装在轻钢龙骨隔墙上。

6）门窗等洞口制作时，轻型门扇（35kg 以下）的门框一般可采取竖龙骨对扣中间加木枋的方法制作；重型门扇根据门重量的不同，采取架设钢支架加强的方法，注意避免龙骨、罩面板与钢支架刚性连接（图 6.1-11）。

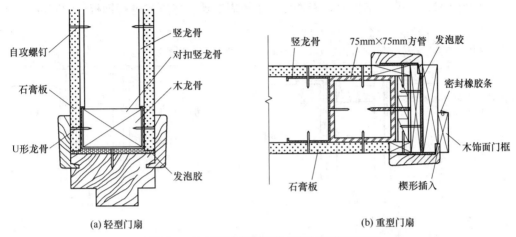

图 6.1-11　轻钢龙骨隔墙门窗洞口制作示意图

7）罩面板安装：

（1）罩面板宜竖向铺设，板接缝应落在竖龙骨上；双层罩面板安装时，两层板的竖向接缝应错缝设置。

（2）安装罩面板时应先安装好一面，隐蔽验收完成后，再安装另一面。

（3）当隔墙两面有多层罩面板时，在满足墙体内隐蔽验收的前提下，可采用两面交替封板方式施工，以避免单侧受力过大造成龙骨变形。

（4）罩面板采用自攻螺钉将板材与轻钢龙骨紧密连接。

① 自攻螺钉的间距为：沿板周边应不大于 200mm，板材中间部分应不大于 300mm。

② 双层石膏板内层板钉距板边 400mm，距板中 600mm。

③ 自攻螺钉帽涂刷防锈涂料，有自防锈的自攻钉帽可不涂刷。

8）填芯材料安装（岩棉）：

（1）填芯材料安装应尽量与另一侧纸面石膏板同时进行，填充材料应铺满铺平。

（2）填芯材料安装时，应按龙骨间距尺寸提前裁好岩棉板，将岩棉板卡在竖向龙骨的开口内，自下而上填塞岩棉。穿墙管道、浅槽四周封堵严密，必要时为防止岩棉脱落，可随填塞岩棉随增设一道镀锌电焊网与龙骨固定。

9）板缝处理：清除板缝中的杂物，并使其光滑、平整；用嵌缝材料将板缝填实、刮平；沿板缝粘贴宽度不小于 50mm 的玻璃纤维嵌缝带，再用配套胶泥刮平，使其与板面平齐。

（二）板材隔墙施工

1．施工流程

放线→配板→支设临时方木→配置胶粘剂→安装 U 形卡或 L 形卡（有要求时）→安

装隔墙板→安装门窗框→设备、电气管线安装→板缝处理。

2. 施工要点

1) 配件安装如图 6.1-12 所示。

(1) 隔墙板固定配件为 U 形卡件和 L 形卡件。

(2) 当主体结构为钢筋混凝土结构时，卡件用射钉固定在结构梁和板上。

(3) 当主体结构为钢结构时，卡件可采用短周期螺柱焊方式进行钢板卡的固定。

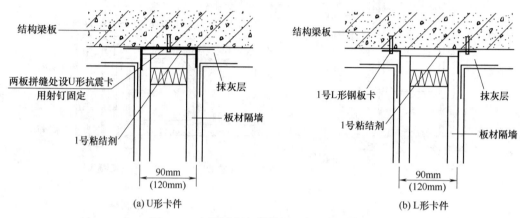

图 6.1-12 隔墙板与结构梁、板连接示意图

2) 安装隔墙板：

(1) 隔墙板安装应从门洞口处向两端依次进行，门洞两侧宜用整块板；无门洞的墙体，应从一端向另一端顺序安装。条板与条板拼缝、条板顶端与主体结构粘结采用胶粘剂。

(2) 胶粘剂选用：

① 加气混凝土隔墙胶粘剂一般采用建筑胶聚合物砂浆。

② GRC 空心混凝土隔墙胶粘剂一般采用建筑胶粘剂。

③ 增强水泥条板、轻质混凝土条板、预制混凝土板等则采用丙烯酸类聚合物液状胶粘剂。

④ 胶粘剂要随配随用，并应在 30min 内用完。

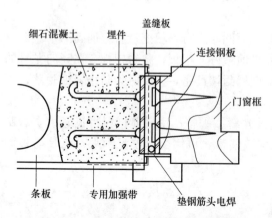

图 6.1-13 隔墙板与门窗框连接示意图

3) 安装门窗框，在墙板安装的同时，应按定位线顺序立好门框。隔墙板安装门窗时，应在角部增加角钢补强，安装节点符合设计要求（图 6.1-13）。

4) 设备、电器管线安装：

(1) 设备安装：根据工程设计在条板上定位钻设单面孔（不能开对穿孔），空心板孔洞四周用聚苯块填塞，然后用水泥型胶粘剂（配件用胶粘剂）预埋吊挂配件，达到粘结强度后固定设备。

(2) 电器安装：利用条板孔内敷软管穿

线和定位钻设单面孔,对于非空心板,则可拉大板缝或开槽敷管穿线,管径不宜超过25mm。板缝或线槽用膨胀水泥砂浆填实抹平。用水泥胶粘剂固定开关、插座。

5) 板缝处理:

(1) 隔墙板、门窗框及管线安装7d后,检查所有缝隙是否粘结良好,有无裂缝,如出现裂缝,应查明原因后进行修补。

(2) 加气混凝土隔板之间板缝在填缝前应用毛刷蘸水湿润,填缝时应由两人在板的两侧同时把缝填实。填缝材料采用石膏或膨胀水泥。

(3) 预制钢筋混凝土隔墙板高度以按房间高度净空尺寸预留25mm空隙为宜,与结构墙体间每边预留10mm空隙为宜。勾缝砂浆用1:2水泥砂浆(图6.1-14),按用水量的20%掺入胶粘剂。

(4) GRC空心混凝土墙板之间贴玻璃纤维网格条,第一层采用60mm宽的玻璃纤维网格条贴缝,贴缝胶粘剂应与板之间拼装的胶粘剂相同,待胶粘剂稍干后,再贴第二层玻璃纤维网格条,第二层玻璃纤维网格条宽度为150mm,贴完后将胶粘剂刮平、刮干净(图6.1-15)。

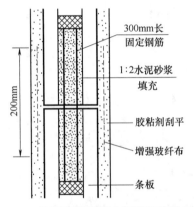

图6.1-14 预制钢筋混凝土隔墙板接缝示意图

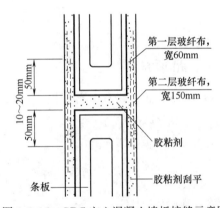

图6.1-15 GRC空心混凝土墙板接缝示意图

(5) 轻质陶粒混凝土隔墙板缝、阴阳转角和门窗框边缝用水泥胶粘剂粘贴玻纤布条(板缝、门窗框边缝粘贴50~60mm宽玻纤布条,阴阳转角处粘贴200mm宽玻纤布条)。光面板隔墙基面全部用3mm厚石膏腻子分两遍刮平,麻面板隔墙基面用10mm厚1:3水泥砂浆找平压光(图6.1-16)。

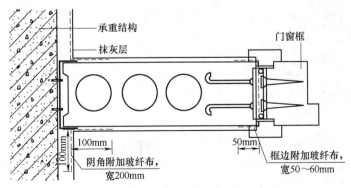

图6.1-16 轻质陶粒混凝土隔墙板边缝施工示意图

（6）增强水泥条板隔墙板缝、墙面阴阳转角和门窗框边缝处用水泥胶粘剂粘贴玻纤布条。门窗框边缝、板缝用 50~60mm 宽的玻纤布条，阴阳转角处用 200mm 宽玻纤布条，然后用石膏腻子分两遍刮平，总厚度控制为 3mm（图 6.1-17）。

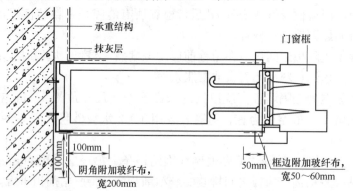

图 6.1-17　增强水泥条板隔墙板边缝施工示意图

第二节　吊顶工程施工

一、吊顶材料

1）吊顶饰面材料有：石膏板、金属板、矿棉板、木板、格栅等（图 6.2-1）。

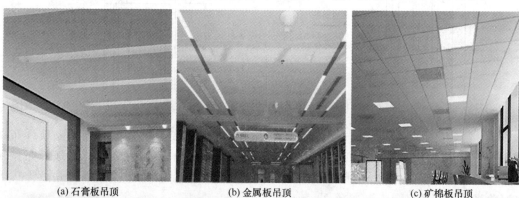

图 6.2-1　吊顶饰面材料示意图

2）吊顶龙骨材料有：木龙骨、轻钢龙骨、铝合金龙骨吊顶等（图 6.2-2）。

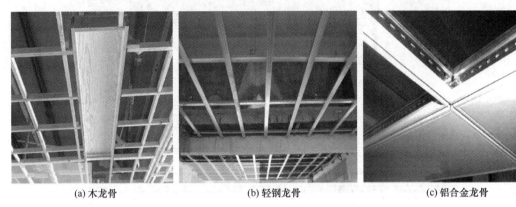

(a) 木龙骨　　　　　　　　(b) 轻钢龙骨　　　　　　　　(c) 铝合金龙骨

图 6.2-2　吊顶龙骨材料示意图

3）按设计要求选用龙骨、配件及罩面板，材料品种、规格、质量应符合设计和标准要求。

4）罩面板表面应平整，边缘整齐，颜色一致；穿孔板的孔距应排列整齐；胶合板、木质纤维板、细木工板不应脱胶、变色。

二、施工流程

放线→弹龙骨分档线→安装水电管线→安装主龙骨→安装副龙骨→安装罩面板→安装压条。

三、施工要点

1）施工前应按设计要求对房间的净高、洞口标高和吊顶内的管道、设备及其支架等标高进行交接检验。并对吊顶内的管道、设备的安装及水管试压进行验收。

2）放线：在每个墙（柱）角上抄出水平点，弹出水准线。在顶板弹出主龙骨的位置线。

3）固定吊挂杆件：

（1）当吊顶与结构顶板底面间距小于 1500mm 时，吊杆可采用 $\phi 8$ 钢筋制作，挂件应采用与吊顶龙骨配套的挂件（图 6.2-3）。

（2）当吊顶与结构顶板底面间距大于 1500mm，且小于 2500mm 时，吊杆应采用 $\phi 10$ 钢筋制作，并设置反支撑（图 6.2-4）。

（3）当吊顶与结构顶板底面间距大于 2500mm 时，应设置钢结构转换层，以降低吊顶固定点高度（图 6.2-5）。

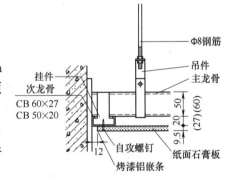

图 6.2-3　轻钢龙骨吊顶节点示意图（单位：mm）

（4）当吊杆遇到梁、风管等机电设备时，需进行跨越施工：在梁或风管设备两侧用吊杆固定角铁或者槽钢等刚性材料作为横担，再将龙骨吊杆用螺栓固定在横担上（图 6.2-6）。吊杆不得直接吊挂在设备或设备支架上。

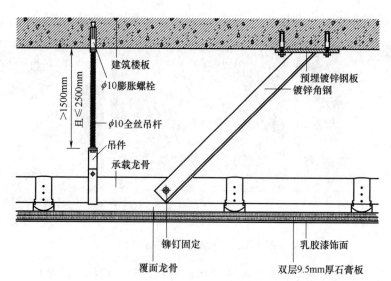

图 6.2-4　吊顶反支撑做法示意图（吊杆＞1500mm）

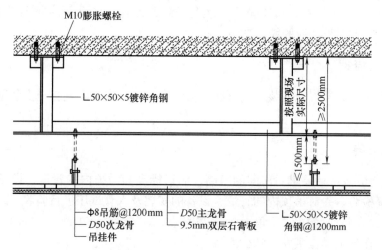

图 6.2-5　吊顶转换层做法示意图（吊杆＞2500mm）

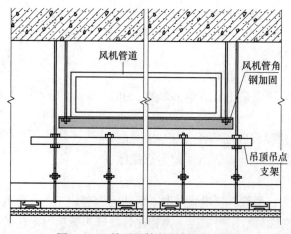

图 6.2-6　吊顶风管吊杆做法示意图

(5) 预埋的杆件需要接长时，必须搭接焊牢。

(6) 吊顶灯具、风口及检修口等均应设置附加龙骨及吊杆。

4) 安装主龙骨：

(1) 主龙骨间距不大于1200mm。主龙骨分为不上人小龙骨（图6.2-7）、上人大龙骨（图6.2-8）两种。主龙骨宜平行房间长向安装。主龙骨的悬臂段不应大于300mm，主龙骨的接长应采取对接，相邻龙骨的对接接头要相互错开。

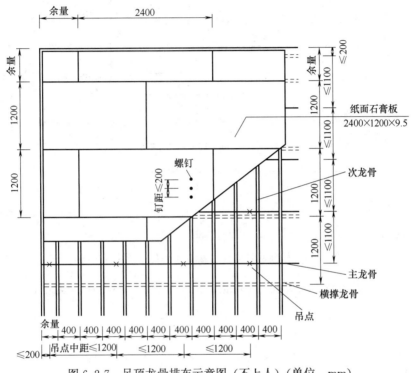

图6.2-7 吊顶龙骨排布示意图（不上人）（单位：mm）

(2) 跨度大于15m的吊顶，应在主龙骨上，每隔15m加一道大龙骨，并垂直主龙骨焊接牢固。

(3) 如有大的造型顶棚，造型部分应用角钢或扁钢焊接成框架，并应与结构连接牢固。

(4) 吊顶如设检修走道，应另设附加吊挂系统。

(5) 安装次龙骨：次龙骨间距不大于600mm。次龙骨连接应采用专用连接件，不得搭接。

5) 罩面板安装：

(1) 纸面石膏板安装

① 纸面石膏板应在自由状态下从中间向四周固定，不得多点同时作业，防止出现弯棱、凸鼓的现象。

② 纸面石膏板的长边（即包封边）应沿纵向次龙骨铺设。

③ 自攻螺钉板周边钉距宜为150~170mm，板中钉距不得大于200mm，螺钉钉头宜略埋入板面，但不得损坏纸面，钉眼应做防锈处理并用石膏腻子抹平。

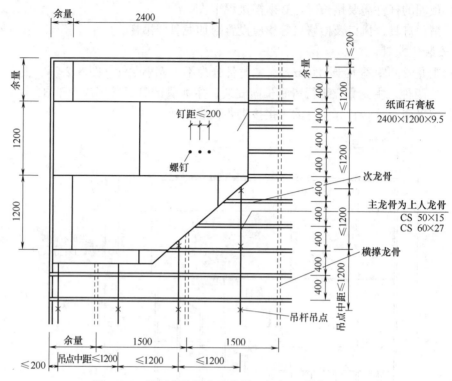

图 6.2-8　吊顶龙骨排布示意图（上人）（单位：mm）

④ 安装双层石膏板时，面层板与基层板的接缝应错开，不得在一根龙骨上（图 6.2-9）。

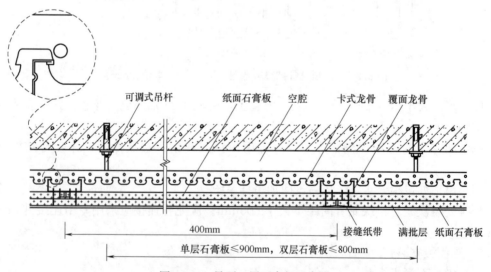

图 6.2-9　吊顶双层石膏板示意图

(2) 纤维水泥加压板（埃特板）安装

① 龙骨间距、螺钉与板边的距离及螺钉间距等应满足设计要求和有关产品的要求。

② 纤维水泥加压板与龙骨固定时，钻孔所用手电钻钻头的直径应比选用螺钉直径小 0.5~1.0mm；固定后，钉帽应做防锈处理，并用腻子嵌平。

③ 用腻子嵌涂板缝并刮平，硬化后用砂纸磨光，板缝宽度应小于50mm。

6）饰面板上的灯具、烟感器、喷淋头、风口箅子等设备的位置应合理、美观，与饰面的交接应吻合、严密，并做好检修口的预留，使用材料宜与母体相同，安装时应保证整体性、功能性及美观性（图6.2-10）。

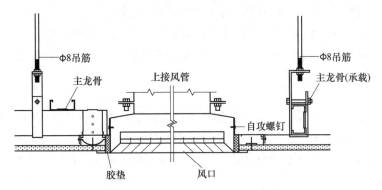

图6.2-10　吊顶风口安装示意图

第三节　地面工程施工

一、地面工程构造

1）底层地面的基本构造层宜为面层、垫层和地基。

2）楼层地面的基本构造层宜为面层和楼板。

3）当底层地面和楼层地面的基本构造层不能满足使用或构造要求时，可增设结合层、隔离层、填充层、找平层等其他构造层（图6.3-1）。

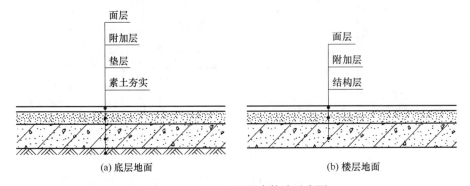

图6.3-1　地面工程基本构造示意图

二、现浇水磨石面层施工

现浇水磨石地面适用于清洁要求较高或潮湿的场所，如洁净厂房车间、医疗办公用房、厕所、厨房等。具有美观大方、平整光滑、坚固耐久、易于保洁、整体性好等优点；但缺点是施工工序多、施工周期长、噪声大、现场湿作业、易形成污染。

1. 材料要求

1) 水泥：

（1）白色或浅色的水磨石面层应采用白水泥。

（2）深色的水磨石面层宜采用硅酸盐水泥、普通硅酸盐水泥或矿渣硅酸盐水泥。

（3）同颜色的面层或同一区域面层，应使用同一批水泥。

2) 石粒：石粒的颜色应根据设计确定，粒径应根据面层厚度确定。

3) 颜料：掺入量宜为水泥重量的3%～6%或由试验确定。同一彩色面层应使用同厂、同批的颜料。

2. 施工流程

基层找平→设置分格线、嵌固分格条→养护及修复分格条→基层润湿、刷水泥素浆→铺水磨石拌合料→清边拍实、滚筒滚压→铁抹拍实抹平→养护→试磨→初磨→补粒上浆养护→细磨→补孔上浆养护→磨光→清洗、晾干、擦草酸→清洗、晾干、打蜡→养护。

3. 施工要点

1) 基层找平：

（1）清除基层上的浮灰、污物，确保基层平整、干净、无油污。

（2）在地面抹灰前一天，将基层浇水润湿。

（3）根据墙上+50cm的水平线确定地面标高，留出面层厚度，沿墙边拉线做灰饼，并用1∶3干硬性砂浆冲筋。在有地漏和坡度要求的地面，应按设计要求做防水和坡度。

（4）铺抹底灰层，并进行养护。

2) 按设计要求设置分格，嵌固分格条。在分格条下部，以分格条为中心，两侧用纯水泥浆抹成八字角嵌固。分格条应镶嵌牢固，接头严密，顶面在同一水平面上，并拉通线检查其平整度及顺直度（图6.3-2）。

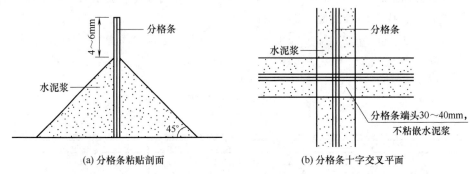

(a) 分格条粘贴剖面　　(b) 分格条十字交叉平面

图6.3-2　分格条嵌固示意图

3) 按设计体积比拌制好水磨石拌合料后，边刷水泥素浆边铺水磨石拌合料，清边拍实，并用滚筒滚压平整，面层应比分格条高5mm。

4) 铺完面层后进行洒水养护，常温下养护5～7d，低温及冬期应施工养护10d以上。

5) 水磨石面层开磨时间见表6.3-1。开磨前应先试磨，以表面石粒不松动为准，经检查合格后方可开磨。

6) 磨光作业应采用"二浆三磨"方法进行，即整个磨光过程分为磨光三遍、补浆两次。

水磨石面层开磨时间　　　　　　　　　表 6.3-1

平均气温(℃)	开磨时间(d)	
	机磨	人工磨
20~30	3~4	1~2
10~20	4~5	1.5~2.5
5~10	6~7	2~3

4. 水磨石面层的允许偏差和检验方法

水磨石面层的允许偏差和检验方法见表 6.3-2。

水磨石面层的允许偏差和检验方法　　　　　表 6.3-2

项目	允许偏差(mm)		
	表面平整度	踢脚线上口平直	缝格平直
普通水磨石面层	3	3	3
高级水磨石面层	2	3	2
检验方法	用 2m 靠尺和楔形塞尺检查	拉 5m 线和用钢尺检查	

三、石材面层施工

石材地面常用于高级装饰工程，如宾馆、饭店、酒楼、写字楼的大厅地面、楼厅走廊、踢脚线等部位。常用石材材料为天然大理石和天然花岗岩，其中，天然大理石组织细密、坚实，色泽鲜明光亮；天然花岗岩质地坚硬、耐磨，不易风化变质，色泽自然庄重。

1. 材料准备

1) 石材

(1) 品种、规格、质量应符合设计和施工规范要求。

(2) 当天然花岗岩石材使用面积大于 $200m^2$ 时，应对不同产品、不同批次材料分别进行放射性指标的抽查复验，经复试合格后使用。

(3) 除石材饰面外的其他五面，应涂刷水性保护剂。

2) 粘结剂

(1) 石材专用粘结剂及勾缝剂。

(2) 水泥砂浆：水泥宜为强度等级 32.5MPa 的普通硅酸盐水泥或矿渣硅酸盐水泥；砂宜使用中砂或粗砂，含泥量≤3%，过 8mm 孔径的筛子。

2. 施工工艺流程

1) 干硬性砂浆铺贴施工

基层处理→弹线→试拼、调整编号→铺装找平层砂浆→铺贴石材板块→填缝处理→养护→表面处理。

2) 薄贴法施工

基层处理→弹线→试拼、调整编号→找平层施工→涂刷石材粘结剂→铺贴石材板块→填缝处理→养护→表面处理。

3. 施工要点

1) 弹线：在房间的主要部位弹出互相垂直的控制十字线，用于检查和控制石材板块的位置。施工时,依据墙面+50cm 或+1m 水平标高控制线,拉线控制面层施工标高。

2)试拼:按设计图案、颜色、纹理试拼,检查石材颜色、纹理、尺寸是否符合要求,确认无误后按编号堆放整齐,否则应进行相应编号调整。

3)试排:在房间内的两个相互垂直的方向,铺两层干砂,根据图纸要求把石材板块排好,以便检查板块之间的缝隙。

4)石材干硬性砂浆铺贴如图 6.3-3 所示。

（1）板材浸湿阴干后备用。

（2）按控制线铺设干硬性水泥砂浆,将板材对好纵、横缝,用橡皮锤敲击,振实砂浆至完成面标高。移除板材,检查砂浆层,不实处应填补砂浆。

（3）在石材背面满刮一层 10mm 厚粘结砂浆（DTA）或 5mm 石材专用粘结剂,再将石材铺贴在砂浆层上。安放时四角同时向下落,用橡皮锤轻击垫木板,并用水平尺检查找平后铺实就位。如发现空隙应将石板掀起用砂浆补实再行安装。

图 6.3-3　石材干硬性砂浆铺贴示意图

（4）铺完第一块后,向两侧和后退方向继续铺设。

5)薄贴法铺装:

（1）找平层允许偏差应控制在 3mm 以内,养护时间不少于 7d。

（2）用齿形刮刀在找平层上刮一道石材粘结剂,在石材背面垂直地面刮纹方向也刮一道石材粘结剂,随刮随贴,粘结层厚度应控制在 5～8mm。

（3）将石材贴在地面上后,应轻微搓动揉压排除石材里的空气,并用橡皮锤或平板振动器从石材中间向四周轻轻敲击或振动,根据控制线用水平尺找平,调整好石材位置。

6)铺贴完成 24h 后,方可进行填缝施工。填缝前,应先做清缝处理,用刷子清除灰尘,填缝剂用铲刀或刮板填入缝隙中,将缝隙表面填平。粘在石板表面的浆料应在未固化前用铲刀清理干净。

7)整体研磨应在石材铺装完成养护 7d（冬期 14d）后,方可进行。

4. 石材板块铺贴地面允许偏差及检验方法

石材板块铺贴地面允许偏差及检验方法见表 6.3-3。

石材板块铺贴地面允许偏差及检验方法　　　　表 6.3-3

项次	项目	允许偏差(mm)	检验方法
1	表面平整度	1.0	用 2m 靠尺和楔形塞尺检查
2	板面缝格平直	2.0	拉 5m 线,不足 5m 者拉通线和尺量检查
3	接缝高低差	0.5	尺量和楔形塞尺检查
4	板块间隙宽度	1.0	尺量检查
5	踢脚线上口平直	1.0	拉 5m 线和尺量检查

四、活动地板面层施工

活动地板广泛应用于各种机房、试验室、调度室、洁净厂房、通信枢纽、指挥中心等地面。活动地板质轻、高强、平整、面层质感好、装饰效果佳,同时具有防火、防虫、耐腐蚀的功能。

1. 活动地板面层基本构造

活动地板面层基本构造如图 6.3-4 所示。

2. 施工流程

基层清理→弹线→安装支座和横梁组件→铺设活动地板→安装边条→调整、清理板面。

3. 施工要点

1) 基层清理

清除基层杂物,根据需要在其表面涂刷 1~2 遍清漆或防尘剂,涂刷后不允许有脱皮现象。

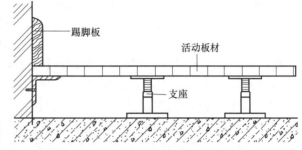

图 6.3-4 活动地板面层基本构造示意图

2) 弹线

根据房间的长、宽尺寸,在地面弹出中心十字线;在墙面四周按设计要求划出标高控制线,如有预留设备还需标明设备预留部位。

3) 支座和横梁组件安装

(1) 活动地板下设计有电位平衡系统时,应铺设铜带或铜箔进行等电位接地,在支座安装的同时完成接地系统的安装;铜带或铜箔的铺设应平直,不得卷曲、间断,与接地端子连接的一端应预留长度(图 6.3-5)。

(a) 铜箔铺设

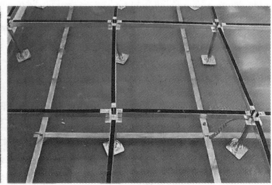
(b) 铜带铺设

图 6.3-5 等电位接地铺设示意图

(2) 安装支座应从基准线交叉处开始,支座应放置在方格网交点处,通过横梁连接各相邻支座,组成支撑系统(图 6.3-6)。

(3) 支座安装的同时应随时进行调平,待所有支座柱和横梁构成一体后,再用水平仪整体抄平。

(4) 支座固定方式可采用膨胀螺栓或射钉固定。

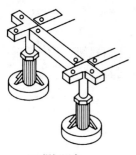
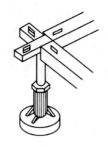

(a) 螺钉固定　　　(b) 定位销卡结

图 6.3-6　横梁与支架连接方式

4）活动地板面层铺设

（1）铺设方向：

① 当平面尺寸符合活动地板板块模数，宜由里向外铺设。

② 当平面尺寸不符合活动地板板块模数时，宜由外向里铺设，将非整板留在墙边。

③ 当室内有控制柜设备且需要预留洞口时，铺设方向和先后顺序应综合考虑选定。

（2）标准板块安装可采用吸盘辅助将面板直接放置在横梁上，以第一块板为基准，向周边扩散铺设；铺设过程中应边铺边用水平仪调整支架高度，使相邻板面均保持水平。

（3）非整板可根据实际需要尺寸，用切割机进行裁切，金属裸露面应做防锈处理。

（4）活动地板在入口及踏步部位应安装立板进行封闭，可采用标准板块按尺寸需要裁切出立面板，阳角处加工成L形，与已安装的平面板进行搭接，立板的安装方式需符合设计要求，安装应牢固可靠（图6.3-7）。

5）收边处理

（1）阳角部位宜安装L形收边条，收边条可采用自攻螺钉或结构胶固定。

（2）活动地板与墙、柱面接缝处的处理应符合设计要求，设计无要求时应做装饰踢脚线。

图 6.3-7　活动地板入口处安装效果

4. 活动地板安装允许偏差和检验方法

活动地板安装允许偏差和检验方法见表 6.3-4。

活动地板安装允许偏差和检验方法　　表 6.3-4

项次	项目	允许偏差（mm）	检验方法
1	表面平整度	2.0	用2m靠尺和楔形塞尺检查
2	板面缝格平直	2.5	拉5m线，不足5m者拉通线和尺量检查
3	接缝高低差	0.4	尺量检查
4	板块间隙宽度	0.3	拉5m线，不足5m者拉通线和尺量检查

五、竹（木）面层地面

（一）概述

1. 木地板面层分类

木地板面层主要有实木地板面层、实木集成地板面层、竹地板面层（条材、块材面层)、实木复合地板面层(条材、块材面层)、浸渍纸层压木质地板面层(条材、块材面层)、软木类地板面层(条材、块材面层)、地面辐射供暖的木板面层(图6.3-8)。

(a)实木地板　　　(b)实木复合地板　　　(c)竹地板　　　(d)浸渍纸层压木质地板　　　(e)软木类地板

图 6.3-8　木地板面层种类示意图

2. 木地板施工工艺

木地板施工工艺可分为实铺法、空铺法和浮铺法等。

1) 实铺法:木地板通过木格栅与基层相连,或用胶粘剂直接粘贴于基层上,适用于干燥环境的楼面。

2) 空铺法:木地板铺设在地垄墙或砖墩等架空结构上,适用于平房、房屋首层、较潮湿地面,以及有管道敷设要求的架空地面等。

3) 浮铺法:木地板通过自身企口相连直接铺设于基层上,适用于复合地板安装。

(二) 实木地板面层施工

1. 施工流程

1) 实铺法施工流程:基层处理→测量放线→铺设木格栅→铺设毛地板→铺设面层实木地板→镶边处理→踢脚线安装→地面磨光→油漆打蜡。

2) 空铺法施工流程:基层处理→砌筑地垄墙→干铺油毡→铺设垫木(沿缘木)、找平→弹线→铺设木格栅→铺设毛地板→铺设面层实木地板→镶边处理→踢脚线安装→地面磨光→油漆打蜡。

2. 施工要点

1) 基层处理

(1) 对基层空鼓、开裂、麻面、掉皮、起砂、高低不平等部位进行处理,并把粘在基层上的浮浆、落地灰清扫干净。

(2) 控制好基层含水率,且木龙骨与地面和墙接触部位应进行防腐处理。

2) 铺设木格栅

(1) 采用实铺法时,先在楼板上弹出龙骨位置线,将木龙骨放平、放稳,控制好标高,用钢钉或膨胀螺栓固定好木龙骨;再根据设计要求选用保温材料将龙骨之间塞满。

(2) 采用空铺法时,在砖砌基础墙挑檐上和地垄墙上垫放通长沿缘木,用预埋件或用水泥钉固定,并在沿缘木表面划出木龙骨的中线,将木龙骨对准中线摆好,木龙骨端头离开墙面应留出30mm的缝隙;为防止木龙骨移位,应在固定好的木龙骨表面临时钉设木拉条，使之互相牵拉；木龙骨摆正后，在木龙骨上按剪刀撑的间距弹线后，将剪刀撑钉于龙骨侧面，同一行剪刀撑要对齐顺线，上口齐平（图6.3-9）。

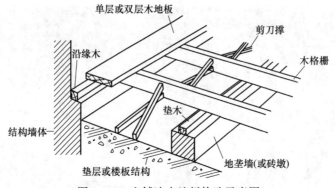

图6.3-9 空铺法木地板构造示意图

3）铺设毛板

（1）衬板铺设在龙骨上，用铁钉或螺钉固定木龙骨；钉子应与衬板、木龙骨成30°或45°角钉入，钉帽应砸扁并冲进衬板表面2mm。

（2）衬板铺设时，木材髓心应向上，板间缝隙不大于3mm，板与墙之间应预留10~20mm的缝隙。

（3）衬板接头应设置在龙骨中线上，接头处预留2mm伸缩缝；衬板表面应调平，板长不应小于两档木龙骨的距离，相邻板条的接缝应错开。

4）木地板面板铺设

（1）先在衬板上干铺一层防潮垫，再进行面板铺钉。

（2）按照设计要求的图案，在房间中央弹出图案墨线，再按墨线从中央向四周铺钉；有镶边的图案，应先安装镶边部分，再从中央向四周铺钉，各块木板应相互排紧。

5）踢脚板安装

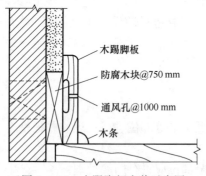

图6.3-10 木踢脚板安装示意图

当房间设计为实木踢脚板时，踢脚应预先刨光，在靠墙的一面开成凹槽，并每隔1m钻直径6mm的通风孔，在墙内应每隔750mm砌入防腐木砖，在防腐木砖外面钉防腐木块，再将踢脚板固定于防腐木块上。踢脚板板面要垂直，上口呈水平线，在踢脚板与地板交角处，钉上1/4圆木条，以盖住缝隙（图6.3-10）。

（三）实木复合地板面层施工

1. 施工流程

1）粘贴式施工流程：清理基层→弹线、找平→满铺地垫（或点铺）→安装实木复合地板。

2）实铺式（单层）施工流程：清理基层→弹线、找平→安装木格栅→填充轻质材料→安装实木复合地板→安装踢脚板。

3）实铺式（双层）施工流程：清理基层→弹线、找平→安装木格栅→铺设毛地板→铺设防潮层→安装实木复合地板→安装踢脚板。

2. 施工要点

1) 粘贴式施工

(1) 在找平层上满铺防潮垫,不用打胶;若采用条铺防潮垫,可采用点铺方法。

(2) 在防潮垫上铺装强化地板,宜采用点粘法铺设。

(3) 防潮垫及强化地板面层与墙面之间空隙应不小于10mm,相邻板材接头应错开不小于300mm距离。

(4) 实木复合地板粘铺后可用橡皮锤子敲击使其粘结均匀、牢固。

木地板粘贴式施工如图 6.3-11 所示。

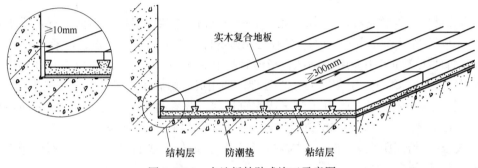

图 6.3-11 木地板粘贴式施工示意图

2) 实铺式施工

(1) 在基层(找平层)上弹出木龙骨位置线及标高,木龙骨断面呈梯形,宽面在下,其截面尺寸及间距应符合设计要求;按线将龙骨放平放稳,用垫木找平,垫实钉牢;木龙骨与墙之间留出 30mm 的缝隙,再依次摆正中间的龙骨,若设计无要求则龙骨间距为 300mm,且表面应平直。

(2) 在龙骨之间填充干炉渣或其他保温、隔声等轻质材料。

(3) 实木复合地板面层与墙面之间应留不小于 10～20mm 的空隙,以后将逐条板排紧,强化地板与龙骨间应钉牢、排紧;铺钉方法宜采用暗钉,钉子以 45°或 60°角钉入,可使接缝进一步靠紧。

(4) 实木复合地板的接头要在龙骨中间,相邻板材接头位置应错开不小于 300mm 距离。

木地板实铺式施工如图 6.3-12 所示。

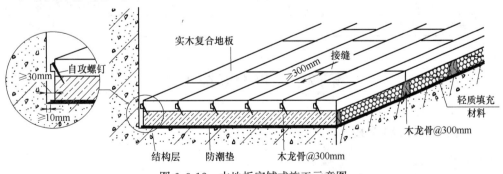

图 6.3-12 木地板实铺式施工示意图

(四) 竹地板面层施工

1. 施工流程

1) 竹地板（有龙骨）施工流程：清理基层→木龙骨安装→毛板铺设→竹地板安装→安装踢脚板。

2) 竹地板（无龙骨）施工流程：清理基层→基层处理→防潮层铺设→竹地板安装→安装踢脚板。

2. 施工要点

1) 防潮层可采用20~30mm厚EPE带膜泡沫等材料作为地垫，满铺在找平层上，不用胶粘。

2) 靠墙的一块竹地板应该离墙面有8~12mm的缝隙（根据各地区干湿度季节性变化量的不同适当调节）。可采用木块塞住控制好缝隙，然后再逐块铺设、排紧。

3) 竹地板之间可用专用胶粘结，板缝宜控制在1mm左右；竹地板与其他材质地板相连接处应留出伸缩缝，并做"过桥"处理，即用成品金属条嵌入。

4) 竹地板与木龙骨之间可用钉子或螺钉连接。先在竹地板母槽里沿45°方向用装饰枪钻好钉眼，然后再用钉子或螺钉斜向钉入木龙骨。钉长应为板厚的2~2.5倍（宜采用40mm规格），钉间距宜为250mm左右，且每块竹地板至少钉两个钉，钉帽要砸扁，企口条板要钉牢排紧。

5) 凡是锯开的竹地板，均要将板的锯开面用油漆封好，以防受潮后因异物附着而发生霉变。

(五) 木地板面层的允许偏差和检验方法

木地板面层的允许偏差和检验方法见表6.3-5。

木地板面层的允许偏差和检验方法　　表6.3-5

项次	项目	允许偏差(mm)				检验方法
		实木地板面层			中密度(强化)复合地板面层	
		实木地板	硬木地板	拼花地板		
1	板面缝隙宽度	1.0	0.5	0.2	0.5	用钢尺检查
2	表面平整度	3.0	2.0	2.0	2.0	踢脚线上口平整
3	踢脚线上口平整	3.0	3.0	3.0	3.0	拉5m线，不足5m者拉通线和尺量检查
4	板面拼缝平直	3.0	3.0	3.0	3.0	
5	相邻板面高差	0.5	0.5	0.5	0.5	用钢尺和楔形塞尺检查
6	踢脚线与面层的接缝	1.0				楔形塞尺检查

第四节　墙面装饰工程

一、内外墙涂料工程

1. 材料

1) 建筑涂料分类、特点及适用范围，见表6.4-1。

建筑涂料的分类、特点及适用范围 表 6.4-1

分类		成分	特点	适用范围
有机涂料	溶剂型涂料	以高分子合成树脂为主要成膜物质，有机溶剂为稀释剂加适量颜料、填料(体质颜料)及辅助材料研磨而成	涂膜细腻、光洁、坚韧，有较好的硬度、光泽、耐水性和耐候性。但易燃、涂膜透气性差，价格较高	一般用于大型厅堂、室内走道、门厅
	水溶性涂料	以水溶性合成树脂为主要成膜物质，以水为稀释剂加适量颜料、填料及辅助材料研磨而成	原材料资源丰富。可直接溶于水中，价格较低，无毒、无味、耐燃，但耐水性较差、耐候性不强、耐洗刷性较差	一般用于室内，也用于涂刷浴室厨房内墙及建筑物内的一般墙面
	乳液型涂料（乳胶漆）	以乳液为主要成膜物质，加适量颜料、填料及辅助材料研磨而成	价格便宜，对人体无害，有一定的透气性，耐擦洗性较好	室内外均可
无机涂料	水溶性涂料	生石灰、碳酸钙、滑石粉加适量胶而成	资源丰富、保色性好、耐久性长、耐热、不燃、无毒、无味，但耐水性差、涂膜质地疏松，易起粉	室内墙面
复合涂料		无机-有机涂料结合	相互取长补短，是最早应用的一类涂料	室内墙面
硅藻泥		以硅藻土为主要原材料，添加多种助剂的装饰涂料	绿色环保、净化空气、防火阻燃、呼吸调湿、吸声降噪、保温隔热等	室内墙面

2) 民用建筑工程室内装修所用的水性涂料必须有同批次产品的挥发性有机化合物（VOC）和游离甲醛含量检测报告，溶剂型涂料必须有同批次产品的挥发性有机化合物（VOC）、苯、甲苯、二甲苯、游离甲苯二异氰酸酯（TDI）含量检测报告，并应符合设计及规范要求（表 6.4-2）。

内墙涂料中有害物质限量的要求 表 6.4-2

项目		限量值	
		水性墙面涂料[a]	水性墙面腻子[b]
挥发性有机化合物(VOC)≤		120g/L	15g/kg
苯、甲苯、乙苯、二甲苯总和(mg/kg)≤		300	
游离甲醛(mg/kg)≤		100	
可溶性重金属(mg/kg)≤	铅 Pb	90	
	镉 Cd	75	
	铬 Cr	60	
	汞 Hg	60	

注：a. 涂料产品所有项目均不考虑稀释配合比。
b. 膏状腻子所有项目均不考虑稀释配合比；粉状腻子除可溶性重金属项目直接测试粉体外，其余项按产品规定的配合比将粉体与水或胶粘剂等其他液体混合后测试。如配合比为某一范围时，应按照水用量最小、胶粘剂等其他液体用量最大的配合比混合后测试

3）涂料应按品种、批号、颜色分类存放于专用库房中。库房内应阴凉、干燥且通风良好，贮存温度应介于 5～40℃。

2．施工条件

1）涂饰施工时环境温度和基层温度应保证在 5℃以上，施工时空气相对湿度宜小于 85％，当遇大雾、大风、下雨时，应停止户外工程施工。

2）内外墙涂饰工程施工部位基层验收合格，且基层含水率应符合涂料施工要求，一般混凝土及抹灰面层的含水率应在 10％（涂刷溶剂型涂料时 8％）以下。

3．施工流程

涂饰工程总体施工流程：基层处理→底涂层→中涂层→面涂层。每层涂料干燥后，方可进行下一道工序施工。

（1）内外墙平涂涂料的施工工序：清理基层→基层处理→涂饰底层涂料→涂饰第一遍面层涂料→涂饰第二遍面层涂料（面层可根据需要增加涂刷遍数）。

（2）合成树脂乳液砂壁状涂料和质感涂料的施工工序：清理基层→基层处理→涂饰底层涂料→根据设计进行分格→涂饰主层涂料→涂饰面层涂料。

（3）复层涂料施工工序：清理基层→基层处理→涂饰底层涂料→涂饰中层涂料→压花→涂饰第一遍面层涂料→涂饰第二遍面层涂料。

（4）仿金属板装饰效果涂料的施工工序：清理基层→多道基层处理→根据设计进行分格→涂饰底层涂料→涂饰第一遍面层涂料→涂饰第二遍面层涂料。

（5）水性多彩涂料的施工工序：清理基层→基层处理→涂饰底层涂料→根据设计进行分格→涂饰中层底色涂料（一至两遍）→喷涂水包水多彩涂料→涂饰罩光涂料。

4．施工要点

1）外墙涂饰施工顺序应按"由自上而下、先细部后大面"的原则，材料的涂饰施工分段应以墙面分格缝（线）、墙面阴阳角或落水管为分界线。

2）同一墙面或同一作业面同一颜色的涂饰应用相同批号的涂饰材料。

3）涂料施工方法：

（1）辊涂、刷涂：施工时，涂料应充分盖底，不透虚影，表面辊刷均匀。

（2）喷涂：施工时，应控制涂料黏度、喷枪的压力，保持涂层均匀，不露底、不流坠、色泽均匀。

4）对于干燥较快的涂饰材料，大面积涂饰时，应由多人配合操作，处理好接槎部位。

5）涂料施工完成后应及时做好成品保护。

二、裱糊及软包工程

1．壁纸及软包的分类

1）按壁纸材料的面层材质不同可以分为：纸面壁纸、胶面壁纸、布面壁纸、木面壁纸、金属壁纸、植物类壁纸、硅藻土壁纸等（表 6.4-3）。

2）按壁纸材料的性能不同可以分为：防霉抗菌壁纸、防火阻燃壁纸、吸声壁纸、抗静电壁纸、荧光壁纸等。

3）按软包面层材料的不同可以分为：平绒织物软包、锦缎织物软包、毡类织物软包、皮革及人造革软包、毛面软包、麻面软包、丝类挂毯软包等。

常用壁纸、壁布的分类、特点、常用规格及用途　　　　　表 6.4-3

分类	特点	常用规格	用途
PVC塑料壁纸	以优质木浆纸或布为基材，PVC树脂为涂层，经复合、印花、压花、发泡等工序制成。具有花色品种多、耐磨、耐折、耐擦洗、可塑性强等特点，是目前产量最大、应用最广的壁纸	宽:530mm, 长:10m/卷	各种建筑物的内墙装饰
织物复合壁纸	将丝、棉、毛、麻等天然纤维复合于纸基上制成。具有色彩柔和、透气、调湿、吸声、无毒、无异味等特点，美观、大方、典雅、豪华，但价格偏高，不易清洗，防污性差	宽:530mm, 长:10m/卷	用于饭店、酒吧等高档场所内墙面装饰
金属壁纸	以纸为基材，在其上真空喷镀一层铝膜形成反射层，再进行各种花色饰面，效果华丽、不老化、耐擦洗、无毒、无味。虽喷镀金属膜，但不形成屏蔽，能反射部分红外线辐射	宽:530mm, 长:10m/卷	高级宾馆、舞厅内墙柱面装饰
复合纸质壁纸	将双层纸(表纸和底纸)施胶、层压复合在一起，再经印刷、压花、表面涂胶制成，具有质感好、透气、价格较便宜等特点	宽:530mm, 长:10m/卷	各种建筑物的内墙面
锦缎壁布	华丽美观、无毒、无味、透气性好	宽:720～900mm, 长:20m/卷	高级宾馆、住宅内墙面
装饰壁布	强度高、无毒、无味、透气性好	宽:820～840mm, 长:50m/卷	招待所、会议室、餐厅等内墙面
无机质壁纸	面层为各种无机材料，如蛭石壁纸、珍珠岩壁纸、云母壁纸等，具有防火、保温、吸潮、吸声等特点	—	有防火要求的房间墙面装饰
石英纤维壁布	面层是以天然石英砂为原料，加工制成柔软的纤维，然后织成粗网格状、人字状等壁布。这种壁布用胶粘在墙上后只做基层，再根据设计者的要求，刷涂各种色彩的乳胶漆，形成多种多样的色彩和纹理结合的装饰效果，并可根据需要多次喷涂，更新装饰风格。具有不怕水、不锈蚀、无毒、无味、对人体无害、使用寿命长等特点	宽:530mm, 长:33.5m/卷或17m/卷	各种建筑物内墙装饰
壁毡 (壁毯)	各类素色的毛、棉、化纤纺织品，质感、手感都很好，吸声保温、透气性好，但易污染，不易清洁	—	点缀性内墙面装饰
无纺贴墙布	富有弹性、不易折断、不易老化，对皮肤无刺激，色彩鲜艳、透气、防潮、不褪色，但防污性差	—	高级宾馆、住宅内墙面装饰

4) 按装饰功能的不同可以分为：装饰软包、吸声软包、防撞软包等。

2. 施工环境要求

1) 新建筑物的混凝土或抹灰基层墙面在刮腻子前应涂刷抗碱封闭底漆。

2) 旧墙面在裱糊前应清除疏松的旧装修层，并刷涂界面剂。

3) 软包周边装饰边框及装饰线安装完毕。

3. 裱糊施工

1) 施工流程：基层处理→刷基膜→放线→裁纸→刷胶→裱贴（图 6.4-1）。

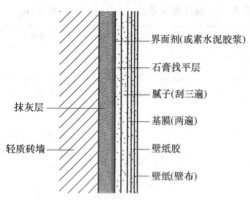

图 6.4-1 壁纸（壁布）饰面施工示意图

2）施工要点：

（1）木基层要求接缝不显接槎，接缝、钉眼应用腻子补平。

（2）不同基层材料的相接处，如石膏板与木夹板、水泥或抹灰面与木夹板、水泥或抹灰面与石膏板之间的对缝，应用棉纸带或穿孔纸带粘贴封口，防止裱糊后的壁纸面层被拉裂撕开。

（3）刷基膜：为了防止壁纸受潮脱胶，一般对要裱糊塑料壁纸、壁布、纸基塑料壁纸、金属壁纸的墙面，涂刷防潮基膜。

（4）刷胶：纸面、胶面、布面等壁纸，在施工前对壁纸进行刷胶，使壁纸湿润、软化，壁纸背面和墙面都应涂刷胶粘剂，刷胶应厚薄均匀，要控制好刷胶上墙的时间。

（5）裱贴：裱贴壁纸时，首先要垂直，对花纹拼缝，最后再用刮板用力抹压平整，应按壁纸背面箭头方向进行裱贴，原则是先垂直面后水平面、先细部后大面。贴垂直面时先上后下，贴水平面时先高后低。

4. 软包饰面施工

1）施工流程：基层处理→放线→裁割衬板→试铺衬板→套裁填充料和面料→粘贴填充料→包面料→安装（图 6.4-2）。

2）施工工艺：

（1）试铺衬板：按图纸所示尺寸、位置试铺衬板，调整好位置后按顺序拆下衬板，并在背面标号，以待粘贴填充料及面料。

（2）套裁填充料和面料：根据设计图纸的要求，进行用料计算和套裁填充材料及面料工作，同一房间、同一图案与面料必须用同一批材料套裁。

（3）粘贴填充料：将套裁好的填充料按设计要求固定于衬板上。如衬板周边有造型边框，则安装于边框中间。

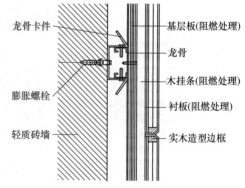

图 6.4-2 软包饰面构造示意图

（4）包面料：按设计要求将裁切好的面料按照定位标志，找好横竖坐标上下摆正，粘贴于填充材料上部，并将面料包至衬板背面，然后用压条及码钉固定。

（5）安装：将粘贴完面料的软包按编号挂贴或粘贴于墙面基层板上，并调整平直。

三、饰面砖工程

1. 材料进场复试

1）室内用瓷质饰面砖应进行放射性检测。

2）水泥基粘结材料应进行拉伸粘结强度试验。

3）外墙陶瓷饰面砖应进行吸水率检测；严寒及寒冷地区外墙陶瓷饰面砖应进行抗冻

性检测。

2.施工准备

1）外墙饰面砖工程施工前，应在待施工基层上做样板，并对样板的饰面砖粘结强度进行检验。

2）饰面砖工程的防震缝、伸缩缝、沉降缝等部位的处理，应保证缝的使用功能和饰面的完整性。

3.施工要点

1）排砖、分格、弹线：粘贴前应按设计进行排砖、分格，排砖宜使用整砖，非整砖应排放在次要部位或阴角处，非整砖宽度不宜小于整砖的1/3。弹出控制线，做出标志（图6.4-3）。

2）饰面砖粘贴：饰面砖宜采用专用粘结剂施工，宜用齿形抹刀在找平层上刮粘结材料并在饰面砖背面满刮粘结材料，粘结剂厚度宜为3～8mm。在粘结层允许调整时间内，可调整饰面砖的位置和接缝宽度并敲实；在超出允许调整时间后，严禁振动或移动饰面砖（图6.4-4）。

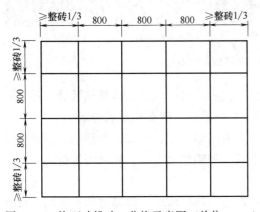

图6.4-3 饰面砖排砖、分格示意图（单位：mm）

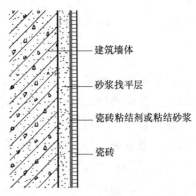

图6.4-4 饰面砖施工工艺示意图

3）砖缝控制：砖缝宽度应根据设计要求确定，砖缝宽度控制可采用相应规格的十字塑料卡或尼龙十字架。边贴砖边在砖间十字交叉点处，放入十字卡，待粘结砂浆凝固后，方可拆下（图6.4-5）。

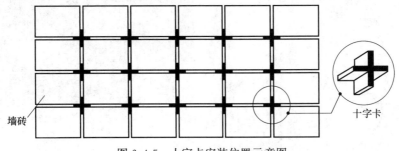

图6.4-5 十字卡安装位置示意图

4）填缝：

(1)清理砖缝：清除砖缝内多余的粘结砂浆或粘结剂，使砖缝通顺、饰面砖相对独立。

(2) 填缝材料可采用水泥砂浆或饰面砖勾缝剂。填缝应连续、平直、光滑、无裂纹、无空鼓。

第五节 建筑幕墙工程施工

一、建筑幕墙分类

1) 按建筑幕墙面板材料分类（图 6.5-1）：

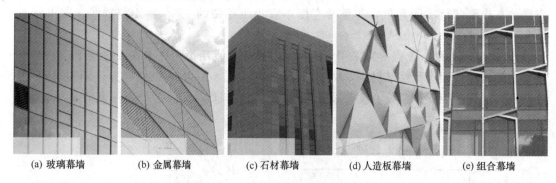

(a) 玻璃幕墙　　(b) 金属幕墙　　(c) 石材幕墙　　(d) 人造板幕墙　　(e) 组合幕墙

图 6.5-1　不同面板建筑幕墙示意图

（1）玻璃幕墙：面板为中空钢化玻璃。按照构造方式可分为框支承玻璃幕墙（包括明框玻璃幕墙、隐框玻璃幕墙、半隐框玻璃幕墙）、全玻幕墙、点支承玻璃幕墙。

（2）金属幕墙：面板为金属板材。金属板材可采用铝、铜、钛金、不锈钢、搪瓷板等单层金属板以及金属板与其他材料复合构成的面板（如铝塑复合板、蜂窝板等幕墙）。

（3）石材幕墙：面板为天然建筑石材板。

（4）人造板幕墙：常用的人造板幕墙有瓷板幕墙、陶板幕墙、微晶玻璃板幕墙、石材蜂窝板幕墙、木纤维板幕墙和纤维水泥板幕墙等。

（5）组合幕墙：由玻璃、金属、石材、人造板等不同面板组成的建筑幕墙。

2) 按幕墙施工方法，可分为构件式幕墙、单元式幕墙（图 6.5-2）。

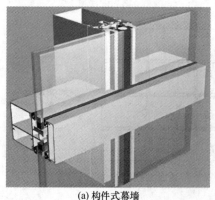
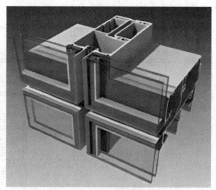

(a) 构件式幕墙　　(b) 单元式幕墙

图 6.5-2　不同施工方式幕墙示意图

(1) 构件式幕墙（框架式幕墙）：在主体结构上先安装横向、竖向骨架，再把玻璃安装在横向、竖向骨架上。

(2) 单元式幕墙：由面层与支撑框架在工厂制作完成的完整幕墙结构，直接安装在主体结构上。

二、施工准备

1) 工序交接：幕墙施工前，幕墙施工单位应与结构施工单位办理好工序交接，交接内容如下：

(1) 复核轴线位置及各层标高，量测结构垂直度、平整度是否符合规范要求。

(2) 检查预埋件的位置偏差及数量等，是否符合设计要求。

(3) 操作架搭设及安全防护是否满足安全施工规定。

(4) 临时用电设施是否到位。

2) 后置埋件符合设计要求。锚板和锚栓的材质、锚栓埋置深度及拉拔力等符合要求。

三、幕墙安装要点

(一) 构件式玻璃幕墙

1. 幕墙立柱安装

1) 铝合金立柱通常是一层楼高为一整根，接头处应有一定空隙，上、下立柱之间通过活动接头连接。

2) 铝合金立柱与钢镀锌连接件（支座）接触面之间应加防腐隔离柔性垫片。

3) 每个连接部位的受力螺栓，至少需要布置2个。

4) 立柱应先与连接件（角码）连接，再将连接件与主体结构预埋件连接。

立柱安装构造节点如图6.5-3所示。

2. 幕墙横梁安装

1) 横梁一般分段与立柱连接，连接处应设置柔性垫片或预留1～2mm的间隙，间隙内填胶，以避免型材刚性接触。横梁与立柱间的连接紧固件应按设计要求采用不锈钢螺栓或螺钉等（图6.5-4）。

2) 横梁与横梁扣盖组成横向支撑结构，横梁与立柱之间主要依靠角码、螺栓、自攻螺钉等配件连接。当采用大跨度开口截面横梁时，宜考虑约束扭转产生的双力矩。

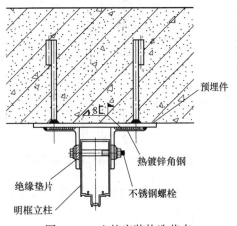

图 6.5-3 立柱安装构造节点

3. 玻璃面板安装

1) 固定半隐框、隐框玻璃幕墙玻璃板块的压块或勾块，其规格和间距应符合设计要求。固定幕墙玻璃板块，不得采用自攻螺钉（图6.5-5）。

2) 隐框玻璃幕墙采用挂钩式固定玻璃板块时，挂钩接触面宜设置柔性垫片，以防止产生摩擦噪声（图6.5-6）。

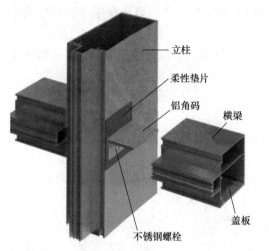

图 6.5-4 横梁与立柱连接节点

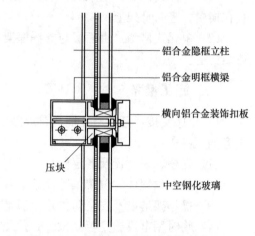

图 6.5-5 半隐框玻璃幕墙安装节点

3) 明框玻璃幕墙的玻璃不得与框构件直接接触,玻璃四周与构件凹槽底部保持一定的空隙,每块玻璃下面应至少放置两块宽度与槽口宽相同的弹性定位垫块(图 6.5-7)。

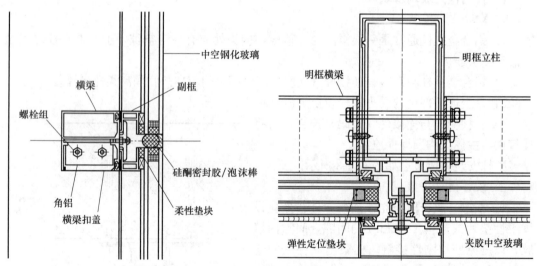

图 6.5-6 隐框玻璃幕墙安装节点　　　图 6.5-7 明框玻璃幕墙安装节点

4) 幕墙开启窗的开启角度不宜大于 30°,开启距离不宜大于 300mm。

4. 密封胶施工

密封胶的施工厚度应大于 3.5mm,一般控制在 4.5mm 以内;密封胶在接缝内应两对面粘结,不应三面粘结;硅酮结构密封胶与硅酮耐候密封胶的性能不同,二者不能互换使用。

(二) 单元式玻璃幕墙

1. 施工准备

1) 幕墙每一层单元体的定位轴线和定位点,必须校核单元转接件的准确度,以免导致误差累积。

2）在距吊装区域 5m 范围内设置警戒标志线，设置专人看护，禁止闲杂人物在吊装区域走动。

3）将装配好的单元式幕墙，按规格及吊装顺序运至各吊装部位下方。

2. 单元玻璃板块吊装

1）单元玻璃板块宜使用活动吊车进行吊装施工，活动吊车构造如图 6.5-8 所示。活动吊车安装就位，且传动系统调试完毕后，应进行安全验收，合格后方可使用。

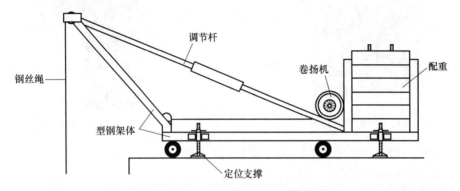

图 6.5-8 活动吊车构造示意图

2）单元玻璃板块吊装时，严禁直接将框架作为吊装点，吊点和挂点必须另行设置。吊点和挂点应符合设计要求，吊点不应少于 2 个，必要时可增设吊点加固措施并试吊（图 6.5-9）。

3）起吊单元板块时，应使各吊点均匀受力。吊装升降和平移应保持单元板块平稳、不摆动、不撞击其他物体，且就位固定前，吊具不得拆除。

4）单元板块吊装就位后，根据楼层安装控制线进行微调，并与预埋件连接固定。

3. 对插接缝

单元式幕墙相邻组件间靠对插完成接缝，每一层要横向按次序一块接一块对插，中间不能留空位。

图 6.5-9 吊点位置示意图

（三）**全玻幕墙**

1）全玻幕墙面板玻璃厚度不宜小于 10mm；夹层玻璃单片厚度不应小于 8mm。

2）吊挂式全玻幕墙安装：

（1）采用钢桁架或钢梁作为受力构件时，其中心线必须与幕墙中心线相一致，椭圆螺孔中心线应与幕墙吊杆锚栓位置一致（图 6.5-10）。

（2）采用金属件连接时，玻璃孔壁平整度不大于 1.0mm，但相应孔群各孔的孔壁平整度不大于设计计算孔间隙的 1/3 时，相应部位的连接除螺栓，还应有附加安全措施（图 6.5-11）。

（3）吊挂玻璃下端与下槽底应留空隙，并采用弹性垫块支承或填塞，吊挂玻璃的夹具不得与玻璃直接接触，夹具衬垫材料应与玻璃平整结合、紧密牢固。

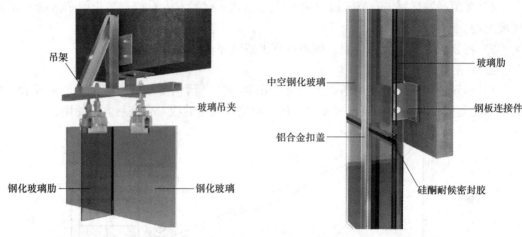

图 6.5-10　钢桁架连接节点　　　　图 6.5-11　金属件连接节点

（4）槽壁与玻璃之间应采用硅酮建筑密封胶密封。

3）落地式全玻幕墙安装（图 6.5-12）：

（1）墙顶部和底部均采用槽钢固定玻璃面板及玻璃肋。

（2）钢骨架采用角钢支架与预埋件焊接固定。焊接施工时，必须按先上下交替焊、再左右交替焊的顺序进行，以防止钢构件局部受热膨胀造成分格位置偏差过大，影响玻璃板块安装。

（3）安装玻璃时，在底部钢槽内水平垫入橡胶玻璃垫。

（四）点支承玻璃幕墙

1）点支承玻璃幕墙是由玻璃面板、点支承装置和支承结构构成的玻璃幕墙。它的支承结构形式有：玻璃肋支承、单根型钢或钢管支承、桁架支承及张拉杆索体系支承等（图 6.5-13）。

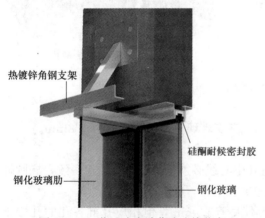 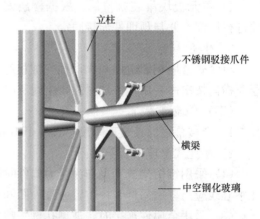

图 6.5-12　落地式全玻幕墙连接节点　　　　图 6.5-13　点支承玻璃幕墙构造示意图

2）点支承玻璃幕墙面板玻璃应采用钢化玻璃及其制品。以玻璃肋作为支承结构时，应采用钢化夹层玻璃。

3）点支承玻璃幕墙的安装要点：

(1) 钢拉杆和钢拉索安装时，施加预拉力应以张拉力为控制量；拉杆、拉索的预拉力应分次、分批对称张拉；在张拉过程中，应对拉杆、拉索的预拉力随时调整（图 6.5-14）。

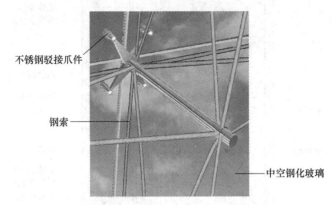

图 6.5-14　拉杆、拉索体系支承节点

(2) 幕墙爪件安装前，应精确定出其安装位置，通过爪件三维调整，使玻璃面板位置准确，爪件表面与玻璃面平行；玻璃面板之间的空隙宽度不应小于 10mm，且应采用硅酮建筑密封胶嵌缝。

（五）石材幕墙

1. 石材幕墙主要材料

1) 石材：幕墙的石材是指由天然石材制成的石板。

2) 骨架材料：石材幕墙的骨架最常用的是钢管或型钢，较少采用铝合金型材。

3) 密封胶：同一石材幕墙工程应采用同一品牌的硅酮密封胶，不得混用；石材与金属挂件之间的粘结应用环氧胶粘剂，不得采用"云石胶"。

2. 背栓式石材幕墙施工

1) 石材板块加工

(1) 石材面板宜进行六面防水处理，应通过试验确定承载力标准值并检验其可靠性。

(2) 背栓的材质不宜低于组别为 A4 的奥氏体型不锈钢。背栓直径不宜小于 6mm，不应小于 4mm，锚固深度不宜小于石材厚度的 1/2，也不宜大于石材厚度的 2/3，背栓的连接件厚度不宜小于 3mm。

(3) 背栓的中心线与石材面板边缘的距离不宜大于 300mm，也不宜小于 50mm；背栓之间的距离不宜大于 1200mm。

(4) 背栓与背栓孔间宜采用尼龙等间隔材料，防止硬性接触。

2) 开放式安装

(1) 根据设计要求进行幕墙的定位放线，并设置水平、垂直方向的施工控制线。

(2) 采用专用粘结剂将背栓固定在石材背面，再与铝合金挂件进行连接备用。

(3) 将装配好的背栓石材板块，与骨架上的角码或挂件相互连接，固定在幕墙骨架上。

开放式石材幕墙构造节点如图 6.5-15 所示。

3) 封闭式安装

(1) 幕墙的埋件、骨架、保温防火、避雷等经过隐蔽验收合格后方能进行石材板块

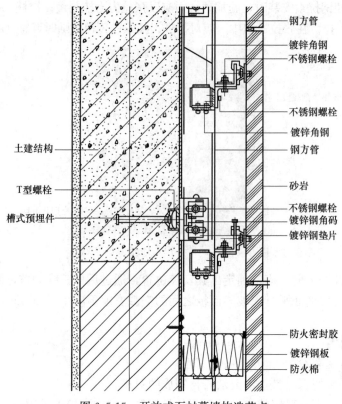

图 6.5-15 开放式石材幕墙构造节点

的挂装。

(2) 封闭式安装中，各石材板块自成连接体系，相邻板块间不传递荷载作用。

(3) 石材板缝宽度不宜小于 8mm，接缝应平直、宽窄一致；且石材坡向和滴水线符合设计要求。

(4) 封闭式幕墙石材拼缝处须打胶处理，密封胶应采用石材专用密封胶，密封胶与石材间的相容性、污染性应满足规范和设计要求。

(5) 板缝的底部宜采用泡沫条充填，胶缝厚度不应小于 3.5mm，并应采取措施避免三面粘接。密封胶应饱满、光滑顺直，不得有气泡、气孔、间断等缺陷。

四、建筑幕墙防火、防雷和成品保护技术要求

1. 建筑幕墙防火构造要求

1) 幕墙与各层楼板、隔墙外沿间的缝隙，应采用不燃材料封堵，填充材料可采用岩棉或矿棉，其厚度不应小于 100mm，并应满足设计的耐火极限要求，在楼层间形成水平防火烟带。防火层应采用厚度不小于 1.5mm 的镀锌钢板承托，不得采用铝板。

2) 防火层不应与玻璃直接接触，防火材料朝玻璃面处宜采用装饰材料覆盖。

3) 同一幕墙玻璃单元不应跨越两个防火分区。

4) 幕墙防火节点：

(1) 玻璃幕墙防火节点构造

玻璃幕墙防火节点构造如图 6.5-16 和图 6.5-17 所示。

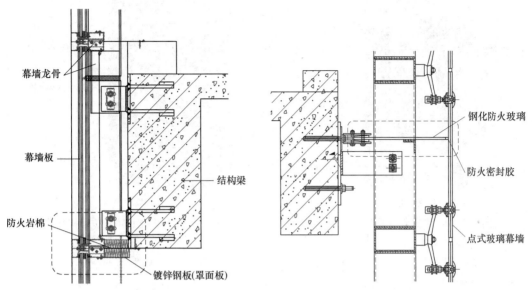

图 6.5-16　玻璃幕墙防火节点构造（一）　　图 6.5-17　玻璃幕墙防火节点构造（二）

（2）石材幕墙防火节点构造

石材幕墙防火节点构造如图 6.5-18 所示。

2. 建筑幕墙防雷构造要求

1）幕墙顶部防雷构造

建筑幕墙顶部防雷设施宜采用闪接器。闪接器与幕墙钢构件进行连接，与主体结构屋顶的防雷系统应有效连通（图 6.5-19）。

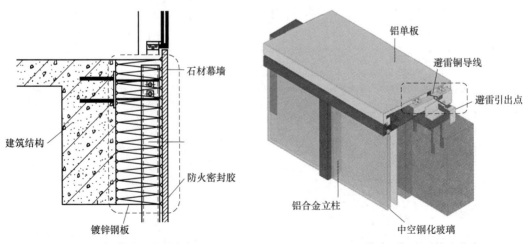

图 6.5-18　石材幕墙防火节点构造　　图 6.5-19　幕墙顶部防雷构造节点

2）幕墙整体防雷构造

在 45m 以上的高层建筑幕墙部位（图 6.5-20、图 6.5-21 按二类防雷建筑），每三层设置一圈均压环，并和建筑物防雷网及幕墙自身的防雷体系接通。幕墙的铝合金立柱，在不大于 10m 范围内宜有一根立柱采用柔性导线，连通每个上柱与下柱的连接处。

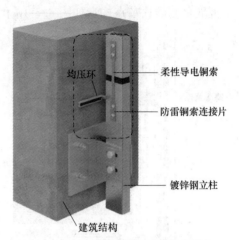

图 6.5-20　铝龙骨体系防雷构造节点　　图 6.5-21　钢龙骨体系防雷构造节点

第七章
智能建造新技术

第一节 绿色施工技术

一、施工现场水收集综合利用技术

施工现场水收集综合利用技术包括基坑施工降水回收再利用技术、雨水回收利用技术、现场生产和生活废水回收利用技术。

1. 基坑施工降水回收再利用技术

在降水基坑施工中,一方面通过设置降水井抽取地下水,降低地下水位以满足施工要求;另一方面将抽取的地下水通过收集系统进行回收再利用。基坑施工降水回收再利用技术包括:降水回灌技术,施工现场降再利用技术,如混凝土养护、降尘等(图 7.1-1)。

(a) 降水收集　　　　　　　　(b) 降水回灌　　　　　　　　(c) 降水再利用—混凝土养护

图 7.1-1　基坑施工降水回收再利用技术

2. 雨水回收利用技术

在雨季降水量较大的地区,可以通过现场雨水沟、雨水井、沉淀池及雨水收集器的设施,建立雨水收集系统来收集雨水,经过雨水渗蓄、沉淀等处理,集中存放再利用。回收水可直接用于冲刷厕所、施工现场洗车及现场洒水控制扬尘等(图 7.1-2)。

3. 现场生产和生活废水回收利用技术

施工现场废水分为两类,即施工废水及生活废水。可以通过设置排水沟、三级沉淀池等设施进行收集、分离、过滤、净化等处理达到适用标准后再利用。如经过污水处理或水质达到要求的水体可用于绿化、结构养护用水以及混凝土试块养护用水等。

二、建筑垃圾减量化与资源化利用技术

1. 施工阶段建筑垃圾减量化技术措施

1)施工现场临时设施宜采用"永临结合"方式布置、建造,建造用料应采用重复利

(a) 雨水收集

(b) 施工现场降尘

图 7.1-2　雨水回收利用技术

用率高的标准化临时设施。

2) 各专业施工放样采用建筑信息模型技术进行二次深化设计。使材料用量精准化、加工规格标准化、排布空间合理化，从源头减量。

3) 各类半成品材料加工，采用加工厂集中生产模式，减少工程弃料。

4) 施工辅助材料，如模板、支撑、脚手架等，尽量采用金属类工具式材料，提高周转率、降低材料损耗，同时可再生利用。

5) 挖填土方工程施工应做好工程场区内的土方平衡设计，减少工程弃土。

6) 根据分项施工工艺特点，尽量采用一次成型或一体化施工方法，减少施工过程中建筑垃圾的产生。

7) 建立施工现场成品保护制度，减少因成品损害产生的建筑垃圾。

2. 建筑垃圾的再利用与再生利用分类

1) 可再利用的建筑垃圾大致分为两类，即金属类工程弃料，如钢筋、型钢、金属管材、电线电缆等短头、余料，可以通过切割、焊接等手段加以利用；混合类工程弃料，如木枋、防水卷材、编织袋、安全网等，可通过改变其使用功能或接长等方式再利用。

2) 可再生利用的建筑垃圾，主要指无机非金属类工程弃料，如剔除的混凝土、破碎玻璃、砂石、石材边角料、碎砖等。可通过场外处理，或根据场地条件，设置现场处理设备，进行再生利用。

图 7.1-3　钢筋余料用于加工马凳筋

3. 现场垃圾减量与资源化技术应用

1) 钢筋工程：对钢筋采用优化下料技术，提高钢筋利用率；对钢筋余料采用再利用技术，如将钢筋余料用于加工马凳筋、预埋件与安全围栏等（图 7.1-3）。

2) 模板工程：对模板的使用进行优化拼接，减少裁剪量；对木模板通过合理的设计和加工制作提高重复使用率的技术；对短木枋采用指接接长技术，提高木枋利用率（图 7.1-4）。

3) 混凝土工程：对混凝土浇筑施工中的混凝土余料做好回收利用，用于制作小过梁、混凝土砖等（图 7.1-5）。

图 7.1-4 短木枋接长技术

4）砌体工程：在二次结构的加气混凝土砌块隔墙施工中，做好加气块的排块设计，在加工车间进行机械切割，减少工地加气混凝土砌块的废料（图 7.1-6）。

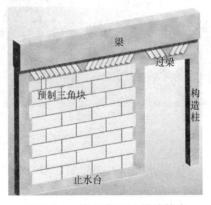

图 7.1-5 混凝土余料回收利用　　　图 7.1-6 填充墙 BIM 排砖技术

5）现场直接利用再生骨料和微细粉料作为骨料和填充料，生产混凝土砌块、混凝土砖、透水砖等制品（图 7.1-7）。

图 7.1-7 现场综合处置设备

6）工具式定型化临时设施包括：标准化箱式用房、定型化临边洞口防护、加工棚，构件化 PVC 绿色围墙、预制装配式马道、可重复使用的临时道路板等（图 7.1-8）。

(a) 标准化箱式用房

(b) 临时道路板

(c) 可周转卫生间

(d) 可周转防护栏杆

图 7.1-8　工具式定型化临时设施示意图

7）垃圾分类：各类建筑垃圾应分类收集、分类存放，禁止混放。对于碎石、砖瓦等惰性垃圾，应尽可能进行破碎、分选、再利用。对于废弃混凝土、砂浆等，应进行破碎、筛分、再利用或运至指定地点（图 7.1-9）。

8）垃圾垂直运输：在多层、高层、超高层民用建筑施工中，可采用垂直运输管道进行垃圾清运。垃圾运输管道（图 7.1-10）主要由楼层垃圾入口、主管道、减速门、垃圾出口、专用垃圾箱、管道与结构连接件等主要构件组成，将该管道直接固定到施工建筑的梁、柱、墙体等主要构件上，安装灵活，可多次周转使用。

三、施工现场太阳能、空气能利用技术及扬尘、噪声控制技术

1．施工现场太阳能光伏发电照明技术

1）适用于施工现场临时照明，如路灯、加工棚照明、办公区廊灯、食堂照明、卫生间照明等。

2）是利用太阳能电池组件将太阳光能直接转化为电能储存并用于施工现场照明系统的技术（图 7.1-11）。

2．太阳能热水应用技术

1）适用于太阳能丰富的地区施工现场办公、生活区临时热水供应。

2）太阳能热水器是利用太阳光将水温加热的装置（图 7.1-12）。太阳能热水器分为真空管式太阳能热水器和平板式太阳能热水器。

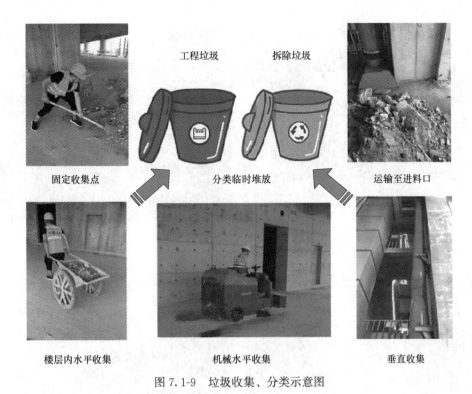

图 7.1-9 垃圾收集、分类示意图

图 7.1-10 垃圾垂直运输管道示意图　　图 7.1-11 太阳能光伏发电照明技术应用

3. 空气能热水技术

1）适用于施工现场办公、生活区临时热水供应。

2）是运用热泵工作原理，吸收空气中的低能热量，经过中间介质的热交换，压缩成高温气体，通过管道循环系统对水加热的技术。

4. 施工扬尘控制技术

1）适用于工业与民用建筑的施工工地。

2）施工扬尘控制技术包括施工现场道路、塔式起重机、脚手架等部位自动喷淋降尘和雾炮降尘技术和施工现场车辆自动冲洗技术（图 7.1-13）。

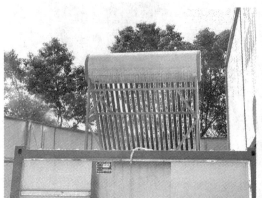

图 7.1-12 太阳能热水器应用

图 7.1-13 施工扬尘控制技术应用

5. 施工噪声控制技术

1)优先选用低噪声机械设备,采用能够减少或避免噪声的施工工艺进行施工。

2)采用隔声屏、隔声罩等措施,有效降低施工现场及施工过程中噪声的传播(图 7.1-14)。

图 7.1-14 施工现场降噪技术应用

第二节 建筑信息模型（BIM）技术

一、建筑信息模型（BIM）软件

建筑信息模型是在建设工程及设施全生命周期内，对其物理和功能特性进行数字化表达，并依此设计、施工、运营的过程和结果的总称，简称模型。对建筑信息模型进行创建、使用、管理的软件，为建筑信息模型软件，简称 BIM 软件。

1. BIM 软件具备的基本功能
1) 模型输入、输出。
2) 模型浏览或漫游。
3) 模型信息处理。
4) 相应的专业应用。
5) 应用成果处理和输出。
6) 支持开放的数据交换标准。
7) 宜具有与物联网、移动通信、地理信息系统、云计算等技术集成或融合的能力。

2. 模型元素信息内容
1) 几何信息：尺寸、定位、空间拓扑关系等。
2) 非几何信息：名称、规格、型号、材料和材质、生产厂商、功能与性能技术参数，以及系统类型、施工段、施工方式、工程逻辑关系等。

3. BIM 软件的专业功能要求

满足模型创建和模型应用要求；符合相关工程建设标准及其强制性条文；支持专业功能定制开发。

4. BIM 软件类别

BIM 软件类别如图 7.2-1 所示。

图 7.2-1　BIM 软件类别

二、模型创建与使用

1. 模型的创建
1) 施工 BIM 模型包括施工图设计模型、深化设计模型、施工过程模型和竣工验收模型。施工模型关系如图 7.2-2 所示。

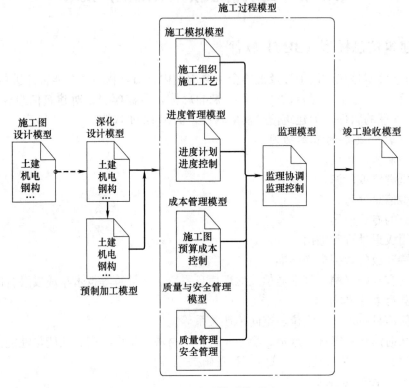

图 7.2-2　施工模型关系图

2）模型创建前，应根据建设工程不同阶段、专业、任务的需要，对模型及子模型的种类和数量进行总体规划。

3）模型可采用集成方式创建，也可采用分散方式按专业或任务创建。

4）各相关方应根据任务需求建立统一模型创建标准文件，包括：模型创建流程、坐标系及度量单位、信息分类和命名等模型创建和管理规则等。

5）不同类型或内容的模型创建宜采用数据格式相同或兼容的软件。当采用数据格式不兼容的软件时，应能通过数据转换标准或工具实现数据互用。

2. 模型的常规使用

1）模型的使用宜与完成相关专业工作或任务同步进行。

2）模型使用过程中，模型数据交换和更新可采用下列方式：

（1）按单个或多个任务的需求，建立相应的工作流程。

（2）完成一项任务的过程中，模型数据交换一次或多次完成。

（3）从已形成的模型中提取满足任务需求的相关数据形成子模型，并根据需要进行补充完善。

（4）利用子模型完成任务，必要时使用完成任务生成的数据更新模型。

3）模型的使用过程中，应确定相关方各参与人员的管理权限，并应针对更新进行版本控制。

第三节　智慧工地信息技术

现场施工管理信息技术利用 BIM、移动互联网等信息技术实现施工现场可视化、虚拟化协同管理。依托标准化项目管理流程，结合移动应用技术，通过基于施工 BIM 模型的深化设计，以及现场布置、施工组织、进度、材料、设备、质量、安全、竣工验收等管理应用，实现施工现场信息高效传递和实时共享，提高施工管理水平（图 7.3-1）。

图 7.3-1　现场施工管理平台

1. 项目成本分析与控制信息技术

通过建立大数据分析模型，充分利用项目成本管理信息系统积累的海量业务数据，按业务板块、地区、工程类型、重大工程等维度进行分类、汇总，对"工、料、机"等核心成本要素进行分析，挖掘出关键成本管控指标并利用其进行成本控制，从而实现工程项目成本管理的过程管控和风险预警（图 7.3-2）。

图 7.3-2　项目成本分析与控制信息平台

2. 电子商务采购技术

通过云计算技术与电子商务模式的结合，搭建基于云服务的电子商务采购平台。平台功能主要包括：采购计划管理、互联网采购寻源、材料电子商城、订单送货管理、供应商管理、采购数据中心等（图7.3-3）。

图7.3-3　电子商务采购平台

3. 项目多方协同管理技术

以云计算、大数据、移动互联网和BIM等技术为支撑，构建多方参与的协同工作信息化管理平台。通过工作任务协同管理、质量和安全协同管理、图档协同管理、项目成果物的在线移交和验收管理、在线沟通服务等，实现项目各参与方之间信息共享、实时沟通，提高项目多方协同管理水平（图7.3-4）。

图7.3-4　项目多方协同管理平台

4. 项目物资全过程监管技术

利用信息化手段建立从工厂到现场的"仓到仓"全链条一体化物资、物流、物管体系。通过手持终端设备和物联网技术，实现集装卸、运输、验收、仓储等整个物流供应链信息的一体化管控和项目物资、物流、物管的全过程监管。

5. 劳务工人信息管理技术

利用物联网技术，集成各类智能终端设备，建立现场劳务工人信息化系统，实现实名制管理、考勤管理、安全教育管理、视频监控管理、工资监管、考核评价、后勤管理以及基于业务的各类统计分析等，提高项目现场劳务用工管理水平（图 7.3-5）。

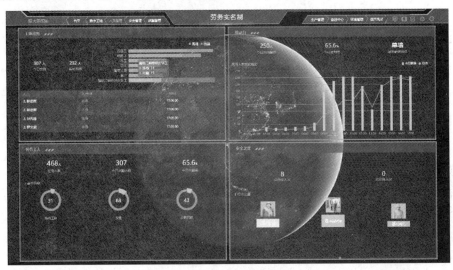

图 7.3-5　劳务工人信息管理平台

6. 建筑垃圾监管技术

高度集成射频识别（RFID）、车牌识别（VLPR）、卫星定位系统、地理信息系统（GIS）、移动通信等技术，建立施工现场建筑垃圾综合监管信息平台，对施工现场建筑垃圾的申报、识别、计量、运输、处置、结算、统计分析等环节进行信息化管理，推动建筑垃圾管理的规范化、系统化、智能化（图 7.3-6）。

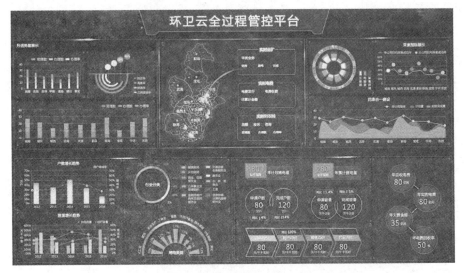

图 7.3-6　建筑垃圾监管平台